"十三五"普通高等教育规划教材

组态软件 WinCC 及其应用

第 2 版

刘华波　何文雪　王　雪　编著

机械工业出版社

本书由浅入深地介绍西门子公司的组态软件 WinCC，注重示例，强调应用。全书共分为 14 章，分别介绍了组态软件的基础知识、WinCC 的变量、画面的组态、用户管理、脚本使用、报警记录、变量记录、报表系统、开放性接口、系统组态、智能工具、WinCC 的选件和诊断等。

本书可作为高等院校自动化、电气等相关专业的教材，也可作为职业学校学生、工程技术人员的培训用书，对西门子自动化系统的用户也有一定的参考价值。

本书配套授课电子课件，需要的教师可登录 www.cmpedu.com 免费注册、审核通过后下载，或联系编辑索取（QQ：2399929378，电话 010-88379753）。

图书在版编目（CIP）数据

组态软件 WinCC 及其应用 / 刘华波，何文雪，王雪编著. —2 版. —北京：机械工业出版社，2018.7（2025.1 重印）

“十三五”普通高等教育规划教材

ISBN 978-7-111-60953-7

Ⅰ. ①组… Ⅱ. ①刘… ②何… ③王… Ⅲ. ①可编程序控制器－高等学校－教材 Ⅳ. ①TM571.6

中国版本图书馆 CIP 数据核字（2018）第 217393 号

机械工业出版社（北京市百万庄大街 22 号　邮政编码 100037）

责任编辑：时　静　　责任校对：张艳霞

责任印制：单爱军

北京虎彩文化传播有限公司印刷

2025 年 1 月第 2 版 • 第 10 次印刷

184mm×260mm • 19.25 印张 • 474 千字

标准书号：ISBN 978-7-111-60953-7

定价：55.00 元

凡购本书，如有缺页、倒页、脱页，由本社发行部调换

电话服务

服务咨询热线：（010）88379833

读者购书热线：（010）88379649

网络服务

机 工 官 网：www.cmpbook.com

机 工 官 博：weibo.com/cmp1952

教育服务网：www.cmpedu.com

金 书 网：www.golden-book.com

前　言

组态软件是伴随着分散控制系统的出现及计算机控制技术的发展走进工业自动化领域的，并逐渐发展成为独立的自动化应用软件，是自动化控制系统的重要组成部分。

西门子公司的SIMATIC WinCC集成了SCADA、脚本语言和OPC等先进技术，为用户提供了Windows操作系统环境下使用各种通用软件的功能，继承了西门子全集成自动化系统技术先进、无缝集成的特点。此外，WinCC还是西门子公司DCS系统PCS7的人机界面核心组件，也是电力系统监控软件PowerCC和能源自动化系统SICAM的重要组成部分。本书第1版已问世九年，在此期间，西门子公司又针对市场需求开发了部分新产品，编程软件也有了版本升级改进，故进行修订是很有必要的。

本书主要介绍WinCC的功能和应用方法，全书共分为14章。第1章主要介绍组态软件的发展及其特点以及WinCC的概述；第2章介绍了WinCC中的变量并通过简单的示例介绍WinCC的使用；第3章详细介绍了WinCC中画面的组态方法；第4章介绍了用户管理器的使用；第5章介绍了WinCC中脚本系统的使用；第6～8章分别介绍了报警记录、变量记录和报表系统的使用；第9章介绍了多语言项目的组态；第10章通过多个示例演示了WinCC的开放性，特别是OPC技术的运用；第11章简单介绍了WinCC中复杂系统的组态；第12章介绍了WinCC附带的一些智能工具；第13章介绍了WinCC的选件；第14章简要介绍了WinCC中的诊断技术。

第2版由刘华波、何文雪和王雪共同编写。刘华波负责第1、3、5、8、10、11、12、13、14章，王雪负责第2、4、6、7、9章，何文雪参与了第10、11、12、13、14章，学生于洋对全书例子进行了测试。全书由刘华波统稿。

本书的出版得到了多方面的帮助与支持，西门子（中国）有限公司的元娜、王政、何海昉等各位同仁给予了大力支持，提供了大量技术资料，提出了宝贵建议。机械工业出版社时静编辑也提出了很多有价值的编写及修改建议。此外，本书受到青岛大学教学研究与改革项目及电工电子国家级实验教学示范中心（青岛大学）资助，在此一并表示衷心的感谢。

本书的编撰注重理论和实践的结合，强调基本知识与操作技能的结合，书中提供了大量的示例，很多示例取自WinCC的帮助系统——WinCC Information System，读者在阅读过程中应结合帮助加强练习，举一反三，系统掌握。

因作者水平有限，书中难免有错漏及疏忽之处，恳请读者批评指正。

作者E-mail：liuhuabo1979@163.com。

编　者

目　录

第1章　概　　述

1.1　组态软件的产生与发展

1.1.1　工业过程控制系统的发展

工业过程是由一个或多个工业装备组成的生产工序，其功能是将进入的原料加工成为下道工序所需要的半成品材料，多个生产工序构成了全流程生产线。工业过程控制系统的最终目标是实现全流程生产线综合生产指标的优化。

20 世纪 40 年代之前，多数工业生产过程处于手工操作状态，人们主要凭经验、用手工方式去控制生产过程。如生产过程中的关键参数靠人工观察，生产过程中的操作也靠人工去执行，劳动生产率是很低的。

自 20 世纪 40 年代以来，自动化技术获得了惊人的发展，在工业生产和科学发展中起着关键的作用。

20 世纪 50 年代前后，一些工厂企业的生产过程实现了仪表化和局部自动化。此时，生产过程中的关键参数普遍采用基地式仪表和部分单元组合仪表（多数为气动仪表）等进行显示；进入 20 世纪 60 年代，随着工业生产和电子技术的不断发展，开始大量采用气动、电动单元组合仪表甚至组装仪表对关键参数进行显示，计算机控制系统开始应用于过程控制，实现直接数字控制和设定值控制等。

20 世纪 70 年代，随着计算机的开发、应用和普及，对全厂或整个工艺流程的集中控制成为可能。20 世纪 70 年代中期，集散控制系统（Distributed Control System，DCS）的开发问世受到了工业控制界的一致青睐。集散控制系统是把自动化技术、计算机技术、通信技术、故障诊断技术、冗余技术和图形显示技术融为一体的装置，其组成示意图如图 1-1 所示。结构上的分散使系统危险分散，监视、操作与管理通过操作计算机实现了集中。

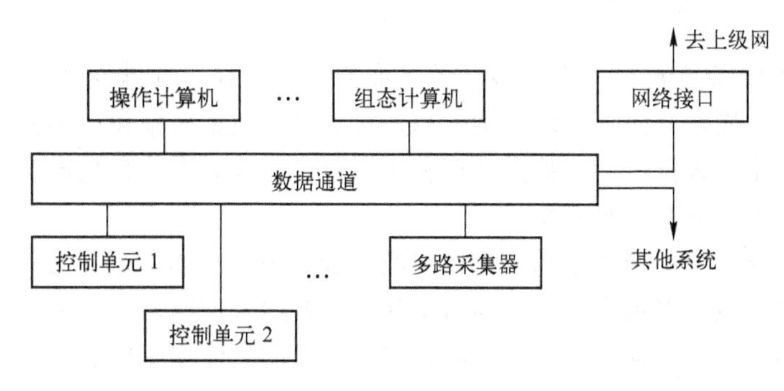

图 1-1　集散控制系统结构示意图

组态软件是伴随着 DCS 的出现走进工业自动化应用领域的，并逐渐发展成为第三方独立的自动化应用软件，尤其是 Windows 操作系统的广泛应用，有力地推动了基于个人计算机的组态软件的发展和普及。

目前，大量的工业过程控制系统采用上位计算机加可编程序控制器（SCADA-PLC）的方案以实现分散控制和集中管理。其中，安装了组态软件的上位计算机主要完成数据通信、网络管理、人机交互和数据处理的功能；数据的采集和设备的控制一般由 PLC 等完成。

21 世纪以来，过程控制系统向着智慧优化控制的方向发展，具有自适应、自学习、安全可靠、优化运行的智能化控制系统理论与技术成为过程控制新的研究方向和研究内容。工业过程智慧优化控制将控制（控制、优化、故障诊断与自愈）、计算机（嵌入式软件、云计算）和工业互联网的计算资源与工业过程的物理资源紧密结合与协同，在控制、优化、故障诊断与自愈控制等功能、自适应、自学习、可靠性和可用性等方面远远超过今天的工业过程优化控制系统。

1.1.2 组态软件的产生及发展

在组态软件出现之前，大部分用户是通过第三方软件（如 VB、VC、Delphi、PB 甚至 C 语言等）编写人机交互界面（Human Machine Interface，HMI），这样做存在着开发周期长、工作量大、维护困难、容易出错、扩展性差等缺点。

世界上第一款组态软件 InTouch 在 20 世纪 80 年代中期由美国的 Wonderware 公司开发。80 年代末，国外组态软件进入中国市场。90 年代中后期，国产组态软件在市面出现。起初，人们对组态软件处于不认识、不了解阶段，项目中没有组态软件的预算，或宁愿投入人力物力针对具体项目做长周期的繁冗的编程开发，也不采用组态软件；此外，早期进口的组态软件价格都偏高，客观上制约了组态软件的发展。

随着经济的发展，人们对组态软件的观念有了重大改变，逐渐认识到组态软件的重要性，组态软件的市场需求增加；一些组态软件的生产商加大了推广力度，价格也做出了一定的调整；再加上微软 Windows 操作系统的推出为组态软件提供了一个更方便的操作平台，组态软件在国内获得认可，开始广泛应用。现在，组态软件已经成为工业过程控制中必不可少的组成部分之一。

组态软件类似于“自动化应用软件生成器”，根据其提供的各种软件模块可以积木式搭建人机监控界面，不仅提高了自动化系统的开发速度，也保证了自动化应用的成熟性和可靠性。

组态软件的主要特点表现为实时多任务、面向对象操作、在线组态配置、开放接口连接、功能丰富多样、操作方便灵活以及运行高效可靠等。数据采集和控制输出、数据处理和算法实现、图形显示和人机对话、数据储存和数据查询、数据通信和数据校正等任务在系统调度机制的管理下可有条不紊地进行。

组态软件的功能随着用户需求的变化在不断升级，由单一的人机界面向数据处理机方向发展，管理的数据量也越来越大。早期的组态软件主要用来支撑自动化系统的硬件，而现在实时数据库的作用进一步加强，实时数据库存储和检索的是连续变化的过程数据，故组态软件在一个自动化系统中发挥的作用越来越大。

1.1.3 组态软件的定义

组态软件是一种面向工业自动化的通用数据采集和监控软件，即 SCADA（Supervisory Control And Data Acquisition）软件，亦称人机界面或 HMI/MMI（Human Machine Interface/Man Machine Interface）软件，在国内通常称为“组态软件”。

“组态（Configuration）”的含义是“配置”、“设定”、“设置”等，是指用户通过类似“搭积木”的方式完成自己所需要的软件功能，通常不需要编写计算机程序，即通过“组态”的方式就可以实现各种功能。此“组态”过程可看做是“二次开发”过程，组态软件也称为“二次开发平台”。

“监控（Supervisory Control)”，即“监视和控制”，指通过计算机对自动化设备或过程进行监视、控制和管理。组态软件能够实现对自动化过程的监视和控制，能从自动化过程中采集各种信息，并将信息以图形化等更易于理解的方式进行显示，将重要的信息以各种手段传送给相关人员，对信息执行必要的分析、处理和存储，发出控制指令等。

组态软件提供了丰富的用于工业自动化监控的功能，根据工程的需要进行选择、配置建立需要的监控系统。组态软件广泛应用于机械、钢铁、汽车、包装、矿山、水泥、造纸、水处理、环保监测、石油化工、电力、纺织、冶金、智能建筑、交通、食品、智能楼宇等领域。

组态软件既可以完成对小型自动化设备的集中监控，也能由互相联网的多台计算机完成复杂的大型分布式监控，还可以和工厂的管理信息系统有机整合起来，实现工厂的综合自动化和信息化。

组态软件从总体结构上看一般都是由系统开发环境（或称组态环境）与系统运行环境两大部分组成。系统开发环境和系统运行环境之间的联系纽带是实时数据库，三者之间的关系如图 1-2 所示。

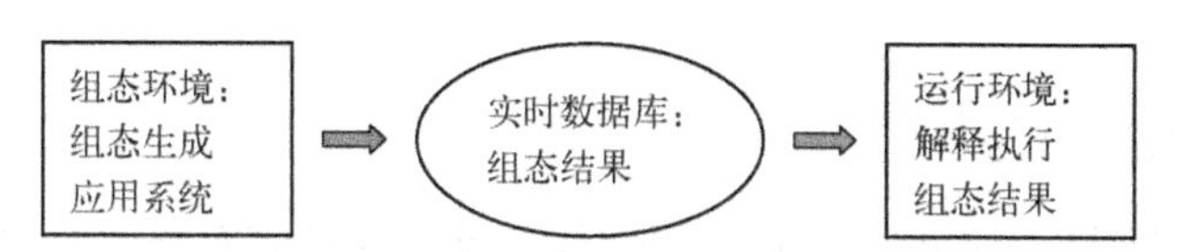

图 1-2　系统组态环境、运行环境和实时数据库的关系示意图

1.1.4 组态软件的功能

作为通用的监控软件，所有的组态软件都能提供对工业自动化系统进行监视、控制、管理和集成等一系列的功能，同时也为用户实现这些功能的组态过程提供了丰富和易于使用的手段和工具。利用组态软件，可以完成的常见功能如下：

① 可以读写不同类型的 PLC、仪表、智能模块和板卡，采集工业现场的各种信号，从而对工业现场进行监视和控制。

② 可以以图形和动画等直观形象的方式呈现工业现场信息，以方便对生产过程的监视；也可以直接对控制系统发出指令、设置参数干预工业现场的控制流程。

③ 可以将控制系统中的紧急工况（如报警等）通过软件界面、电子邮件、手机短信、即时消息软件、声音和计算机自动语音等多种手段及时通知给相关人员，使之及时掌控自动

化系统的运行状况。

④ 可以对工业现场的数据进行逻辑运算和数字运算等处理，并将结果返回给控制系统。

⑤ 可以对从控制系统得到的以及自身产生的数据进行记录存储。在系统发生事故和故障的时候，利用记录的运行工况数据和历史数据，可以对系统故障原因等进行分析定位、责任追查等。通过对数据的质量统计分析，还可以提高自动化系统的运行效率，提升产品质量。

⑥ 可以将工程运行的状况、实时数据、历史数据、警告和外部数据库中的数据以及统计运算结果制作成报表，供运行和管理人员参考。

⑦ 可以提供多种手段让用户编写自己需要的特定功能，并与组态软件集成为一个整体运行。大部分组态软件提供通过 C 脚本、VBS 脚本或 C#等来完成此功能。

⑧ 可以为其他应用软件提供数据，也可以接收数据，从而将不同的系统关联和整合在一起。

⑨ 多个组态软件之间可以互相联系，提供客户端和服务器架构，通过网络实现分布式监控，实现复杂的大系统监控。

⑩ 可以将控制系统中的实时信息送入管理信息系统，也可以反之，接收来自管理系统的管理数据，根据需要干预生产现场或过程。

⑪ 可以对工程的运行实现安全级别、用户级别的管理设置。

⑫ 可以开发面向国际市场的，能适应多种语言界面的监控系统，实现工程在不同语言之间的自由灵活切换，是机电自动化和系统工程服务走向国际市场的有利武器。

⑬ 可以通过因特网发布监控系统的数据，实现远程监控。

1.2 组态软件的特点

1.2.1 组态软件的特点与优势

组态软件是数据采集与过程控制的专用软件，是自动控制系统监控层一级的软件平台和开发环境，能以灵活多样的组态方式（而不是编程方式）提供良好的用户开发界面，其预设的各种软件模块可以非常容易地实现和完成监控层的各项功能，并能同时支持各种硬件厂家的计算机和 I/O 产品，与工控计算机和网络系统结合，可向控制层和管理层提供软、硬件的全部接口，进行系统集成。概括起来，组态软件有如下特点。

（1）功能强大

组态软件提供丰富的编辑和作图工具，提供大量的工业设备图符、仪表图符以及趋势图、历史曲线、组数据分析图等；提供十分友好的图形化用户界面（Graphics User Interface, GUI），包括一整套 Windows 风格的窗口、菜单、按钮、信息区、工具栏、滚动条等；画面丰富多彩，为设备的正常运行、操作人员的集中监控提供了极大的方便；具有强大的通信功能和良好的开放性，组态软件向下可以与数据采集硬件通信，向上可与管理网络互联。

（2）简单易学

使用组态软件不需要掌握太多的编程语言技术，甚至不需要编程技术，根据工程实际情况，利用其提供的底层设备（PLC、智能仪表、智能模块、板卡、变频器等）的 I/O 驱动、开放式的数据库和界面制作工具，就能完成一个具有动画效果、实时数据处理、历史数据和曲线并存、具有多媒体功能和网络功能的复杂工程。

（3）扩展性好

组态软件开发的应用程序，当现场条件（包括硬件设备、系统结构等）或用户需求发生改变时，不需要太多的修改就可以方便地完成软件的更新和升级。

（4）实时多任务

组态软件开发的项目中，数据采集与输出、数据处理与算法实现、图形显示及人机对话、实时数据的存储、检索管理、实时通信等多个任务可以在同一台计算机上同时运行。

组态控制技术是计算机控制技术发展的结果，采用组态控制技术的计算机控制系统最大的特点是从硬件到软件开发都具有组态性，因此极大地提高了系统的可靠性和开发速率，降低了开发难度，可视化图形化的管理功能方便了生产管理与维护。

1.2.2 组态软件的发展趋势

随着信息技术的不断发展和控制系统要求的不断提高，组态软件的发展也向着更高层次和更广范围发展。

① 多数组态软件提供多种数据采集驱动程序，用户可以进行配置。驱动程序由组态软件开发商提供或者由用户按照某种组态软件的接口规范编写。由 OPC 基金组织提出的 OPC 规范基于微软的 OLE/DCOM 技术，提供了在分布式系统下，软件组件交互和共享数据的完整的解决方案。服务器与客户机之间通过 DCOM 接口进行通信，无需知道对方内部实现的细节。由于 COM 技术是在二进制代码级实现的，故服务器和客户机可以由不同的厂商提供。在实际应用中，作为服务器的数据采集程序往往由硬件设备制造商随硬件提供，可以发挥硬件的全部效能；而作为客户机的组态软件则可以通过 OPC 与各厂家的驱动程序无缝连接，从根本上解决了以前采用专用格式驱动程序总是滞后于硬件更新的问题。同时，组态软件同样可以作为服务器为其他的应用系统（如 MIS 等）提供数据。随着支持 OPC 的组态软件和硬件设备的普及，使用 OPC 进行数据采集成为组态中更合理的选择。

② 脚本语言是扩充组态系统功能的重要手段。大多数组态软件提供了两种脚本语言：一是内置的 C、Basic 语言；二是采用微软的 VBA 的编程语言。C、Basic 语言要求用户使用类似高级语言的语句书写脚本，使用系统提供的函数调用组合完成各种系统功能。采用 VBA 的组态软件通常使用微软的 VBA 环境和组件技术，把组态系统中的对象以组件方式实现，并使用 VBA 程序对这些对象进行访问。

③ 可扩展性为用户提供了在不改变原有系统的情况下，向系统内增加新功能的能力。这种增加的功能可能来自于组态软件开发商、第三方软件提供商或用户本身。增加功能最常用的手段是 ActiveX 组件的应用，所以更多厂商会提供完备的 ActiveX 组件引入功能及实现引入对象在脚本语言中的访问。

④ 组态软件的应用具有高度的开放性。随着管理信息系统和计算机集成制造系统的普及，生产现场数据的应用已不仅仅局限于数据采集和监控。在生产制造过程中，需要现场的大量数据进行流程分析和过程控制，以实现对生产流程的调整和优化。这就需要组态软件大量采用“标准化技术”，如 OPC、ODBC、OLE-DB、ActiveX 和 COM/DCOM 等，使得组态软件演变成软件平台，在软件功能不能满足用户特殊要求时，可以根据自己的需要进行二次

开发。

⑤ 与 MES 和 ERP 系统紧密集成。经济全球化促使每个公司都需要在合适的软件模型基础上表达复杂的业务流程，以达到最佳的生产率和质量。这就要求不受限制的信息流在公司范围内的各个层次朝水平方向和垂直方向不停地自由传输。ERP 解决方案正日益扩展到 MES 领域，并且正在寻求到达自动化层的链路。自动化层的解决方案，尤其是 SCADA 系统，正日益扩展到 MES 领域，并为 ERP 系统提供通信接口。SCADA 系统管理过程画面，因而能直接访问所有的底层数据；此外，SCADA 系统还能从外部数据库和其他应用中获得数据，同时处理和存储这些数据。所以，对 MES 和 ERP 系统来说，SCADA 系统是理想的数据源。在这种情况下，组态软件成为中间件，是构造全厂信息平台承上启下的主要组成部分。

⑥ Internet 模式的组态软件。现代企业的生产已经趋向国际化、分布式的生产方式，而 Internet 是实现分布式生产的基础。组态软件将从原有的局域网运行方式跨越到支持 Internet。使用这种瘦客户方案，用户可以在企业的任何地方通过简单的浏览器，输入用户名和口令，就可以方便地得到现场的过程数据信息。这种 B/S（Brower/Server）结构可以大幅降低系统安装和维护费用。

⑦ 发展与硬件结合的组态软件。组态软件与 PLC、现场总线、基于 PC 的控制器、专用控制装置、小型 DCS 等实施捆绑式发展，提升小型应用系统的水平；发展与第三方工具软件的组合应用，如 Matlab、LabVIEW 等，实现在多任务控制内核的牵引下，提供强大的函数库、方法库的集合应用；发展某些专业领域专用版的组态软件，如电梯自动监控、动力设备监控、轨道交通信号监控等。

⑧ 触摸屏人机界面是组态软件发展的一个重要方向。西门子公司的 WinCC V7.4 中已经实现了部分功能的可触摸化，WinCC Runtime 支持常规的触控操作，例如：通过滑动操作更换图片；通过两根手指拖拽实现缩放；长按对象或链接打开快捷菜单。

此外，组态软件还需要开发更多的控制算法，比如一些特殊的、先进的控制算法，以扩大其应用范围；融入辨识建模、自整定技术、自适应整定算法、故障诊断、安全评价等更高级的功能，进一步增强其应用能力。

1.2.3 使用组态软件的一般步骤

组态软件一般通过 I/O 驱动程序以周期性或非周期性的采样形式从 I/O 接口设备上实时地获取被控对象的运行数据，一方面对数据进行必要的加工处理，以图形或曲线方式显示给操作人员，以便及时监视被控对象的运行工况；另一方面对数据进行深层次的运算，以一定的控制规则通过 I/O 设备操作执行机构，以便控制被控对象的运行工况。此外，还需要对历史数据进行储存、查询和显示，对报警信息进行记录、管理和预警，对表格进行处理、生成和输出。这些相互交叠的工作流程靠组态软件的四大功能模块——通信组件、I/O 驱动、实时数据库和图形界面经严密协调合作完成。其中，通信组件包括通信链路、通信协议、数据校错等；I/O 驱动包括 I/O Server、寻址程序、量程变换、采样校对等；实时数据库包括 I/O Client、实时数据内核、数据冗余、控制算法、报警处理、历史数据等；图形界面包括数据接口、图形显示、曲线显示、报警表示等。在内核的引擎下，通过高效的内部协议，相互通信，共享数据，协作完成这些功能流程。

针对具体的工程应用，在组态软件中进行完整、严密的开发，使组态软件能够正常工作，典型的组态步骤如下：

1）将所有 I/O 点的参数整理齐全，并以表格的形式保存，以便在组态软件组态和 PLC 编程时使用。

2）明确所使用的 I/O 设备的生产商、种类、型号，使用的通信接口类型，采用的通信协议，以便在定义 I/O 设备时做出正确配置。

3）将所有 I/O 点的 I/O 标识整理齐全，并以表格的形式保存。I/O 标识是唯一确定一个 I/O 点的关键字，组态软件通过向 I/O 设备发出 I/O 标识来请求其对应的数据。

4）根据工艺过程绘制、设计画面结构和画面框架。

5）按照第 1 步统计的参数表格，建立实时数据库，正确组态各种变量参数。

6）根据第 1 步和第 3 步的统计结果，在实时数据库中建立实时数据库变量与 I/O 点的一一对应关系，即定义数据连接。

7）根据第 4 步的画面结构和画面框架组态每一幅静态画面。

8）将操作画面中的图形对象与实时数据库变量建立动画连接关系，设定动画属性和幅度等。

9）根据用户需求，制作历史趋势，报警显示以及开发报表系统等，之后，还需加上安全权限设置。

10）对组态内容进行分段和总体调试，视调试情况对组态的软件进行相应修改。

11）将全部内容调试完成以后，对上位组态软件进行最后完善，如：加上开机自动打开监控画面，禁止从监控画面退出等，让系统投入正式运行或试运行。

1.3 当前的组态软件

目前世界上有不少专业厂商（包括专业软件公司和硬件/系统厂商）生产和提供各种组态软件产品，国内也有不少组态软件开发公司，故市面上的软件产品种类繁多，各有所长，需要根据实际工程需要加以选择。

1. 国外组态软件

（1）InTouch

Wonderware 是全球工业自动化软件的领先供应商。Wonderware 公司的 InTouch 软件最早进入我国。在 20 世纪 80 年代末、90 年代初，基于 Windows3.1 操作系统的 InTouch 软件就令人耳目一新。InTouch 图形界面的美观性一般，粘贴位图的操作较为烦琐，复杂的功能（如报表等）需要借助其他工具。I/O 外部变量和内部变量都算作点数，价格比较高。

（2）iFIX

Intellution 公司以 Fix 组态软件起家，Fix6. x 软件提供工控人员熟悉的概念和操作界面，并提供完备的驱动程序（需单独购买）。Intellution 将新的产品系列命名为 iFIX，在 iFIX 中，Intellution 提供了强大的组态功能，但新版本与以往的 6. x 版本并不完全兼容。原有的 Script 语言改为 VBA，并且在内部集成了微软的 VBA 开发环境，但是，Intellution 并没有提供 6.1 版脚本语言到 VBA 的转换工具。在 iFIX 中，Intellution 的产品与 Microsoft 的操作系统、网络进行了紧密的集成。Intellution 也是 OPC（OLE for Process Control）组织的发起成员之一。iFIX 的 OPC 组件和驱动程序同样需要单独购买。

（3）Citect

悉雅特集团（Citect）是世界领先的提供工业自动化系统、设施自动化系统、实时智能信息和新一代 MES 的独立供应商。Citech 也是较早进入中国市场的产品。Citech 具有简洁的操作方式，提供了类似 C 的脚本语言进行二次开发，其操作方式更多的是面向程序员而非工控用户。该产品已被施耐德公司收购。

（4）WinCC

西门子公司的 WinCC 也是一套完备的组态开发环境，主要配合该公司的自动化硬件产品，结构复杂，功能强大。WinCC 包括一个脚本调试环境，内嵌 OPC 支持，可对分布式系统进行组态。

（5）RSView32

RSView32 是美国罗克韦尔自动化公司的基于组件的用于监视和控制自动化设备和过程的人机界面软件。RSView32 通过开放的技术达到与罗克韦尔软件产品、微软产品和其他应用软件间空前的兼容性。

（6）TraceMode

TraceMode 适用于分布式控制系统的开发，是俄罗斯最畅销的工业控制组态软件。其中包括：分布式控制系统整体开发解决方案、方案自动建立、提供信号处理和控制的原始算法、立体矢量图形、统一网络时间和独创的管理工作站图表数据回放技术。TraceMode 是将 SCADA 和 Softlogic 集成为一体的工控软件。

2．国内组态软件

（1）组态王

组态王 KingView 由北京亚控科技发展有限公司推出，其特点是简单易用，易于进行功能扩展，有良好的开放性，支持众多的硬件设备。

（2）力控

北京三维力控科技有限公司的 ForceControl（力控）是国内较早出现的组态软件之一，是一个生产智能化与业务可视化的综合生产管理平台。

（3）WebAccess

研华公司的 Advantech WebAccess 是首家完全基于 IE 浏览器的 HMI/SCADA 监控软件，其最大特点就是全部的工程项目、数据库设置、画面制作和软件管理都通过 Internet 或 Intranet 在异地使用标准的浏览器完成。研华 WebAccess 软件是研华物联网应用平台解决方案的核心，为用户提供一个基于 HTML5 技术用户界面，实现跨平台、跨浏览器的数据访问体验。

（4）MCGS

MCGS 通用版组态软件是北京昆仑通态自动化软件科技有限公司开发的一款组态软件，界面友好，内部功能强大，系统易于扩充。

此外，国内的组态软件还有 Controx（开物）、易控、杰控（Fame View）、世纪星以及紫金桥组态软件等。

1.4 WinCC 概述

1996 年，西门子公司推出了 HMI/SCADA 软件——视窗控制中心 SIMATIC WinCC（Windows Control Center），它是西门子在自动化领域中的先进技术与 Microsoft 相结合的产物，性能全面，技术先进，系统开放。WinCC 除了支持西门子的自动化系统外，可与 AB、Modicon、GE 等公司的系统连接，通过 OPC 方式，WinCC 还可以与更多的第三方控制器进行通信。目前，已推出 WinCC V7.4 版本。本书将对 WinCC V7.4 的功能和应用详细介绍。

WinCC 需要使用 32 位版本的 Microsoft SQL Server 2014 Service Pack 2 数据库进行生产数据的归档。WinCC 安装时自动包括 SQL Server。同时，WinCC 具有 Web 浏览器功能，管理人员在办公室就可以看到生产流程的动态画面，从而更好地调度指挥生产。

作为 SIMATIC 全集成自动化系统的重要组成部分，WinCC 确保与 SIMATIC S5、S7 和 505 系列的 PLC 连接的方便和通信的高效；WinCC 与 STEP 7 编程软件的紧密结合缩短了项目开发的周期。此外，WinCC 还有对 SIMATIC PLC 进行系统诊断的选项，给硬件维护提供了方便。

WinCC 集成了 SCADA、组态、脚本语言和 OPC 等先进技术，为用户提供了 Windows 操作系统环境下使用各种通用软件的功能，继承了西门子公司的全集成自动化（TIA）产品的技术先进和无缝集成的特点。

WinCC 运行于个人计算机环境，可以与多种自动化设备及控制软件集成，具有丰富的设置项目、可视窗口和菜单选项，使用方式灵活，功能齐全。用户在其友好的界面下进行组态、编程和数据管理，可形成所需的操作画面、监视画面、控制画面、报警画面、实时趋势曲线、历史趋势曲线和打印报表等。它为操作者提供了图文并茂、形象直观的操作环境，不仅缩短了软件设计周期，而且提高了工作效率。

1.4.1 WinCC 的体系结构

WinCC Explorer 类似于 Windows 中的资源管理器，它组合了控制系统所有必要的数据，以树形目录的形式分层排列存储。WinCC 分为基本系统、WinCC 选件和 WinCC 附件。

WinCC 基本系统包含以下部件，其体系结构如图 1-3 所示。

（1）变量管理

变量管理器（Tag Management）管理着 WinCC 中所有使用的外部变量、内部变量和通讯驱动程序等。WinCC 中与外部控制器没有过程连接的变量叫做内部变量，内部变量可以无限制使用。与外部控制器有过程连接的变量叫做过程变量，也称为外部变量。

（2）图形编辑器

图形编辑器（Graphics Designer）用于设计各种图形画面。

（3）报警记录

报警记录（Alarming Logging）用于采集和归档报警消息。

（4）变量记录

变量记录（Tag Logging）用于处理测量值的采集和归档。

（5）报表编辑器

报表编辑器（Report Designer）提供许多标准的报表，也可自行设计各种格式的报表，可以按照设定的时间进行打印工作。

（6）全局脚本

全局脚本（Global Script）是根据项目需要编写 ANSI-C 或 VBS 脚本代码。

（7）文本库

文本库（Text Library）编辑不同语言版本下的文本消息。

（8）用户管理器

用户管理器（User Administrator）用来分配、管理和监控用户对组态和运行系统的访问权限。

（9）交叉引用

交叉引用（Cross-reference）用于检索画面、函数、归档和消息中所使用的变量、函数、OLE 对象和 ActiveX 控件等。

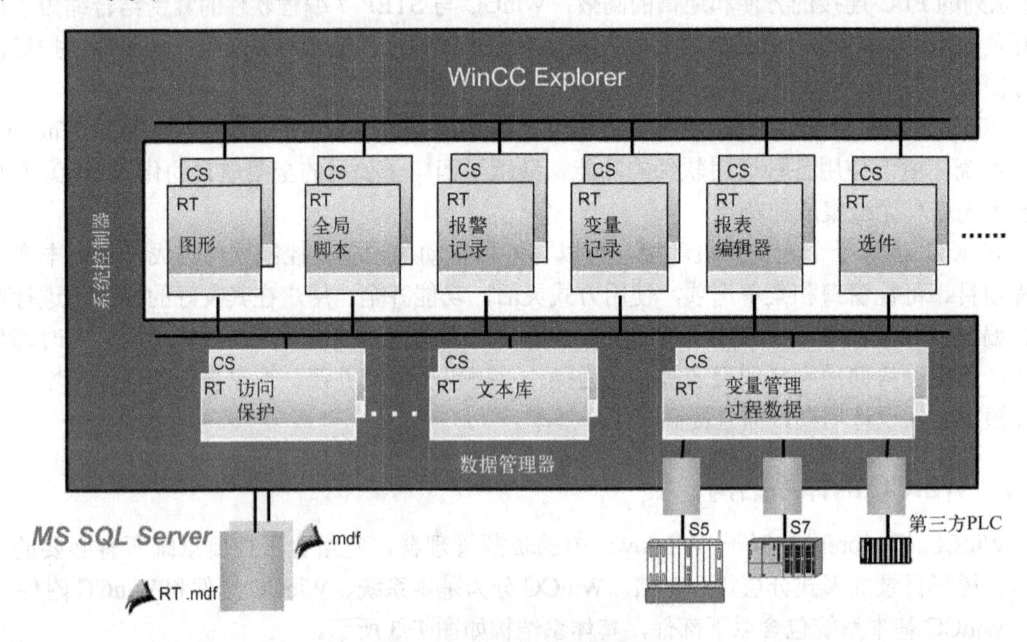

图 1-3　WinCC 的体系结构

WinCC 以开放式的组态接口为基础，开发了大量的 WinCC 选件（Options，也称选项，来自于西门子自动化与驱动集团）和 WinCC 附件（Add-ons，来自西门子内部和外部合作伙伴），主要包括以下部件。

（1）服务器系统

服务器系统（Server）用来组态客户机/服务器系统。服务器与过程控制建立连接并存储过程数据；客户机显示过程画面。

（2）冗余系统

冗余系统（Redundancy）即两台 WinCC 系统同时并行运行，并互相监视对方状态，当一台出现故障时，另一台可接管整个系统的控制。

（3）Web 浏览器

Web 浏览器（Web Navigator）可通过 Internet/Intranet 使用 Internet 浏览器监控生产过程状况。

（4）用户归档

用户归档（User Archive）给过程控制提供一整批数据，并将过程控制的技术数据连续存储在系统中。

（5）开放式工具包

开放式工具包（ODK）提供了一套 API 函数，使应用程序可与 WinCC 系统的各部件进行通信。

（6）WinCC/Dat@Monitor

WinCC/Dat@Monitor 是通过网络显示和分析 WinCC 数据的一套工具。

（7）WinCC/ProAgent

WinCC/ProAgent 能准确、快速地诊断由 SIAMTIC S7 和 SIMATIC WinCC 控制和监控的工厂和机器中的错误。

（8）WinCC/Connectivity Pack

WinCC/Connectivity Pack 包括 OPC HAD，OPC A&E 以及 OPC XML 服务器，用来访问 WinCC 归档系统中的历史数据。采用 WinCC OLE-DB 能直接访问 WinCC 存储在 Microsoft SQL Server 数据库内的归档数据。

（9）WinCC/IndustrialDataBridge

WinCC/IndustrialDataBridge 工具软件利用标准接口将自动化连接到 IT 世界，并保证了双向的信息流。

（10）WinCC/IndustrialX

WinCC/IndustrialX 可以开发和组态用户自定义的 ActiveX 对象。

（11）SIMATIC WinBDE

SIMATIC WinBDE 能保证有效的机器数据管理（故障分析和机器特征数据），其使用范围既可以是单台机器，也可以是整套生产设施。

WinCC 不是孤立的软件系统，它时刻与自动化系统、自动化网络系统、MES 系统集成在一起，与相应的软硬件系统一起，能实现系统级的诊断功能。

WinCC 不仅是可以独立使用的 HMI/SCADA 系统，而且是西门子公司众多软件系统的重要组件，如 WinCC 是西门子公司 DCS 系统 PCS7 的人机界面核心组件，也是电力系统监控软件 PowerCC 和能源自动化系统 SICAM 的重要组成部分。

1.4.2 WinCC 的性能特点

作为西门子全集成自动化的重要组成部分，WinCC V7.4 具有出色的性能。

① 创新软件技术的使用。WinCC 是基于最新发展的软件技术，与 Microsoft 的密切合作保证了用户获得不断创新的技术。

② 包括所有 SCADA 功能在内的客户机/服务器系统。即使最基本的 WinCC 系统仍能提供生成复杂可视化任务的组件和函数，生成画面、脚本、报警、趋势和报表的编辑器由最基本的 WinCC 系统组件建立。

③ 可灵活裁剪，由简单任务扩展到复杂任务。WinCC 是一个模块化的自动化组件，既

可以灵活地进行扩展，从简单的工程到复杂的多用户应用，又可以应用到工业和机械制造工艺的多服务器分布式系统中。

④ 众多的选件和附件扩展了基本功能。已开发的、应用范围广泛的、不同的 WinCC 选件和附件，均基于开放式编程接口，覆盖了不同工业分支的需求。

⑤ 使用 Microsoft SQL Server 2014 作为其组态数据和归档数据的存储数据库，可以使用 ODBC、DAO、OLE-DB、WinCC OLE-DB 和 ADO 方便地访问归档数据。

⑥ 强大的标准接口（如 OLE、ActiveX 和 OPC）。WinCC 提供了 OLE、DDE、ActiveX、OPC 服务器和客户机等接口或控件，可以很方便地与其他应用程序交互数据。

⑦ 使用方便的脚本语言。WinCC 可编写 ANSI-C 和 VBS 程序。

⑧ 开放 API 编程接口可以访问 WinCC 的模块。所有的 WinCC 模块都有一个开放的 C 编程接口，这意味着可以在用户程序中集成 WinCC 的部分功能。

⑨ 具有向导的简易（在线）组态。WinCC 提供了大量的向导来简化组态工作。在调试阶段还可进行在线修改。

⑩ 可选择语言的组态软件和在线语言切换。WinCC 软件是基于多语言设计的。这意味着可以在英语、德语、法语和中文等语言之间进行选择，也可以在系统运行时选择所需要的语言。

⑪ 提供所有主要 PLC 系统的通信通道。作为标准，WinCC 支持所有连接 SIMATIC S5/S7/505 控制器的通信通道，还包括 PROFIBUS DP 和 OPC 等非特定控制器的通信通道。此外，更广泛的通信通道可以由选件和附件提供。

⑫ 与基于 PC 的控制器 SIMATIC WinAC 紧密连接，软 PLC/插槽式 PLC 和操作、监控系统在一台 PC 上相结合无疑是一个面向未来的概念。在此前提下，WinCC 和 WinAC 实现了西门子公司基于 PC 的强大的自动化解决方案。

⑬ 全集成自动化（Totally Integrated Automation，TIA）和工业 4.0 的部件。WinCC 是工程控制的窗口，是 TIA 的核心部件。TIA 确保了组态、编程、数据存储和通信方面的一致性。

⑭ SIMATIC PCS7 过程控制系统中的 SCADA 部件，如 SIMATIC PCS7 是 TIA 中的过程控制系统；PCS7 是结合了基于控制器的制造业自动化优点和基于 PC 的过程工业自动化优点的过程处理系统。基于控制器的 PCS7 对过程可视化使用标准的 SIMATIC 部件。

⑮ 集成到 MES 和 ERP 中。标准接口使 SIMATIC WinCC 成为在全公司范围 IT 环境下的一个完整部件。将自动控制过程扩展到工厂监控级，为公司管理 MES 和 ERP 提供管理数据。

1.4.3 WinCC 的安装

WinCC 是运行在 IBM-PC 兼容计算机上基于 Windows 操作系统的组态软件，其安装有一定的硬件和软件要求。

WinCC 支持所有一般 IBM/AT 兼容的 PC 平台。为了有效地利用 WinCC，建议选择具有推荐配置的系统。为了能可靠和高效地运行 WinCC V7.4，应满足的硬件条件如表 1-1 所示。最小的硬件要求只能保证 WinCC 运行，而不能保证满足多用户数、大数据量的访问。在实际配置时，应根据特定的应用需求，为 WinCC 配置适当的硬件。单用户运行，应满足最小硬件要求；若要高效运行，应满足推荐配置。

表 1-1　WinCC V7.4 的硬件要求

		最 低 配 置	推 荐 配 置
CPU	Windows 7/ Windows 8.1(32 位)	双核 CPU 客户端/单用户系统 2.5 GHz	多核 CPU 客户端: 3 GHz 单用户系统: 3.5 GHz
	Windows 7/ Windows 8.1/ Windows 10(64 位)	双核 CPU 客户端/单用户系统 2.5 GHz	多核 CPU 客户端: 3 GHz 单用户系统: 3.5 GHz
	Windows Server R2/Windows Server 2012 R2/ Windows Server 2016	双核 CPU 客户端/单用户系统/服务器 2.5 GHz	多核 CPU 单用户系统: 3.5 GHz 服务器: 3.5 GHz
工作存储器	Windows 7/ Windows 8.1(32 位)	客户端：1 GB 单用户系统：2 GB	客户端：2 GB 单用户系统：3 GB
	Windows 7/ Windows 8.1/ Windows 10(64 位)	客户端：2 GB 单用户系统：4 GB	4 GB
	Windows Server R2/Windows Server 2012 R2/ Windows Server 2016	4 GB	8 GB
硬盘上的可用存储空间 ——用于安装 WinCC—— 用于使用 WinCC		安装： 客户端：1.5 GB 服务器：>1.5 GB 使用 WinCC： 客户端：1.5 GB 服务器：2 GB	安装： 客户端：1.5 GB 服务器：>2 GB 使用 WinCC： 客户端：1.5 GB 服务器：10 GB 归档数据库可能需要更多空间
虚拟工作存储器		1.5×RAM	1.5×RAM
颜色深度/颜色质量		**256**	最高（32 位）
分辨率		800×600	1920*1080（全高清）

此外，在安装 WinCC 前应先安装 Microsoft 消息队列服务（MSMQ）和 SQL Server 2014；对于操作系统和 IE 浏览器也有一定的要求。

要打开 WinCC 在线帮助，需要安装 Microsoft Internet Explorer。推荐版本：Microsoft Internet Explorer V11.0（32 位）。

1.4.4　WinCC 的授权

使用 WinCC 需要安装授权，授权类似一个“电子钥匙”，用来保护西门子公司和用户的权益，没有经过授权的软件是无法使用或者只能在演示模式下使用。如果要在另一台机器中使用授权，授权文件可以再传回到 U 盘上。

每个有效的 WinCC 许可证密钥都有一个 20 位的许可证编号。传送许可证密钥时，也将该编号通过许可证介质传送至计算机。需要区分以下基本许可证类型和许可证类型，软件的行为方式因类型不同而相异。基本许可证类型和许可证的类型如表 1-2、1-3 所示。

表 1-2　基本许可证类型

基本许可证类型	说　明
单点型	无时间限制的标准许可证，可传送至任意一台计算机，而且只可以在本地使用。使用类型取决于许可证资格（CoL）。“单点”类型许可证可以升级，而且可以通过许可证密钥中的“SISL”进行标识
浮动型	无时间限制的许可证，可传送至任意一台计算机上使用。 也可以通过网络从许可证服务器上获取许可证。 如果本地和远程都有 WinCC RC 许可证，则 WinCC 将始终使用本地许可证。 请阅读 Information Server 的安装说明，了解 SIMATIC Information Server 归档许可证的相关特定功能。 如果通过网络购买“浮动”许可证，则还必须注意以下要点： 1.自动化许可证管理器必须安装在许可证服务器上。 2.许可证只可用于组态。 3.WinCC RT 或 RC 许可证必须能够在本地计算机上供运行系统使用。 4.在连接中断之后，程序处于演示模式三小时后才能重启。 5.使用时，将分配许可证服务器上的第一个空闲许可证。 因此必须确保在许可证服务器上存在足够多的“浮动”类型许可证可用，该类许可证至少许可项目中所需的变量数量。否则，发出请求的计算机将被切换至演示模式。 示例：WinCC RC (65536)和 WinCC RC (128)许可证位于许可证服务器上。 如果自动化许可证管理器使用较小许可证，则仅许可 128 变量。在此情况下，不考虑 65 536 变量的许可证。 “浮点”类型许可证可以升级，而且可以通过许可证密钥中的“SIFL”进行标识
PowerPack 升级	该许可证用于增加 PowerTags 数量。 “PowerPack 升级”类型的许可证通过许可证密钥中的“SIPP”进行标识
升级	该许可证用于将当前软件版本转换为更新版本。根据升级软件包，也可升级多个许可证。“升级”类型的许可证通过许可证密钥中的“SIUP”进行标识

表 1-3　许可证类型

许可证类型	说　明
计数相关	对于该许可证，使用软件时会受到协议中指定的变量或客户端数量的限制。 多个“计数相关”类型的许可证存在时，“有效性”下列出的对象一同被添加。 请阅读 Information Server 的安装说明，了解 SIMATIC Information Server 归档许可证的相关特定功能。计数相关许可证用“SIFC”或“SISC”进行标识
试用	使用这些许可证，软件使用会限制为 WinCC 试用安装。 使用时间限制在自使用当天开始的 30 日。仅供测试或者验证软件之用。 试用版许可证用“SITT”进行标识
主站许可证密钥	使用该许可证，可不受限制地使用软件。 主站许可证密钥用“SIEL”进行标识

WinCC 选件都有相应的授权文件，使用时需要购买并安装在计算机上。

此外，自 V7.0 版本以后，亚洲版的 WinCC 都需要安装 USB 硬件狗才能正常工作。

最新版西门子授权管理软件为 Automation License Manager 5.3，如图 1-4 所示。

在 Automation License Manager 5.3 中可以对许可证进行传送、升级、网络传送、网络共享、离线传送等操作。

为避免丢失授权何许可证密钥，需要注意以下事项：

① 在格式化、压缩或恢复驱动器、安装新的操作系统之前，将硬盘上的授权转移至 U 盘或其他盘中。

② 当卸载、安装、移动或升级密钥时，应先关闭任务栏可见的所有后台程序，如防病毒程序、磁盘碎片整理程序、磁盘检查程序、硬盘分区以及压缩和恢复等。

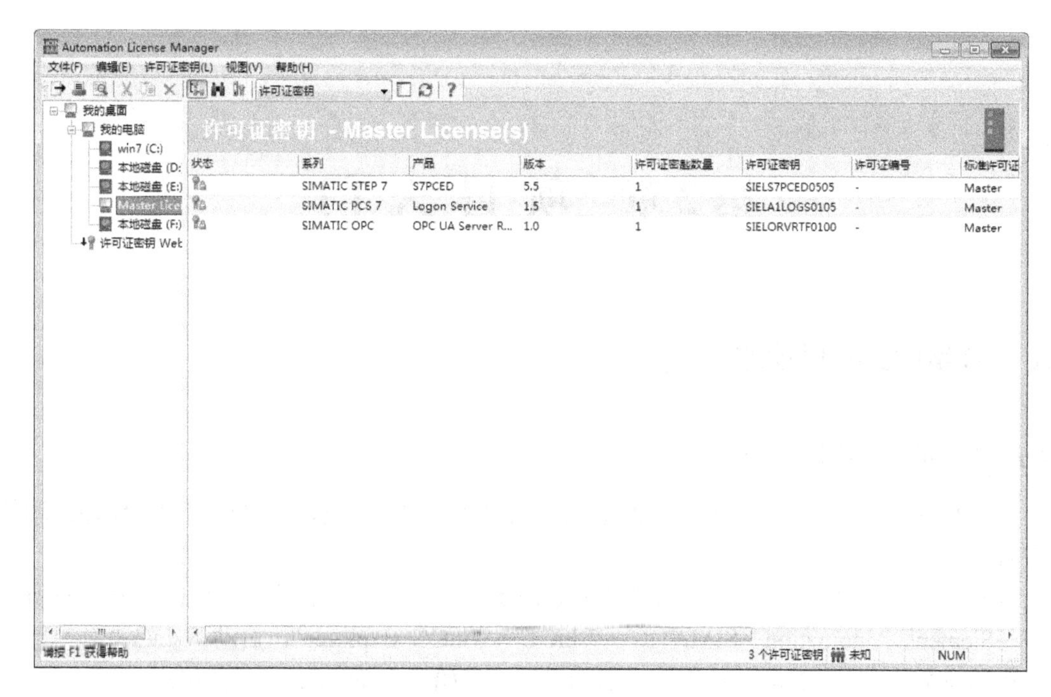

图 1-4　Automation License Manager 授权管理软件

③ 使用优化软件优化系统或加载硬盘备份前，保存授权和许可证密钥。

④ 授权和许可证密钥文件保存在隐藏目录“AX NF ZZ”中。

1.5　习题

1. 什么是组态软件？
2. 说说组态软件的功能和特点。
3. 说说组态软件的使用步骤。
4. 简要说明 WinCC 的体系结构。
5. 试着在计算机上安装 WinCC 及其授权。

第2章　项 目 入 门

2.1　WinCC 项目概述

2.1.1　WinCC 项目管理器

项目是 WinCC 中用户界面组态的基础。在项目中创建、编辑、操作和观察组态过程的所有对象。

WinCC 项目管理器以项目的形式管理着控制系统所有必要的数据。单击“开始→所有程序→Siemens Automation→SIMATIC→WinCC→WinCC Explorer”，启动 WinCC 项目管理器，也称为 WinCC Explorer，如图 2-1 所示，即可开始一个 WinCC 项目的组态。

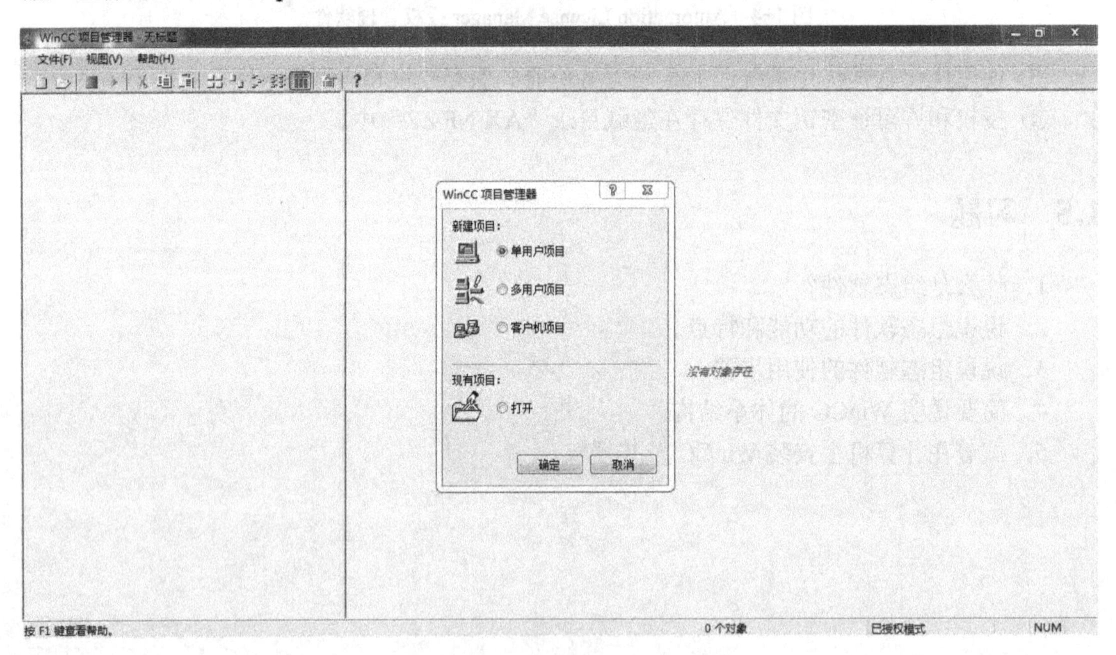

图 2-1　首次启动 WinCC Explorer

使用 WinCC 项目管理器，可以创建项目、打开项目、管理项目、数据和归档、打开编辑器、激活或取消激活项目。WinCC 项目管理器的主界面由以下元素组成：标题栏、菜单栏、工具栏、浏览窗口、数据窗口和状态栏，如图 2-2 所示。

1．标题栏

显示所打开的 WinCC 项目的当前路径。

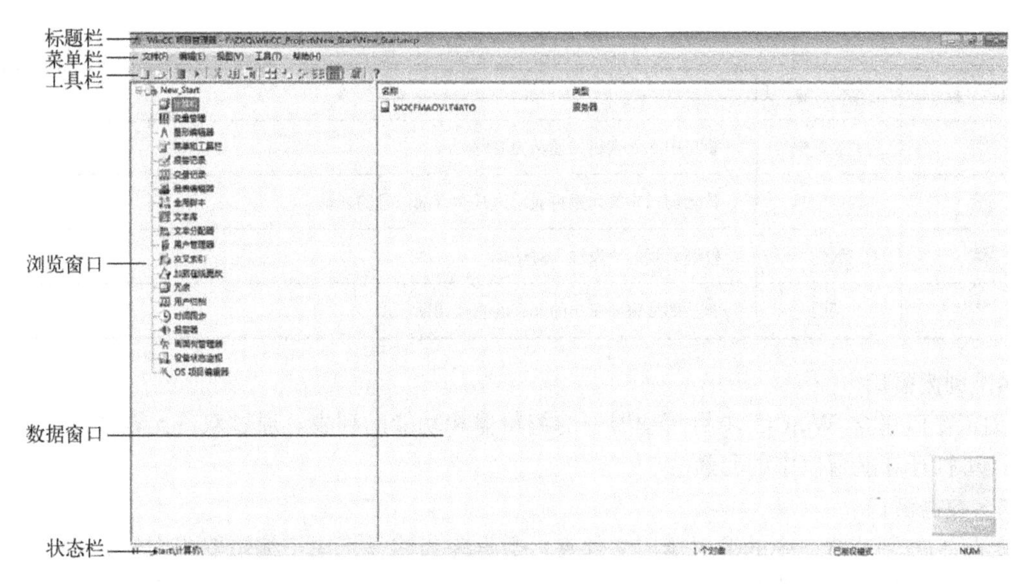

图 2-2　项目管理器

2．菜单栏

WinCC 项目管理器的菜单栏包括了 Windows 资源管理器中所使用的大多数命令，如文件、编辑、视图工具和帮助等。

3．工具栏

工具栏中的按钮如图 2-3 所示。按钮的具体含义如表 2-1 所示。

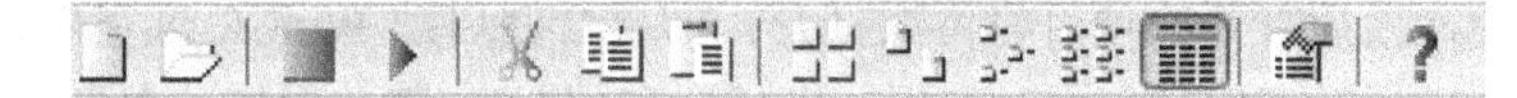

图 2-3　工具栏

表 2-1　按钮的含义

图　标	名　称	含　义
	新建	创建新的项目
	打开	打开项目
	禁用	退出运行系统
	激活	启动运行系统中的项目
	复制	将对象复制到剪贴板。 对象可复制在路径中的同一位置或相邻位置
	剪切	剪切所选对象。 一旦将对象粘贴到别的位置，原来位置的对象就被删除
	粘贴	粘贴已剪切或复制的对象
	大图标	数据窗口中的元素将显示为大图标
	小图标	数据窗口中的元素将显示为小图标

（续）

图　标	名　称	含　义
	列表数据	窗口中的元素将只显示为名称列表
	详细信息	数据窗口中的元素将显示为具有详细信息的列表
	属性	打开元素的“属性”对话框
?	帮助	激活随后将要左击的元素的直接帮助

4．浏览窗口

浏览窗口包含 WinCC 项目管理器中的编辑器和功能的列表。通过双击元素或使用快捷菜单，可打开导航窗口中的元素。

5．数据窗口

如果单击浏览窗口中的编辑器或文件夹，数据窗口将显示属于编辑器或文件夹的元素。所显示的信息将随编辑器的不同而变化。双击数据窗口中的元素以便将其打开。根据元素，WinCC 将执行下列动作之一：在相应编辑器中打开对象；打开对象的“属性”对话框；显示下一级的文件夹路径。

6．状态栏

状态栏将显示与编辑有关的一些提示，并显示文件的当前路径；已组态外部变量的数目/许可证包含的变量数目；所选编辑器的对象数，例如图形编辑器中的画面数等。

首次启动 WinCC，将打开没有项目的 WinCC 项目管理器，如图 2-1 所示。每当再次启动 WinCC 时，上次最后打开的项目将再次打开。如果希望启动 WinCC 项目管理器而不打开某个项目，可在启动 WinCC 时，同时按下〈Shift〉和〈Alt〉键并保持，直到出现 WinCC 项目管理器窗口，此时 WinCC 项目管理器打开，但不打开项目。

如果退出 WinCC 项目管理器当前打开的项目处于激活状态（运行），则重新启动 WinCC 时，将自动激活该项目。如果希望启动 WinCC 而不立即激活运行系统，可在启动 WinCC 时同时按下〈Shift〉和〈Ctrl〉键并保持，直到在 WinCC 项目管理器中完全打开和显示项目。

在计算机上只能启动 WinCC 一次。在 WinCC 项目管理器已经打开时，如果尝试再次将其打开，该操作不会被执行，且没有出错信息。用户可以继续在所打开的 WinCC 项目管理器中正常工作。

2.1.2　建立或打开项目

此处以建立单用户项目“New_Start”为例介绍建立新项目。单击图 2-1 中 WinCC 项目管理器中“文件”菜单“新建”或工具栏中的□图标，出现图 2-4 所示对话框，选择创建“单用户项目”。

输入项目信息如图 2-5 所示。

如果在“项目名称”（New subdirectory）和“项目路径”（Project path）字段中没有进行修改，则采用标准设置。

以上将成功建立新项目“New_Start”，如图 2-6 所示。项目结构以及需要的编辑器和目录显示在 WinCC Explorer 的左侧窗格中。右侧窗格会显示属于某个编辑器或目录的元素。

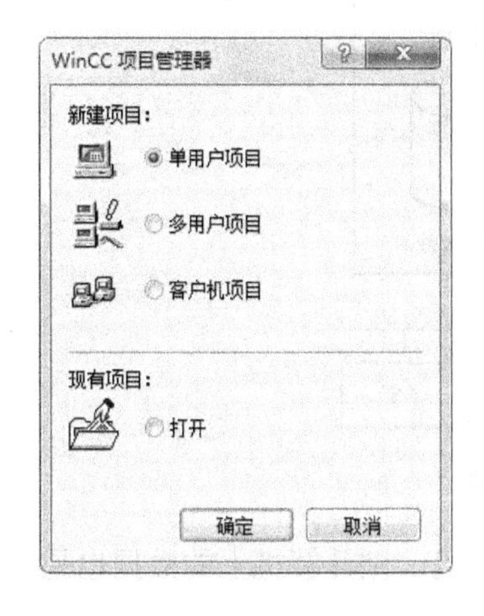

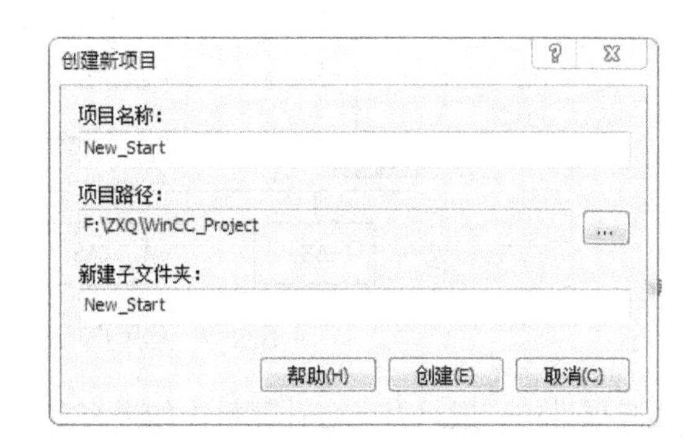

图 2-4　新建项目对话框

图 2-5　输入项目信息

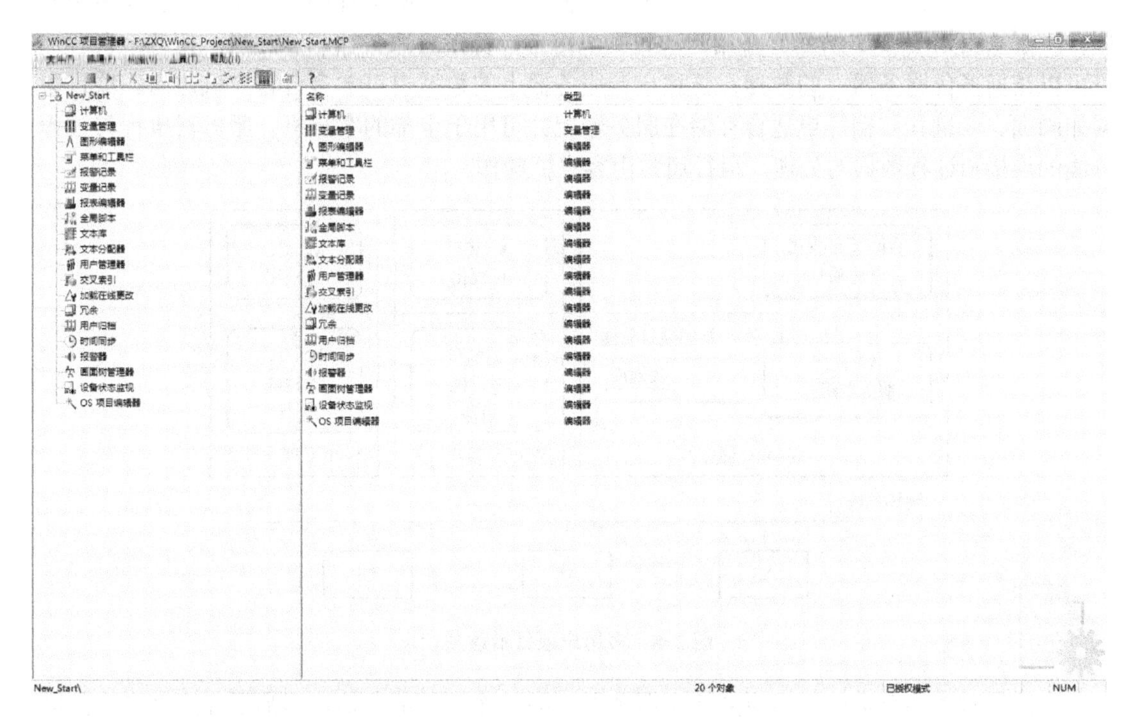

图 2-6　新建一个单用户项目

2.1.3　WinCC 项目类型

由图 2-4 可以看出，WinCC 项目分为三种类型：单用户项目、多用户项目和客户机项目。下面分别介绍其含义。

单用户项目：是单个操作员终端，在此计算机上可以完成组态、操作、与过程总线的连接及项目数据的存储等，示意图如图 2-7 所示。此时项目计算机既用做进行数据处理的服务器，又用做操作员输入站，其他计算机不能访问该计算机上的项目，除非通过 OPC 方式。

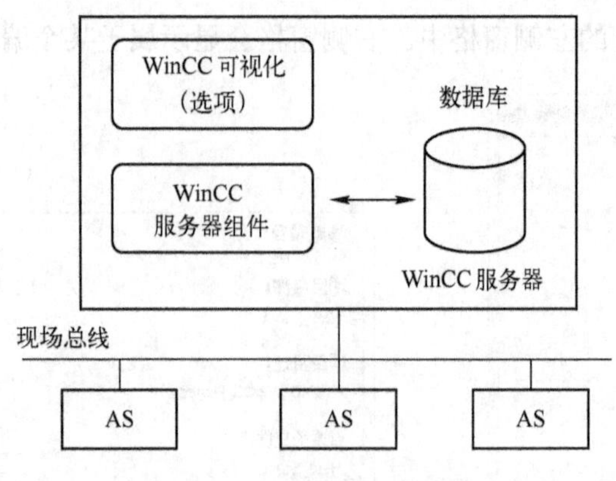

图 2-7　单用户项目示意图

单用户项目中一般只有一台计算机，如果有多台计算机，则计算机上的数据也是相互独立的，不可通过 WinCC 进行相互访问。

多用户项目：如果希望在 WinCC 项目中使用多台计算机进行协调工作，可创建多用户项目，示意图如图 2-8 所示。多用户项目可以组态一至多台服务器和客户机。任意一台客户机可以访问多台服务器上的数据；任意一台服务器上的数据也可被多台客户机访问。项目数据如画面、变量和归档等更适合存储在服务器上并可用于全部的客户机。服务器执行与过程总线的连接和过程数据的处理，运行通常由客户机操作。

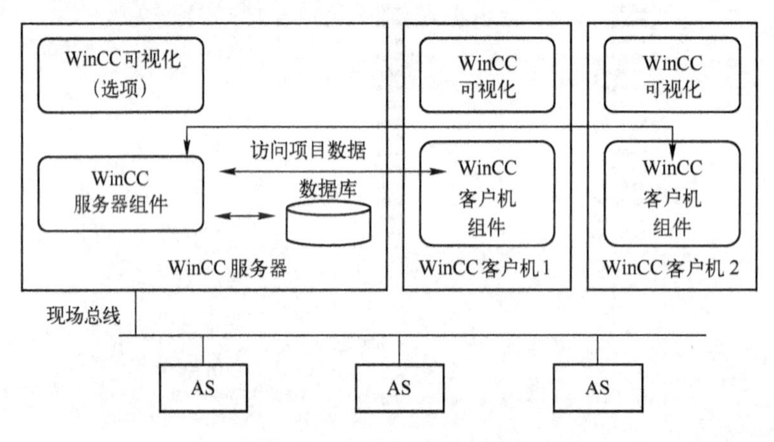

图 2-8　多用户项目示意图

在运行时多客户机能访问至多 6 个服务器，即 6 个不同服务器可以显示在多客户机的同一幅画面。

在服务器上创建多用户项目，与 PLC 建立连接的过程通信只在服务器上进行。多用户项目中的客户机没有与 PLC 的连接。在多用户项目中，可组态对服务器进行访问的客户机。在客户机上创建的项目类型为客户机项目。

如果希望使用多个服务器进行工作，则将多用户项目复制到第二个服务器上，对所复制的项目作相应的调整；也可在第二台服务器上创建一个与第一台服务器上的项目无关的第二个多用户项目。服务器也可以以客户机的角色访问另一台服务器的数据。

客户机项目：能够访问多服务器数据，示意图如图 2-9 所示。每个客户机项目和相关的服务器具有自己的项目。在服务器或客户机上完成服务器项目的组态，在客户机上完成客户机项目的组态。如果创建了多用户项目，必须创建对服务器进行访问的客户机，并在将要用作客户机的计算机上创建一个客户机项目。对于 WinCC 客户机，存在下面两种情况：

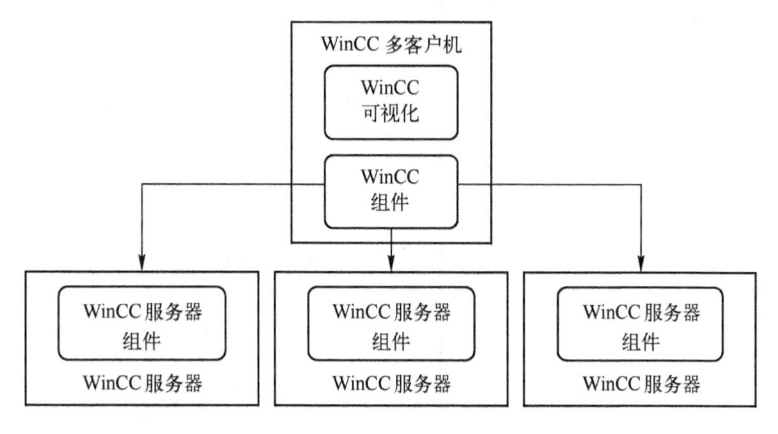

图 2-9　客户机项目示意图

（1）具有一台或多台服务器的多用户系统

客户机访问多台服务器。运行系统数据存储在不同的服务器上。多用户项目中的组态数据位于相关服务器上，客户机上的客户机项目可以存储本机的组态数据如画面、脚本和变量等。在这样的多用户系统中，必须在每个客户机上创建单独的客户机项目。

（2）只有一台服务器的多用户系统

客户机访问一台服务器。所有数据均位于服务器上，并在客户机上进行引用。在这样的多用户系统中，没有必要在 WinCC 客户机上创建单独的客户机项目。

2.1.4　项目属性

鼠标右键单击图 2-6 浏览条中的项目名称（New_Start）选择属性，打开图 2-10 所示的“项目属性”对话框，它包含 6 个选项卡：“常规”选项卡可以显示和修改当前项目的一些常规数据，如类型、创建者、创建日期、修改者、修改日期、版本、指南和注释；“更新周期”选项卡用来选择更改 WinCC 提供的更新周期，系统还提供了 5 个用户周期，可自行定义；“快捷键”选项卡可为 WinCC 用户登录注销硬拷贝以及运行系统对话框等定义热键；“选项”选项卡为用户提供了一些附加的项目选项；“操作模式”选项卡可供用户更换 WinCC 的操作模式；“用户界面和设计”可供用户调整界面的显示样式和颜色。

2.1.5　复制项目

复制项目是指可以将已关闭的组态数据复制到同一计算机的另一个文件或另一台计算机上。复制项目是通过项目复制器完成的。

通过选择“开始→所有程序→Siemens Automation→SIMATIC→WinCC→Tools→Project Duplicator”，打开“WinCC 项目复制器”，如图 2-11 所示。

在选择要复制的原项目处点击按钮搜索所需文件。单击“另存为...”按键将打开“保存一个 WinCC 项目”对话框，如图 2-12 所示。选择项目复制目标文件夹，在“文件名”域中输入项目名称。单击保存即完成项目的复制。

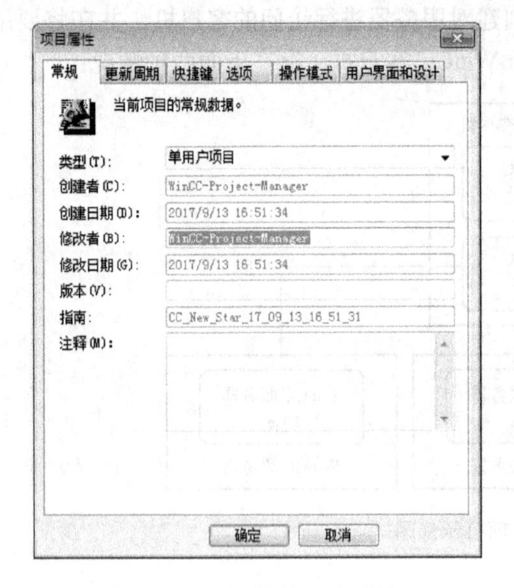

图 2-10 “项目属性”对话框

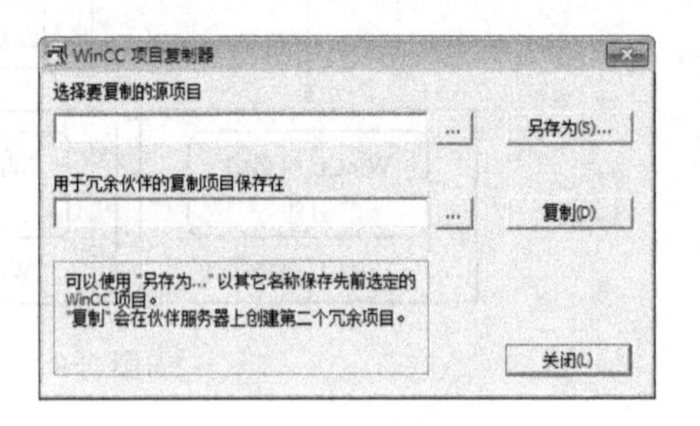

图 2-11 WinCC 项目复制器

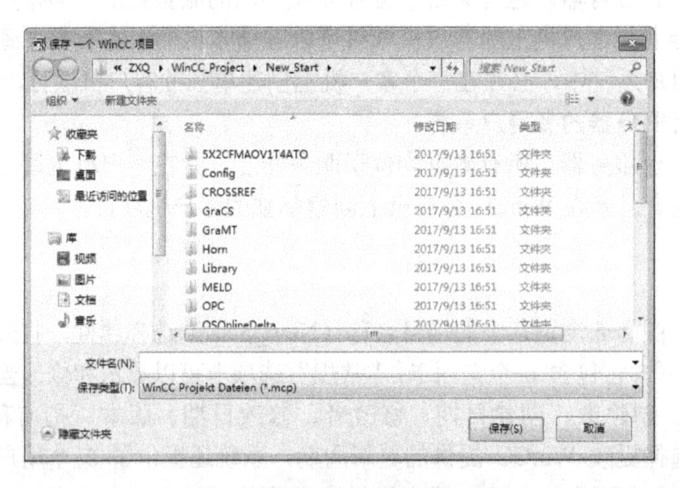

图 2-12 保存一个 WinCC 项目

如果已经将项目复制到另一台计算机，则原计算机名称将仍然引入到项目属性中。第一次打开项目时，更正项目属性中的计算机名称。关闭项目并重新打开之后，将采用修改后的计算机名称。

设置两台冗余服务器进行冗余服务器复制时，其硬件和软件必须具有相同的功能。完成 WinCC 组态和 WinCC 项目的各项更改后，使用 WinCC 项目复制器生成冗余伙伴项目。

2.1.6 移植项目

WinCC V7.4 与过往其他版本相比功能更加强大，为了使在旧版本中所创建的项目在 WinCC V7.4 中也能使用就需要进行项目移植。项目移植只能对 WinCC V6.2 SP3 或更高版本中创建的 WinCC 项目进行移植。在 WinCC V7.4 中打开低版本的项目时，系统将提示您对其进行移植。不过，使用 WinCC 项目移植器只需一步即可移植多个 WinCC 项目。在移植之前，建议为原版本的项目做一个备份。

通过选择“开始→所有程序→Siemens Automation→SIMATIC→WinCC→Tools→Project Migrator”，打开“WinCC 项目移植器”，项目移植器打开时会弹出“CCMigrator-第 1 步（共 2 步)”（CCMigrator-Step 1 of 2）起始窗口。如图 2-13 所示。

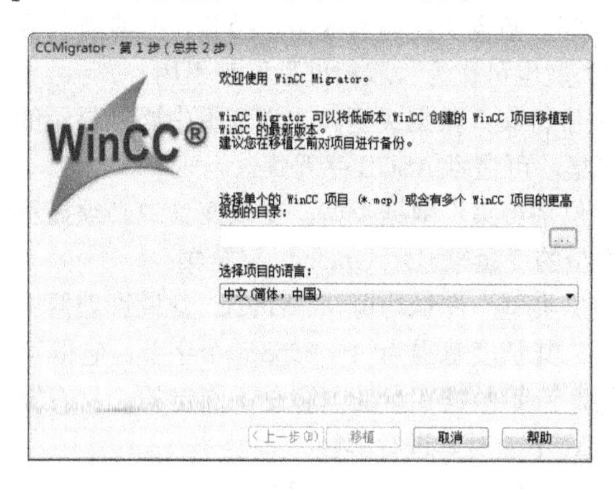

图 2-13　项目移植器

通过单击按钮“...”，选择 WinCC 项目所在的项目目录。如果移植多个项目，请选择包含 WinCC 项目的相应目录路径。为创建项目时所用的计算机设置语言。默认情况下设置的是针对 Unicode 程序在 OS 语言选项中或系统区域设置中所设置的语言版本。单击“移植”（Migrate）“CCMigrator-步骤 2/共 2 步”（CCMigrator-Step 2 of 2）窗口随即打开。项目移植器将显示移植步骤。请等待移植成功完成。项目移植可能需要数小时。如果移植成功完成，项目移植器将发送以下消息：“WinCC 项目成功移植”（WinCC project migrated successfully)。单击“完成”（Finish）按钮，完成项目的移植。

2.2　变量管理

WinCC 项目中的变量分为外部变量和内部变量两大类。不管是内部变量还是外部变量，都需要指定变量的数据类型。WinCC 中变量的数据类型包括以下几类。

二进制变量数据类型对应于位，可取为数值 TRUE 或“1”以及 FALSE 或“0”。

“有符号 8 位数”数据类型具有 1 个字节长，且有符号（正号或负号)。“有符号 8 位数”数据类型也可作为“字符型”或“有符号字节”来引用。

“无符号 8 位数”数据类型为 1 个字节长，且无符号。“无符号 8 位数”数据类型也可作为“字节”或“无符号字节”来引用。

“有符号 16 位数”数据类型具有 2 个字节长，且有符号（正号或负号)。“有符号 16 位数”数据类型也可作为“短整型”或“有符号字”来引用。

“无符号 16 位数”数据类型为 2 个字节长，且无符号。“无符号 16 位数”数据类型也可作为“字”或“无符号字”来引用。

"有符号 32 位数"数据类型具有 4 个字节长，且有符号（正号或负号）。"有符号 32 位数"数据类型也可作为"长整型"或"有符号双字"来引用。

"无符号 32 位数"数据类型为 4 个字节长，且无符号。"无符号 32 位数"数据类型也可作为"双字"或"无符号双字"来引用。

"浮点数 32 位 IEEE 754"数据类型具有 4 个字节长，且具有符号（正号或负号）。"浮点数 32 位 IEEE 754"数据类型也可作为"浮点数"来引用。

"浮点数 64 位 IEEE 754"数据类型具有 8 个字节长，且具有符号（正号或负号）。"浮点数 64 位 IEEE 754"数据类型也可作为"双精度型"来引用。

使用"文本变量 8 位字符集"数据类型，在该变量中必须显示的每个字符将为一个字节长。例如，使用 8 位字符集，可显示 ASCII 字符集。

使用"文本变量 16 位字符集"数据类型，在该变量中必须显示的每个字符将为两个字节长。例如，需要有该类型的变量来显示 Unicode 字符集。

外部和内部"原始数据类型"变量均可在 WinCC 变量管理器中创建。原始数据变量的格式和长度均不是固定的。其长度范围为 1～65535 个字节。它既可以由用户来定义，也可以是特定应用程序的结果。原始数据变量的内容是不固定的。只有发送者和接收者能解释原始数据变量的内容。WinCC 不能对其进行解释。

对于具有"文本参考"数据类型的变量，指的是 WinCC 文本库中的条目。只可将文本参考组态为内部变量。例如，当希望交替显示不同文本块时，可使用文本参考。可将文本库中条目的相应文本 ID 分配给变量。

2.2.1 外部变量

对于外部变量，变量管理器需要建立 WinCC 与自动化系统的连接，即确定通信驱动程序。通信由称作通道的专门的驱动程序来控制。WinCC 有针对西门子自动化系统 SIMATIC S5/S7/505 的专用通道以及与制造商无关的通道，如 PROFIBUS-DP 和 OPC 等。

双击图 2-6 浏览条中的"变量管理"项，进入变量管理编辑器，出现图 2-14 所示变量管理界面，变量的管理将在变量管理编辑器中实现。

变量管理编辑器与 WinCC V7.2 及更高的版本的各 WinCC 相兼容，变量管理编辑器无须单独安装，它是 WinCC 组态系统之下的组件，不可以脱离 WinCC 而单独使用变量管理编辑器。

变量管理编辑器用于添加变量，编辑变量的属性。变量管理编辑器主要由导航区域、编辑器选择区域、表格区域、属性和属性说明共 5 个区域构成，各区域位置如图 2-14 所示。

导航区域以树形视图显示变量管理对象，WinCC 会在导航区域为每个已安装的通信程序新建一个文件夹，在通信驱动程序文件夹下，可找到通道单元及其连接以及相关的变量组和过程变量。

编辑器选择区域显示在树形视图下方的区域。由此，可以访问其他 WinCC 编辑器（如报警记录、变量记录）。

表格区域中表格会显示分配给树形视图中所选文件夹的元素，显示所有变量或仅显示所选组的变量。可以在表格区域创建新变量、变量组和结构，可在表格中编辑对象属性。

属性区域将显示所选对象的属性，并可在此对属性进行编辑。

属性介绍区域将介绍当前编辑内容的介绍。

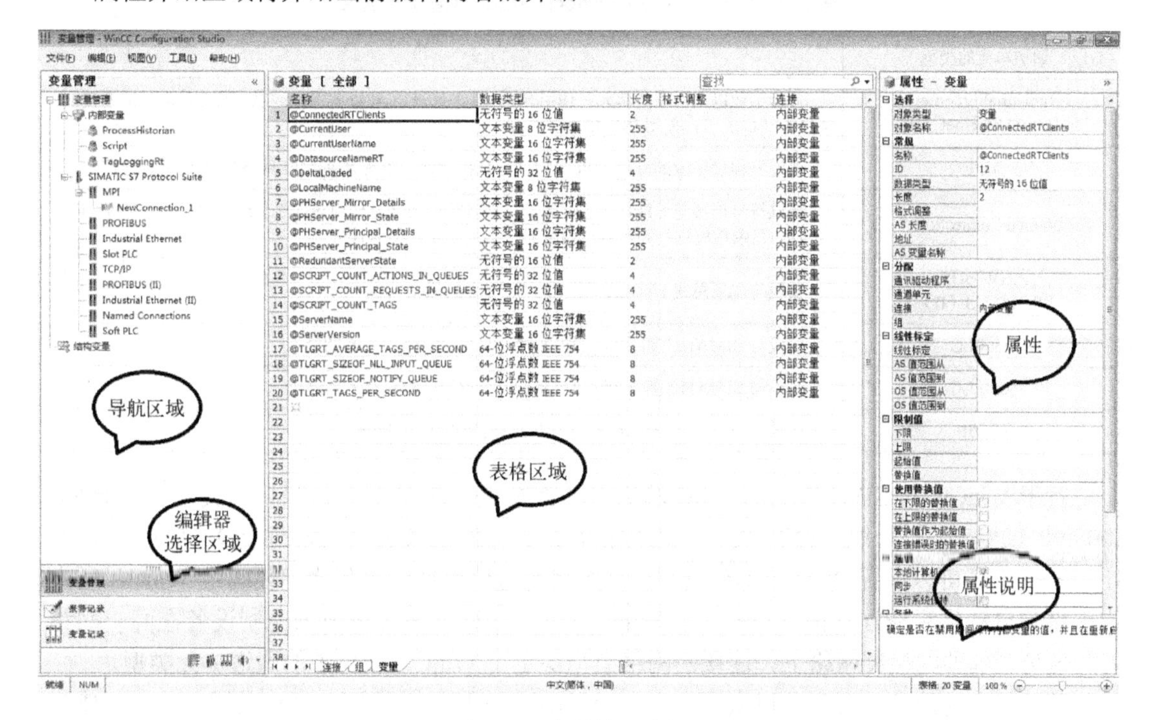

图 2-14　变量管理编辑器

以介绍连接“NewConnection_1”为例介绍建立连接的相关步骤。

右键单击“导航区域”中“变量管理”项，选择添加新的驱动程序，选择“SIMATIC S7 Protocol Suite.chn”，添加后的变量管理目录如图 2-15 所示。单击所显示的驱动程序前的“+”，将显示当前驱动程序所有可用的通道单元，其含义如表 2-2 所示。通道单元可用于建立与多个自动化系统的逻辑连接。逻辑连接表示与单个已定义的自动化系统通信的接口。

图 2-15　变量管理目录

表 2-2　SIMATIC S7 Protocol Suite 通道单元含义

通道单元的类型	含　义
Industrial Ethernet Industrial Ethernet（II）	皆为工业以太网通道单元，使用 SIMATIC NET 工业以太网，通过安装在计算机的通信卡与 S7 PLC 通信，使用 ISO 传输层协议
MPI	通过编程设备上的外部 MPI 端口或计算机上通信处理器在 MPI 网络与 PLC 进行通信
Named Connections	通过符号连接与 STEP 7 进行通信。这些符号连接是使用 STEP 7 组态的，且当与 S7-400 的 H/F 冗余系统进行高可靠性通信时，必须使用此命名连接
PROFIBUS PROFIBUS（II）	实现与现场总线 PROFIBUS 上的 S7 PLC 的通信
Slot PLC	实现与 SIMATIC 基于 PC 的控制器 WinAC Slot 412/416 的通信
Soft PLC	实现与 SIMATIC 基于 PC 的控制器 WinAC BASIS/RTX 的通信
TCP/IP	通过工业以太网进行通信，使用的通信协议为 TCP/IP

对于 WinCC 与 SIMATIC S7 PLC 的通信，首先要确定 PLC 上通信口的类型，对于 S7-300/400 CPU 至少集成了 MPI 接口，还有的集成了 DP 口或工业以太网接口（PN 口）。此外，PLC 上还可以配置 PROFIBUS 或工业以太网的通信处理器。其次，要确定 WinCC 所在计算机与自动化系统连接的网络类型。WinCC 所在计算机既可与现场控制设备在同一网络上，也可在单独的控制网络上。连接的网络类型决定了 WinCC 项目中的通道单元类型。

计算机上的通信卡有工业以太网卡和 PROFIBUS 网卡，插槽有 ISA 插槽、PCI 插槽和 PCMCIA 槽，通信卡有 Hardnet 和 Softnet 两种类型。Hardnet 卡有自己的微处理器，可减轻 CPU 的负荷，可同时使用两种以上的通信协议，Softnet 卡没有自己的微处理器，同一时间只能使用一种通信协议。表 2-3 列出了通信卡的类型。

表 2-3　计算机上的通信卡类型

通信卡型号	插 槽 类 型	类　型	通 信 网 络
CP5412	ISA	Hardnet	PROFIBUS/MPI
CP 5611	PCI	Softnet	PROFIBUS/MPI
CP5613	PCI	Hardnet	PROFIBUS/MPI
CP5611	PCMCIA	Softnet	PROFIBUS/MPI
CP1413	ISA	Hardnet	工业以太网
CP1412	ISA	Softnet	工业以太网
CP1613	PCI	Hardnet	工业以太网
CP1612	PCI	Softnet	工业以太网
CP1512	PCMCIA	Softnet	工业以太网

此处以 MPI 通信方式为例介绍外部变量的建立。选中图 2-15 的“MPI”项，右键单击选择“新建连接”，输入新变量的名称“NewConnection_1”，右键点击变量名，单击“连接参数”按钮，打开图 2-16 所示的“连接参数”对话框，输入控制器的站地址、机架号、插槽号等，注意 S7-300 CPU 的插槽号为 2，其他根据相应的配置输入正确的参数。

在 WinCC V7.4 中可直接在表格区域中新建变量以及组，并对其属性进行编辑。变量组类似于一个文件夹，可直接在连接下的通信驱动程序目录中创建过程变量的变量组。变量组中只能创建变量。一个变量组不能包含另一个变量组，即不能嵌套。

在此处设置 S7 PLC 中变量对应的地址为数据块的 DB1 的 DBW0，设置如图 2-17 所示。变量对应的地址可以是位内存（M）、输入（I）、输出（Q）和数据块（DB）等。若选择变量类型为“原始数据变量”，则在地址属性对话框下部将出现附加的选项。

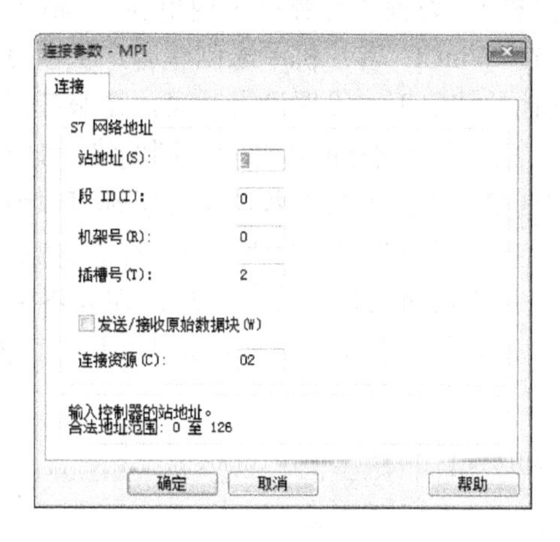

图 2-16 “连接参数”对话框

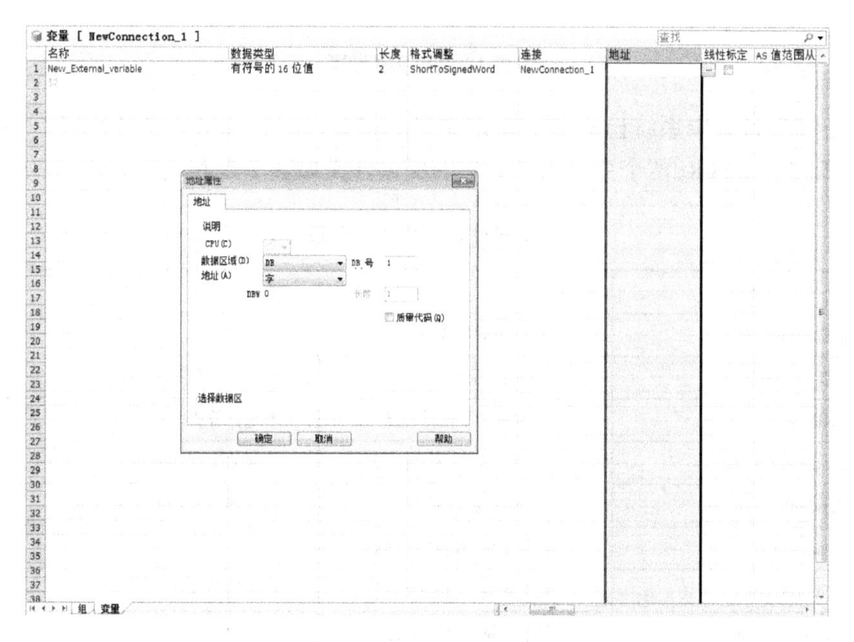

图 2-17 地址属性

如果希望以不同于自动化系统所提供的过程值进行显示，可以使用线性标定，勾选“线性标定”项并输入过程值范围和变量值范围，其含义为：当过程值为 0 时，变量值为 0；当过程值为 1000 时，变量值为 100。按照这种线性关系进行标定。线性标定没有规定过程值和变量值的上、下限，当过程值为 2000 时，对应于变量的值为 200。

就此，一个外部变量就新建完成，并保存在相应的文件夹中。

2.2.2 内部变量

图 2-11 中，右键单击“内部变量”选择“新建组”建立一个组，组的建立便于变量的管理，在表格区中完成新的内部变量的建立与属性的编辑。

对于内部变量，除了可以指定变量的名称和变量的数据类型外，还可以确定变量更新的类型（对整个项目/本地计算机）。设置“计算机本地更新”，则在多用户系统中变量的改变仅对本地计算机生效。如果在 WinCC 客户机中未创建客户机项目，则更新的设置类型仅与多用户系统相关。在所有其他的情况下，设置没有效果。在服务器上创建的内部变量始终是对整个项目更新。在 WinCC 客户机上创建的内部变量则始终是对本地计算机更新。

除二进制变量外，外部变量和内部变量的数值型变量都可以设定上限值和下限值。使用限制值，可以避免变量的数值超出所设置的限制值。当过程值超出上限值和下限值的范围时，WinCC 将使数值变为灰色，且不再对其进行任何处理。在表格区域中选择“上限”和“下限”复选框，激活相应上限和下限的文本框，输入所期望的上、下限值，如图 2-18 所示。

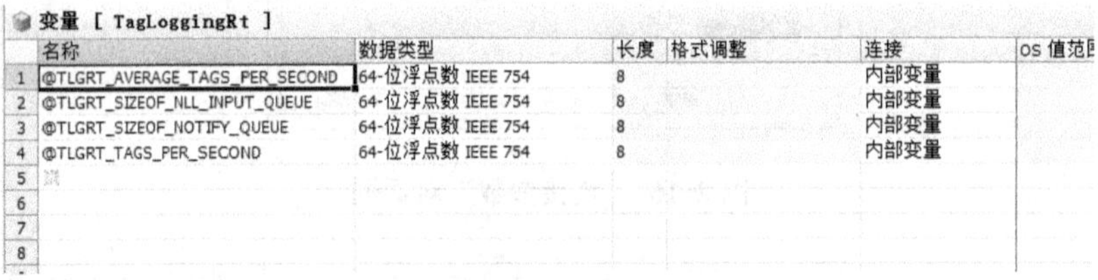

变量 [TagLoggingRt]

	名称	数据类型	长度	格式调整	连接	OS 值范围
1	@TLGRT_AVERAGE_TAGS_PER_SECOND	64-位浮点数 IEEE 754	8		内部变量	
2	@TLGRT_SIZEOF_NLL_INPUT_QUEUE	64-位浮点数 IEEE 754	8		内部变量	
3	@TLGRT_SIZEOF_NOTIFY_QUEUE	64-位浮点数 IEEE 754	8		内部变量	
4	@TLGRT_TAGS_PER_SECOND	64-位浮点数 IEEE 754	8		内部变量	
5						
6						
7						
8						

图 2-18 上下限设置

“内部变量”目录中系统已自带一些定义好的变量，其含义如表 2-4 所示。另外，还包括 Script 和 TagLoggingRt 两个变量组，其中的变量含义如表 2-5 和表 2-6 所示。

表 2-4 系统定义的内部变量含义

变量名称	类型	含义
@CurrentUser	文本变量 8 位字符集	用户 ID
@DeltaLoaded	无符号 32 位数	指示下载状态
@LocalMachineName	文本变量 8 位字符集	本地计算机名称
@ConnectedRTClients	无符号 16 位数	连接的运行客户机
@RedundantServerState	无符号 16 位数	显示该服务器的冗余状态
@DatasourceNameRT	文本变量 16 位字符集	
@ServerName	文本变量 16 位字符集	服务器名称
@CurrentUserName	文本变量 16 位字符集	完整的用户名称

表 2-5 脚本相关的内部变量含义

变量名称	类型	含义
@SCRIPT_COUNT_TAGS	无符号 32 位数	通过脚本请求的变量的当前数量
@SCRIPT_COUNT_REQUESTS_IN_QUEUES	无符号 32 位数	请求的当前数量
@SCRIPT_COUNT_ACTIONS_IN_QUEUES	无符号 32 位数	正等待处理的动作的当前数目

表 2-6　变量记录相关的内部变量含义

变量名称	类　型	含　义
@TLGRT_SIZEOF_NOTIFY_QUEUE	64 位浮点数	此变量包含 ClientNotify 队列中条目的当前数量，所有的本地趋势和表格窗口通过此队列接收当前数据
@TLGRT_SIZEOF_NLL_INPUT_QUEUE	64 位浮点数	此变量包含了标准 DLL 队列中条目的当前数量，此队列用于存储通过原始数据变量建立的值
@TLGRT_TAGS_PER_SECOND	64 位浮点数	此变量每秒周期性地将变量记录的平均归档率指定为一个归档变量
@TLGRT_AVERAGE_TAGS_PER_SECOND	64 位浮点数	此变量在启动运行系统后，每秒周期性地将变量记录的平均归档率的算术平均值指定为一个归档变量

2.2.3　系统信息

WinCC 的 System Info 通道通信程序下的 WinCC 变量专门用于记录系统信息。系统信息中的通道功能包括：在过程画面中显示时间，通过在脚本中判断系统信息来触发事件，在趋势图中显示 CPU 负载，显示和监控多用户系统中不同服务器上可用的驱动器的空间，触发消息等。

系统信息通道可用的系统信息如下：

① 日期、时间：以 8 位字符集表示的文本型变量，可用各种不同的表示格式。

② 年、月、日、星期、时、分、秒、毫秒：16 位无符号数变量，星期也可以 8 位字符集的文本变量来表示。

③ 计数器：有 32 位数，可设置起始值和终止值，这种类型变量按从最小更新周期加 1 计数。

④ 定时器：有 32 位数，可设置起始值和终止值，这种类型变量按每秒加 1 计数。

⑤ CPU 负载：32 位浮点数，可显示 CPU 负载时间或空闲时间的百分比。

⑥ 空闲驱动器空间：32 浮点数，可表示本地硬盘或软盘的可用空间或可用空间百分比。

⑦ 可用的内存：32 浮点数，可表示空闲的内存量或内存量百分比。

⑧ 打印机监控：无符号 32 位数，可显示打印机的一些状态信息。

组态系统信息无需另外的硬件或授权。右键单击“变量管理”选择“添加新的驱动程序”，继续选择“System Info.chn”，则变量管理中增加了“System Info”项，在表格区域建立新的变量和对变量进行编辑。编辑系统信息在“函数”栏选择变量的信息类型，在“格式化”栏选择信息的显示方式，如图 2-19 所示。

注意系统信息变量不算作外部变量。

2.2.4　结构变量

结构类型变量为一个复合型变量，包括多个结构元素。要创建结构类型变量必须先创建相应的结构类型。

右键单击图 2-14 变量管理编辑器中的“结构变量”选择“新结构类型”，建立新的结构变量。在表格区可以添加不同属性的变量包括内部变量和外部变量并对变量进行编辑，如图 2-20 所示。结构类型中的元素也可以进行线性标定。

创建结构类型后，就可以创建相应的结构类型变量。其方法与前面类似，只是选择变量类型时不是选择简单的数据类型，而是选择相应的结构类型。创建结构类型变量后，每个结构类型变量将包含多个简单变量。结构类型变量的使用与普通变量一样。

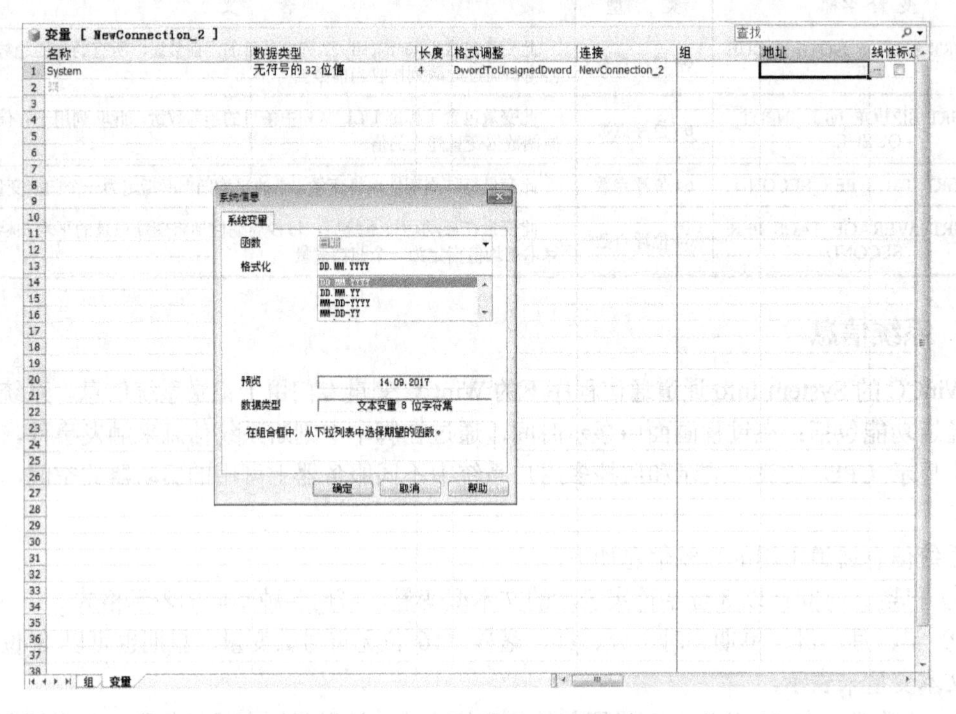

图 2-19 “系统信息”对话框

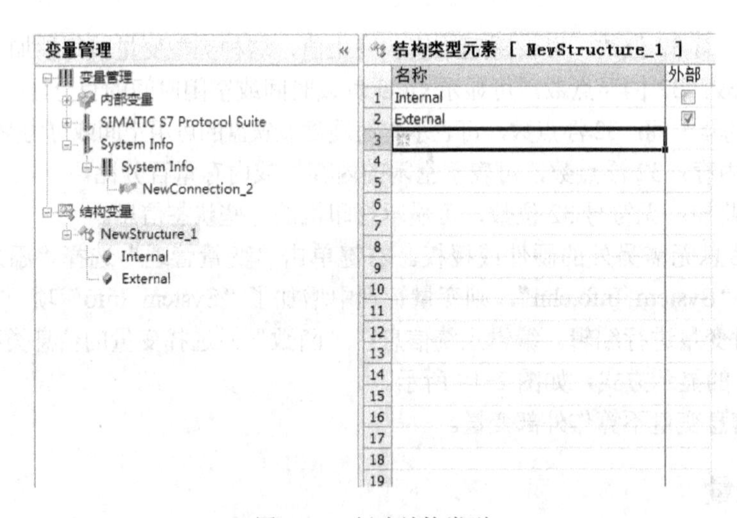

图 2-20 创建结构类型

2.2.5 通信诊断

通信诊断用于查明并清除 WinCC 和自动化系统间的通信故障。

1. 通讯连接的状态

通常在运行系统中会首先识别出在建立链接时发生的故障或错误。在一个项目中，

WinCC 站上的通道单元可能对应多个连接，一个连接下有多个变量。如果是通道单元下的所有连接都有故障，那么首先应检查此通道单元对应的通信卡的设置和物理连接。如果只是部分连接有问题，而通信卡和物理连接是好的，那么应检查所建立连接的设置，即检查连接属性中的站地址、网络段号、PLC 的 CPU 模块所在的机架号和槽号等是否正常。如果连接都正常，而故障表现在某个连接下的部分变量，则这些变量的设定地址有误。

在项目激活状态下，单击 WinCC 项目管理器菜单“工具→驱动程序连接状态”，将打开“状态-逻辑连接”对话框，此对话框将显示所有建立的逻辑连接的连接状态是否正确。

2. 通道诊断

WinCC 提供了一个工具软件 Channel Diagnosis（通道诊断）。在运行系统中，WinCC 通道诊断为用户既提供激活连接状态的快速浏览，又提供有关通道单元的状态和诊断信息。

通过选择“开始→Siemens Automation→SIMATIC→WinCC→Channel Diagnosis”可以打开通道诊断应用程序，也可以将通道诊断作为 ActiveX 控件插入到 WinCC 画面或其他应用程序中。

默认情况下，WinCC 图形编辑器的对象选项板中未包含此控件。在图形编辑器中选择对象选项板的“控件”选项卡，右击“对象选项板”的空白区域，从快捷菜单中选择 WinCC Channel Diagnosis Control 项，并激活复选框。单击“确定”按钮，则 WinCC Channel Diagnosis Control 控件出现在“控件”选项卡上。

3. 变量的诊断

在运行系统的变量管理器中，可用查询当前变量的质量代码和变量改变的最后时刻来进行变量的诊断。

在 WinCC 项目激活状态下，将鼠标指针指向要诊断的变量，出现的工具提示显示该变量的当前值、质量代码以及变量的最后一次改变的时间。通过质量代码可查出变量的状态信息。如果质量代码为 80，表示变量连接正常；如果质量代码不为 80，可通过质量代码表来查找原因。

2.3 建立一个画面

下面插入一个画面，在画面上显示内部变量 NewTag 的值。

在项目管理器中右键单击“图形编辑器”目录，选择“新建画面”，即在显示区建立了一个名称为 NewPdl0.Pdl 的画面文件，右键单击该文件可以修改其名称。双击该画面文件，即启动图形编辑器，如图 2-21 所示。关于图形编辑器的详细介绍将在第 3 章进行。

从图 2-21 所示“标准”项中单击“输入/输出域”对象将其拖拉到编辑区，并出现一个“I/O 域组态”对话框，如图 2-22 所示，单击“变量”项旁边的…图标，选择新建的 NewTag 内部变量，“更新”项的变量更新时间改为“根据变化”，“类型”选择为“输出和输入”，“字体大小”改为“36”等。

图 2-22 中，“输出”类型是指该 I/O 域只能显示，无法输入编辑，而“输入”类型则只输入，无法显示更新后的值，“输入输出”类型既可以输入也可以输出。

保存后即可以关闭图形编辑器。

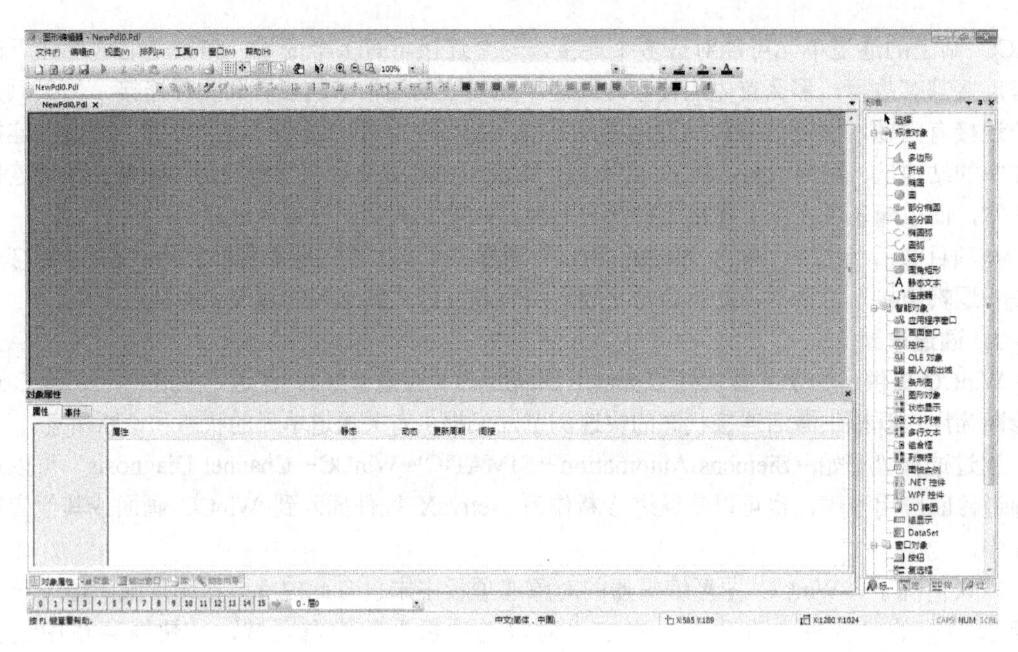

图 2-21　图形编辑器

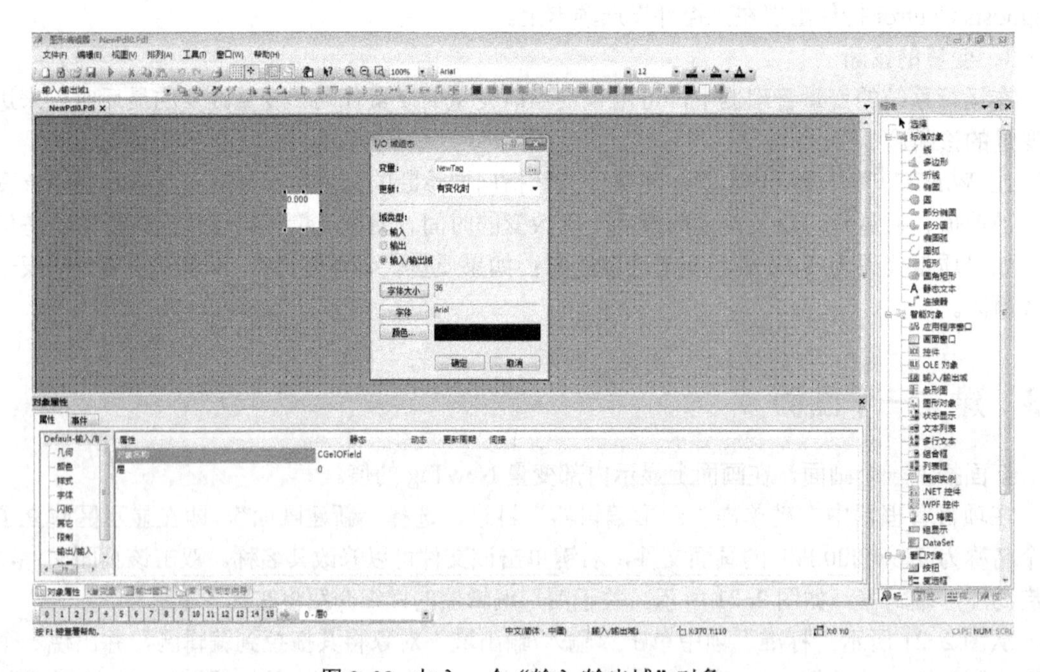

图 2-22　加入一个“输入/输出域”对象

2.4　设置起始画面及运行界面

在图 2-6 中右键单击“计算机”选择“属性”，打开图 2-23 所示“计算机列表属性”对话框，选中相应计算机，单击“属性”按钮，打开图 2-24 所示“计算机属性”对话框，它包含 5 个选项卡。“常规”选项卡列出了当前的计算机名称和计算机类型。

注意：从另外一台计算机上复制的 WinCC 项目，需要将该项目如图 2-24 所示的“计算机名称”更改为当前计算机的名称。对项目中的计算机名称进行了修改，必须关闭项目后再重新打开才能生效。

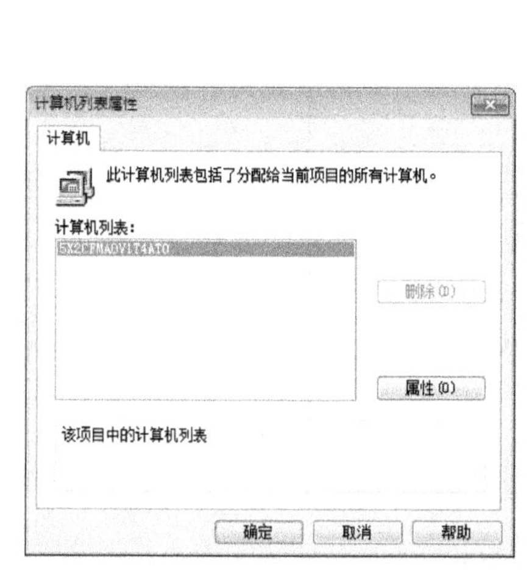

图 2-23 “计算机列表属性”对话框

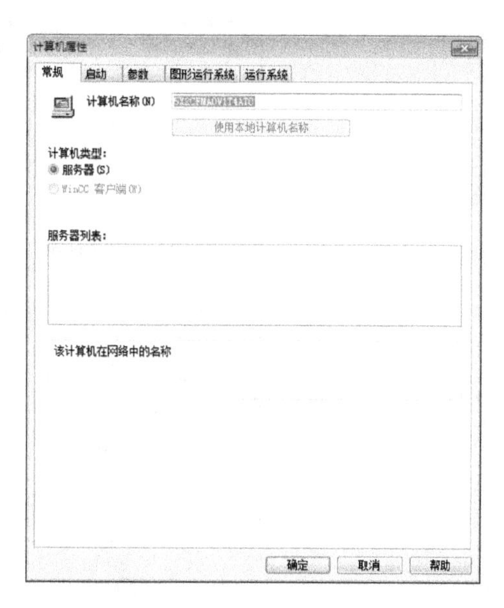

图 2-24 “计算机属性”对话框

“启动”选项卡可以设置 WinCC 运行时各个系统以及附加的任务/应用程序，可以单击图 2-25 中的“添加...”按钮添加其他需要的应用程序。

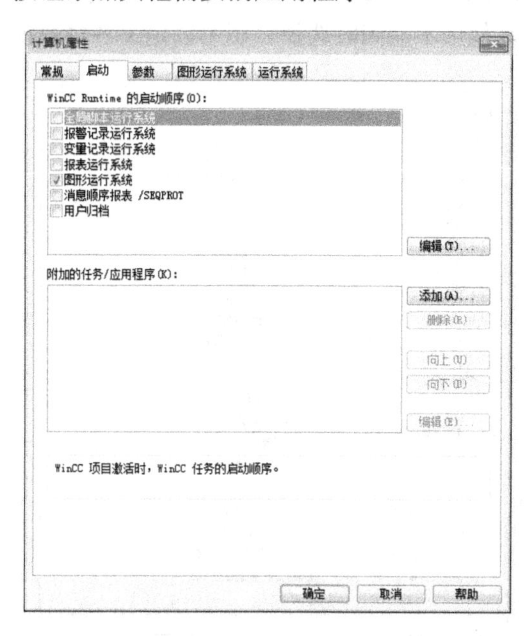

图 2-25 “启动”选项卡

"参数"选项卡如图 2-26 所示，可以设置 WinCC 运行时的语言和默认语言。若将"禁止键"项下的相应组合键勾选，则 WinCC 运行时该组合键不起作用。另外，还可以设置 PLC 时钟及运行时显示时间的时间基准等。

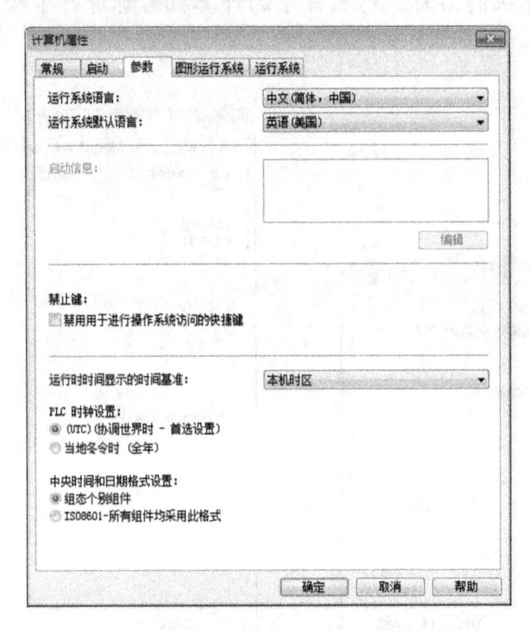

图 2-26 "参数"选项卡

"图形运行系统"选项卡如图 2-27 所示，可以设置 WinCC 运行时的启始画面，单击"浏览"按钮选择前面编辑的画面"NewPdl0.Pdl"。"窗口属性"项中可以勾选运行时图形画面上的相应功能，本例将标题、边框、最大化、最小化、滚动条、状态栏、适应画面大小等项全部勾选，注意全屏和其他项不能同时选择。还可以定义各种热键。

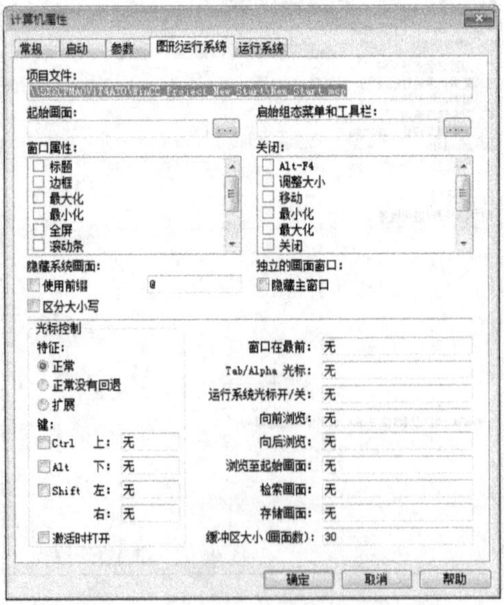

图 2-27 "图形运行系统"选项卡

"运行系统"选项卡如图 2-28 所示，可以定义 VBS 画面脚本和全局脚本的调试特性，还可设置是否启用监视键盘（软件键盘）等选项。

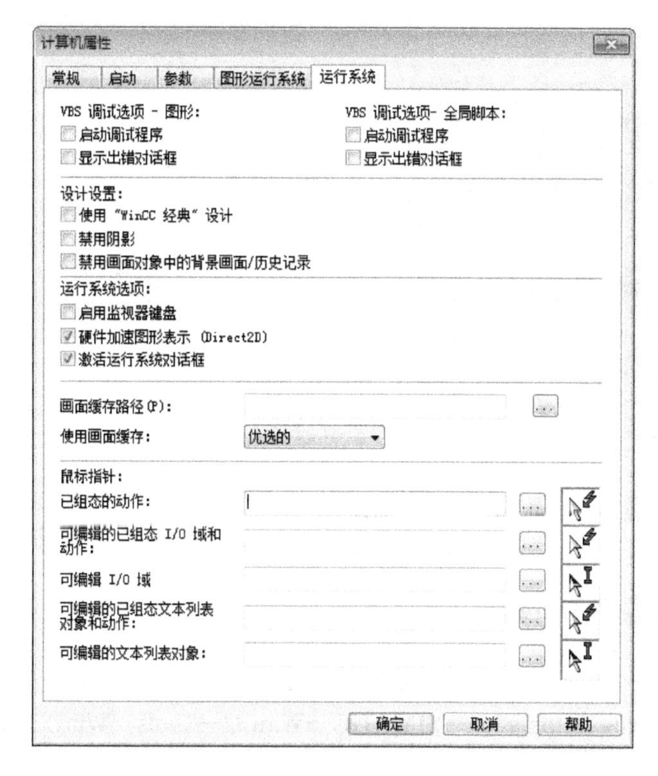

图 2-28 "运行系统"选项卡

2.5 运行项目

单击 WinCC 项目管理器工具栏的▶（激活项目）图标，WinCC 将按照"计算机属性"对话框中所选择的设置来运行项目，如图 2-29 所示，可以在"I/O 域"中输入相关变量的值。

对于多用户项目，必须首先启动所有服务器上的运行系统，之后才可启动 WinCC 客户机上的运行系统。对于冗余系统，应首先启动主服务器上的运行系统，再启动备份服务器上的运行系统。

单击 WinCC 项目管理器工具栏的■（取消激活项目）图标，取消激活项目，WinCC 运行系统窗口关闭，退出运行系统。

当一个项目投入正常运行后，可以设置在启动 Windows 操作系统后自动运行 WinCC 项目。

选择"开始→所有程序→Siemens Automation→SIMATIC→WinCC→AutoStart"，打开"AutoStart 组态"对话框，如图 2-30 所示，单击□按钮添加项目，并勾选"自动启动激活"，确定即可完成自启动。

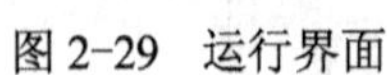

图 2-29　运行界面

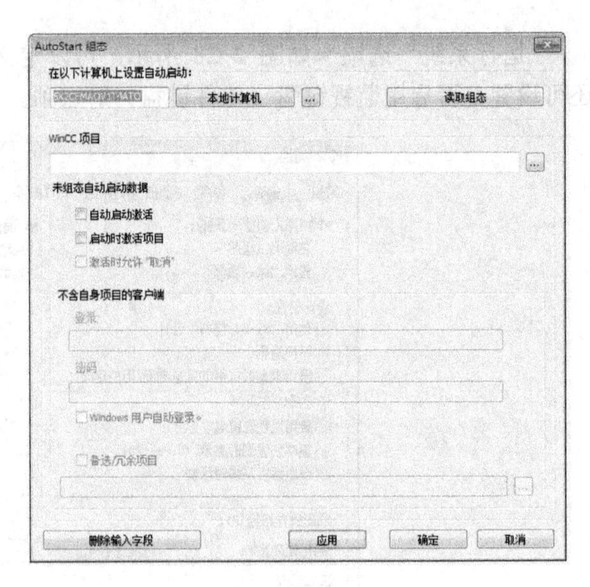

图 2-30　设置自动启动 WinCC

2.6　使用内部变量仿真器

WinCC 提供了一个仿真工具"WinCC TAG Simulator"用于内部变量的仿真，单击"开始→所有程序→Siemens Automation→SIMATIC→WinCC→Tools→WinCC TAG Simulator"可以打开，如图 2-31 所示。

它包括"Lists of Tags"和"Properties"两个选项卡。单击"Edit"菜单"New Tag"项增加前面新建的"NewTag"变量来对其进行仿真，则变量"NewTag"添加显示在"Properties"选项卡中，如图 2-32 所示。

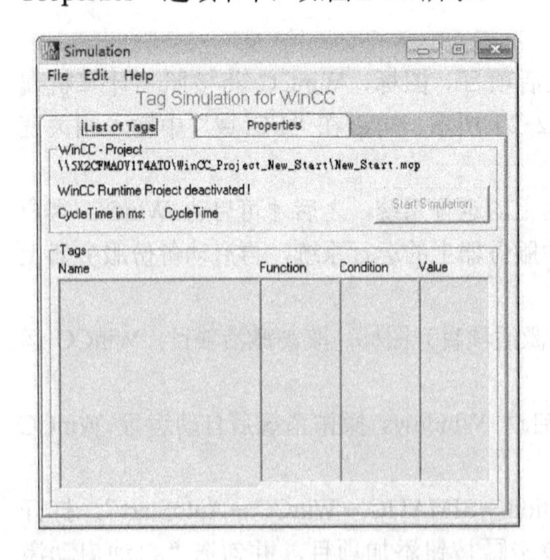

图 2-31　"WinCC TAG Simulator"仿真工具

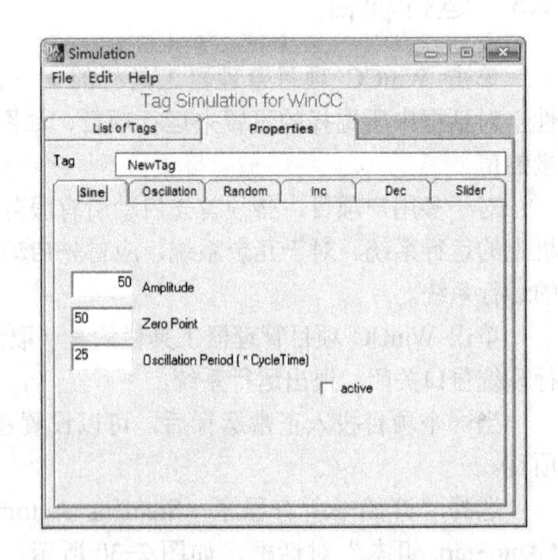

图 2-32　添加 NewTag 变量以便仿真

"WinCC TAG Simulator"仿真工具提供了"Sine、Osicillation、Random、Inc、Dec 和

Slider”（正弦、振荡、随机、增加、减少和滚动条）六种仿真算法，分别输入各种模型的相关参数，勾选图 2-32 所示的“active”项，单击图 2-31 所示的“Start Simulation”按钮，即开始变量的仿真，在“Lists of Tags”选项卡可以监视仿真的变量，如图 2-33 所示。

此时查看图 2-29 的运行界面，就发现 I/O 域连接的变量的数值在变化了。

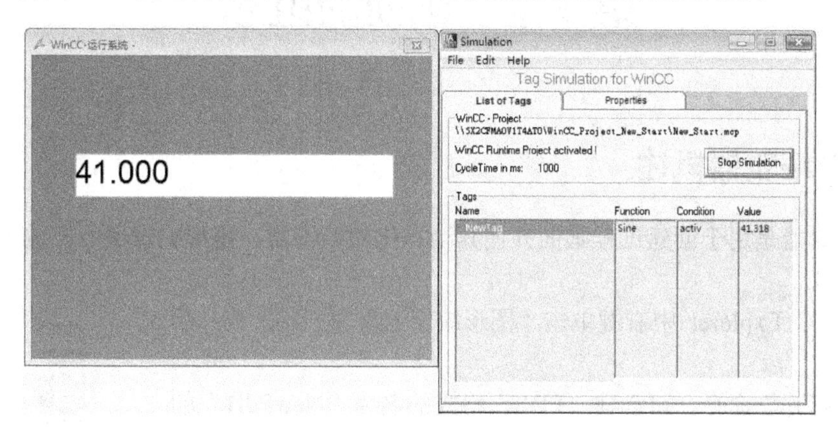

图 2-33 监视仿真的变量

2.7 习题

1．熟悉 WinCCExplorer 软件的界面。

2．说说 WinCC 三种项目类型的异同。

3．WinCC 中变量的数据类型包括哪些？

4．分别新建内部变量、外部变量和结构变量。

5．新建一个画面，在其上添加两个 I/O 域，设置不同的数据类型并进行模拟仿真。

第3章 画面的组态

3.1 图形编辑器概述

图形编辑器是用于创建过程画面并使其动态化的编辑器。图形编辑器所能编辑的画面的扩展名为 PDL。

在 WinCC Explorer 中右键单击“图形编辑器”，打开图 3-1 所示对话框。

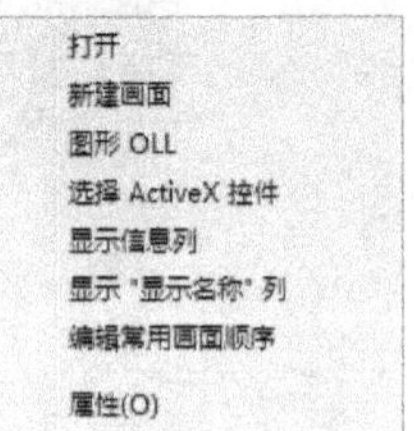

图 3-1 右键单击“图形编辑器”

选择“打开”命令，可创建“PDL”格式的名为“NewPdl1”的新画面，并使用图形编辑器将其打开。

选择“新建画面”命令，可创建“PDL”格式的新画面。新画面将显示在数据窗口中。将为新画面自动分配一个顺序名称。之后可以更改此名称。

选择“图形 OLL”命令将打开“对象 OLL”对话框，如图 3-2 所示。对话框指示哪个对象库可用于图形编辑器。可以为当前项目组态对象选择。通过“搜索...”(Search...) 按钮，可在当前项目中使用其他对象库中的对象。

选择“选择 ActiveX 控件”命令打开“选择 OCX 控件”对话框，如图 3-3 所示。该对话框显示在操作系统中注册的所有 ActiveX 控件。红色复选标记将指示在图形编辑器对象选项板的“控件”(Controls) 选项卡中显示的控件，还可以为图形编辑器提供其他控件。例如集成 Windows 控件或外部控件，然后在项目中使用这些控件。

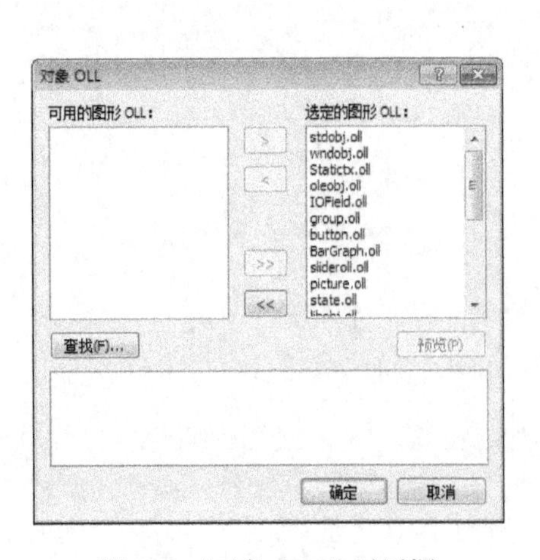

图 3-2 “对象 OLL”对话框

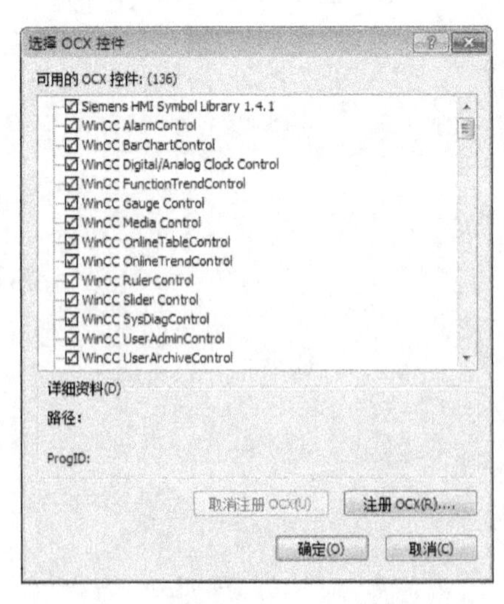

图 3-3 选择 OCX 控件对话框

WinCC 项目管理器数据窗口中的“显示列信息”条目用于显示列信息。此列中的条目显示相应画面的创建方法。

“显示‘显示名称’列”通过“显示名称”（Display names）条目显示在 WinCC 项目管理器的数据窗口中。如果已为过程画面组态显示名称，则该名称以 WinCC 用户界面语言显示。

常用画面在数据窗口中采用星号标记。可通过此条目更改常用画面的顺序。

“属性”（Properties）窗口提供图形编辑器的最重要属性和设置的总览。

注意：高版本 WinCC 所创建的过程画面在低版本的 WinCC 中不可用。

3.1.1 图形编辑器的组成

图形编辑器由图形程序和用于表示过程的工具组成。基于 Windows 标准，图形编辑器具有创建和动态修改过程画面的功能。相似的 Windows 程序界面可以让用户很容易地开始使用复杂程序。直接帮助提供了对问题的快速回答。用户可建立个人的工作环境。

打开的图形编辑器界面如图 3-4 所示，图形编辑器由图形程序和各种各样的工具组成。可以在菜单栏中选择“视图”→“工具栏”，设置打开或隐藏各种工具和选项板。

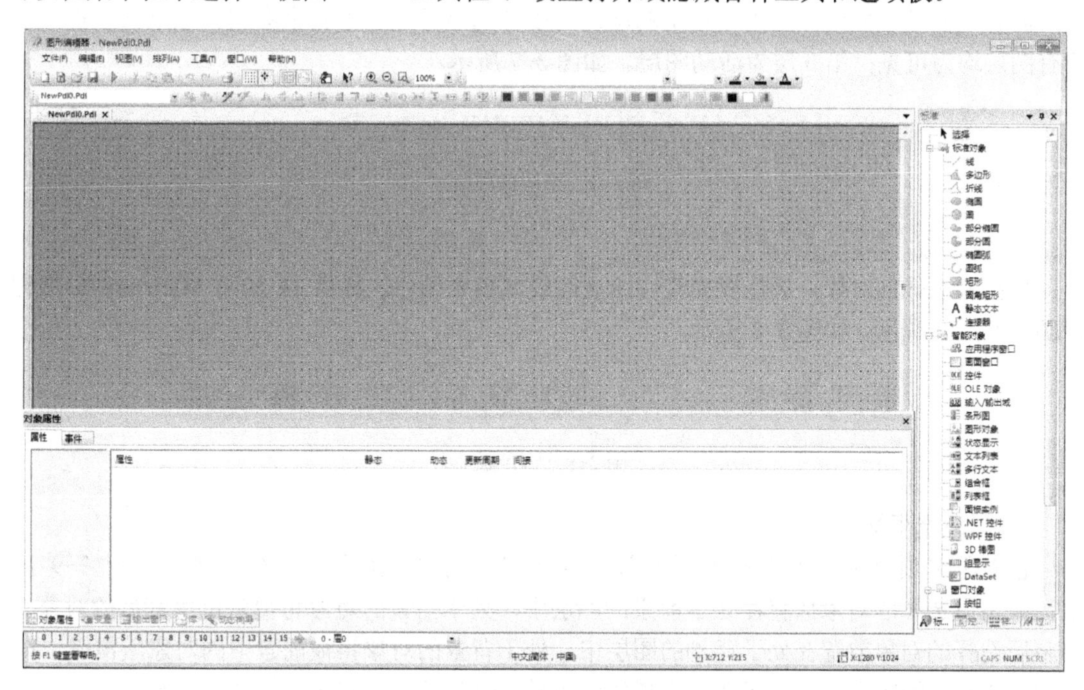

图 3-4　图形编辑器界面

图形编辑器由以下组件组成：工作区、菜单栏、选项板、选择窗口、状态栏。

1．工作区

中间的空白处为工作区。工作区中，水平方向为 x 轴，垂直方向为 y 轴，画面左上角为画面的坐标原点，其坐标为 x=0，y=0。坐标以像素为单位。

2．标准工具栏

标准工具栏包括常用的新建、保存、运行画面、撤回等，如图 3-5 所示。

图 3-5 标准工具栏

3．对齐选项板

对齐选项板如图 3-6 所示。对齐选项板必须应用于两个及两个以上的项目。

对齐：选定对象向左、向右、向上或向下对齐。

居中：选定对象水平或垂直居中。

分散对齐：选定对象沿水平或垂直方向均匀分散。最外面的对象保持不变。

调整宽度或高度：将调整所选对象的宽度或高度以达到相互匹配。

图 3-6 对齐选项板

4．图层选项板

为了简化在复杂的过程画面中处理单个对象，图形编辑器允许使用图层。例如，过程画面的内容最多可以横向分配为 32 个图层。可以分别显示或隐藏各个图层。在默认设置中，所有图层均为可见；第 0 层为活动图层。如图 3-7 所示。

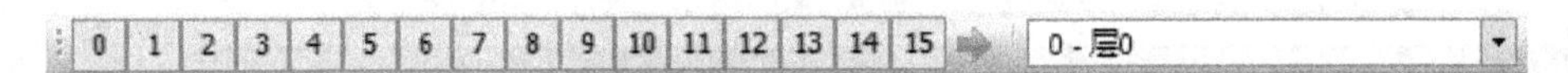

图 3-7 图层选项板

5．调色板

根据所选择的对象，调色板允许快速更改线或填充颜色。提供 16 种与 Microsoft 标准程序颜色匹配的颜色。如图 3-8 所示。

图 3-8 调色板

6．对象选项板

在对象选项板中，通过选择画面或画面中的对象来修改属性或编辑对象。如图 3-9 所示，将所选择的对象放置在处于前景的图层中，处于前景的对象将覆盖位于其后的对象。将所选择的对象放置在处于背景的图层中，处于背景的对象将被前景中的对象所覆盖。复制一个对象的线条和颜色属性以将其传送到另一个对象。将一个对象的属性分配给另一个对象。该功能只有在属性已复制的情况下才有效。以垂直中心轴镜像所选对象。如果选择了很多对象，则在每种情况下都应用单个对象的中心轴。以水平中心轴镜像所选对象。如果选择了很多对象，则在每种情况下都应用单个对象的中心轴。将所选对象沿中心点顺时针旋转 90°。如果选择了很多对象，则在每种情况下都应用单个对象的中心点。

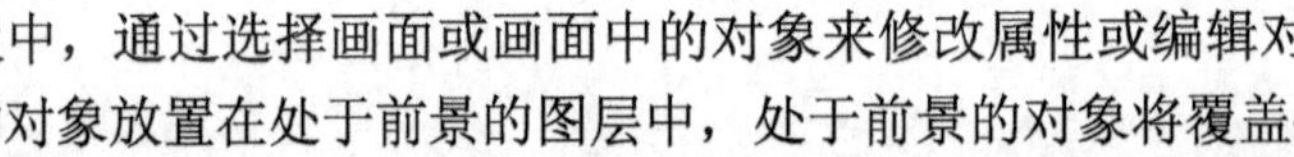

图 3-9 对象选项板

7．字体选项板

在字体选项板中可以通过字体选项改变如下文本属性：字符集、字符集大小、边框颜色、背景色、字体颜色。字体选项板如图 3-10 所示。

图 3-10　字体选项板

8．状态栏

状态栏的信息包含：当前设置的语言、活动对象的名称、激活的对象在画面中的位置、键盘设置。可以通过“视图>工具栏”（View>Toolbars）显示或隐藏状态栏。状态栏如图 3-11 所示。

图 3-11　状态栏

9．缩放选项板

通过缩放选项板选择所需的缩放系数。使用该图标缩小或放大或者输入百分比值。若要缩小过程画面的某个部分，选择“部分缩放”（Zoom section）。然后将选框拖动至所需大小。过程画面窗口的纵横比保持不变。缩放选项板如图 3-12 所示。

图 3-12　缩放选项板

10．输出窗口

输出窗口在保存画面时显示与组态有关的信息、错误和警告。例如，双击消息选择相应画面对象或包含相应脚本的对象属性。可将输出窗口中的条目复制到剪贴板。输出窗口如图 3-13 所示。

图 3-13　输出窗口

11．库

图形编辑器的库是一种用于对创建过程画面所使用的图形对象进行保存和管理的通用工具。“全局库”（Global Library）提供了多种预定义的图形对象，这些对象可作为库对象插入画面中，并根据需要进行组态。图形对象（例如机器和工厂组件、测量设备、操作员控制元素和建筑物）在文件夹中按主题进行排列。“项目库”（Project Library）允许构建项目特定的库。通过创建文件夹和子文件夹可按主题对对象进行排序。库如图 3-14 所示。

12．控件

“控件”选择窗口默认显示常用的控制对象。控件分为以下三组：ActiveX 控件用于对测量值和系统参数进行监控与可视化。NET 控件是任意供应商提供 Microsoft.NETFramework 版本 2.0 或更高版本的控件元素。WPF 控件是任意供应商提供的 Microsoft.NETFramework 版本 3.0 或更高版本的控件元素。“控件”选择窗口如图 3-15 所示。

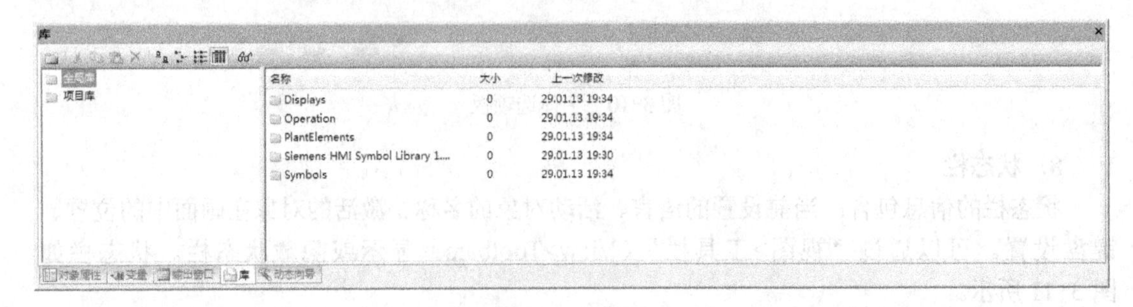

图 3-14　库

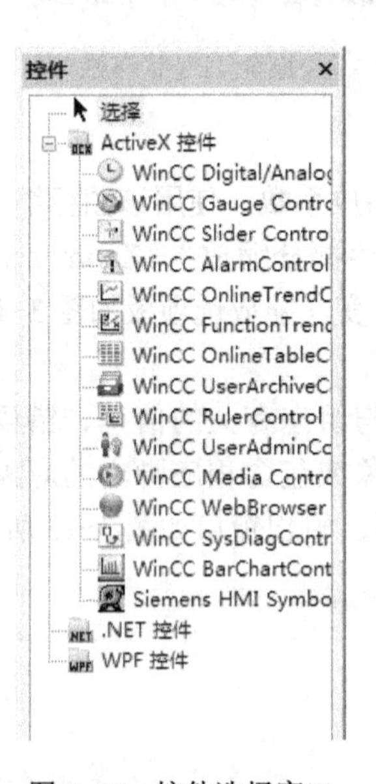

图 3-15　控件选择窗口

13. 动态向导

动态向导提供大量的预定义 C 动作以支持频繁重复出现的过程的组态。C 动作按标签窗体中的主题排序。根据所选对象类型的不同，各个标签的内容会不同。如图 3-16 所示。

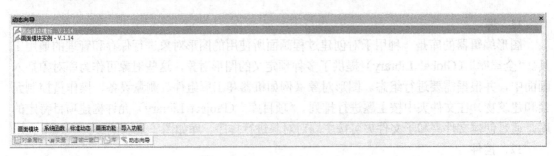

图 3-16　动态向导

14．过程画面

“过程画面”（Process pictures）选择窗口如图 3-17 所示，可显示项目“GraCS”文件夹下的所有画面和面板。将新文件复制到文件夹后，选择窗口中的内容将立即更新。双击选择窗口中的条目，可以打开所选画面。当画面较多时可使用文件过滤器，输入过滤字母串，则选择窗口立即仅显示含过滤字母串的画面。

15．标准

“标准”选择窗口提供了多种常用于过程画面的对象类型。共划分为以下几个对象组：

- 标准对象。例如，线、多边形、圆、矩形、静态文本。
- 智能对象。例如，应用程序窗口、画面窗口、I/O 域、棒图、状态显示。
- Windows 对象。例如，按钮、复选框、选项组、滚动条对象。
- 管对象等。

“标准”对话框如图 3-18 所示。

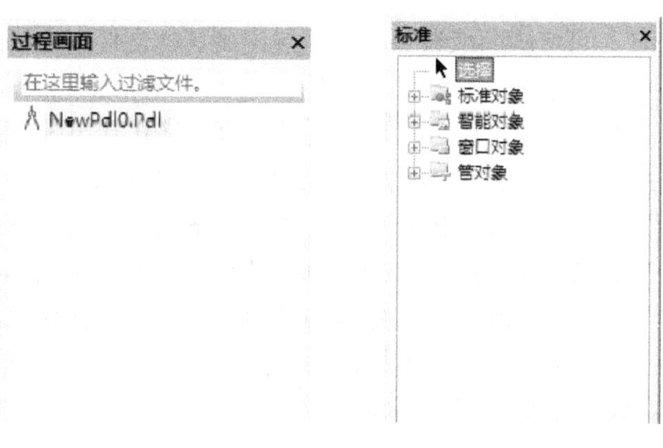

图 3-17　过程画面　　图 3-18 “标准”对话框

16．样式

可以在“样式”（Styles）选择窗口中更改线类型、线宽、线末端和填充图案。

- 线型：包括不同的线表现形式，例如虚线或点画线。
- 线宽：决定线的宽度。线粗细按像素指定。
- 线末端：所显示的线末端形状，例如箭头或圆形。
- 填充图案：支持为封闭对象选择透明式或方格式的显示背景。

如图 3-19 所示。

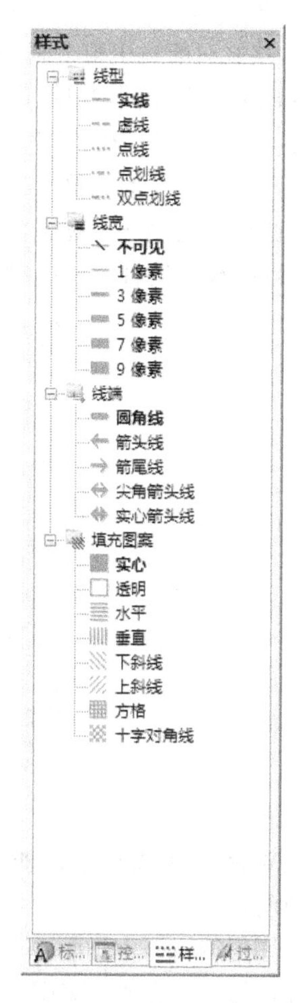

图 3-19　样式

17．变量

借助“变量”选择窗口可快速地将过程变量链接到对象。“变量”选择窗口中列有项目中所有可用变量以及内部变量。可以使用过滤器、更改视图以及更新连接器。通过按住鼠标按钮，可以将右边窗口中的变量拖动到“对象属性”窗口中的对象属性上。“变量”选择窗口如图 3-20。

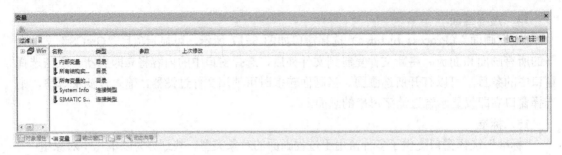

图 3-20 “变量”选择窗口

3.1.2 画面的基本操作

图形编辑器中，画面是一张绘图纸形式的文件，存放在项目目录的 GraCS 子目录下，扩展名为 PDL。

通过图形编辑器菜单“文件→导出”，可将画面或选择的对象导出到其他文件中。导出的文件格式可为图元文件（.wmf）和增强型图元文件（.emf），但是以此两种文件格式导出的对象，动态设置和一些对象的指定属性将丢失。还可以以程序自身的 PDL 格式导出画面。以 PDL 格式只能导出整个画面，而不是所选择的对象，但此时画面的动态效果都可以保留。对象导出后，在如图 3-18 所示“标准”对话框上选择智能对象上的“状态显示”或“图形对象”，便可显示导出的对象。当把通过 WinCC 导出的对象添加到画面上时，对象不会失真。

从“标准”对话框的“标准对象”中单击“圆”对象并拖动到画面编辑区，并释放，即可在画面上绘制一个圆图案，如图 3-21 所示，可以用鼠标拖动其到理想的位置，操作非常 Windows 化。同样方法绘制一个矩形对象，如图 3-21 所示。

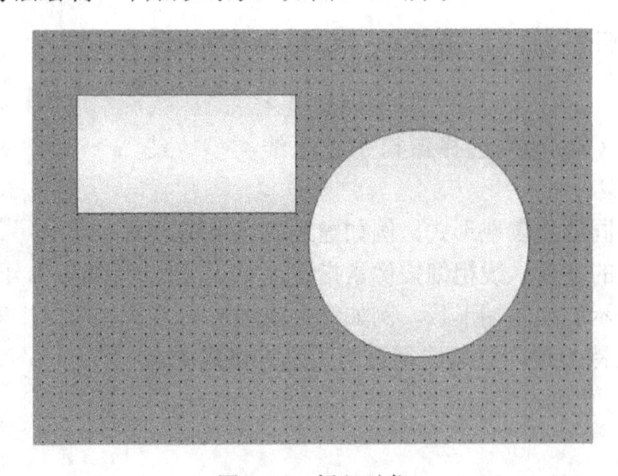

图 3-21 插入对象

WinCC 的图形编辑器提供很多工具用于画面对象的组态，在此通过一个简单的实例进行说明。

图形编辑器中画面由 32 个可放置对象的图层组成，对象总是添加到激活的图层中，可以通过修改对象的“图层”属性将其放置于其他图层。

打开画面时，32 个图层全部显示，如图 3-22 所示，数字符号呈现按下状态表示此图层显示，激活的图层在右侧的下拉列表中显示，可以看出，当前激活的图层为 0 层。

图 3-22 图层

组态对象时，可以将重叠的对象放置于不同的图层上，在图形编辑器中隐藏部分图层，从而避免对象的重叠，方便了对象的组态。图 3-21 中设置圆对象的图层为 1，在图形编辑器中隐藏图层 1，则当前的画面中只显示矩形对象。

为了美观，放置在画面上的对象需要进行排列对齐，可以使用对齐选项板，如图 3-23 所示。如果该工具栏没有显示，通过菜单“视图→工具栏”打开工具栏对话框，勾选对齐即可。将鼠标放置于工具栏相关按钮上，系统将出现该按钮的含义提示。

图 3-23 对齐工具栏

如需要将图 3-21 两个对象进行中间对齐，选中两个对象，可以按住〈Shift〉键同时一个一个单击所需对象或者按住鼠标左键拖动选中所有对象，单击对齐工具栏图标（水平居中），则这两个对象中间对齐，如图 3-24 所示。

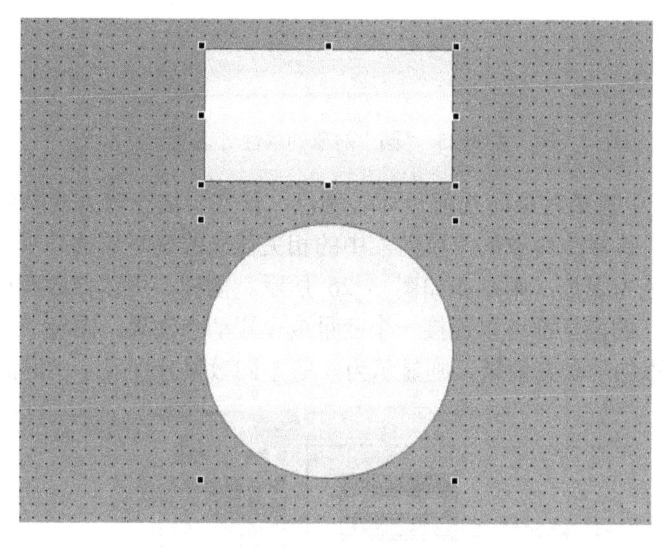

图 3-24 对齐对象

当需要将多个对象当作一个整体使用时，可以使用“组对象”。右键单击图 3-21 选中的所有对象，选择“组对象→编组”，则完成了组对象的编组，此时所选对象就成为一个对象了。

可以用鼠标拖动边缘标记到新的位置来改变对象的大小，也可以在属性对话框中修改“宽度”和“高度”值来改变对象的大小。

选中一个对象，单击工具栏按钮中的图标可以将所选对象顺时针 90 度旋转一次；单击图标和图标则分别将所选对象水平翻动和垂直翻动一次。

选中一个对象，单击右键选择“剪切、复制和粘贴”可以分别对该对象进行相应的操作，选择“复制对象”则自动复制一个对象到画面中。

3.2 画面对象的属性

双击画面中的对象或右键单击选择属性，可以打开图 3-25 所示的“对象”属性对话框，此处以圆对象为例。可以看到：对象属性对话框包括“属性”和“事件”两个选项卡。

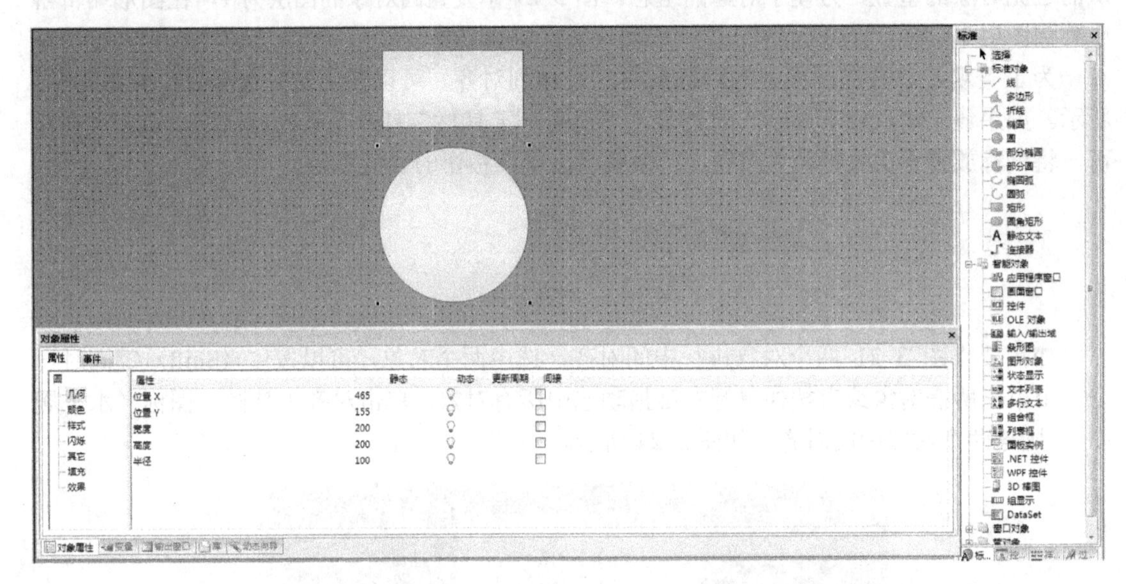

图 3-25 “圆”对象的属性对话框

“属性”选项卡中包括对象的几何尺寸、颜色、样式、填充等外观特性，定义对象是如何出现在画面上。可以修改对象的“属性”中的相关值来改变对象的外观，如修改圆的背景颜色为红色，线颜色为绿色，则操作如图 3-26 所示。同样，可以修改圆的几何位置、大小等。任何拥有图标 的属性都可以连接一个变量或设置动态效果，图标 表示该属性尚未添加动态效果，如果添加了动态效果，则显示为 等不同效果分别表示不同的动态。

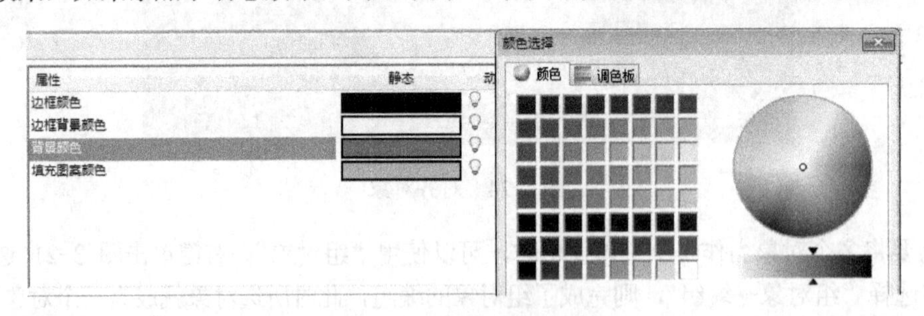

图 3-26 设置背景颜色

不同对象具有不同的默认属性，可以更改对象的默认属性。选中对象选项板中要改变默认属性的对象，单击鼠标右键选择“属性”，可以打开对象的默认属性对话框，更改为期望的属性，下次使用该对象时即为更改后的默认属性。

“事件”选项卡包括对象的鼠标、键盘等操作设置及对象属性引发的动作设置等，如

图 3-27 所示。可以为各种“事件”添加相应的动作和动态效果。

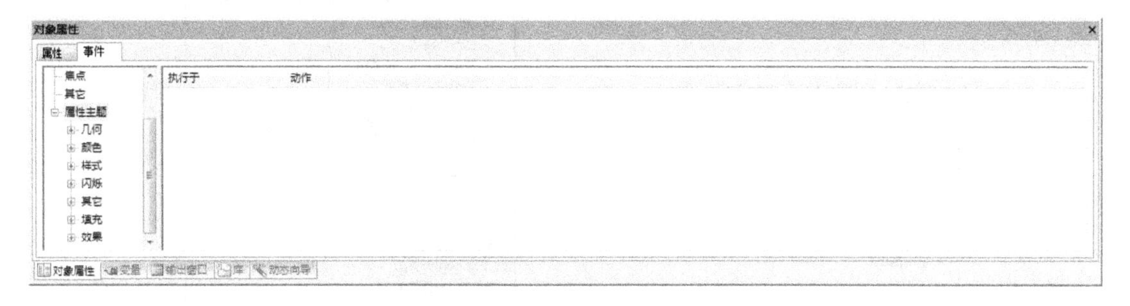

图 3-27 “事件”选项卡

对于画面大小的设置，只需在画面编辑区的空白处单击右键，就可以在属性对话框中对画面的属性进行编辑，如图 3-28 所示，“属性”选项卡“画面对象→几何”中的“画面宽度”和“画面高度”就对应了画面的大小，根据需要修改此二者的值即可。这两个数值默认情况下对应了计算机的分辨率。

对象属性

属性 事件

画面对象：几何、颜色、样式、其它、背景画面、效果

属性	静态	动态	更新周期	间接
画面宽度	1280			□
画面高度	1024			□
网格开	是			
网格宽度	10			
网格高度	10			

对象属性 变量 输出窗口 库 动态向导

图 3-28 画面属性对话框

3.3 组态动态的几种方法

通常需要采用一些动态效果模拟现实的生产过程。WinCC 画面中的动态效果可以由多种方法来实现，主要包括：组态对话框、动态向导、变量连接、动态对话框、直接连接、C 动作、VBS 动作等。

3.3.1 组态对话框

第 2 章画面组态拖动输入/输出域到画面时，会自动打开组态对话框，如图 3-29 所示。可以通过是否勾选图 3-30 所示的“设置”对话框的“选项”选项卡中的“使用组态对话框”复选框来设置当插入具有组态对话框的对象时，“组态对话框”窗口是否自动打开。如果复选框取消，则对象以标准设置插入。无论复选框是否选中，组态对话框都可以通过该对象右键快捷菜单“组态对话框…”打开。

具有组态对话框的对象包括“智能对象”中的控件、I/O 域、条形图、图形对象、状态显示、文本列表和“Windows 对象”中的按钮、滚动条对象。

下面以几个例子说明组态对话框的使用。

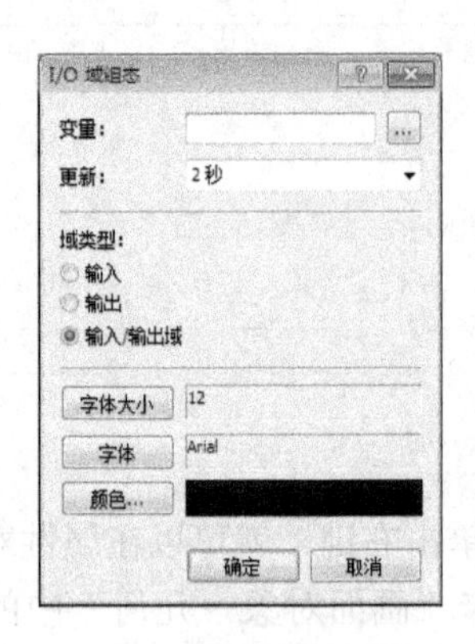

图 3-29　输入/输出域的组态对话框

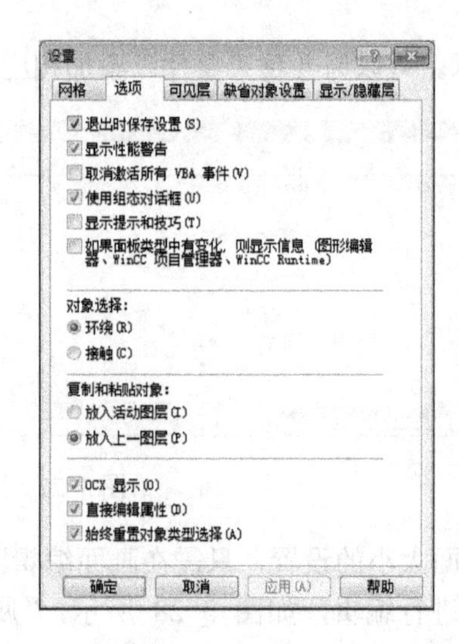

图 3-30　“设置”对话框的“选项”选项卡

1．组态滚动条

在画面上组态一个滚动条，从“标准”对话框中的“窗口对象”中拖动“滚动条”对象到画面编辑区时，自动出现如图 3-31 所示的组态对话框，输入期望连接的变量，更新周期，滚动条的限制值及方向等。

2．组态文本列表

使用文本列表，当变量 Tag1=0 时，显示文本“系统未工作”，当 Tag1=1 到 25 时，显示“加热器未工作”，当 Tag1>25 时，显示“加热器开始工作”。

新建变量 Tag1，在画面编辑区插入文本列表，按照图 3-32 所示组态文本列表。

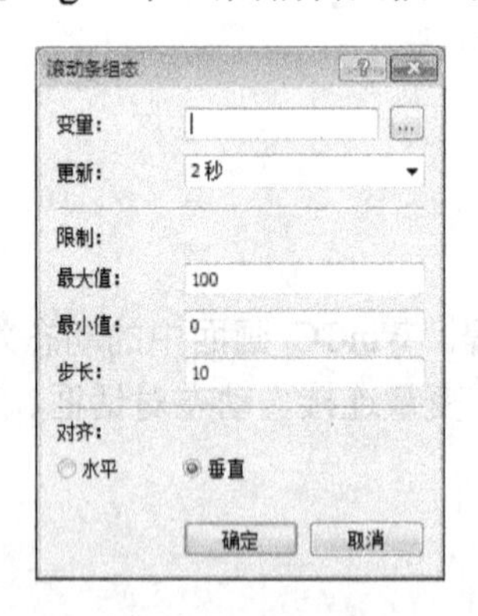

图 3-31　滚动条组态对话框

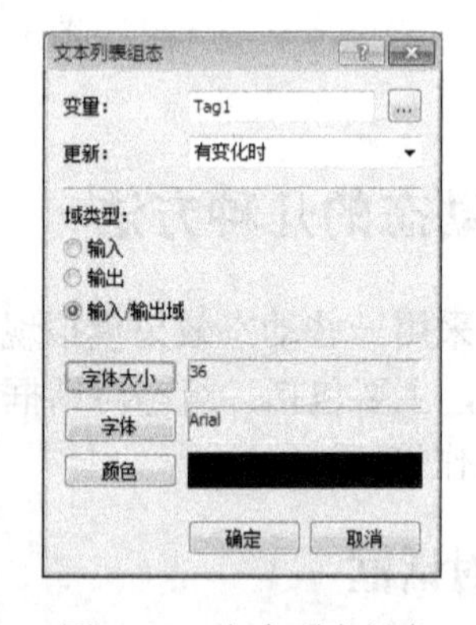

图 3-32　文本列表组态

在属性编辑栏中选择“输出/输入”项中的分配，如图 3-33 所示，双击打开图 3-34 所示的“文本列表分配”对话框。

按照图 3-34 组态“文本列表分配”对话框。

范围类型分为单一值、从数值、到数值、取值范围。单一值相当于“=”，从数值相当于“>”，到数值相当于“<”，取值范围相当于“<x<”。在相应的值域内输入期望的数值，在文本中输入期望的文本内容，单击“附件”按钮则将当前设置填入到显示框中，若需要修改显

示框中的值域或文本，则需要在“值范围属性”中修改，单击“更改”按钮进行更新修改。选择显示框中的项，单击“删除”按钮，可以删除相应的项。

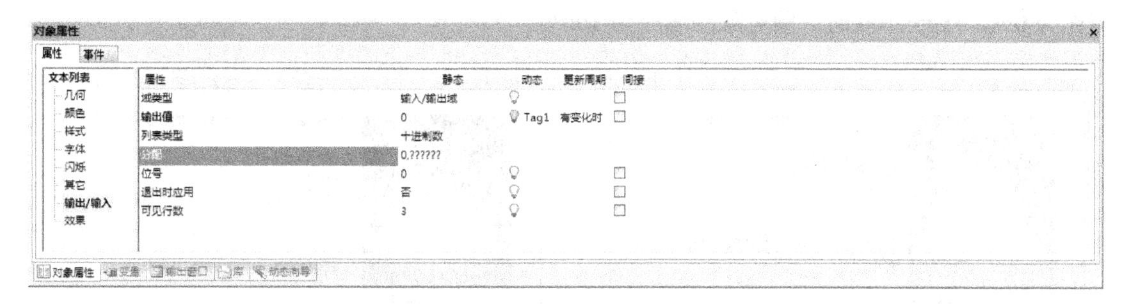

图 3-33　文本列表属性

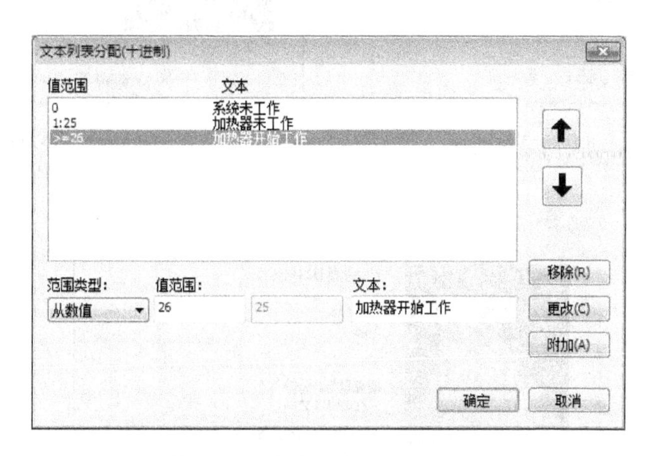

图 3-34　“文本列表分配”对话框

激活项目运行测试。

3.3.2　动态向导

在画面编辑区新建一个“退出 WinCC Runtime”按钮，如图 3-35 所示。

图 3-35　新建按钮

选定新建的按钮后，在动态向导编辑界面找到“退出 WinCC Runtime”功能按键，双击“退出 WinCC Runtime”，出现图 3-36 所示的欢迎使用向导对话框，可以勾选“不再显示此页”，再次使用动态向导时，将不再显示此对话框。单击图 3-36 中“下一步”按钮，进入选择触发器对话框，如图 3-37 所示，选择鼠标左键作为触发器。

单击图 3-37 中“下一步”按钮，单击完成。运行项目测试一下。

下面再给出一个使用动态向导完成圆对象的填充的例子。

新建变量 Tag5，在画面中绘制一个圆，双击动态向导中的“Standard Dynamics→Fill

object”，打开动态向导对话框，选择变量触发，在图 3-38 所示的对话框中选择变量“Tag5”，指定圆对象的填充效果对应的 Tag5 的取值范围，此处表示当 Tag5=0 时，圆对象的填充为 0%，Tag5=100 时，圆对象的填充为 100%。

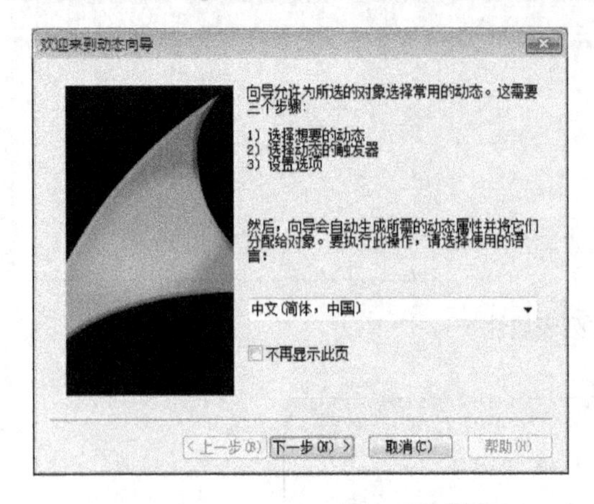

图 3-36　欢迎使用动态向导对话框

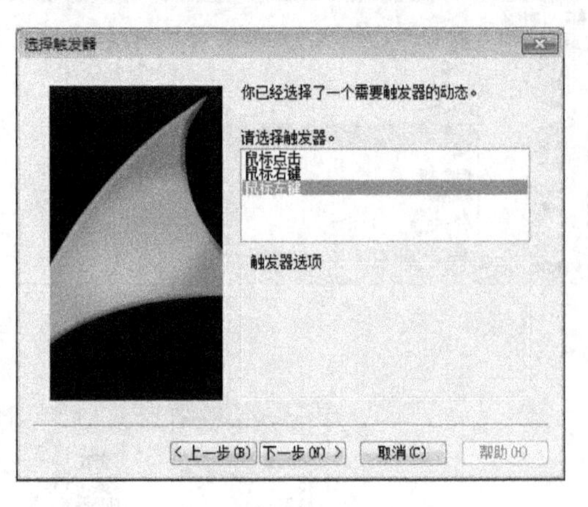

图 3-37　选择触发器

图 3-38　设置参数

激活项目，观察结果如图 3-39 所示。

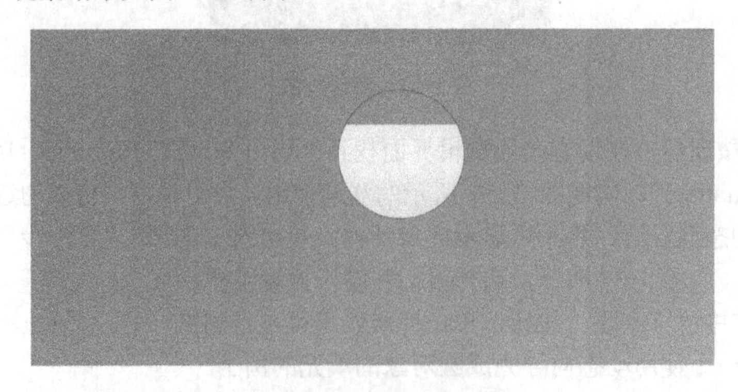

图 3-39　圆形填充效果

3.3.3 动态对话框

动态对话框允许定义某个对象属性的行为根据所给表达式的值变化。表达式可以是一个变量这样简单的表达式，也可以是复杂的算术操作运算、C 功能返回值或两者的结合等。实际上，动态对话框是一个简化的脚本编程，根据用户输入的信息将其转化为 C 脚本程序。动态对话框只能用于组态对象的属性，不能用于对象的事件。动态对话框需要一个触发器才能执行。

下面以实现根据变量 Tag1 来填充一个矩形对象的填充量为例演示动态对话框的使用。拖动一个矩形对象到画面编辑区，在属性编辑区选择“填充”，如图 3-40 所示。右键单击“填充量”后面的图标，选择“动态对话框...”，出现图 3-41 所示的动态对话框界面。

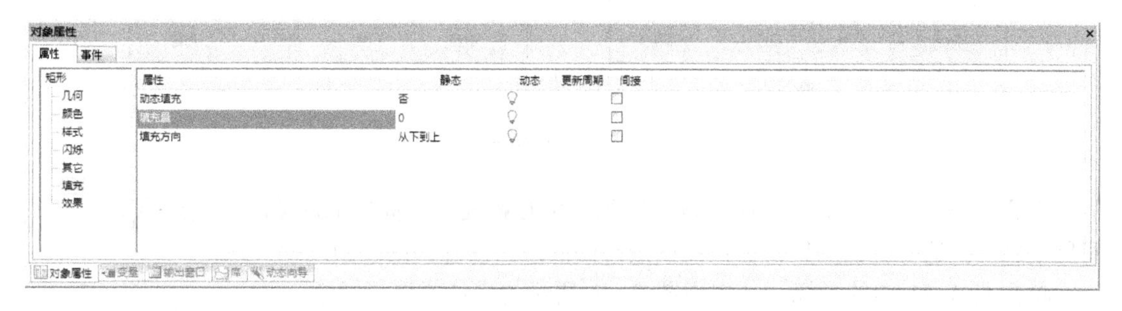

图 3-40 矩形对象属性

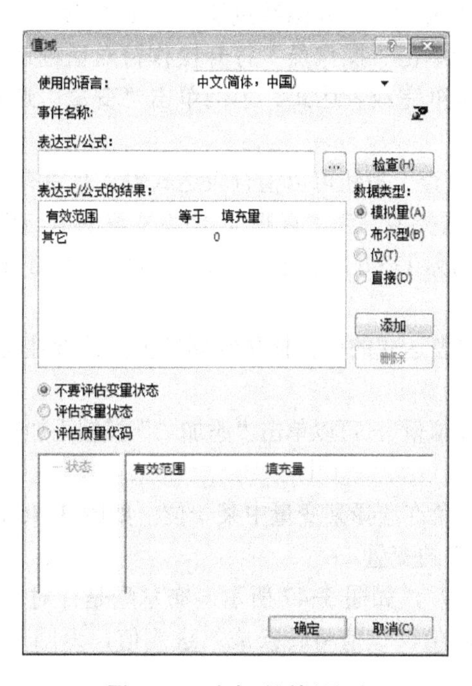

图 3-41 动态对话框界面

单击图 3-41 中的图标，打开触发器选择对话框，如图 3-42a 所示。动态对话框的触发器可以以时间为基，也可以以变量为基。本例选择触发事件为“变量”，变量名“Tag1”，标准周期“有变化时”，如图 3-42b 所示。单击“确定”按钮返回。

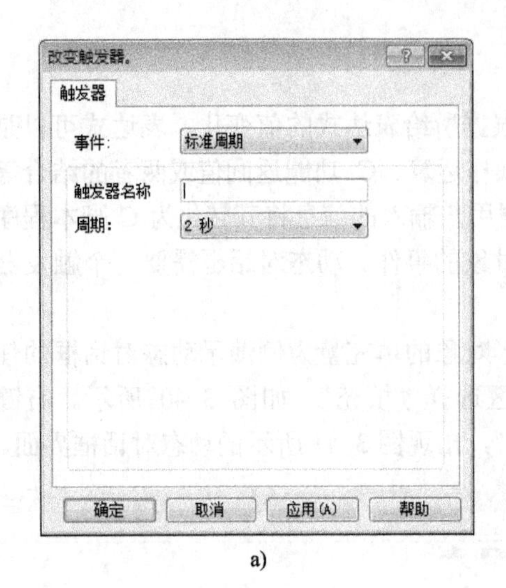

a)

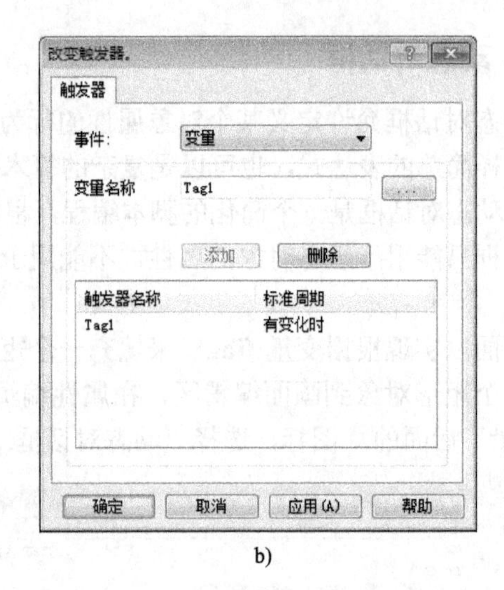

b)

图 3-42　选择触发器

选择触发器为变量时，每次变量值发生变化时触发；选择标准周期时，则按照所选的时间周期触发；选择画面周期或窗口周期则与画面或当前窗口的刷新周期一致。

单击图 3-41 中的图标…，出现图 3-43 所示的表达式选择对话框。表达式可以是一个变量，单击“变量”打开变量选择对话框选择相应的变量；或者单击“函数”打开函数浏览器，如图 3-44 所示，选择适当的函数；或者单击“操作员”打开操作符对话框选择合适的“+，-，*，/”操作符完成表达式。本例单击“变量”选择 Tag1 变量。

图 3-43　表达式选择对话框

单击图 3-41 所示的“检查”按钮可以检查表达式输入是否有误。

选择图 3-41 中的“数据类型”为“直接”，即将变量的值与矩形对象填充量百分比关联起来。单击“应用”按钮生成组态好的动态对话框，可以发现图 3-40 中的图标变为图标，表示动态效果连接好。

数据类型为“直接”将表达式的值直接传给属性值，需要注意的是确保表达式的数据类型和属性的相匹配。

“数据类型”选择为“模拟量”，可以单击“添加…”按钮添加数值范围，示意图如图 3-45 所示。

“数据类型”为“位”，允许选择某变量中某一位，如图 3-46 所示。注意：“位”数据类型仅适用于 1 个字节/字/双字的变量。

“数据类型”为“布尔型”，如图 3-47 所示。布尔型是针对二进制而言的，如果变量或表达式数据类型不是二进制值，该值将转换成二进制值，返回一个最小的有意义的数字布尔值。

双击图 3-40 中的“动态填充”属性后的“否”，将其变为“是”，这样才能使能动态填充。

运行画面即可观察到动态效果。

【例 3-1】 如果根据布尔型变量 Tag2 的 0/1 状态使圆形对象的背景色分别为红色和蓝

色，同时静态文本分别显示关闭和打开。

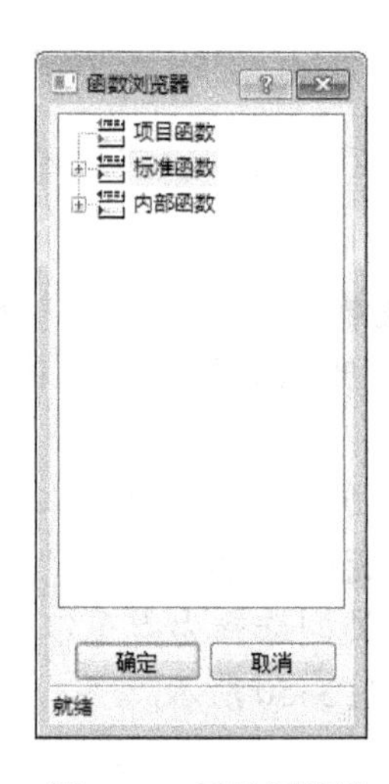

图 3-44　函数浏览器

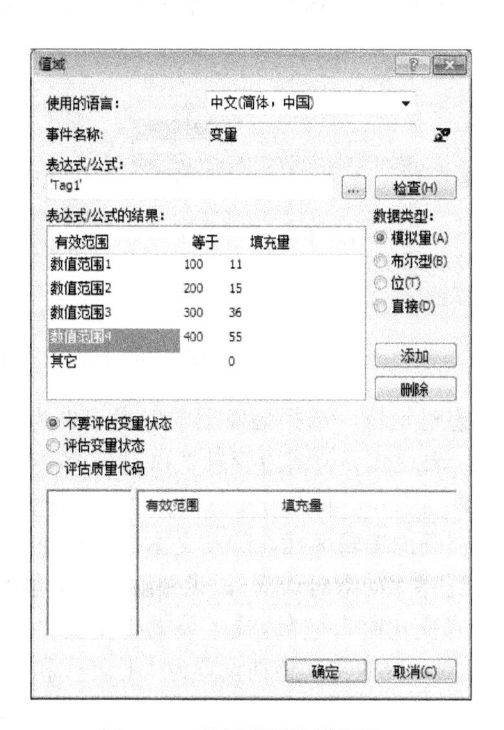

图 3-45　数据类型为模拟量

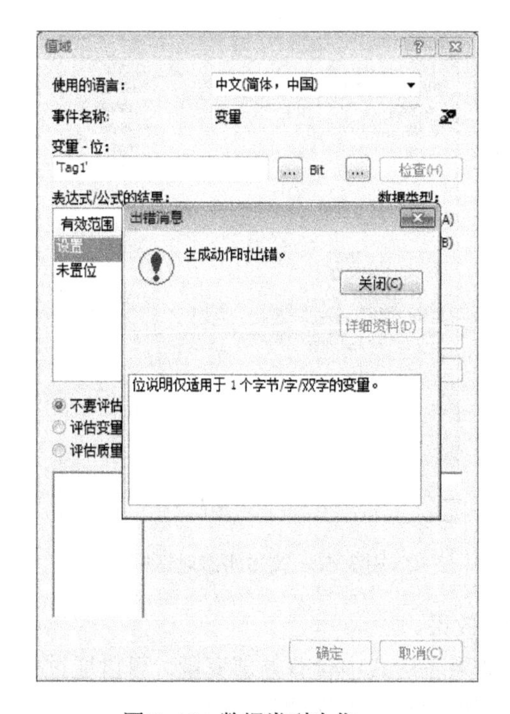

图 3-46　数据类型为位

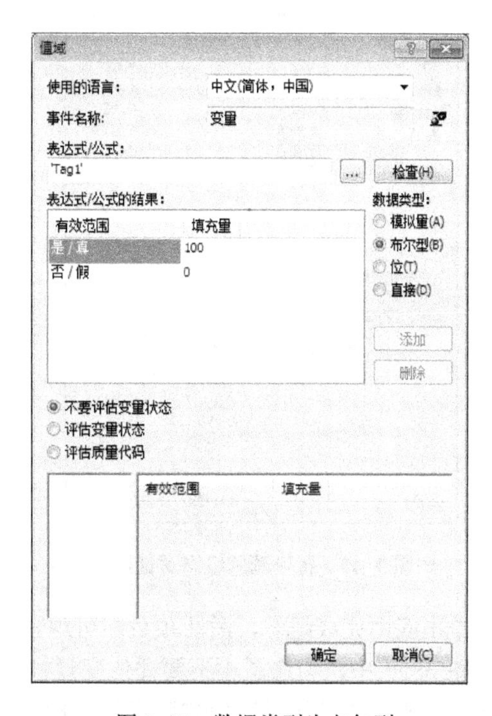

图 3-47　数据类型为布尔型

新建布尔型变量 Tag2；在画面编辑器中拖动圆对象到画面编辑区，在“对象属性”对话框中选择“颜色>背景颜色”，右键单击 图标，选择“动态对话框”，如图 3-48 所示。

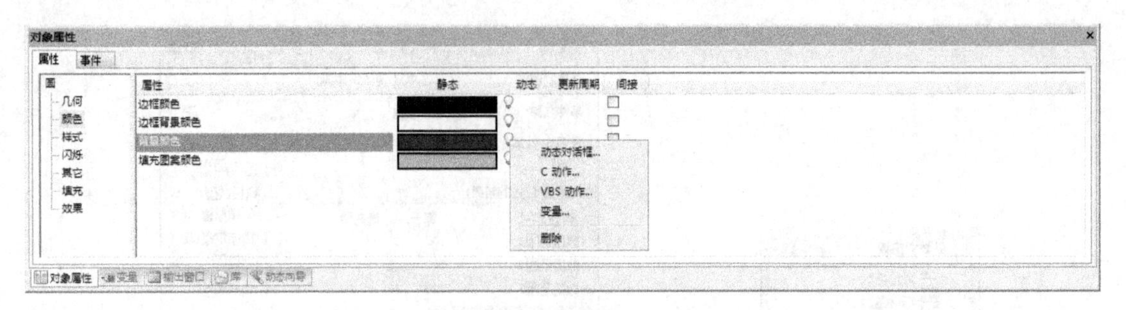

图 3-48　圆对象属性对话框

打开动态对话框，选择触发器的触发事件为“变量”，变量名称“Tag2”，标准周期为“有变化时”，表达式 / 公式为变量“Tag2”，数据类型选择为“布尔型”，“真”“假”有效范围对应的背景颜色分别设置为红色和蓝色，如图 3-49 所示。

同样，在画面编辑区插入静态文本，在对象属性编辑区，选择“字体→文本”，右键单击 图标，选择“动态对话框”，设置触发器的触发事件为“变量”，变量名称“Tag2”，标准周期为“有变化时”，表达式 / 公式为变量“Tag2”，数据类型选择为“布尔型”，“真”“假”有效范围对应的文本分别设置为“打开”和“关闭”，如图 3-50 所示。

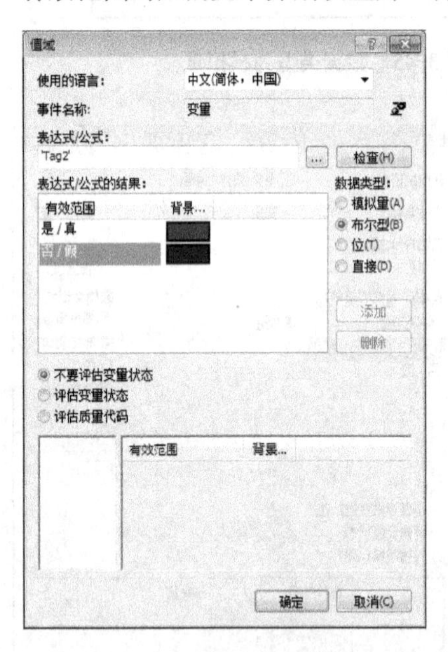

图 3-49　背景颜色组态对话框

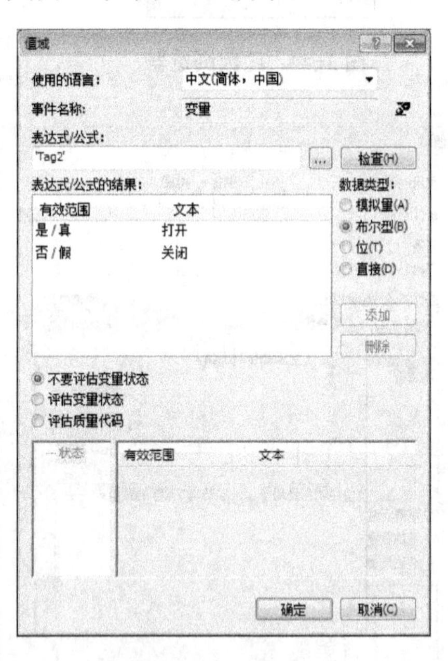

图 3-50　文本组态对话框

单击应用完成组态，激活项目即可观察到动态效果。

图 3-50 中，勾选了“不要评估变量状态”。如果表达式中含有外部变量，可以通过“变量状态”和“质量代码”测试该变量与 PLC 的连接以及查看连接的状态等。

【例 3-2】 组态 I/O 域，由华氏温度输入摄氏温度输出。

在画面编辑区插入两个静态文本“华氏温度”和“摄氏温度”以及两个 I/O 域，如图 3-51

所示。设置左边的 I/O 域类型为输入，右边的 I/O 域类型为输出。编辑右边的 I/O 域属性，选择“输出/输入>输出值”，右键单击💡图标，选择“动态对话框”并打开，触发器选择“标准周期 2 秒”（此处只是为了演示触发器的使用），表达式/公式为（‘Tag3’-32）*5/9，Tag3 为图 3-40 左边 I/O 域连接的变量，数据类型选择“直接”，如图 3-52 所示。

图 3-51　两个静态文本和两个 I/O 域

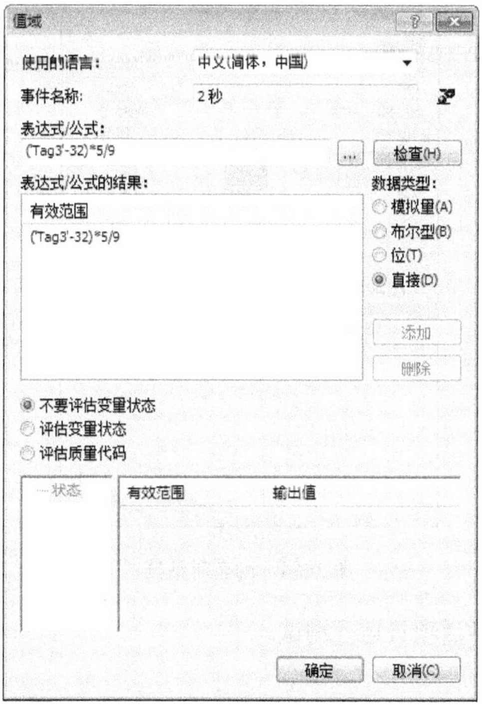

图 3-52　I/O 组态对话框

单击应用完成组态，激活项目即可观察到动态效果。

【例 3-3】 当变量 Tag6 的值在 0～100 之间时，圆对象的背景为灰色，101～200 之间为蓝色，高于 200 为红色。

新建变量 Tag6，在画面编辑区插入一个圆对象和一个 I/O 域，I/O 域与变量 Tag6 连接，如图 3-53 所示。

选中圆对象，选择“属性→颜色→背景颜色”，右键单击💡图标，选择动态对话框，打开动态对话框。按照图 3-54 所示组态动态对话框，选择触发器为变量 Tag6，表达式/公式为

Tag6，数据类型为模拟量，单击“添加...”按钮，添加数值范围 1、数值范围 2，设置对应的背景颜色。

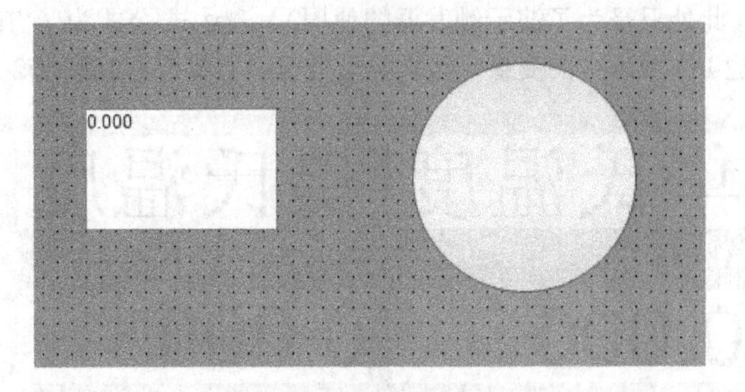

图 3-53　插入圆对象

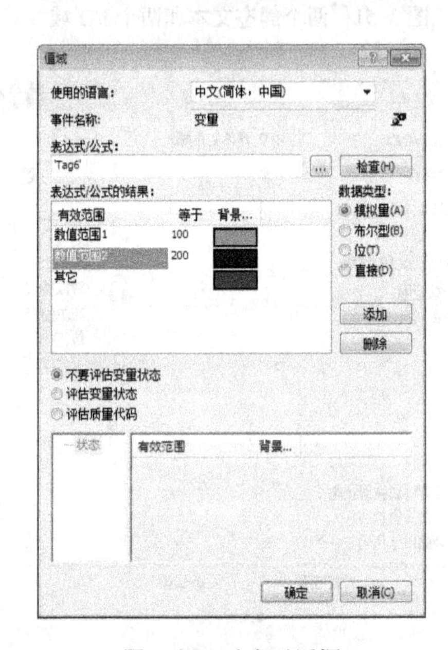

图 3-54　动态对话框

单击应用完成组态。激活项目运行测试。

3.3.4　直接连接

直接连接允许用户在一个对象事件基础上，组态从源到目标直接动态传递任何类型的数据。直接连接可用于组态画面切换键，读或写数据到过程变量中，或将数字值传给图形显示。直接连接中的数据源和数据目标可以是常数、变量的当前值，也可以是当前画面中任何对象的任何属性值。要想使用直接连接组态某个对象，必须找到该对象的属性页的事件标号。直接连接只能在事件中使用，不能用于属性。

直接连接对话框如图 3-55 所示。源中的“常数”可以是数值或字符串格式，单击图标可以打开图形浏览器，使用户能够为常数快速选择一个 PDL 画面，用于简单的切换画面键的组态。源中的“属性”可以从任意对象属性中取源数据，这些对象属性在下框对象/属性浏览器中给出，选中对象的属性将在属性框中显示。源中的“变量”则从变量中取源数据，单击图标可以打开变量浏览器。

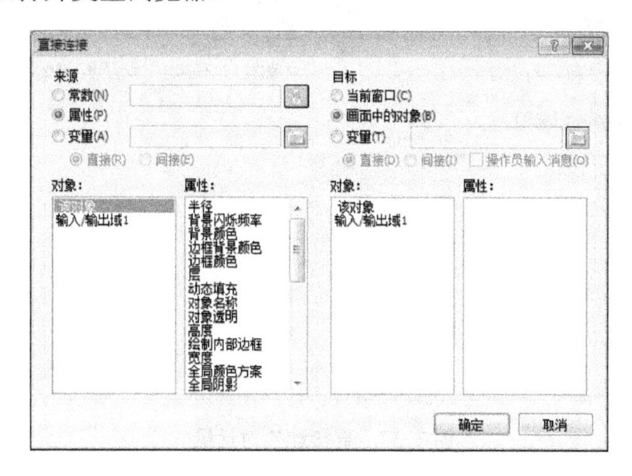

图 3-55　直接连接对话框

目标中的“当前窗口”：在当前窗口所选的目标数据为运行时显示的画面；目标中的“画面中的对象”定义数据目标将为在下框浏览器中定义的对象属性，选中的对象属性表将在属性框中出现；目标中的“变量”定义作为源变量的数据目标，单击图标可以打开变量浏览器进行选择，可以是直接的或间接的。

下面以几个例子说明直接连接的使用。

【例 3-4】 组态一个瞬时按钮，即按钮按下时变量 Tag4 的值为 1，释放时为 0。

定义布尔型变量 Tag4，在画面编辑区放置一个按钮，命名为“启动”，在对象属性编辑区，选择“事件”选项卡，单击“鼠标”项，如图 3-56 所示。

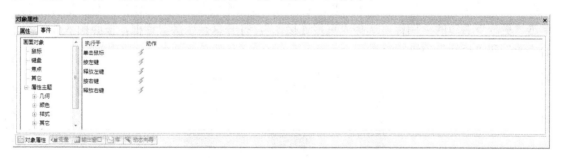

图 3-56　“按钮”的鼠标事件

右键单击图 3-56 的“按左键”右边的图标，选择“直接连接...”打开直接连接对话框，如图 3-57 所示，源为“常数”1，目标为“变量”二进制变量 Tag4。单击“确定”按钮完成组态。同理图 3-56 的“释放左键”通过直接连接将源常数 0 传给目标为“变量”二进制变量 Tag4。

激活后的效果图如图 3-58 所示。

【例 3-5】 将滚动条移动改变后的值传给矩形的液位填充量属性，矩形液位填充量属性又传给静态文本。

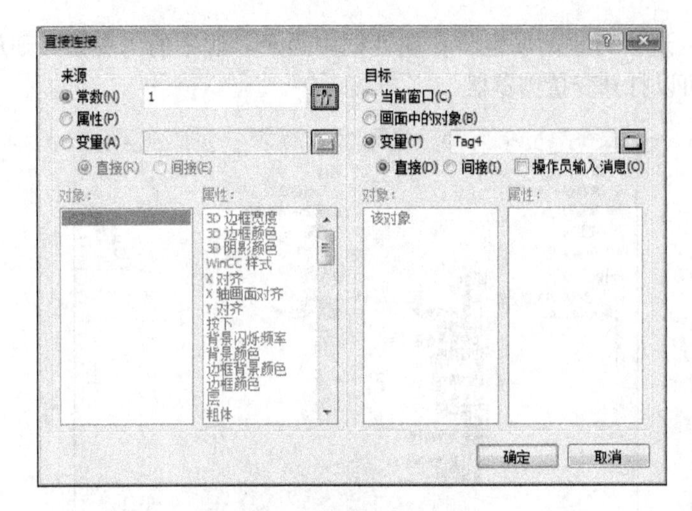

图 3-57　直接连接对话框

图 3-58　激活效果图

在画面编辑区添加图 3-59 所示的三个对象：一个滚动条、一个矩形和一个静态文本。在对象属性编辑区，选择“事件>属性主题>其他>过程驱动器连接”，如图 3-60 所示。右键单击“更改”右边的⚡图标，选择“直接连接…”，打开直接连接对话框，按照图 3-61 所示的“源”和“目标”项进行组态。

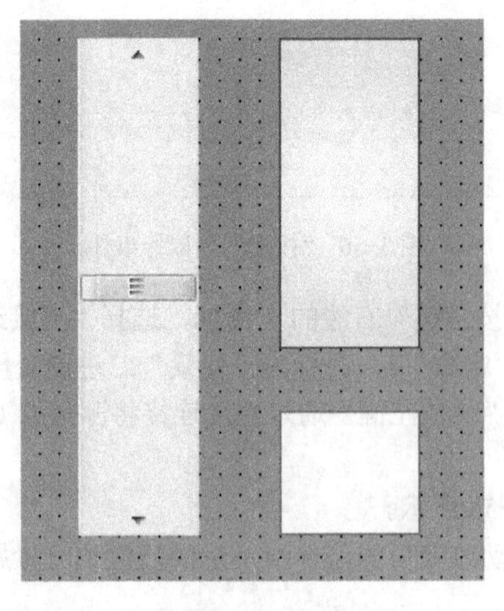

图 3-59　添加三个对象

图 3-60　滚动条对象属性

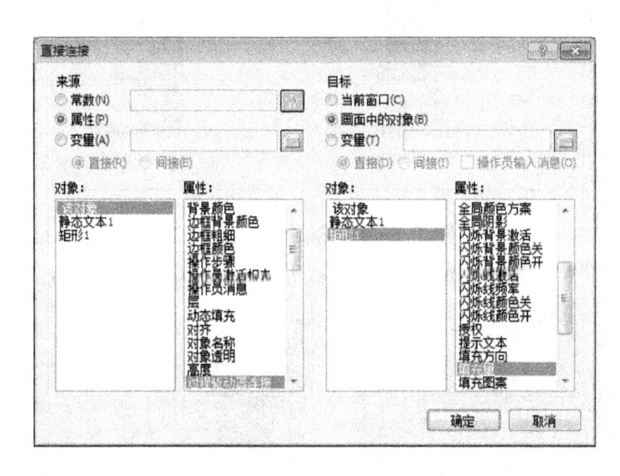

图 3-61　直接连接对话框

同样，右键单击矩形对象属性对话框的“事件”选项卡中“属性主题>填充>填充量”中“更改”右边的⚡图标，如图 3-62 所示，打开直接连接对话框，按照图 3-63 所示进行组态。

图 3-62　矩形对象属性

这样，激活项目即可观察到动态效果，如图 3-64 所示。

3.3.5　变量

通过“变量”连接也可以实现对象的动态效果。下面以例子说明其应用。

用布尔型变量 Tag5 控制圆对象的闪烁，若 Tag5=1，则圆背景闪烁，若 Tag5=0，则不闪烁。

在画面编辑区绘制圆对象，在对象属性编辑栏选择“闪烁>激活闪烁背景”，右键单击

“激活闪烁背景”右边的 图标，选择“变量...”打开变量浏览器，选择布尔型变量 Tag5，刷新周期改为“根据变化”，如图 3-65 所示。在图 3-65 中，还可以设置闪烁的颜色、闪烁的频率、闪烁线等。

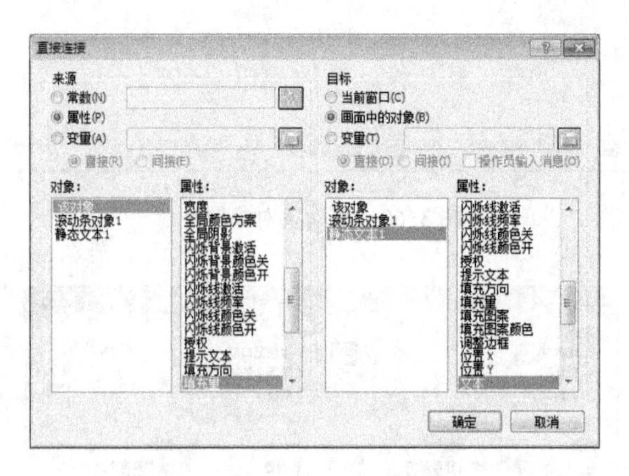

图 3-63　直接连接对话框

图 3-64　演示效果

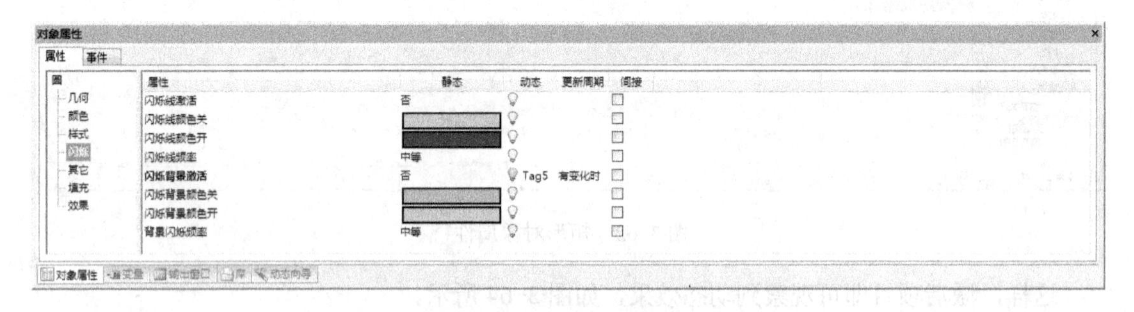

图 3-65　圆对象闪烁属性

激活项目，可以看出，当 Tag5=1 时，圆按照设置的颜色进行闪烁，当 Tag5=0 时，不闪烁。

注意：当组态的属性与连接的变量的数据类型不一致时，将自动进行转换。如将整数数据类型的变量 Tag1 赋给图 3-65 的“激活闪烁背景”，则当 Tag1=0 时不闪烁，Tag1≠0 时闪烁。

3.3.6 C 动作

WinCC 的 C 脚本语言基于 ANSI C 标准，并允许用最大的灵活性定义动态对象。C 动作可用于对象的属性和事件。作用于对象属性的 C 动作是用时间或变量触发器驱动的，作用于对象事件的 C 动作是当其属性改变或其他事件来激活。

关于 C 脚本的详细内容将在第 9 章进行，此处仅仅给出使用 C 动作实现几个动态效果的例子。

右键单击 图标或 图标，选择“C 动作...”，打开 C 脚本编辑器，如图 3-66 所示。

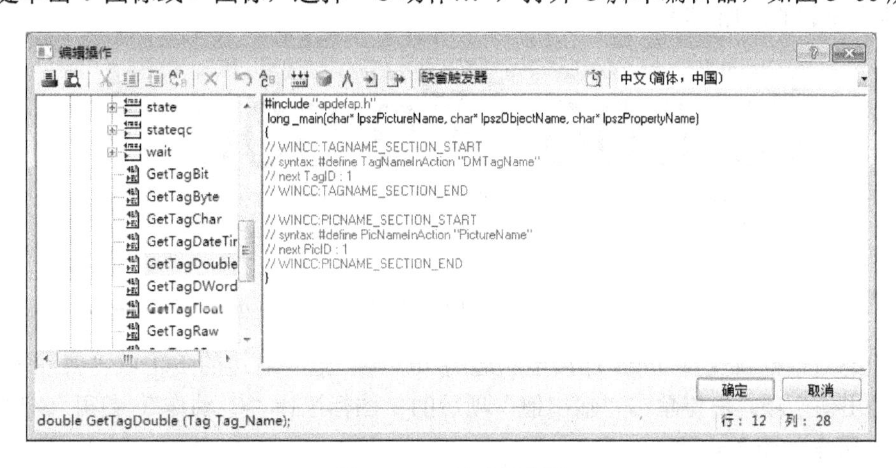

图 3-66　C 脚本编辑器

在对象属性对话框中右键单击相关的 按钮，并在弹出菜单中选择命令“C 动作...”用公式表述 C 函数。单击 按钮，并指定触发器。从工具栏中选择 C 编译的语言。单击 按钮。编译函数。该过程将由消息“编译动作...”在对话框的状态栏中表示。如果没有错误地完成编译，则消息“0 出错，0 警告”将显示在状态栏中。单击“确定”按钮，“编辑动作”对话框关闭。在“对象属性”对话框中通过 图标表示使用 C 动作进行动态化。

函数浏览器中包括三种函数，其中项目函数是在全局脚本编辑器中生成的 C 函数，这些函数在本项目中是唯一的，可以从任何地方调用；标准函数用于 WinCC 编辑器，如报警，变量存档和用户档案库，这些函数对于系统是唯一的，但对于项目不是唯一的；内部函数是最常用的 C 函数库，包含标准的 C 库函数以及允许用户改变对象的属性值，读写外部变量和退出运行状态的函数。

大多数函数需要定义参数。参数赋值工具允许选择一个变量或一个对象属性值作为参数传递给函数。当从函数浏览器中选中一个参数，双击该函数将弹出参数赋值框，在此定义该函数所需的参数，注意每个参数赋的值必须与函数声明表定义的数据类型相同。

代码编写完成，需要用编译器或生成动作来编译这些代码。编译器将检查代码的语法错误和逻辑错误，产生相应的错误和警告消息。警告是编译器提醒代码可能有问题，也许会丢失数据，多数情况下是由于在两种不同的数据类型间传送数据造成的。有警告的代码可以成功编译，但要尽量完整测试代码以确保没有数据丢失的问题。错误表明代码中有语法或逻辑错误，通过消息区可以找到出错的那行程序代码。对于多个错误，要先修正最上面的，多数情况下其余大多数将自动消失。

代码区的文字将根据代码内容不同显示不同的颜色。与其他 C 编译器一样，WinCC 编译器使用标准的颜色代码，方便开发人员理解和调试 C 脚本程序。绿色文本表示为文字注释，编译器将忽略。文字注释可用斜线“//”符号或用 ANSI 最常用的/*…*/表示。蓝色文本表示 C 语言的关键字。红色文本表示文本串，由双引号限定。黑色文本为正常的代码。建议开发者多使用注释。

下面给出几个 C 动作的实例。

【例 3-6】 新建两个 I/O 域，如图 3-67 所示，左边的 I/O 域与变量 Tag3 连接，右边的 I/O 域其值为左边的值加 100。

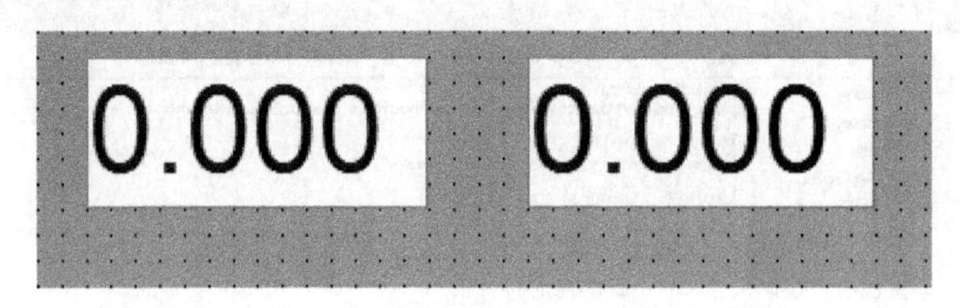

图 3-67　两个 I/O 域

通过组态对话框将变量 Tag3 连接至左边的 I/O 域，选中右边的 I/O 域“属性→输出/输入”的“输出值”项，右键单击“输出值”项后的图标选择“C 动作”，打开 C 脚本编辑器，编写 C 脚本如图 3-68 所示。

```
#include "apdefap.h"
 double _main(char* lpszPictureName, char* lpszObjectName, char* lpszPropertyName)
{
// WINCC:TAGNAME_SECTION_START
// syntax: #define TagNameInAction "DMTagName"
// next TagID : 1
// WINCC:TAGNAME_SECTION_END
int back;
// WINCC:PICNAME_SECTION_START
// syntax: #define PicNameInAction "PictureName"
// next PicID : 1
// WINCC:PICNAME_SECTION_END
back=GetTagWord("Tag3");
back=back+100;
return (back);
}
```

图 3-68　C 脚本

注意：GetTagWord 为内部函数，在“内部函数→tag→get”目录下可以找到。调用时，双击函数 GetTagWord，系统将打开图 3-69 所示的“分配参数”对话框。该对话框主要便于用户通过对话框选择相关函数的参数，单击“值”列出现的按钮，可以进行变量、图形对象和画面的选择，如图 3-69 所示，根据函数参数的类型选择相应的条目，此处选择“变量选择”条目，打开变量选择对话框，如图 3-70 所示，选择 Tag3 变量，单击“确定”按钮完成该函数参数的分配。

在 C 脚本编辑器中，单击工具栏图标打开“改变触发器”对话框，修改 C 脚本的触发为“变量 Tag3，有变化时”。

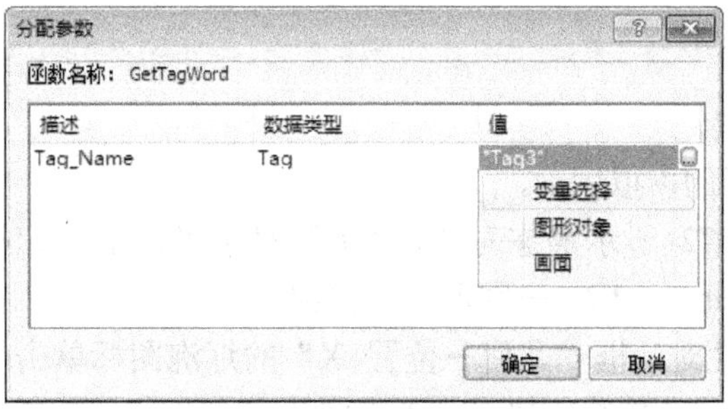

图 3-69　分配参数对话框

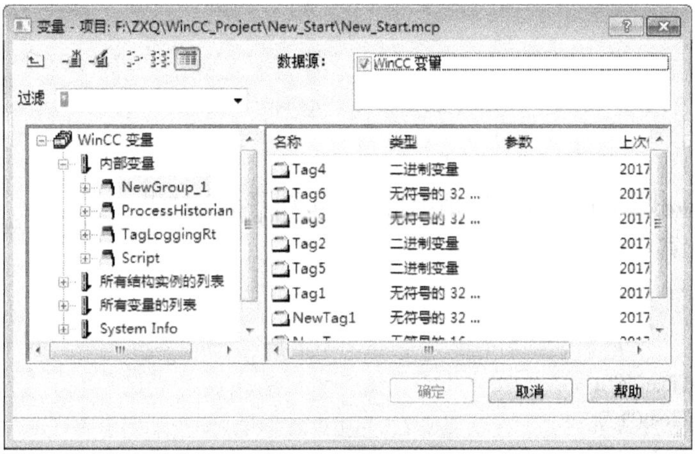

图 3-70　变量选择对话框

运行项目，观察效果。

【例 3-7】 单击一次按钮，变量 Tag3 的值加 1。

新建一个按钮，在按钮的“鼠标动作”事件编写 C 脚本如图 3-71 所示。此处的 C 脚本无需设置触发器，因为“鼠标动作”事件就是一个触发器。

```
#include "apdefap.h"
void OnClick(char* lpszPictureName, char* lpszObjectName, char* lpszPropertyName)
{
// WINCC:TAGNAME_SECTION_START
// syntax: #define TagNameInAction "DMTagName"
// next TagID : 1
// WINCC:TAGNAME_SECTION_END
float temp;
// WINCC:PICNAME_SECTION_START
// syntax: #define PicNameInAction "PictureName"
// next PicID : 1
// WINCC:PICNAME_SECTION_END
temp=GetTagFloat("Tag3");
temp=temp+1;
SetTagFloat("Tag3",temp);
}
```

图 3-71　C 脚本

注意：此处用到了两个内部函数：GetTagFloat 和 SetTagFloat，其编辑方法与上述函数类似，具体含义请参考帮助。

运行项目，观察效果。

【例 3-8】 编写瓶子的模拟运动。

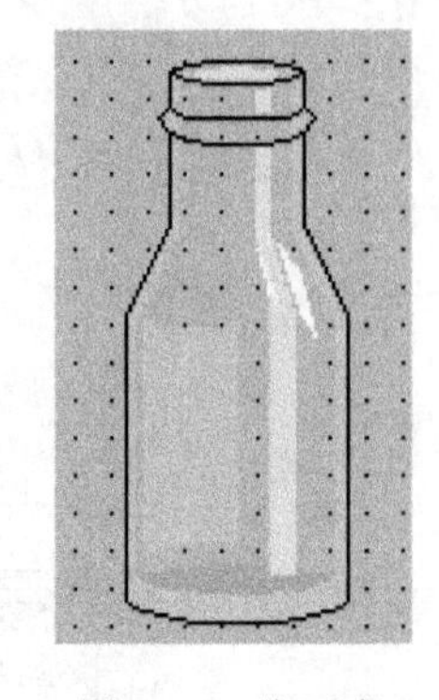

图 3-72　瓶对象

在画面中组态图 3-72 所示静态对象，“瓶”对象可以从“库→SIEMENS HMI Symbol Library 1.4.1→容器”中找到。

在“瓶”对象的属性对话框“几何→位置 X”的灯泡图标单击右键选择“C 动作”，打开 C 动作编辑器，输入下面代码：

```
static int a;
if (a<200)
   a=a+25;
else
   a=0;
return a;
```

编译保存，采用默认触发器，激活项目，即可观察动态效果。

【例 3-9】 计算 $\sqrt{a^2+b^2}$ 的值。

编写代码如下：

```
float a,b;
a=GetTagFloat("a");
b=GetTagFloat("b");
return(sqrt((a*a+b*b)));
```

在上面的 C 脚本中，使用了一些 Get 和 Set 函数，它们的工作方式在不同条件存在着一定的差别，下面予以说明。

1．Set 函数

SetTagxxx（xxx 是数据类型）函数给数据管理器一个任务：写一次值。这样，该变量在整个执行时间（只要在当前画面）都是已知的并且可用于进一步的计算。该函数向数据管理器传递数值。主调函数不用等到实际写入数值。当画面被替换时，所有变量都从数据管理器注销。

SetTagxxx 函数特点：调用速度快，主调函数不知道数值实际是在什么时候写入的（异步写入），函数不提供任何有关写作业状态的信息。如果变量也用于输出对象，变量将被周期地更新。

SetTagxxxState 函数与 SetTagxxx 特性相同。SetTagxxxState 函数提供附加的有关写作业状态的信息。由于状态总是在内部提供，在性能上它与 SetTagxxx 没有什么区别。

SetTagxxxWait 函数给数据管理器一项写一次值作业。函数将值传递给 PLC 并开始等待，直到数值在返回调用函数前确实写入。此后数据管理器不再理会此变量。

SetTagxxxWait 函数特点：与 SetTagxxx 相比，该调用花的时间更长。这个时间也取决于通道和 PLC。主调函数等待数值实际被写入（同步写入），超时为 10s。该函数不提供有关写作业状态的任何信息。当画面被替代时，所有变量都从数据管理器注销。

SetTagxxxStateWait 函数与 SetTagxxxWait 有相同的特性。SetTagxxxStateWait 函数提供

有关写作业状态的附加信息。由于状态总是在内部提供，在表现上与 SetTagxxxWait 没有什么不同。

SetTagMultiWait 函数与 SetTagxxxWait 有同样的特性。然而，该函数可以在一次函数调用中能写入多个变量。

2. Get 函数

（1）GetTagxxx 函数与默认触发器一同工作的方式

假设一个画面对象调用 GetTagxxx 函数，主调函数每 2s 执行一次。在第一次调用过程中，使用半个周期值（在此处是 1s）GetTagxxx 函数被引入数据管理器，从此 PLC 周期地从中取值。这可确保函数的每次进一步调用数值都是可用的。在整个执行时间（只要选择当前画面）变量在数据管理器中都是可知的，而且可用于进一步的计算。当画面被替代时，所有变量都从数据管理器注销。

当默认触发器设置为“变化”时，例如触发器切换为 1s。默认的触发器由版本和通道而定。

此时 GetTagxxx 函数特点：对应与数据管理器（异步读取）中的值，调用有一个返回值。主调函数周期地执行。该函数不提供任何有关读取作业状态的信息。

GetTagxxxState 函数与 GetTagxxx 有相同的特性。GetTagxxxState 函数提供有关读取作业状态的附加信息。由于状态总是在内部提供，所以它与 GetTagxxx 的表现没什么不同。

（2）GetTagxxx 函数与变量触发器一同工作的方式

GetTagxxx 函数使用画面运行模式调用画面，在画面选定期间所有包含在变量触发器中的变量都被引入，从此由 PLC 按周期值（此处为 2s）周期地获取。在该画面中 GetTagxxx 函数由一个画面对象调用。

例如，当数据管理器确定函数值发生变化时，主调函数每 2s 执行一次。 在整个执行时间（只要选择当前画面）在数据管理器中变量都是可知的，并且可用于进一步计算。当画面被替换时，所有变量都从数据管理器注销。

如果调用的变量不在变量触发器中，那么其行为与默认触发器相同。

GetTagxxx 函数特点：与 GetTagxxx 相同。当有变化发生时，执行主调函数。

（3）GetTagxxx 函数与事件触发器一道工作的方式

在 WinCC 的全局脚本中有多个函数用于读取变量值，在解决任务方面具有更大的灵活性。

GetTagxxx 使用画面运行模式调用画面，在该画面中，用事件调用 GetTagxxx 函数。第一次调用，GetTagxxx 函数被引入时传递参数“1 秒”到数据管理器，从此 PLC 周期地取值。这可确保函数每次进一步调用都有数值可用。在整个执行时间（只要选择当前画面）在数据管理器中变量都是可知的，并且可用于进一步计算。当画面被替换时，所有变量都从数据管理器注销。

此时函数特点：与 GetTagxxx 相同。每次触发，主调函数都被执行。如果事件鼠标单击很少被触发，那么建议使用 GetTagxxxWait 函数。

（4）GetTagxxxWait 函数与事件触发器一道工作的方式

在 WinCC 的全局脚本中，有多个函数用于读取变量值，在解决任务方面具有更大的灵活性。

GetTagxxxWait 使用画面运行模式调用画面，在该画面中，使用事件调用 GetTagxxxWait

函数。

GetTagxxxWait 函数请求数据管理器读取数值。数据管理器从 PLC 获取函数值。函数等待数值被读取。在函数处理之后，变量在数据管理器中就不再可知。

此时函数特点：与 GetTagxxx 相比，该调用花费的时间较长。该时间也取决于通道和 PLC。该函数等待数值被实际读取（同步读取），超时为 10s。该函数不提供任何有关读取作业状态的信息。

GetTagxxxStateWait 函数与 GetTagxxxWait 具有同样的特性。GetTagxxxStateWait 函数提供有关被读取变量状态的附加信息。由于状态总是在内部提供，在表现方面与 GetTagxxx Wait 没有什么不同。

GetTagMultiWait 函数与 GetTagxxxWait 具有同样的特性。然而，它不能在一次函数调用中读取多个变量。

3.3.7 VBS 动作

VBScript 是一种 VB 脚本语言，它是 VB 的一个子集，可以实现部分 VB 的功能。WinCC 中的 VBS 也有对象、属性、方法的概念，而 WinCC 的对象与 VB 类似，分为属性和事件两种。关于 VBS 脚本的详细内容将在第 9 章进行，此处仅仅给出使用 VBS 动作实现几个动态效果的例子。

此处编写一个单击按钮更改圆对象的直径的例子。右键单击 图标或 图标，选择“VBS 动作…”，打开 VBS 脚本编辑器，如图 3-73 所示。

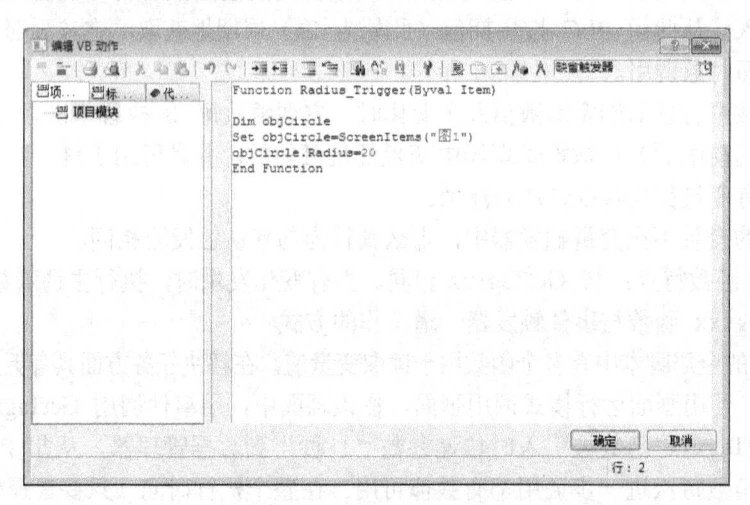

图 3-73 VBS 脚本编辑器

注意： 图 3-73 的 VBS 脚本中用到了关键字：ScreenItems，输入时可以利用 VBS 编辑器提供的智能工具。在编辑区单击鼠标右键选择“对象列表”，出现图 3-74 所示的对象选择列表，双击“ScreenItems”，则该关键字自动添加至编辑区，输入“ScreenItems”的对象“圆 1”时，建议不要自己输入而是通过工具栏 图标打开“对象选择对话框”，如图 3-75 所示，选择“test.PDL”画面的“圆 1”对象，单击“确定”按钮完成输入。

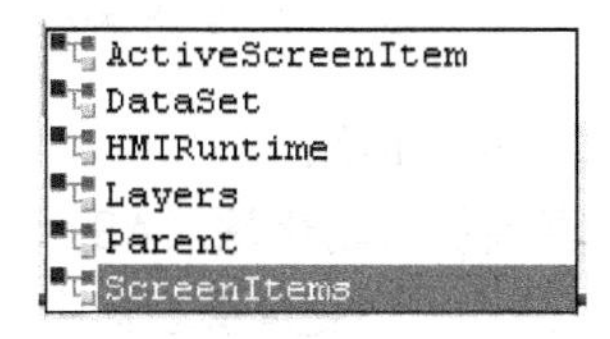

图 3-74　对象选择列表

图 3-75　对象选择对话框

单击工具栏 图标可以打开“变量对话框”，单击工具栏 图标可以打开“带扩展返回参数的变量对话框”，单击工具栏 图标可以打开“画面选择对话框”，根据需要使用相应的工具栏按钮来帮助输入脚本。

在图 3-76 中，当输入脚本 objCircle.时，系统自动出现图 3-76 所示的该对象的属性列表，从中选择该对象的某一属性，双击则该属性关键字自动添加到编辑区。

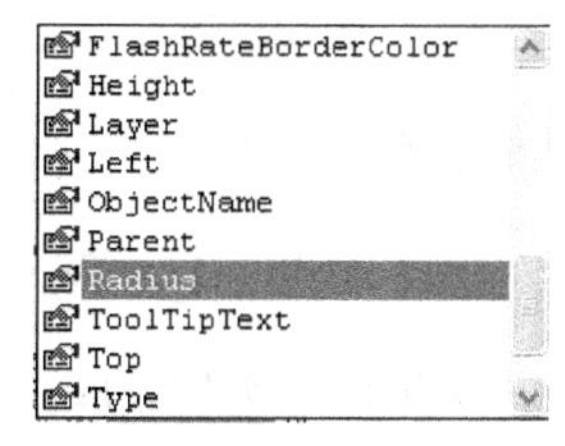

图 3-76　属性列表

VBS 脚本输入完毕，单击工具栏 图标或在脚本编辑区右键选择“语法检查”，系统将对输入的脚本进行语法检查。

【例 3-10】 定义圆对象的颜色。

编写 VBS 脚本如下：

```
Dim objCircle
Set objCircle=ScreenItems("圆 1")
objCircle.BackColor=RGB(0,0,225)
```

或者

```
ScreenItems("Rectangle1").BackColor = RGB(255,0,0)
```

【例 3-11】 定义运行画面的样式和颜色。

编写 VBS 脚本如下：

```
Dim objCircle
Set objCircle=HMIRuntime.Screens("NewPdl0")
objCircle.FillStyle = 131075
objScreen.FillColor = RGB(0, 0, 255)
```

【例 3-12】 单击按钮退出运行系统。

对按钮的鼠标动作事件编写 VBS 脚本如下：

```
HMIRuntime.Stop
```

其中，HMIRuntime 为对象，Stop 为该对象的属性，其输入方式同前类似。

【例 3-13】 单击一次按钮，变量 Tag1 的值加 1。

新建一个按钮，在按钮的“鼠标动作”事件编写 VBS 脚本，如图 3-77 所示。

```
Sub OnClick(ByVal Item)
Dim a
Set a=HMIRuntime.Tags("Tag1")
a.Read
a.Value=a.Value+100
a.Write
End Sub
```

图 3-77 VBS 脚本

WinCC 中对于控件的引用一般都采取“定义变量→使用 Set 变量 =对象.（方法或属性）→引用变量”来做的。

上面例子中，在变量读取或写入的过程中，用到一些属性和方法，如 Read 和 Write 方法、变量的 Value 属性等，熟练掌握这些属性和方法相当重要。下面解释一下 Write 和 Read 方法的语法。

Read data：其中 data 是读取变量的方法，如果 data=1，直接从自动化站（AS）系统中读取，相当于 C 脚本中的 Get*****wait()函数，如果省略，则从 WinCC 变量管理器中建立的变量中读取。

举例，读取变量的方法有以下两种：

```
Dim objTag
Set objTag=HMIRunTime.Tags("变量名")
objTag.Read
```

或者

```
HMIRunTime.Tags("变量名").Read
```

如果以上例程改成直接读取 AS 系统变量的话，程序为

```
Dim objTag
Set objTag=HMIRunTime.Tags("变量名")
objTag.Read,1
```

或者

```
HMIRunTime.Tags("变量名").Read,1
```

Write data，1：其中 data 是需要写入变量的数值，1 代表直接写入 AS 系统，相当于 C 脚本中的 Set*****wait()函数，1 省略，则写入到由 Wincc 变量管理器建立的变量中去。

举例，写变量的方法：

```
Dim objTag
Set objTag=HMIRunTime.Tags("变量名")
objTag.Write 1  '向变量写入数值 1，也可以写为 objTag.Write 10  向变量写入数值 10
```

或者

```
HMIRunTime.Tags("变量名").Write 1 '也可以写为 objTag.Write 10
```

除了以上方法外，还可以将一个中间变量的值写入，如

```
Dim objTag,val
```

```
Set objTag=HMIRunTime.Tags("变量名")
objTag.Read
val=objTag.Value '中间变量 val 存放了变量的值
objtag.Write val  '写入变量中去
```

当然，其他的方法还很多，需要读者在编程过程中总结和灵活运用。

3.3.8 一些概念的说明

在介绍组态对象的动态效果时，多次提到了触发器和更新周期的概念，指定更新周期是组态系统的重要设置，它影响画面、对象的更新、后台脚本的处理等。当确定更新周期时，要从整体上考虑系统：需要考虑更新什么以及更新几次。不合适的更新周期对 HMI 系统的性能有负面影响。

对于更新周期，有以下几种不同的类型，如表 3-1 所示。

表 3-1 各种更新周期

类 型	含 义
默认周期	时间周期
时间周期	根据设置的时间，各个对象的属性或动作将会更新，即数据管理器逐个请求变量
变量触发	按照设置的周期时间且经过时间间隔后，系统确定变量且检查其数值的变化。如果在设置的时间变量值至少一个值发生变化，则这作为与此相关的属性或动作的触发。所有变量值由数据管理器一起请求
画面周期	更新当前画面对象和通过画面周期的更新周期触发的所有对象的属性
窗口周期	更新窗口对象和通过窗口周期的更新周期触发的所有对象的属性
自定义的时间周期	可以专门为一个项目定义的时间单位
直接从 PLC 读取的 C 动作	通过 C 动作的内部函数，可以从 PLC 直接读取数值。C 动作中后继指令的进一步编辑只有在读取过程值（同步读取）之后才能继续进行

一个画面对象的对象属性可以进行动态效果的定义，在属性对话框的“动态”列将显示不同的图标，其含义如下。

白色灯泡：没有动态连接；

绿色灯泡：用变量连接；

红色灯泡：通过动态对话框实现动态效果；

蓝色闪电：用直接连接的动态效果；

带 VB 缩写的浅蓝色闪电：用 VBS 实现的动态效果；

带 C 缩写的绿色闪电：用 C 动作实现的动态效果；

带 C 缩写的黄色闪电：用 C 动作实现的动态效果，但 C 动作还未通过编译。

当开发一项应用时，用 WinCC 中提供的功能生成动态对象有很大的灵活性，但是需要注意在运行应用时，使用大量的脚本程序会运行速度性能成反比。这就意味着，大量的脚本程序会使运行时的速度变慢。这也是为什么系统提示使用了循环时间触发器的原因，因为它们经常是不需要时也执行。关键是想在运行时得到好的性能，就必须确保处理器运行脚本时处于最低负载。当生成大的脚本程序时要注意，特别是包括回路时。另一种方法是将负载在直接连接和脚本之间进行平衡。这就需要了解如何使用 WinCC 中的线程模型。

每个有效的应用中都具有一个或多个的执行线程。每个线程代表一个处理器时间的分数。该处理器时间是每周期应用可执行任务的时间。用这种方法，Windows 可同时运行几个应用。实际上，在循环周期中 CPU 的注意力按顺序不断地直接作用在每个应用线程上。这些线程在其应用正在处理时占用每个 CPU 循环的大量时间。在一个单独线程中，每个独立的任务都必须等待它的机会给过程。不同线程的应用不需要考虑彼此，因为 CPU 在处理器循环时将给每个应用安排机会。在 WinCC 中，所有事件触发的 C 脚本在一个单独得公共线程上运行。所以它们必须排队等待。同样，触发器触发的脚本和全局操作也共享一个公共的线程。如果在一个画面上有两个对象都在一个公共的线程上运行 C 脚本，则一个必须结束另一个才能开始。这就意味着，当运行时一个长的脚本程序正在执行，其他对象的脚本将不会响应。直接连接是在一个不同的线程上执行，所以它们不会影响 C 脚本的运行，反之亦然。

3.4 画面模板

画面模板是 WinCC 中组态画面时的常用工具。对于实际项目中多个相同参数的设备，使用画面模板，可以避免反复组态相同画面布局的工作，减少项目后期某些细节部位的修改而带来的工作量。画面模板与结构变量配合使用，可以在一个画面中根据条件显示具有相同类型参数的多个对象，极大地丰富了画面信息。

3.4.1 用户自定义对象

用户自定义对象是由多个 WinCC 对象组合而成，可以选择其中的某些用户需要的属性作为用户自定义属性，故生成的新对象可作为模板连接不同的变量。这种模板不适用于结构变量。

如图 3-78 所示，在画面中添加一个无文本的按钮，两个静态文本分别为“Txxx”和“℃”，一个 I/O 域。拖拉鼠标全选四个对象，单击右键选择“自定义对象→创建”，打开图 3-79 所示的“自定义对象”组态对话框。

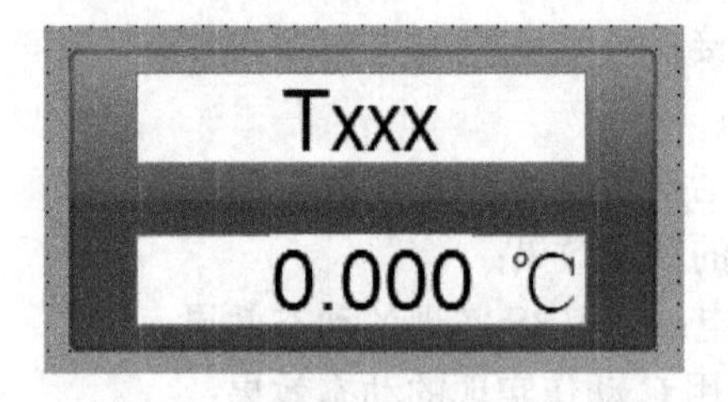

图 3-78 例子

图 3-79 中，单击选择“对象”栏的“按钮 1”，按住鼠标左键将“属性”栏中的“背景颜色”属性拖拉到“选择的属性”栏的“用户定义 2”项下，则自动添加图示的“背景颜色→按钮 1.背景颜色”项，同样的方法拖动静态文本 1 的文本属性、输入输出域 1 的字体颜色和输出值到“用户定义 2”项，如图 3-79 所示。单击“确定”按钮完成自定义对象的组态。

选定自定义对象，自定义对象对象属性，如图 3-80 所示，可以看到，“用户定义 2”项下包含四个属性，正是图 3-79 所设置的那些属性，可以添加动态效果到自定义对象的属性上。

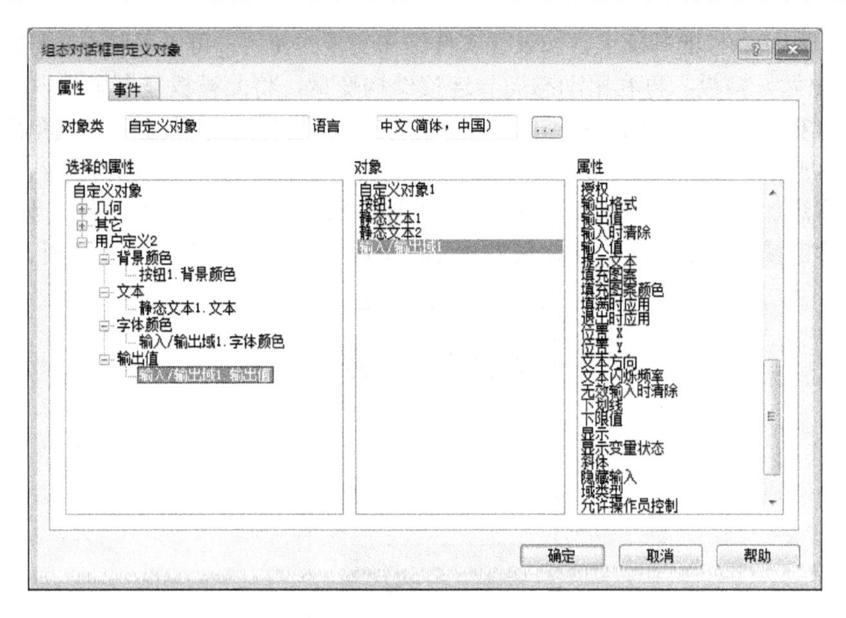

图 3-79 “自定义对象”组态对话框

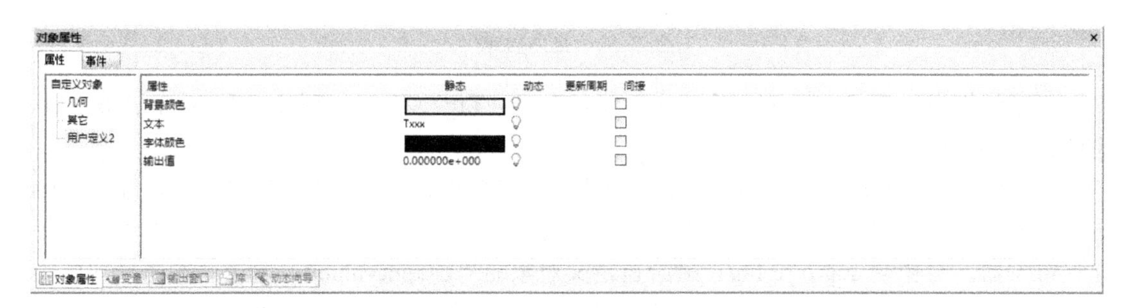

图 3-80 自定义对象的属性

将图 3-80 的“输出值”与一变量相连，“文本”属性添加“C 动作”，如图 3-81 所示，运行项目观察效果。

```
#include "apdefap.h"
 char* _main(char* lpszPictureName, char* lpszObjectName, char* lpszPropertyName)
{
// WINCC:TAGNAME_SECTION_START
// syntax: #define TagNameInAction "DMTagName"
#define tag_1 "Tag1"
// next TagID : 1
// WINCC:TAGNAME_SECTION_END
return (tag_1);
// WINCC:PICNAME_SECTION_START
// syntax: #define PicNameInAction "PictureName"
// next PicID : 1
// WINCC:PICNAME_SECTION_END

}
```

图 3-81 C 动作代码

3.4.2 画面原型

在用户自定义对象的基础上，如果要支持结构变量的使用，可以用动态向导的方法来简化工作。首先做好模板，再利用动态向导连接结构变量，将此模板复制多份，分别创建连接，用这个模板可以迅速生成连接不同结构变量的自定义对象。下面以一个简单的实例进行说明。

在画面中添加一个矩形框和三个 I/O 域，如图 3-82 所示，选中所有对象，创建自定义对象，将输入输出域 1/2/3 的三个“输出值”属性添加到“用户定义 2”项下，如图 3-83 所示。

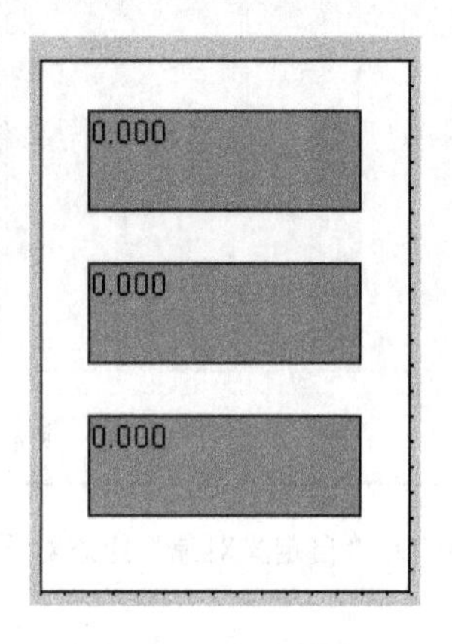

图 3-82　插入对象

新建结构类型 IOGRP，它包含三个元素：Tag1、Tag2、Tag3。新建三个 IOGRP 结构类型的变量 iogrp_1、iogrp_2、iogrp_3。

通过动态向导对图 3-83 的自定义对象进行动态效果设置。选中自定义对象，在动态向导“标准动态”选项卡中双击“为原型增加动态”，启动动态向导对话框，选择“根据变化”触发器，将变量 iogrp_1.Tag1 赋给自定义对象的“OutputValue”；通过动态向导同样的操作将变量 iogrp_1.Tag2 和 iogrp_1.Tag3 分别赋给自定义对象“OutputValue1”和“OutputValue2”。此时，自定义对象的“用户定义 2”属性如图 3-84 所示。

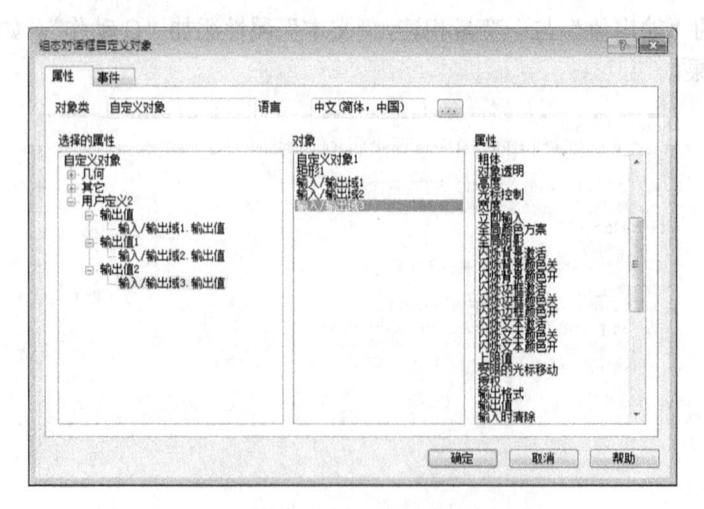

图 3-83　自定义对象

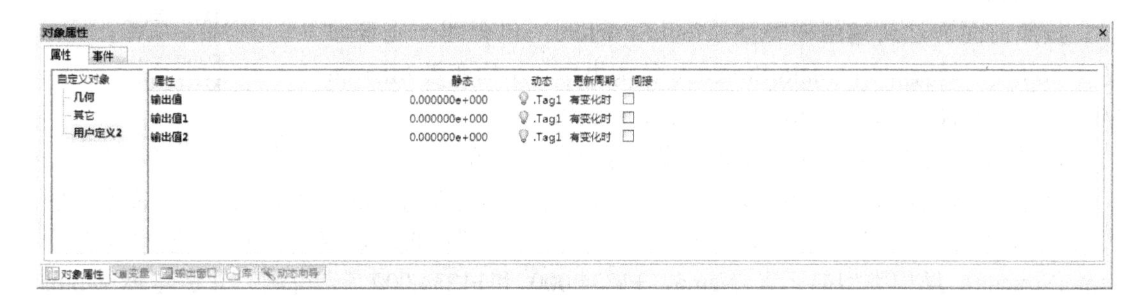

图 3-84　通过动态向导设置动态连接

将上述自定义对象复制两份，选中一个对象，在动态向导“标准动态”选项卡中双击“连接一个原型到结构或重命名一个已存在的连接”，启动动态向导对话框，结构背景名称选择结构变量“iogrp_1”，完成组态；同样的操作将结构变量 iogrp_2 和 iogrp_3 分别赋给另外两个对象。

此时三个对象的“用户定义 2”属性分别对应三个结构变量 iogrp_1、iogrp_2、iogrp_3，如图 3-85 所示。

运行项目观察效果。

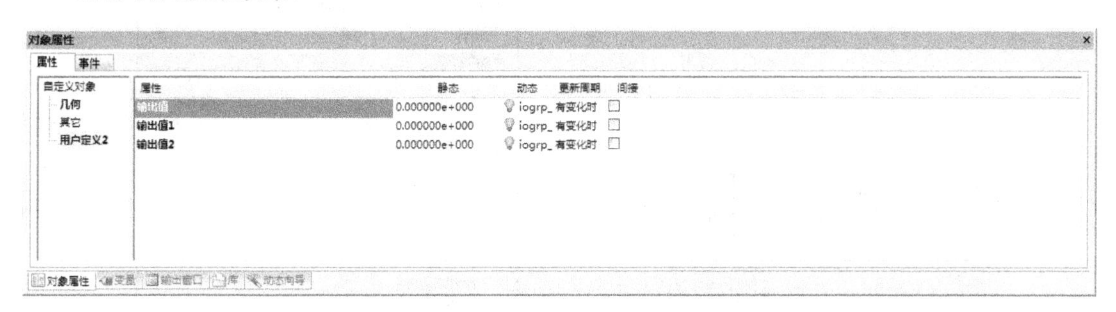

图 3-85　组态动态连接

“用户自定义对象”和“画面原型”两种方式主要用于一些对象集合需要多次使用、连接多套参数的场合，无法使用脚本、动态对话框等；若要实现复杂的功能，则需要画面窗口。画面窗口分为两种实现方式：使用变量前缀型和动态向导型。

3.4.3　使用变量前缀的画面窗口

画面窗口作为模板使用所提供的功能最丰富最灵活。首先需要组态在画面窗口对象要调用的模板画面，其中的对象连接变量为结构变量的元素名，连接包括“变量连接”“直接连接”“动态对话框”和“C 动作”；接着在主画面中组态画面窗口对象，画面名称选择模板画面，变量前缀可以静态定义或动态定义为相应的结构变量前缀。下面以电动机控制的实例说明其主要步骤。

注意：连接动态对话框或 C 脚本中的变量时，如果只连接元素名，系统会因找不到这个变量而报警，可以预先生成内部变量用于连接。

1．生成结构变量

按照前面方法新建结构类型 MotorStructure，包含四个元素如图 3-86 所示。新建两个 MotorStructure 结构类型的结构变量 MS1 和 MS2，其元素 Name 的起始值分别为 MS1 和 MS2。

MotorStructure
TEXT8 Name
SHORT Setval
SHORT Actval
BIT On_Off

图 3-86　新建结构类型

2．使用项目中已经生成的结构变量来控制画面模板

新建一幅画面 PW.pdl 如图 3-87 所示，画面宽度和高度为 280×280，四个静态文本分别为 Picture Window、Entity、Set、Actual，三个 I/O 域：Prefix（字符串型）连接变量为 MotorStructure 结构类型的元素 Name，+1234.000 和+1234.000（十进制）分别连接 Motor Structure 结构类型的元素 Setval 和 Actval，两个棒图分别连接 MotorStructure 结构类型的元素 Setval 和 Actval。两个按钮：上面的红色按钮为停止按钮，下面的绿色按钮为启动按钮。将停止按钮的“其他→显示”属性与 MotorStructure 结构类型的元素 On_Off 连接，设置停止按钮的“鼠标左键”事件，通过直接连接将常数 0 送给 MotorStructure 结构类型的元素 On_Off；将启动按钮的“其他→显示”属性通过动态对话框设置如图 3-88 所示，设置启动按钮的“鼠标左键”事件，通过直接连接将常数 1 送给 MotorStructure 结构类型的元素 On_Off。

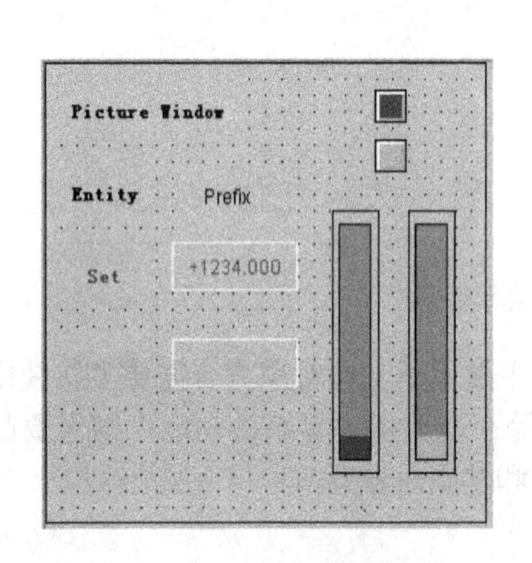

图 3-87　新建画面

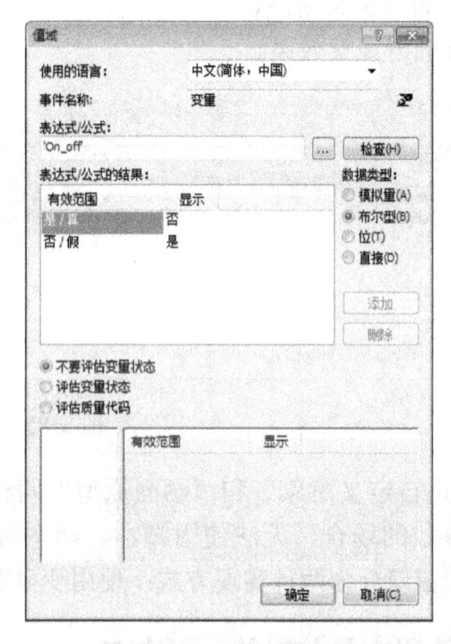

图 3-88　设置启动按钮的显示属性

在另外画面中插入“对象选项板→智能对象→画面窗口”，设置窗口宽度和高度为 280×280，窗口名称为 PW.pdl（此画面名称需与图 3-87 画面名称一样），变量前缀（静态）为 MS1.，保存画面，运行项目。

3．动态修改画面窗口的变量前缀

若要动态修改画面窗口的变量前缀，有两种方法可以实现，基本思路都是先给变量前缀重新赋值，然后再给画面名称重新赋值。

（1）变量前缀更改的事件触发画面名称的重新赋值

新建一个数据类型为文本变量 8 位字符集的内部变量 PW_Prefix，将其与画面窗口的

“其他→变量前缀”属性动态连接，更新周期为“根据变化”，建立一个 I/O 域与变量 PW_Prefix 连接。选择画面窗口的“属性主题→其他→变量前缀”事件的“更改”，按照图 3-89 所示添加直接连接。

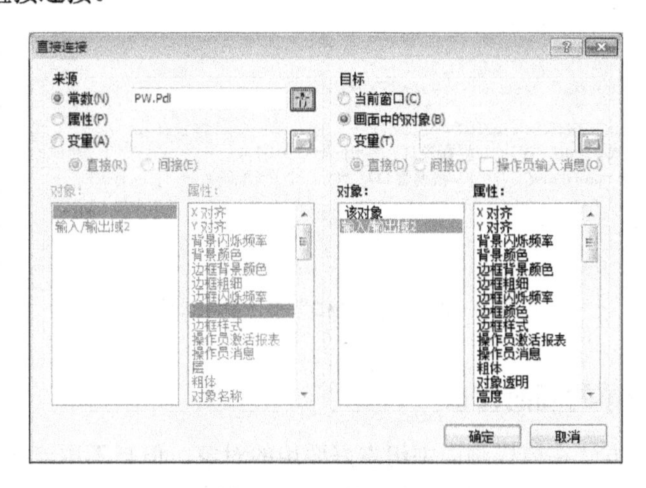

图 3-89　直接连接

运行项目，当在 I/O 域输入 MS1.或 MS2.时，画面窗口显示相应的内容。

（2）利用内部函数 SetPropChar 修改画面窗口的 TagPrefix 属性

首先使用内部函数 SetPropChar 重新设置相关画面窗口的“变量预设定”，如 SetPropChar（“TestPicture”“TestPictureWindow”“TagPrefix”“TestTagPrefix.”）；然后重新设置画面窗口的“画面名称”属性，重要的是画面窗口的“画面名称”属性的赋值，如 SetPropChar（“TestPicture”“TestPictureWindow”“PictureName”“TestPictureWindow Picture Name”）或 SetPictureName（“TestPicture”“TestPictureWindow”“TestPictureWindow Picture Name”）。这几个函数的参数含义如下。

TestPicture：画面名称，在该画面中画面窗口对象被调用；

TestPictureWindow：画面窗口对象名称；

TestTagPrefix.：新变量前缀名，该前缀将在画面窗口中与元素合并为完整的变量名称；

TestPictureWindowName：显示在画面窗口中的画面名称；

TagPrefix：画面窗口的“变量预设定”属性；

“PictureName”：画面窗口的“画面名称”属性。

在画面中插入两个按钮，其文本分别为 MS1.和 MS2.，定义 MS1.的“鼠标动作”事件的 C 动作如图 3-90 所示，同样定义 MS2.的“鼠标动作”事件的 C 动作。

注意：内部函数 SetPropChar 的位置在“内部函数→graphics→set→property”下，内部函数 SetPictureName 的位置在“内部函数→graphics→set→miscs”下，建议调用函数时使用“分配参数”对话框输入相关参数。

运行项目，当按动“MS1.”或“MS2.”按钮时，画面窗口显示相应的内容。

使用变量前缀会在画面窗口中所有变量出现的地方都加载变量前缀，下一节将介绍如何在带有变量前缀的画面窗口对象中避免变量前缀。

```
#include "apdefap.h"
void OnClick(char* lpszPictureName, char* lpszObjectName, char* lpszPropertyName)
{
// WINCC:TAGNAME_SECTION_START
// syntax: #define TagNameInAction "DMTagName"
// next TagID : 1
// WINCC:TAGNAME_SECTION_END

// WINCC:PICNAME_SECTION_START
// syntax: #define PicNameInAction "PictureName"
// next PicID : 1
// WINCC:PICNAME_SECTION_END
SetPropChar("PW.Pdl","画面窗口1","TagPrefix","MS1.");         //Return-Type: BOOL
SetPictureName("PW.Pdl","画面窗口1","NewPdl1.Pdl"); //Return-Type: BOOL

}
```

图 3-90 “鼠标动作”事件的 C 动作

3.4.4 使用动态向导的画面窗口

首先按照前面的方法在模板画面中组态好要用的对象，但是不用连接变量，保存画面为 PW.pdl。单击模板画面背景，双击“动态向导→画面模块→ 画面模块模板 V1.14”，打开动态向导对话框，按照图 3-91 所示连接画面中的对象与结构变量元素的连接，在图 3-91“对象”下拉列表中选择对象，如“状态显示 1”，选中“属性”下拉列表中的“Index”，在“元素”下拉列表中选择要连接的结构变量中的元素（本例结构类型 MotorStr 中只有一个 Bit 型元素 On_Off)，单击“连接”按钮完成连接，同样，连接“按钮 2”和“输入输出域 1”的相关属性，如图 3-91 所示。

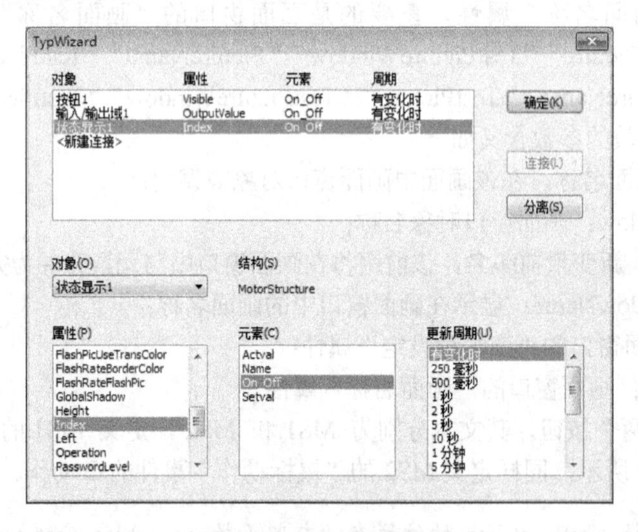

图 3-91 连接对象属性

通过动态向导连接画面中的对象和结构元素的连接后，动态向导会生成一个新的模板画面@TYPE_PW.Pdl，如图 3-92 所示，这个画面与原来组态的画面的不同在于它的变量前缀不用写在画面窗口的变量前缀属性里，新模板上方有一个蓝色的输入输出域，它可以连接 WinCC 任意一个字符串型的变量，修改这个字符串的值为某一个变量前缀，则画面窗口中元素名前会自动加载这个前缀名，从而显示结构变量。

查看图 3-92 蓝色的输入输出域的属性可以看到，动态向导在其中添加了图 3-93 所示的脚本，实现了对象属性和变量的连接。

下面通过动态向导“画面模块”项的“画面模块实例 V1.14”给画面模板加载前缀。新建一个父画面 Newpdl4.Pdl，双击“动态向导→画面模块→画面模块实例 V1.14”，打开动态向导对话框，选择“@TYPE_PW.Pdl”模板画面生成背景实例，类型为“fixed module with selectable name”，将建立的 MotorStr 结构类型的结构变量 Motor1 和 Motor2 分别连接，设置其 X、Y 的位置，完成动态向导的配置。

运行项目，如图 3-94 所示。

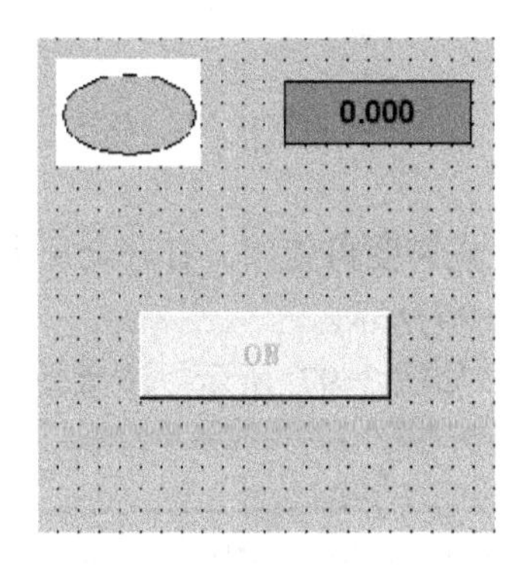

图 3-92　生成的画面模板

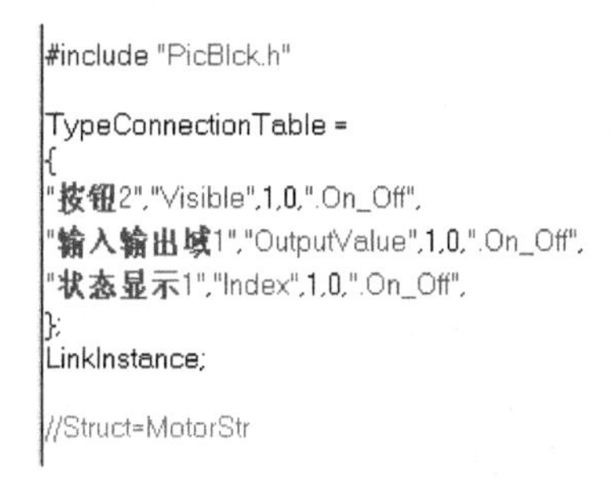

```
#include "PicBlck.h"

TypeConnectionTable =
{
"按钮2","Visible",1,0,".On_Off",
"输入输出域1","OutputValue",1,0,".On_Off",
"状态显示1","Index",1,0,".On_Off",
};
LinkInstance;

//Struct=MotorStr
```

图 3-93　动态向导添加的脚本

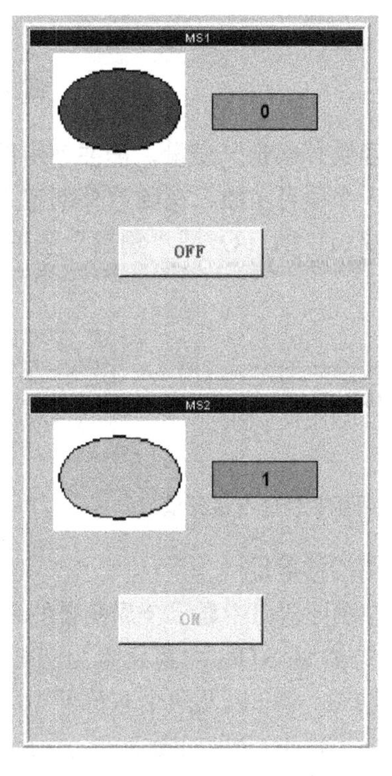

图 3-94　运行项目

但是，这种方法的元素名连接只限于对象属性之间的，不能用于动态对话框，直接连接或脚本，故如果画面窗口中有不希望加载变量前缀的对象或事件，可以用这种方法实现。如果不希望在画面窗口显示那个蓝色的变量前缀名，可以使用画面窗口的画面 Y 偏移量来调整，隐藏这个对象。

一般情况下，如果不做特殊设置，画面窗口中从变量管理器添加的变量都会自动添加变量前缀，如果希望使用全局变量而不添加变量前缀，则必须对对象或变量进行特殊处理才能实现，共有如下三种方法。以画面窗口中的一个 I/O 域连接全局变量为例。

（1）利用 Get/SetOutpoutValue 函数获得父窗口输入输出域的输出值

在画面窗口中的 I/O 域“输出”项中添加 C 脚本，如图 3-95 所示。

（2）使用全局 C 变量

在画面窗口的脚本中使用变量，通常也会自动添加变量前缀，若要使用全局变量而不添加前缀，使用下述方法处理。关于全局脚本的详细介绍将在第 9 章进行。

```
#include "apdefap.h"
 double _main(char* lpszPictureName, char* lpszObjectName, char* lpszPropertyName)
{
char* pszPicName=NULL;
char szPicName[_MAX_PATH+1];
pszPicName=GetParentPicture(lpszPictureName);//获得父窗口的画面名称
if (pszPicName!=NULL)
{
strncpy(szPicName,pszPicName,_MAX_PATH);
}
return GetOutputValueDouble(szPicName,"输入输出域1");//将父画面中的I/O域的值取出并返回
}
```

图 3-95　C 脚本

在项目函数外部定义变量，需要使用的时候在脚本里先声明再使用，打开全局脚本 C 编辑器，新建一个项目函数，在函数外部定义变量，如图 3-96 所示。

在画面窗口中的 I/O 域“输出”项中添加 C 脚本，如图 3-97 所示，注意使用了关键字：extern。

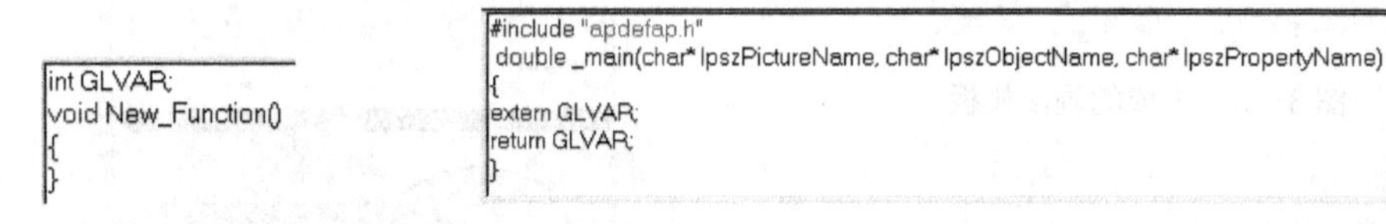

```
int GLVAR;
void New_Function()
{
}
```

```
#include "apdefap.h"
 double _main(char* lpszPictureName, char* lpszObjectName, char* lpszPropertyName)
{
extern GLVAR;
return GLVAR;
}
```

图 3-96　在项目函数外部定义变量　　　　　　图 3-97　C 脚本

（3）利用间接寻址

例如，在画面窗口中显示全局变量的名称及其值，采用间接寻址。

新建结构类型 STR1，其元素为 TEXT8 VAR_Name，新建两个 STR1 型变量 IS1、IS2 以及两个有符号 16 位数 Tag10、Tag20。

建立画面模板 IN.Pdl 如图 3-98 所示，其中 Tag10、Tag20 为两个按钮，第一个输入输出域（显示 name）与 STR1 结构的元素 VAR_Name 连接，输入输出域 2 的设置如图 3-99 所示，注意勾选了“输出值”后的“间接”；添加按钮 Tag10 和 Tag20 的鼠标动作事件，通过直接连接分别将常数 Tag10 和 Tag20 送至变量 VAR_Name（STR1 结构的元素）。

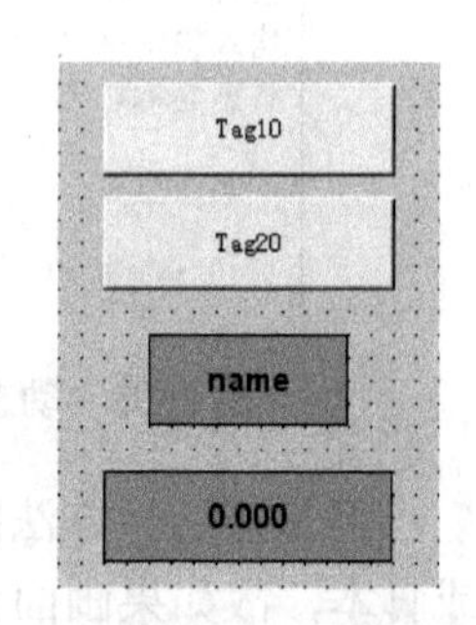

图 3-98　画面模板

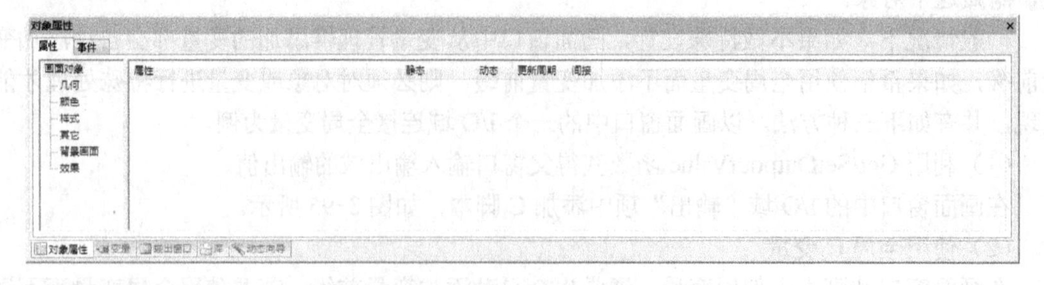

图 3-99　输入输出域 2 的设置

新建一个父画面，插入两个画面窗口，设置其画面名称为 IN.Pdl，变量前缀分别为 IS1.和 IS2.，插入两个 I/O 域分别与变量 Tag10 和 Tag20 连接。

运行项目如图 3-100 所示，输入 Tag10 和 Tag20 的值分别为 10 和 50，在画面窗口中按下相应的按钮时，则该画面窗口中的 I/O 域分别显示对应的变量名称及其值。

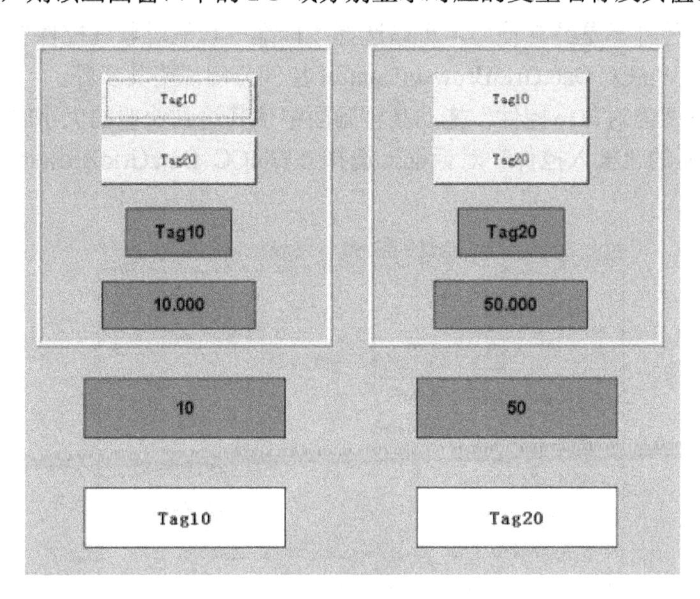

图 3-100　间接寻址例子

3.5　控件的使用

在 WinCC 的画面中可以加入 ActiveX 控件，除了使用第三方的 ActiveX 控件外，WinCC 也自带了一些 ActiveX 控件，如表 3-2 所示。

表 3-2　常用的 WinCC ActiveX 控件

名　称	功　能
时钟控件	用于将时间显示集成到过程画面
量表控件	以模拟表盘的形式显示监控的测量值
在线表格控件	以表格形式显示来自归档变量表单中的数值
在线趋势控件	以趋势曲线的形式显示来自归档变量表单中的数值
按钮控件	在按钮上定义图形
用户归档表格控件	可提供对用户归档和用户归档视图进行访问的控件
报警控件	用于在运行系统中显示报警消息

此外，还有磁盘空间控件和滚动条控件等。将“对象选项板”上的“控件”选项卡上的控件添加到画面中的方法与其他对象类似。其具体使用将在后续章节陆续介绍。

对于不在“控件”选项卡上的 ActiveX 控件，如果经常使用，可以将其添加到“控件”

选项卡上。右键单击“控件”选项卡选择“添加/删除”，打开“选择 OCX 控件”对话框，勾选希望添加的 ActiveX 控件前的复选按钮。如果 ActiveX 控件没有注册，在“可用的 OCX 控件”框中将不会显示，可单击“注册 OCX”按钮进行注册。控件注册成功后将显示在“可用的 OCX 控件”栏中。

如果要添加的控件不是经常使用，可以选择“标准→智能对象→控件”来操作。下面以在画面中添加一个 WinCC DataGridBrowserControl 控件为例说明其步骤。

选择“标准→智能对象→控件”拖动其至画面中使其达到希望的大小时释放，系统将打开如图 3-101 所示的“插入控件”对话框，选择“WinCC DataGridBrowserControl”控件，单击确定。

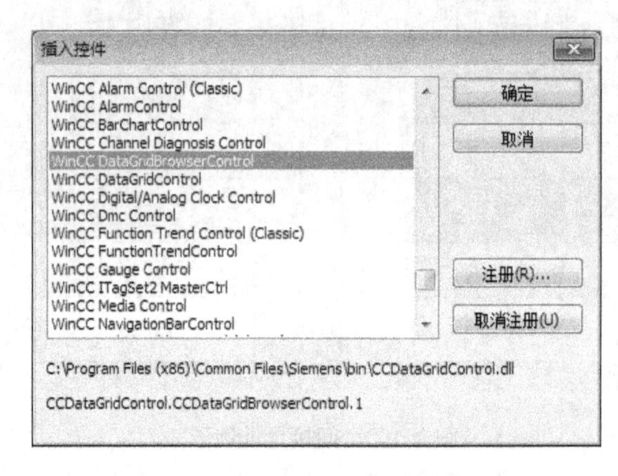

图 3-101　插入控件对话框

3.6　库

WinCC 提供了丰富的图库元件供使用，也可以添加自己的图库对象。

打开图 3-102 所示的库。WinCC 的库提供了丰富的图形和对象，减少了画面的制作时间。

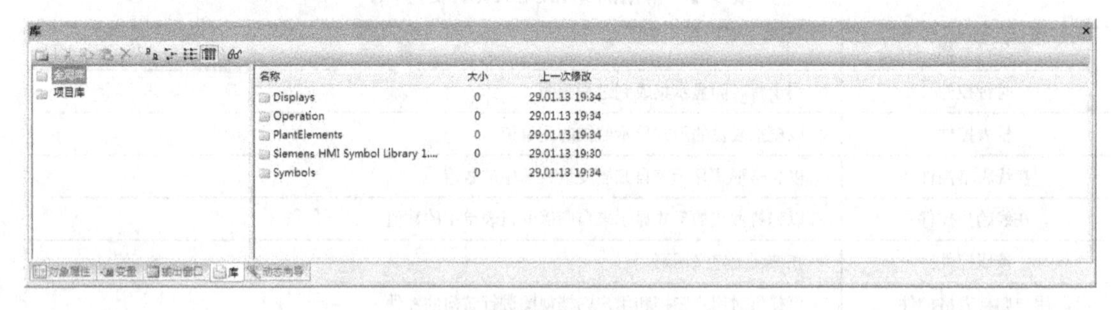

图 3-102　库

由图 3-102 可以看出，库包括全局库和项目库。“全局库”提供了多种预先完成的图形对象，这些对象可作为库对象插入到画面中，并根据需要进行组态。它以文件夹目录树结构形式按主题进行排序后，可提供机器与系统零件、仪器、控件元素以及建筑物的图形视图。使用用户自定义的对象可扩展“全局库”，以便使其适用于其他项目。然而，这些对象不一定要动态链接，以避免在将其嵌入到其他项目中时出现错误。

“项目库”允许建造一个指定项目的库。通过创建文件夹和子文件夹可按主题对对象进行排序。此处可将用户自定义对象作为副本进行存储，使其可用于多种用途。项目库只适用于当前项目，因此，动态对象只放在该库中。插入库中的用户自定义对象的名称可自由选取。

如果要将项目库扩展到用户自定义对象，则应对项目库进行备份。在 WinCC 中，库对象存储在几个不同文件夹路径中：全局库中的所有信息在缺省状态下均保存在 WinCC 安装文件夹的“\aplib”子文件夹中。作为当前项目组件的项目库对象均保存在项目目录的“\library”子文件夹中。

为了能够使用其他项目中项目库的用户自定义组态，必须将相关文件夹的内容复制到目标项目的相关文件夹。此外，还推荐为“\library”文件夹创建一个副本，并定期对其进行更新。

库对象的类型有两种类型：自定义对象和控件。

文件夹“PlantElements（系统模块）”“Displays（显示）”“Operation（操作）”和“Symbols 符号”均包含有预先完成的自定义对象。如果将这些库对象之一插入到画面，则在“对象属性”窗口和“组态对话框自定义对象”中可对它进行修改。这两个对话框都可从所插入对象的弹出式菜单中打开。

“西门子 HMI 符号库”文件夹包含有一个完整的符号库，其元素也可作为控件插入到画面中。如果将这些库对象之一插入到画面，则在“对象属性”窗口和“西门子 HMI 符号库的属性”对话框中可对它进行修改。从所插入对象的弹出式菜单中可打开“对象属性”窗口。“西门子 HMI 符号库的属性”对话框只能通过双击所插入对象来打开。

下面通过例子分别说明两种类型的库对象。打开库，分别选择“全局库→Operation→Toggle Buttons→On_Off_1”和“全局库→Displays→Displays→Digital Output”插入到画面上，如图 3-103 所示。

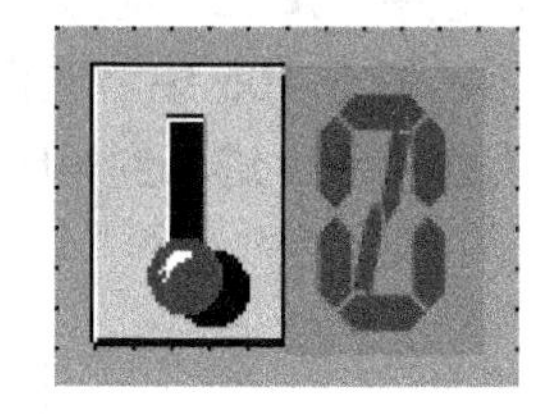

图 3-103　插入两个库对象

右键单击开关选择“属性”打开“对象属性”对话框，如图 3-104 所示，将“用户定义 1”下的“Toggle”属性与二进制变量 Tag8 连接。

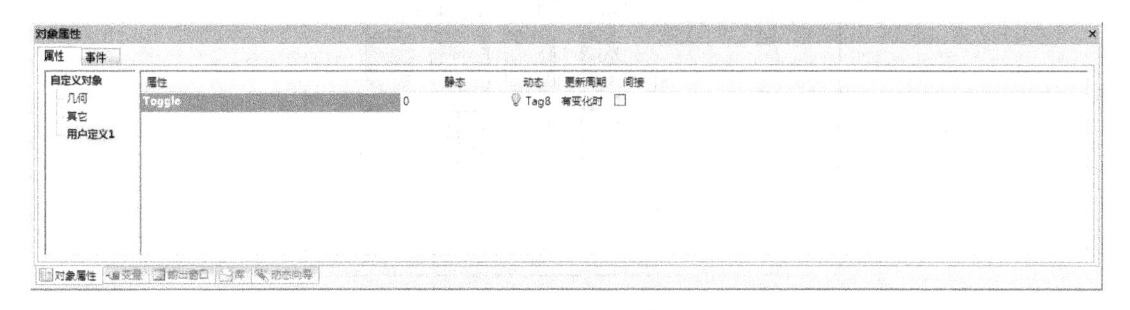

图 3-104 “对象属性”对话框

由图 3-104 可以看出，“On_Off_1”按钮为一个自定义对象，右键单击画面中的“On_Off_1”按钮对象选择“组态对话框”，打开图 3-105 所示的“组态对话框自定义对象”，可以象前面介绍的自定义对象那样拖动某一对象（如 Zustandsanzeige1）的某一属性至“选择的属性”下的“UserDefined1”项下。

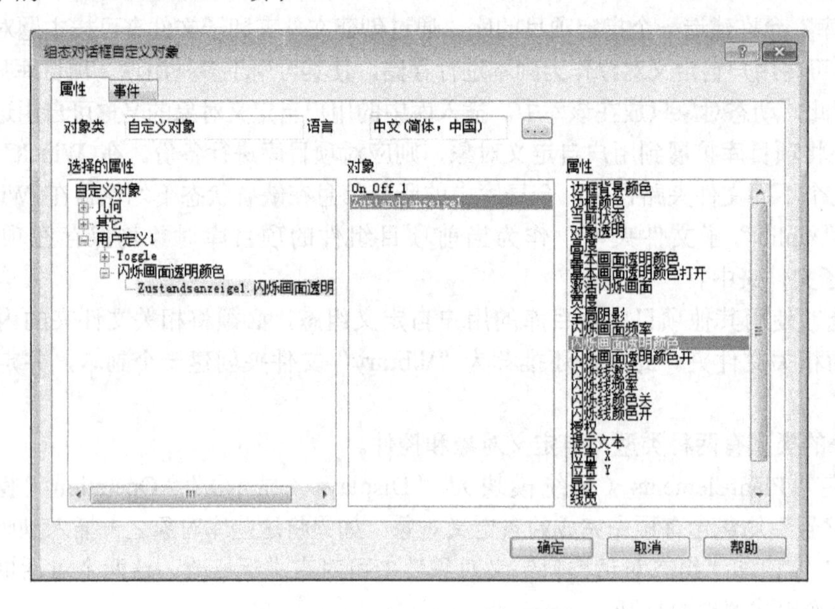

图 3-105　组态自定义对象对话框

同样，将变量 Tag8 连接至“Digital Output”对象，运行项目观察效果。

打开库，选择“全局库→Siemens HMI Symbol Library 1.4.1→罐→罐 22”拖动到画面上，选中“罐 22”对象，打开“Siemens HMI Symbol Library 1.4.1 属性”对话框，如图 3-106 所示。图 3-106 中，选择库中的某一对象，左上角将显示其预览图片，单击“样式”和“颜色”选项卡，进入到相应的页面，可以修改选中对象的相关样式及颜色。

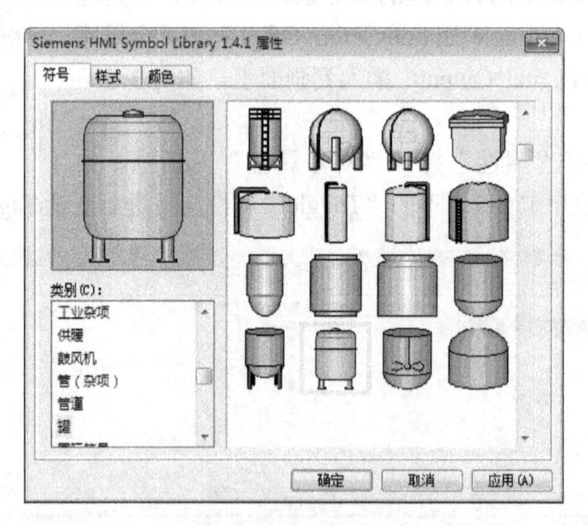

图 3-106　“Siemens HMI Symbol Library 1.4.1 属性”对话框

选中“罐 22”，打开图 3-107 所示的“对象属性”对话框，选中“控件属性→Fore Color”项，通过动态对话框添加图示动态效果。

运行项目，可以看出，当单击图 3-103 的开关时，“罐 22”的罐体颜色将发生改变。

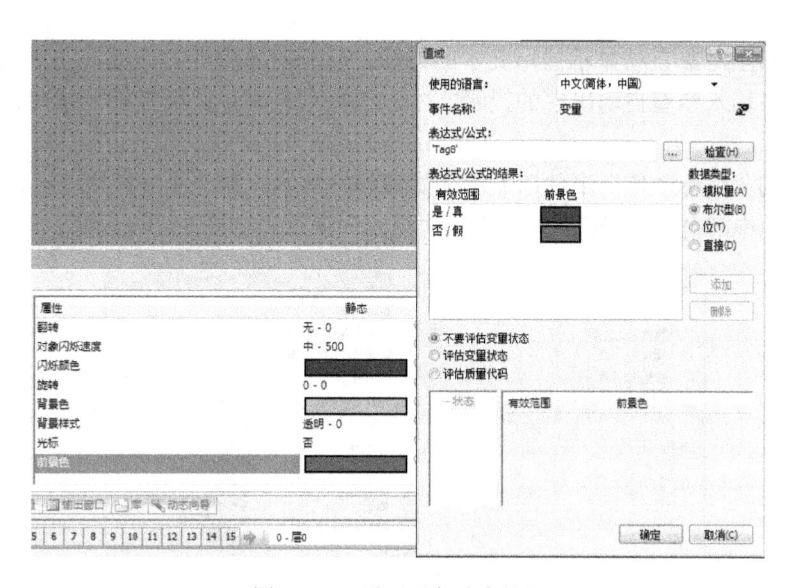

图 3-107　设置对象动态效果

3.7　为对象生成帮助提示

系统运行时，为帮助操作人员准确使用运行系统，需要对相关对象组态操作帮助或者提示文本。有几种实现方式，分别介绍如下。

3.7.1　显示和隐藏帮助文本

如图 3-108 所示，组态两个按钮：Help On 和 Help Off，当鼠标移至 Help On 或 Help Off 按钮上时，出现该对象的提示文本，如 Help Off 按钮的提示文本为“隐藏提示文本”。按下“Help On”按钮，显示加热罐的提示文本“boiler temperature 0-100”，按下“Help Off”按钮，隐藏该提示文本。

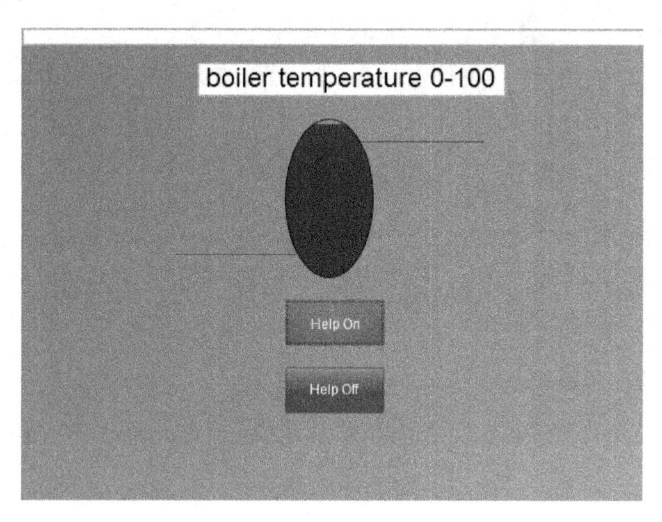

图 3-108　显示和隐藏帮助文本例子

组态鼠标移至对象自动显示提示文本的方法：打开对象属性对话框，在“属性→其他→提示文本”项中输入希望自动出现的提示文本。运行项目时，鼠标指针一指向该对象，该提示文本自动显示。

组态按钮的“鼠标动作”事件以显示和隐藏静态文本，则是通过直接连接将常数 1 和 0 分别送给“画面中的对象：静态文本 1”的“显示”属性，如图 3-109 所示。

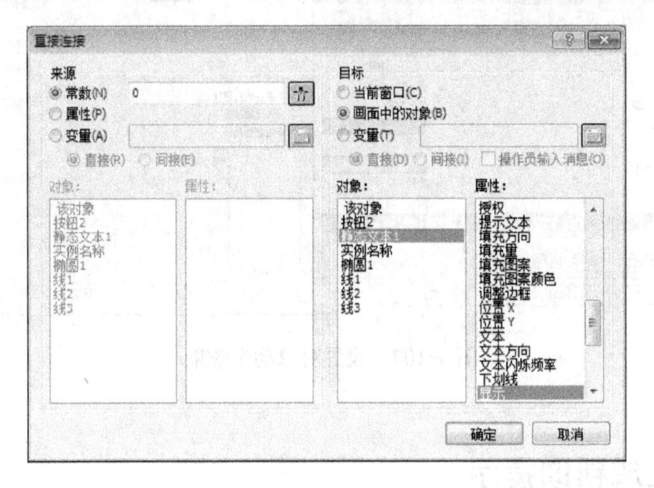

图 3-109　直接连接

3.7.2　弹出式操作帮助

在操作过程中，选中对象单击鼠标右键，显示帮助文字，也称为弹出式帮助。如图 3-110 所示，正常情况下静态文本“display main picture”不显示，当在按钮“Return”上按下鼠标右键，则静态文本显示该按钮的提示信息，再按下鼠标左键静态文本不显示。

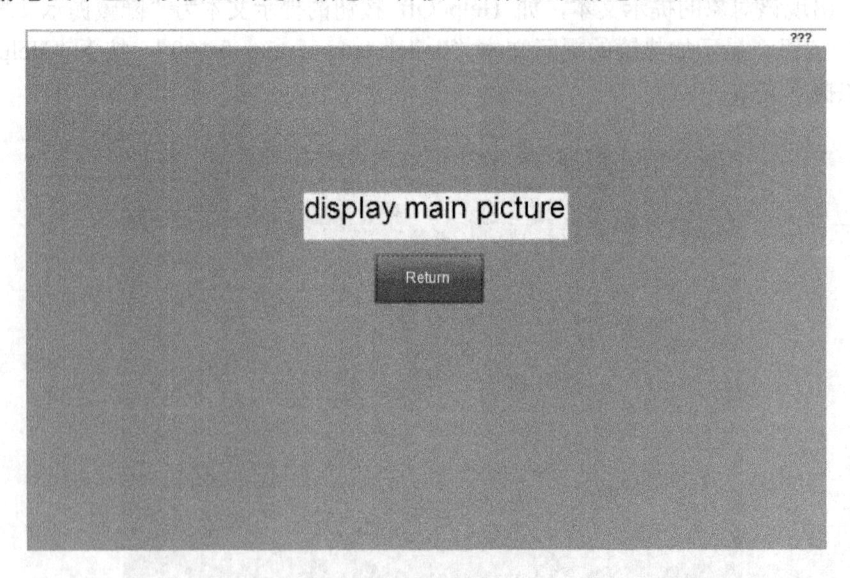

图 3-110　例子

组态静态文本“display main picture”，设置其“属性→其他→显示”为“否”；组态按钮

“Return”的“按右键”鼠标事件将常数 1 送至“画面中的对象：静态文本”的“显示”属性，“按左键”鼠标事件将常数 0 送至“画面中的对象：静态文本”的“显示”属性。

3.7.3 指定时间之后关闭帮助窗口

如图 3-111 所示，用鼠标右键单击 I/O 域，在画面窗口显示帮助信息，即打开一个帮助画面，可以手动单击“OK”按钮关闭帮助画面或者 5 秒钟后自动关闭。

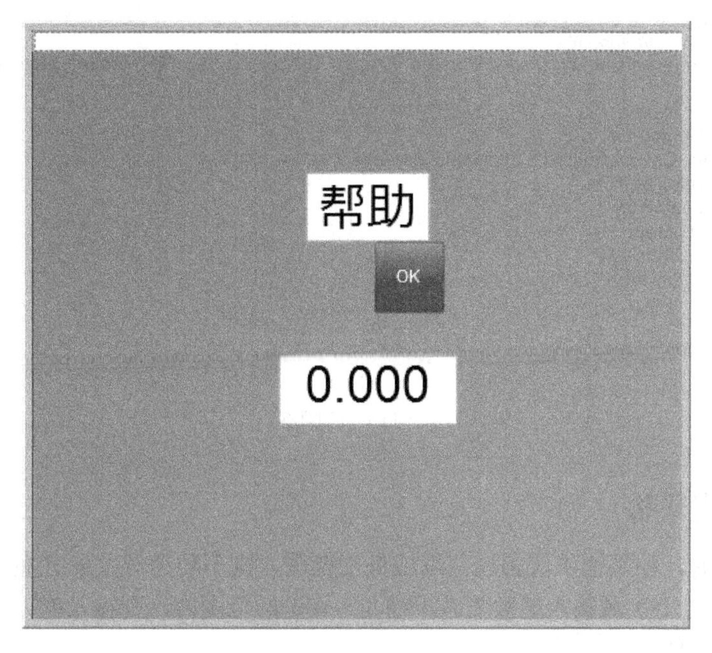

图 3-111　例子

组态帮助画面 helpwindow 上的静态帮助文本及“OK”按钮，组态“OK”按钮的“鼠标动作”事件将常数 0 直接连接至“当前窗口”的“显示”属性，如图 3-112 所示。

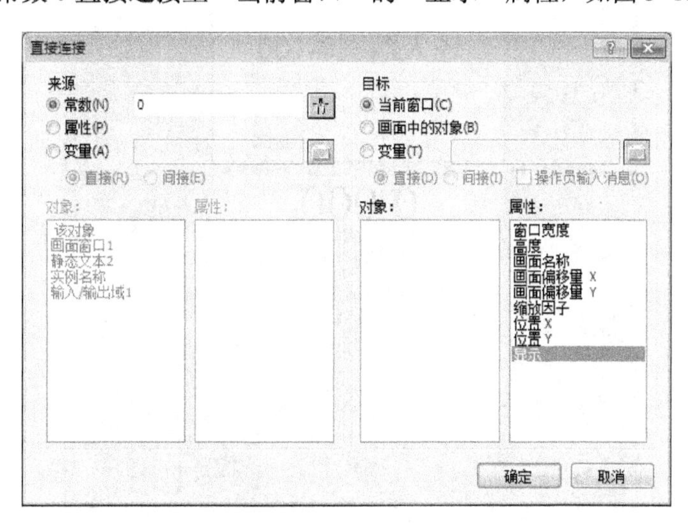

图 3-112　直接连接

设置主画面中的“画面窗口”的“属性→其他→显示”为“否”，“属性→其他→画面名称”为“helpwindow”；为“画面窗口”的“属性→其他→显示”添加 C 脚本，如图 3-113 所示，设置其触发器为“标准周期：1 秒”。注意，此处用到了 Static（静态）型变量，能够在函数的调用过程中保持变量的值。

组态 I/O 域的“按右键”鼠标事件，将常数 1 直接连接至“画面中的对象：画面窗口”的“显示”属性。

```
#include "apdefap.h"
 BOOL _main(char* lpszPictureName, char* lpszObjectName, char* lpszPropertyName)
{
BOOL visible;
static int count=5;
visible=GetVisible(lpszPictureName,lpszObjectName);
if (visible){count--;
   if (count<=0){
      count = 5;
         return 0;}
   else return 1;
          }
return 0;
}
```

图 3-113　C 脚本

3.7.4　输入检查帮助

在输入数值时，如果输入值超过范围或低于范围，则不传递该数值且显示操作帮助。如图 3-114 所示，在 I/O 域输入的数值若不在 0～100 的范围内，则输入值无效且在画面窗口中显示帮助提示信息。

图 3-114　例子

同前面步骤一样，组态帮助画面 helpwindow 上的静态帮助文本及“OK”按钮，组态“OK”按钮的“鼠标动作”事件将常数 0 直接连接至“当前窗口”的“显示”属性。

设置主画面中的“画面窗口”的“属性→其他→画面名称”为“helpwindow”。

分别组态 I/O 域的“属性→输入输出域→输出/输入→输出值”的 C 脚本和“事件→输入输出域→属性主题→输出/输入→输入值”的“更改”项 C 脚本如图 3-115 和图 3-116 所示。

```
#include "apdefap.h"
 double _main(char* lpszPictureName, char* lpszObjectName, char* lpszPropertyName)
{
return GetTagDWord("Tag5");
}
```

图 3-115　属性的 C 脚本

```
#include "apdefap.h"
void OnPropertyChanged(char* lpszPictureName, char* lpszObjectName, char* lpszPropertyName,  char* value)
{
int input, output;
input = GetInputValueDouble("Help.Pdl","输入输出域1");
output =  GetTagDWord("Tag5");
if ((input > 100) || (input < 0)){
SetVisible(lpszPictureName,"画面窗口1",1);
}
else {
  output = input;
SetTagDWord("Tag5",output);
      }
SetOutputValueDouble("Help.Pdl","输入输出域1",output);
}
```

图 3-116　事件的 C 脚本

3.8　习题

1. 熟悉 WinCC 图形编辑器的界面。
2. 组态画面对象的动态效果有哪些方法？通过示例进行演示。
3. 通过画面模板功能完成 10 台锅炉对象的监控。
4. 在 WinCC 中使用“Windows Media Player”控件。
5. 习题 3 中的锅炉对象从库中调用，并根据需要修改其属性。
6. 为习题 3 的任务生成提示信息。

第4章　用户管理器

系统运行时，可能需要创建或修改某些重要的参数，如修改温度和压力等参数的设定值、修改 PID 控制器的参数等。显然，此类操作只能允许指定的人员进行，禁止未经授权的人员对重要数据进行访问和操作。故组态系统时，需要使用用户管理器功能设置不同的访问级别来保障生产的安全。

用户管理器适用于不同层次的用户管理生产过程，对于不同的管理员可以设置相应的密码，并根据需要授予各自的权限。可以设置不同的访问级别，组态一个分层的访问保护。

用户管理器可以用来控制访问权限的指派和管理，以便杜绝未经授权的访问。每个过程操作、归档操作以及 WinCC 系统操作都可对未经授权的访问加锁。一个用户最多可分配 999 种不同的权限。用户权限可在系统运行时分配。

4.1　用户管理器概述

用户管理器是用来分配和管理运行系统中操作的访问权限，以及组态系统中组态的访问权限。

WinCC 中用户管理器的主要任务包括：

① 创建、改变用户（最多创建 128 个）和用户组（最多 128 个）。

② 分配和管理访问权限。

③ 设置访问保护。

④ 有选择地防止未授权访问单个系统功能。

⑤ 在一定时间内使用户退出登录，以便防止未授权访问。

在 WinCC 项目管理器的浏览目录中，右键单击“用户管理器”选择“打开”或双击即可打开“用户管理器”编辑器，简称“用户管理器”，如图 4-1 所示。可以看出，用户管理器包括了菜单栏、工具栏、状态栏以及导航区域、数据区域和属性区域。通过导航区域可以查看已建立的组及相应用户的树形结构。数据区域中显示了与当前用户相关的权限。

用户管理器包含预定义的默认授权和系统授权，可根据需要添加或移除授权。可创建用户组和用户，并为其分配公共授权或者独立授权。可在运行时分配授权。系统授权由系统自动生成，用户不能对其进行创建、修改或删除。系统授权同标准授权一样，可分配给某个用户。系统授权在系统组态及系统运行期间都是有效的。系统组态时避免未登录的用户未经许可访问如服务器项目等。WinCC 中的默认授权如表 4-1 所示，WinCC 中的系统授权如表 4-2 所示。

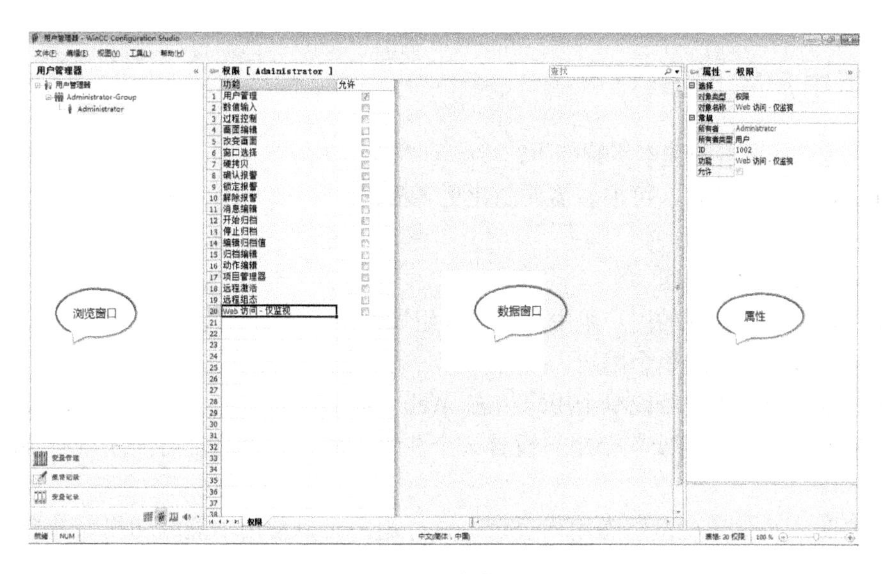

图 4-1　用户管理器

表 4-1　WinCC 中的默认授权

编号	名　称	含　义
1	用户管理	该授权准许用户访问用户管理器，如果设置了该授权，则用户可以调用用户管理器并进行改变
2	数值输入	该授权允许用户在 I/O 域中手动输入数值
3	过程控制	该授权将使用户能够完成控制操作，例如，手动/自动切换
4	画面编辑	该授权允许用户改变画面和画面元素(例如通过 ODK)
5	改变画面	该授权允许用户触发画面切换，从而打开另一个已组态的画面
6	窗口选择	该授权允许用户在 Windows 中切换应用程序窗口
7	硬拷贝	该授权允许用户硬拷贝当前的过程画面
8	确认报警	该授权将使用户能够确认消息
9	锁定报警	该授权允许用户锁定消息
10	解除报警	该授权允许用户解锁(释放)消息
11	消息编辑	该授权允许用户改变报警记录中的消息(例如通过 ODK)
12	开始归档	该授权允许用户启动归档过程
13	停止归档	该授权允许用户停止归档过程
14	编辑归档值	该授权允许用户组态归档变量的计算过程
15	归档编辑	该授权允许用户控制或改变归档过程
16	动作编辑	该授权允许用户执行和改变脚本(例如通过 ODK)
17	项目管理器	该授权将允许用户访问 WinCC 项目管理器

表 4-2　WinCC 中的系统授权

1001	远程激活	如果存在该设置，则用户可从其他计算机上启动或停止该项目的运行系统
1002	远程组态	如果设置了该条目，则用户可从其他计算机上进行组态，并对项目进行修改
1003	Web 访问—仅监视	如果设置了该条目，则用户从其他计算机上只能打开项目，而不能进行修改或执行控制操作

4.2 组态用户管理器

WinCC 用户管理器的基本步骤如下：

1）除了预定义的授权，可根据需要创建更多授权。

2）创建必要的用户组。

3）将授权分配给用户组。

4）将用户保存至相应的用户组中。可导入组属性。

5）将特定授权分配给单个用户。

6）可根据需要为用户组或单个用户组态 Web 访问。

7）必要时，为用户组或单个用户设置一个注销时间，超过这个时间系统将自动注销已登录用户。

8）必要时，可使用变量组态用户登录，这样用户可以使用功能键切换而非登录对话框进行登录。

9）必要时，授权用户组或单个用户使用芯片卡进行登录。

10）组态的数据无需存储即可使用。

11）在 WinCC 项目编辑器中组态操作员权限。例如，在图形编辑器中指定操作画面中按钮的授权。

4.2.1 创建组和用户

打开用户管理器，在用户管理器的浏览窗口右键单击“用户管理器”，建立一个新的管理员组 New_Group。

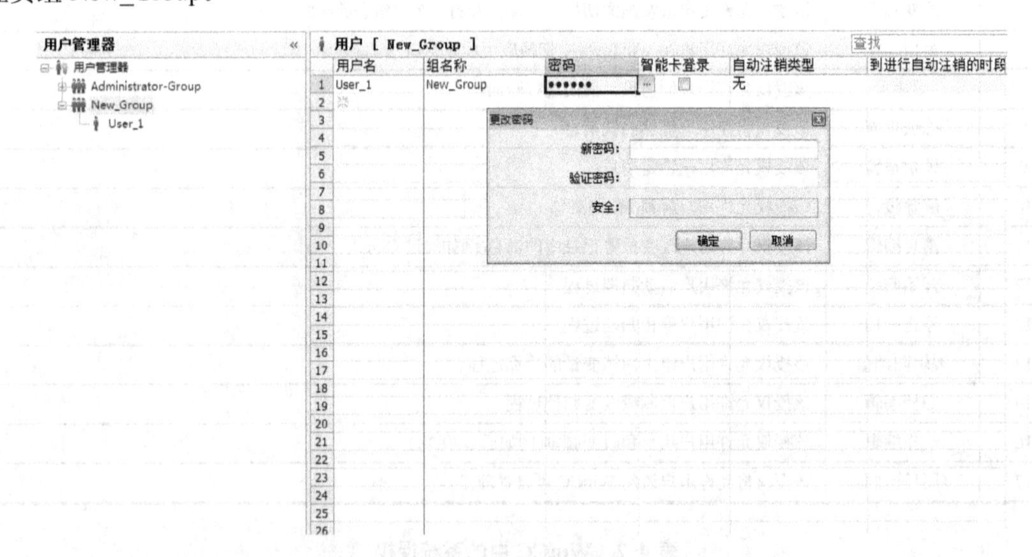

图 4-2 添加新用户

在数据区域的用户窗口建立新的用户 User_1，新用户的名字必须长于 4 个字符；并可在此区域为新用户设置密码，密码必须长于 6 个字节。设置新用户的界面如图 4-2 所示，建立好的新的用户界面如图 4-3 所示。

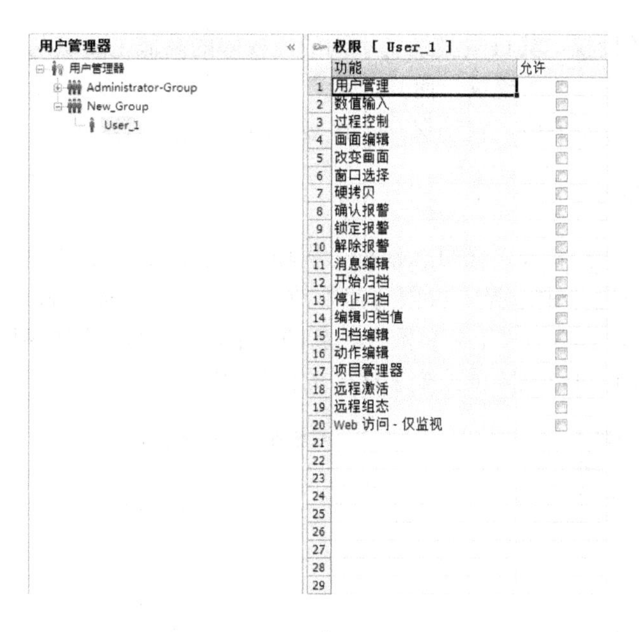

图 4-3　查看用户

可以改变用户或组的名称，不影响用户的密码。

4.2.2　添加授权

新的组和新的用户添加完成后，需要给每个用户添加相应的授权。在浏览窗口中选中需要设置授权的组或用户，点击数据窗口中要设置给当前用户的授权后的方框，当该复选框被选中时，表示此用户拥有对应授权，如图 4-4 所示，User_1 的授权为“用户管理”和“窗口选择”。

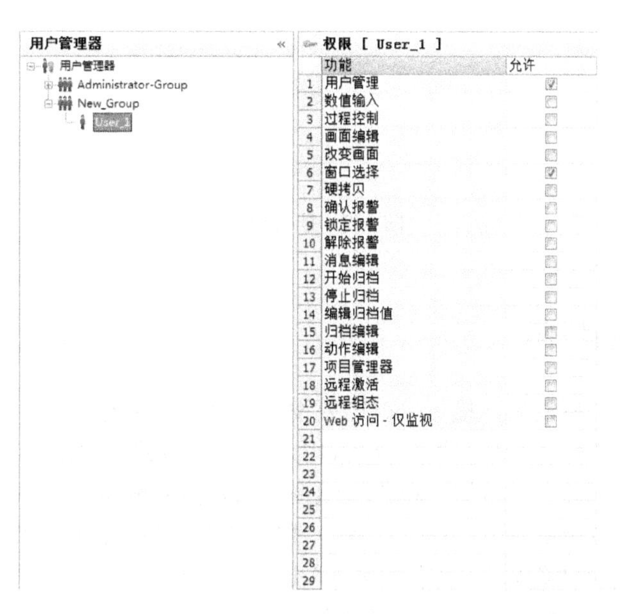

图 4-4　设置授权

用户拥有不同的授权，其权限级别是不同的，权限的高低主要从两个方面体现：拥有授权数量的多少；拥有较重要的授权，而其他用户没有这个授权，级别自然就高。

此时用户管理器组态完成，自动保存，直接关闭用户管理器即可。

4.2.3 插入删除授权

除默认授权和系统授权外，还可以根据工程项目需要添加自定义授权，单击浏览窗口的用户管理器，在浏览窗口中选择“权限等级”进入授权管理界面。输入新权限的 ID 和名称，如输入 ID“18”，名称为“工艺参数”的新的权限，添加成功则如图 4-5 所示。

在此浏览窗口中也可以删除或改变表格中的任何权限。

用户管理器

- 用户管理器
  - Administrator-Group
  - New_Group
    - User_1

权限等级 [所有]

	ID	名称
1	1	用户管理
2	2	数值输入
3	3	过程控制
4	4	画面编辑
5	5	改变画面
6	6	窗口选择
7	7	硬拷贝
8	8	确认报警
9	9	锁定报警
10	10	解除报警
11	11	消息编辑
12	12	开始归档
13	13	停止归档
14	14	编辑归档值
15	15	归档编辑
16	16	动作编辑
17	17	项目管理器
18	18	工艺参数
19	1000	远程激活
20	1001	远程组态
21	1002	Web 访问 - 仅监视
22		
23		
24		
25		
26		
27		
28		
29		

图 4-5 插入授权

4.3 组态对象的权限

组态好组及用户的授权后，接下来就需要设置项目中对象的授权了。此处以一个按钮的授权设置为例，只有拥有“工艺参数”授权的用户单击此按钮才起作用。

在图形编辑器中创建一个按钮，单击按钮在对象属性编辑界面中对按钮进行编辑，在属性选项卡的“其他”目录中，有一项“授权”，默认情况下为“无访问保护”，双击或右键单击“无访问保护”选择“编辑”打开“权限”选择对话框，选择“工艺参数”授权，单击“确定”按钮完成按钮授权的定义，如图 4-6 所示。

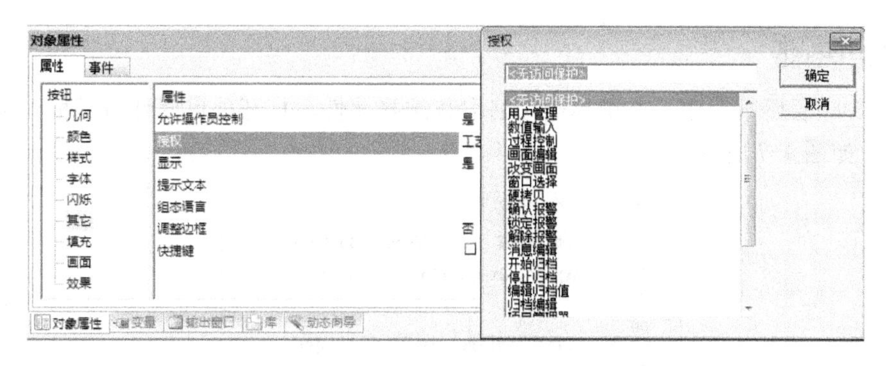

图 4-6　授权编辑

项目运行时，如果是没有此项授权的用户登录，单击此按钮将提示“无操作员权限”，如图 4-7 所示。

图 4-7　无操作员权限

画面中的其他对象授权的组态与此类似。

4.4　组态登录和注销对话框

系统运行后需要弹出用户登录的对话框，将前述的用户名和密码输入后该用户才可以进行相应的操作，如改变变量输入值、切换画面等。如果没有输入用户名和密码，用户不能操作任何设置了授权的对象。执行注销操作后系统恢复到没有登录之前的状态，用户只能观看起始画面的信息，不能进行任何操作。

用户登录有两种方式，一种通过设置热键的方式来调出登录对话框，二是通过脚本编程的方式弹出登录对话框。

4.4.1 使用热键

WinCC 项目管理器中，右键单击项目名称选择属性，打开项目属性对话框，选择快捷键选项卡，如图 4-7 所示。

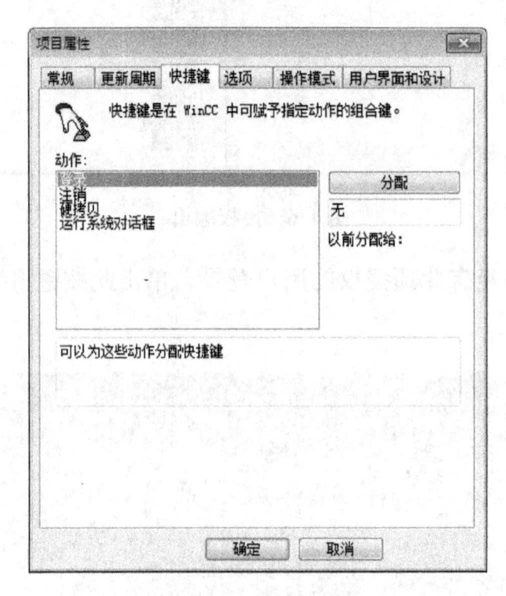

图 4-8　分配热键

选中“动作”项下的“登录”，单击“分配”按钮下的文本框，同时按下要分配给“登录”动作的快捷键，如〈Ctrl〉和〈F1〉键，则同时按下的键出现在该文本框中，如图中所示，单击“分配”按钮即将该快捷键分配给“登录”动作。如果没有分配快捷键，该文本框显示“无”。

同样可以将快捷键〈Ctrl+F2〉分配给“退出”动作，则系统运行时可以通过按下〈Ctrl+和 F1〉和〈Ctrl+ F2〉来进行用户的登录和注销。

4.4.2 脚本编程

当系统启动后，也可以采用单击按钮的方式来弹出登录对话框。

新建一个画面，添加“登录”和“注销”两个按钮，如图 4-9 所示。

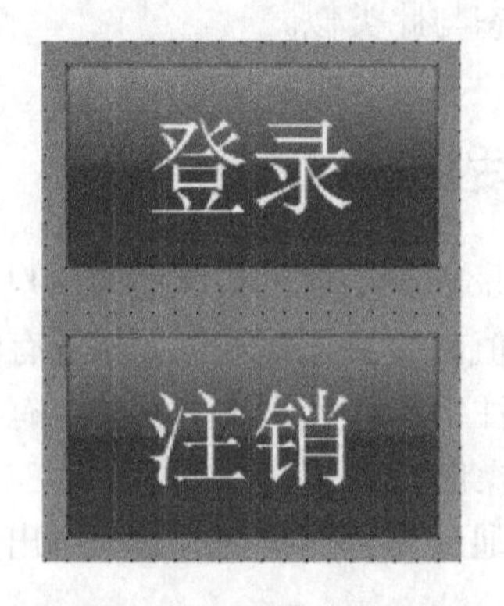

图 4-9　建立登录和注销按钮

为“登录”按钮的鼠标动作事件编写 C 脚本如图 4-10 所示，为“注销”按钮编写的 C 脚本如图 4-11 所示。

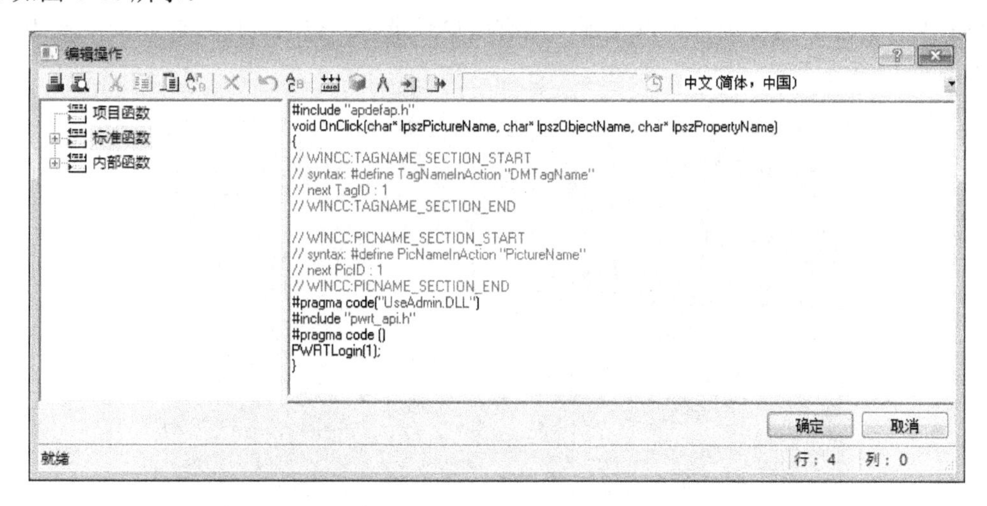

图 4-10　登录按钮的 C 脚本

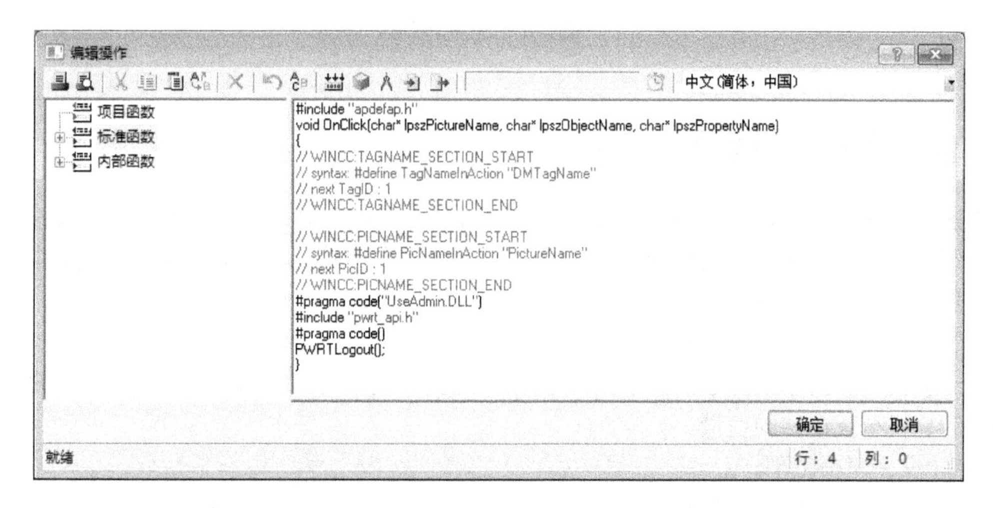

图 4-11　注销按钮的 C 脚本

4.5　使用与登录用户相关的内部变量

在 WinCC 项目中，如果希望在过程画面或报表中显示已登录的用户，可以使用系统提供的两个内部变量中的一个，如表 4-3 所示。

表 4-3　与登录用户相关的内部变量

变量名称	WinCC 用户管理器中的描述	Windows 用户管理中的描述
@CurrentUser	用户 ID	用户名
@CurrentUserName	用户名	完整的名称

根据使用了两个变量中的哪个变量，显示已登录用户的用户 ID 或完整的用户名。

在画面中插入一个 I/O 域，与@CurrentUser 或@CurrentUserName 连接，设置 I/O 域的数据格式为字符串。运行项目可以看到，当有用户登录时，登录的用户名显示在此 I/O 域中，如图 4-12 所示。

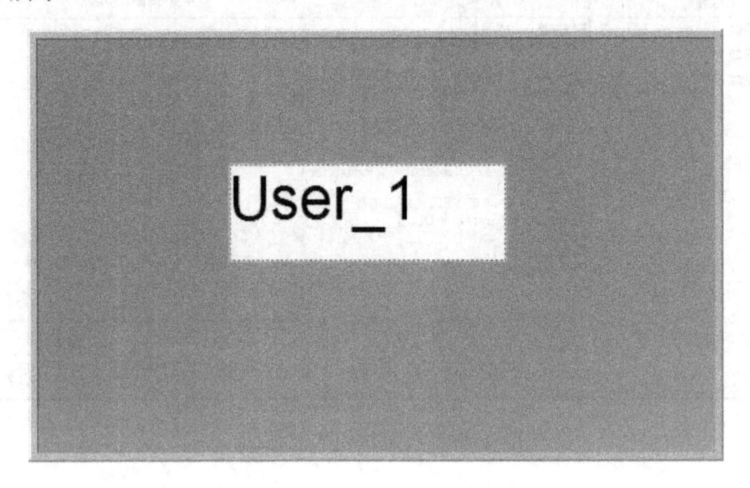

图 4-12　显示完整的名称

4.6　使用变量组态登录

组态“变量登录”功能，以使用变量登录或注销 WinCC 计算机。如果用户使用变量登录到系统，则该用户将无法使用登录对话框登录到同一台计算机。如果使用集中用户管理的软件组件 SIMATIC Logon，则无法使用变量登录。

遵循以下组态步骤通过变量登录：

1）为计算机分配组态变量。有以下两种方法可供选择：为所有计算机分配相同的变量，为每台计算机分配单独的变量。

2）定义变量值范围。

3）为用户分配特定变量值。

组态登录变量时允许使用以下变量类型：二进制、8 位值、16 位值、32 位值。

系统会为每个使用变量登录的用户分配一个单独的变量值。因此，使用“变量登录”方法登录的用户数量受到变量值大小的限制。要指定可能值的范围，需为变量组态一个下限值和一个上限值。变量值范围取决于所定义的变量，下限允许的最小变量值范围为“0”～“32767”，上限允许的最大变量值范围为“1”～“32768”。

在导航区中，选择“用户管理器”条目。在“属性 - 用户管理器”的“计算机名称”选项中，选择一台计算机。列表包括项目中可用的计算机，如图 4-13 所示。通过“变量名”字段中的...按钮打开变量管理，选择希望使用的变量。在“下限” 字段中输入变量的最小值，在“上限”字段中输入变量的最大值。在导航区域中选择用户，在“变量登录值”字段中选择变量值，设置完成后如图 4-14 所示。注意每一个变量值只能分配给一个用户。

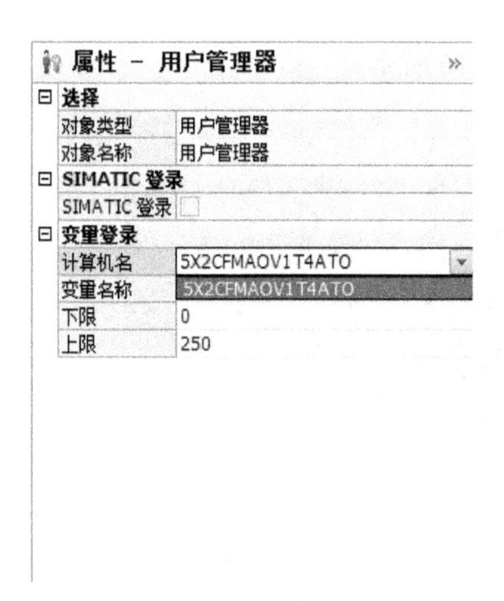

图 4-13　用户管理器属性

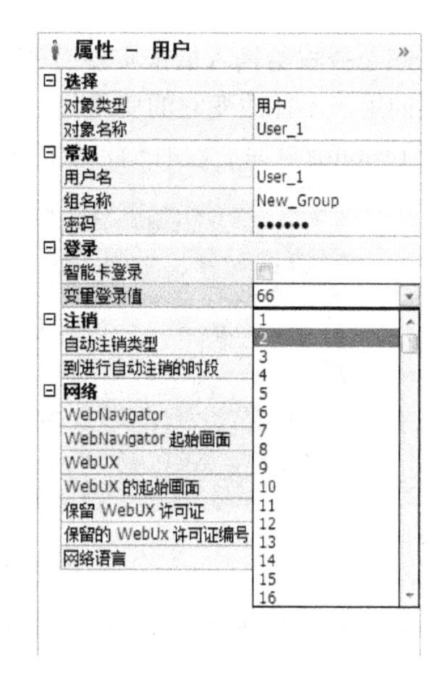

图 4-14　分配变量值

4.7　用户管理器应用实例

下面给出几个用户管理器应用实例，结合前面内容加以应用。

4.7.1　实例 1

任务要求：启动画面之后，单击登录按钮（或按快捷键），出现登录对话框，此时输入 operator 的用户名和密码，登录之后，对输入域的变量值无法改变。注销 operator 的用户名和密码，重新登录 engineer 的用户名和密码，此时可以改变输入域的变量值；另外通过输出域显示当前用户的用户名。

首先建立一个内部变量 adc。新建一个画面“授权的应用.Pdl”，在上面添加两个按钮，一个按钮的文本为登录，另一个按钮的文本为注销，编写各自的脚本，也可以组态热键，快捷键标注在按钮上，如图 4-15 所示。

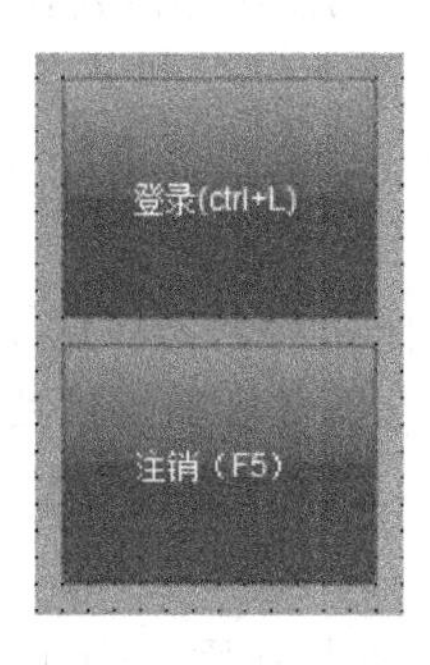

图 4-15　将热键标注在按钮上

在画面上添加一个输入域和一个输出域。输入域连接新建立的内部变量 abc，输出域显示当前用户的名称，连接系统内部变量@CurrentUser，输出域的数据格式改为字符串型。

接着赋予授权给输入域来实现有变量输入这一权限的用户能改变它的变量值，没有变量输入权限的用户不能改变它的变量值。

用户 operator 登录时没有输入值的权限，如图 4-16 所示。

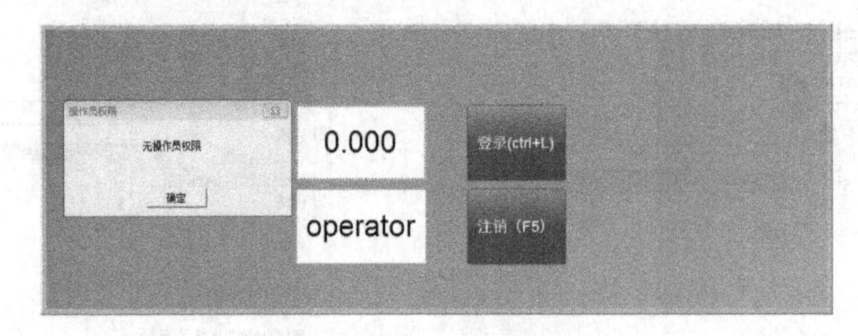

图 4-16 operator 登录界面

用户 engineer 登录时有输入值的权限，如图 4-17 所示。

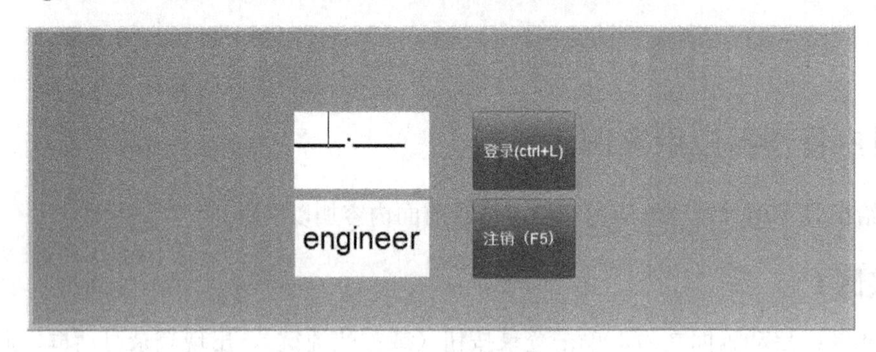

图 4-17 engineer 登录界面

4.7.2 实例 2

任务要求：新建 2 个画面，画面 1 是一个闪烁的圆，画面 2 是一个线条闪烁的棒图。当具有画面切换功能的用户登录后才能实现 2 个画面之间的切换，并且在没有登录之前，单击注销按钮，显示没有许可权，登录之后，注销按钮才能起作用，避免错误发生的概率。

首先给 engineer 用户添加一个改变画面的权利。

新建一个画面“画面 1”，在画面上添加一个圆，打开属性对话框，将“闪烁→激活闪烁背景”设为“是”。

在画面上再添加 3 个按钮，一个按钮命名为“切换到画面 2”，由于此时还未建立画面 2，暂时先不组态连接，另外 2 个按钮设为登录和注销按钮。

为“切换到画面 2”按钮设置权限，在“属性→其他→授权”项中，选择“改变画面”的授权。

为了使注销按钮在用户没有登录前不起作用，为注销按钮选择一个 engineer 用户所拥有的权限，这样该用户登录后注销按钮可以动作。此处为注销按钮选择“用户管理”授权。建立好的画面 1 如图 4-18 所示。

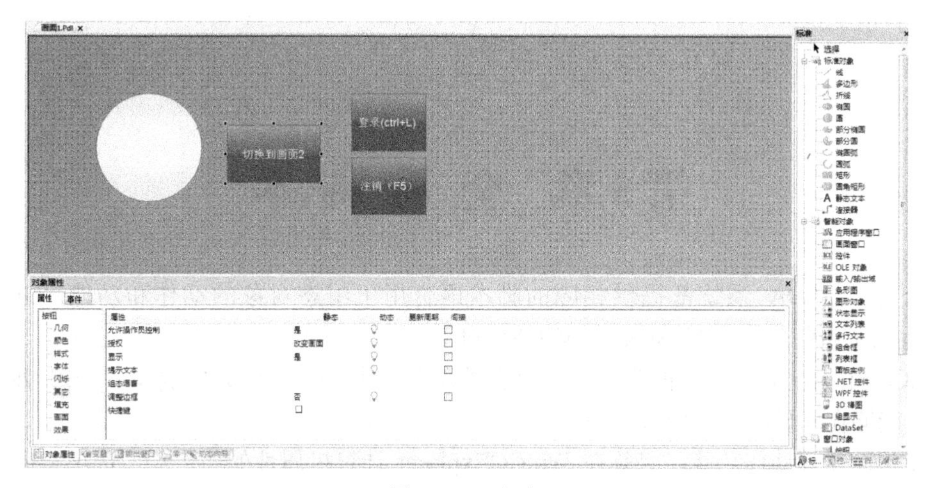

图 4-18　画面 1

建立画面 2，画面上放置一个条形图，将条形图“属性→闪烁→闪烁线激活”改为“是”。同样在画面上放置 3 个按钮：第一个按钮命名为“切换到画面 1”，组态要切换到的画面名称，设置好的画面 2 如图 4-19 所示。

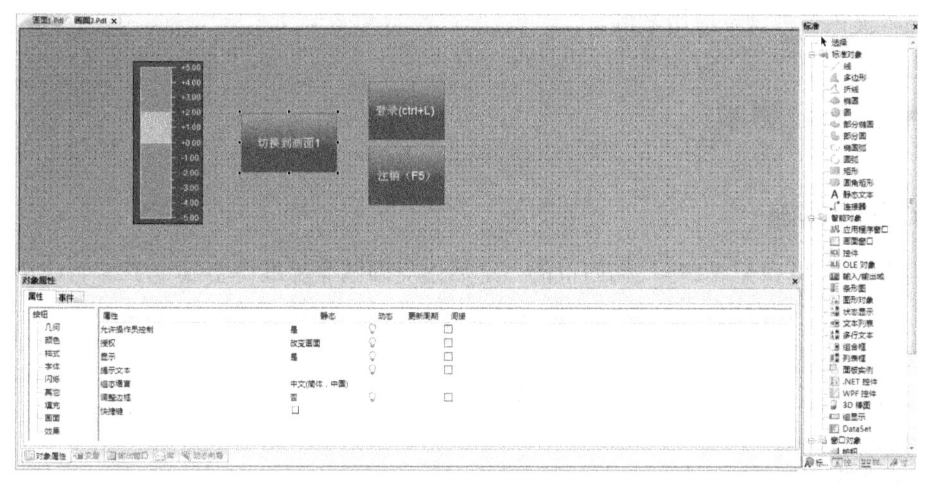

图 4-19　画面 2

为“切换到画面 1” 按钮设置授权，选择“改变画面”授权，其他按钮设置与画面 1 相同。

最后为画面 1 中的按钮“切换到画面 2”选择要切换的画面名称。

运行项目，测试上述功能。画面中弹出的“没有许可权”对话框，在对画面没有任何动作的情况，会在持续 10s 再消失。

4.8　习题

1. 说说用户管理的必要性。
2. 熟悉用户管理器的使用。
3. 为第 3 章习题 3 的锅炉监控系统增加用户管理功能。

第5章　全局脚本

所有的 SCADA 系统都提供相应的脚本语言用于组态对象的动作和功能。SIMATIC WinCC 提供了两种脚本：ANSI-C 和 VB-Script。

WinCC 中的全局脚本编辑器是一个功能强大的工具，可以生成 C 脚本、VBS 脚本和动作功能，能够在需要的任何地方使用。

为了使能全局动作功能，必须在 WinCCExplorer 计算机属性的“启动”选项卡中，勾选“全局脚本运行系统”项。

在 WinCC 项目管理器浏览树中右键单击全局脚本编辑器，可以选择打开 C 编辑器或打开 VBS 编辑器。

在第 3 章组态画面动态时用到了 C 脚本和 VBS 脚本，本章将进一步介绍，此外本书后续章节还将提供各种脚本应用案例。

5.1　ANSI-C 脚本

5.1.1　C 语言基础

C 语言是在 20 世纪 70 年代初问世的，之后由美国国家标准协会制定了一个 C 语言标准 ANSI-C，于 1983 年发表。

C 语言特点包括：

① 语言简洁、紧凑，使用方便、灵活。

② 运算符丰富。

③ 数据类型多。

④ 具有结构化的控制语句。

⑤ 语法限制不太严格，程序设计自由度大。

⑥ 是高级语言又具有低级语言的功能。

⑦ 生成目标代码质量高，程序执行效率高。

⑧ 可移植性好。

1. C 语言的标识符

在 C 程序中使用的变量名、函数名、标号等统称为标识符。除了库函数的函数名由系统定义外，其余都由用户自定义。C 规定标识符只能是字母（A～Z，a～z）、数字（0～9）和下划线组成的字符串，并且其第一个字符必须是字母或下划线。

关键字是由 C 语言规定的具有特定意义的字符串，通常也称为保留字。用户定义的标识符不应与关键字相同。ANSI-C 共有 32 个关键字，如表 5-1 所示。

表 5-1 ANSI-C 的关键字

auto	break	case	char	const	continue	default
do	double	else	enum	extern	float	for
goto	if	int	long	register	return	short
signed	static	sizof	struct	switch	typedef	union
unsigned	void	volatile	while			

C 语言中采用的分隔符有逗号和空格两种。逗号主要用在类型说明和函数参数表中，分隔各个变量。空格多用于语句各单词之间，作间隔符。

C 语言的注释符是以“/*”开头并以“*/”结尾的串，二者之间即为注释内容。程序编译时，不对注释作任何处理。

2. C 语言的数据类型

C 中的数据包括常量和变量。程序运行过程中，其值不能改变的量称为常量，常量可分为数字常量、字符常量、字符串常量、符号常量、转义字符等多种。变量是在程序执行过程中值可以发生改变的数据。

要定义一个变量，首先给出变量的数据类型，再给出变量名称（符合标识符规则）。

变量数据类型如表 5-2 所示。

表 5-2 C 语言中的数据类型

类　型	长度/位	范　围
char（字符型）	8	ASCII 字符
unsigned char（无符号字符型）	8	0~255
signed char（有符号字符型）	8	-128～127
int （整型）	16	-32768～32767
unsigned int（无符号整型）	16	0～65535
signed int（有符号整型）	16	-32768～32767
short int（短整型）	8	-128～127
unsigned short int（无符号短整型）	8	0～255
signed short int（有符号短整型）	8	-128～127
long int（长整型）	32	-2147483648～2147483647
unsigned long int（无符号长整型）	32	0～4294967296
signed long int（有符号长整型）	32	-2147483648～2147483647
float （单精度型）	32	约精确到 6 位数
double （双精度型）	64	约精确到 12 位数

3. C 语言的运算符

C 语言中含有相当丰富的运算符。运算符与变量、函数一起组成表达式，表示各种运算功能。运算符由一个或多个字符组成。

C 语言的运算符如表 5-3 所示。

表 5-3　C 语言的运算符

运　算　符	含　　义	结合方式
(), [] →, .	括号（函数等），数组 两种结构成员访问	由左向右
!, ~, ++, --, +- *, &, (类型), sizeof	否定，按位否定，增量，减量，正负号 间接，取地址，类型转换，求大小	由右向左
*, /, %	乘，除，取模	由左向右
+, -	加，减	由左向右
<<, >>	左移，右移	由左向右
<, <=, >=, >	小于，小于等于，大于等于，大于	由左向右
=, !=	等于，不等于	由左向右
&	按位与	由左向右
^	按位异或	由左向右
|	按位或	由左向右
&&	逻辑与	由左向右
||	逻辑或	由左向右
?=	条件	由右向左
=, +=, -=, *=, /= &=, ^=, |=, <<=, >>=	各种赋值	由右向左
,	逗号（顺序）	由左向右

表 5-3 中运算符的优先级大小按照从上到下的顺序排列，在一行表格中的运算符具有相同的优先级。

4. C 语言的程序结构

为了提高程序设计的质量和效率，通常采用结构化的程序设计方法，结构化程序由若干个基本结构组成，每一个基本结构可以包含一个或多个语句。

顺序结构示意图如图 5-1 所示。

选择结构示意图如图 5-2 所示。

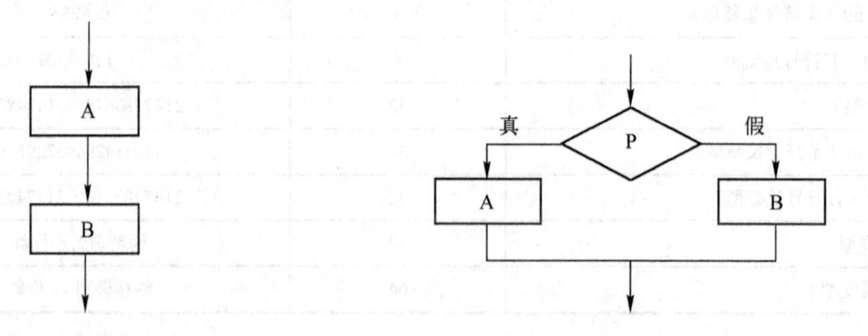

图 5-1　顺序结构示意图　　　　图 5-2　选择结构示意图

派生出多分支结构示意图如图 5-3 所示。

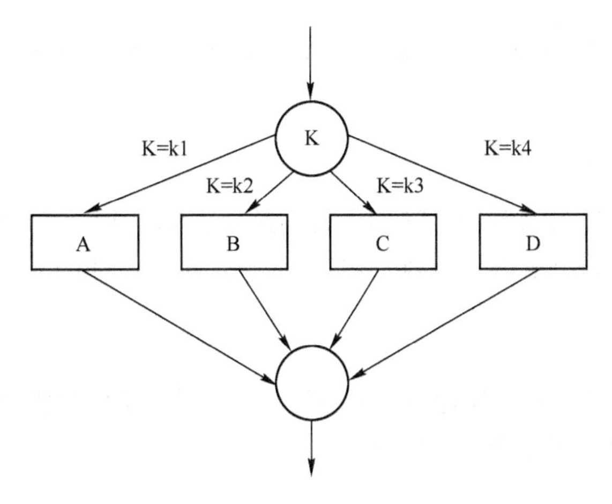

图 5-3　派生出多分支结构示意图

循环结构包括“当”型循环结构和“直到”型循环结构两种，如图 5-4 所示。

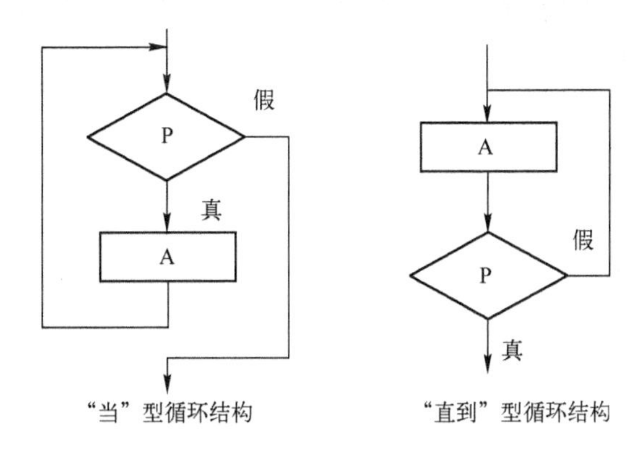

图 5-4　循环结构示意图

5. C 语言的语句

C语言的语句可分为五类：

（1）表达式语句

任何表达式末尾加上分号即可构成表达式语句， 常用的表达式语句为赋值语句。

（2）函数调用语句

由函数调用加上分号即组成函数调用语句。

（3）控制语句

用于控制程序流程，由专门的语句定义符及所需的表达式组成。主要有条件判断执行语句、循环执行语句、转向语句等。

（4）复合语句

由{}把多个语句括起来组成一个语句。复合语句被认为是单条语句，它可出现在所有允许出现语句的地方，如循环体等。

（5）空语句

仅由分号组成，无实际功能。

C语言的控制语句中提供了多种形式的条件语句以构成选择结构：if 语句主要用于单向

选择，if-else 语句主要用于双向选择，if-else-if 语句和 switch 语句用于多向选择。

（1）if 语句

```
if(表达式)  语句 1;
```

如果表达式的值为非 0，则执行语句 1，否则跳过语句继续执行下面的语句。

如果语句 1 有多于一条语句要执行时，必须使用“{”和“}” 把这些语句包括在其中。

（2）if-else 语句

除了可以指定在条件为真时执行某些语句外，还可以在条件为假时执行另外一段代码。在 C 语句中利用 else 语句来达到这个目的。

```
if(表达式)  语句 1;
else  语句 2;
```

同样，当语句 1 或语句 2 是多于一个语句时，需要用{}把语句括起来。

（3）if-else if-else 结构

```
if(表达式 1)
    语句 1;
else if(表达式 2)
    语句 2;
else if(表达式 3)
    语句 3;
.
.
.
else
     语句 n;
```

这种结构是从上到下逐个对条件进行判断，一旦发现条件满点足就执行与它有关的语句，并跳过其他剩余阶梯；若没有一个条件满足，则执行最后一个 else“语句 n”。最后这个 else 常起着“默认条件”的作用。同样，如果每一个条件中有多于一条语句要执行时，必须使用"{"和"}"把这些语句包括在其中。

（4）switch-case 语句

在编写程序时，经常会碰到按不同情况分转的多路问题，这时可用嵌套 if-else-if 语句来实现，但其使用不方便且容易出错。开关语句格式为：

```
switch(变量)
{
case  常量 1:
      语句 1 或空;
case  常量 2:
      语句 2 或空;
.
.
```

```
.
case 常量n:
     语句n或空;
default:
     语句n+1或空;
}
```

执行 switch 开关语句时，将变量逐个与 case 后的常量进行比较，若与其中一个相等，则执行该常量下的语句，若不与任何一个常量相等，则执行 default 后面的语句。

C 语言的控制语句中提供了多种形式的循环语句：for 语句主要用于给定循环变量初值，步长增量以及循环次数的循环结构。循环次数及控制条件要在循环过程中才能确定的循环可用 while 或 do-while 语句。三种循环语句可以相互嵌套组成多重循环。循环之间可以并列但不能交叉。

（1）for 循环

它的一般形式为：

```
for(<初始化>;<条件表达式>;<增量>)
     语句;
```

初始化总是一个赋值语句，它用来给循环控制变量赋初值；条件表达式是一个关系表达式，它决定什么时候退出循环；增量定义循环控制变量每循环一次后按什么方式变化。

注意：

1）for 循环中语句可以为语句体，但要用“{”和“}”将参加循环的语句括起来。

2）for 循环中的“初始化”“条件表达式”和“增量”都是选择项即可以默认，但“;”不能默认。省略了初始化，表示不对循环控制变量赋初值。省略了条件表达式，则不做其他处理时便成为死循环。省略了增量，则不对循环控制变量进行操作，这时可在语句体中加入修改循环控制变量的语句。

3）for 循环可以有多层嵌套。

（2）while 循环

它的一般形式为：

```
while(条件)
语句;
```

while 循环表示当条件为真时，便执行语句。直到条件为假才结束循环，并继续执行循环程序外的后续语句。

注意：

1）在 while 循环体内也允许空语句。

2）可以有多层循环嵌套。

3）语句可以是语句体，此时必须用“{”和“}”括起来。

（3）do-while 循环

它的一般格式为：

```
do
{
    语句块;
}
while(条件);
```

这个循环与 while 循环的不同在于：它先执行循环中的语句，然后再判断条件是否为真，如果为真则继续循环；如果为假，则终止循环。因此，do-while 循环至少要执行一次循环语句。同样当有许多语句参加循环时，要用“{”和“}”把它们括起来。

使用循环语句时需要注意：

1）可以用转移语句把流程转出循环体外，但不能从外面转向循环体内。

2）在循环程序中应避免出现死循环，即应保证循环变量的值在运行过程中可以得到修改，并使循环条件逐步变为假，从而结束循环。

6. C 语言的函数

一个较大的程序一般应分为若干个程序模块，每一个模块用来实现一个特定的功能。C 语言中这样的功能是由函数完成的。从用户使用的角度来看，函数有两种：标准函数即库函数和用户自己定义的函数即项目函数。从函数的形式看可分为两类：无参数函数和有参数函数。

要熟练应用 WinCC 中的 C 脚本，关键在于掌握使用函数的方法。

5.1.2 WinCC 中的 C 概述

WinCC 可以通过使用函数和动作实现过程的动态化，这些函数和动作遵守 ANSI-C 标准。在使用 ANSI-C 之前，先介绍几个概念。

1. 函数和动作的关系

动作由触发器启动，函数是动作的组成部分，没有触发器，即函数在运行时不能自己执行，如图 5-5 所示。

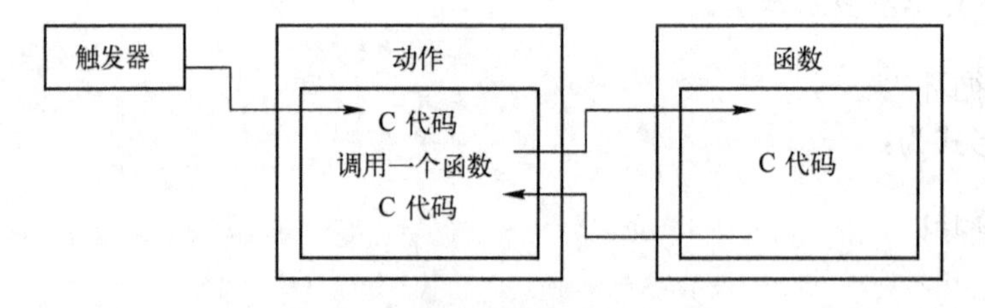

图 5-5 C 脚本中动作与函数的关系

在运行系统中，动作用来完成独立于画面的后台任务，如打印日常报表、监控变量或执行计算等。动作的执行由触发器启动。函数是一段代码，可在动态对话框、变量记录和报警记录等多处使用，但其只能在一个地方定义。WinCC 中包括许多函数，用户还可以编写自己的函数，甚至新建标准函数。需要注意的是，如果重新安装或升级 WinCC 后，修改过的标准函数将被删除或替换，因此，之前要保存修改过的函数。

2. 触发器的类型

WinCC 中的触发器分为时间触发和变量触发等，其示意图如图 5-6 所示。

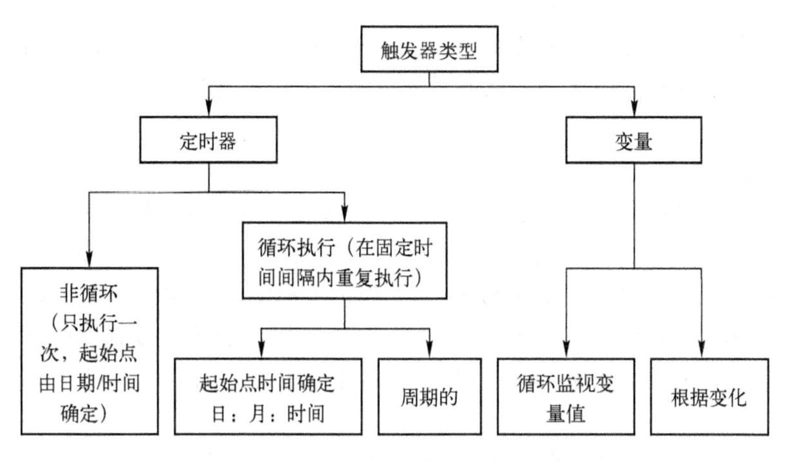

图 5-6　触发器类型示意图

5.1.3　全局脚本 C 编辑器

图 5-7 所示即为打开的全局脚本 C 编辑器，可以看出，该编辑器中有 4 种类型的函数：项目函数、标准函数、内部函数和动作，可以从图 5-7 左侧的函数浏览窗口中访问。

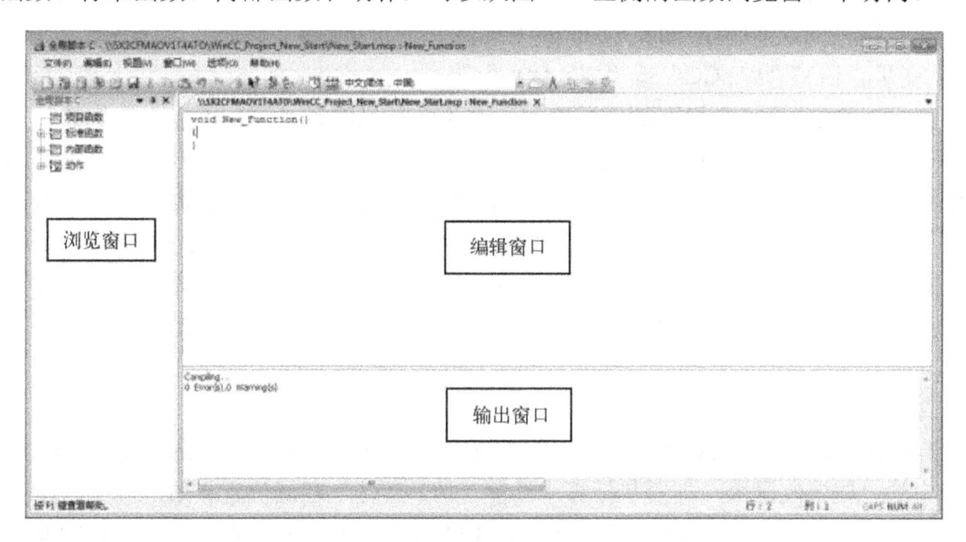

图 5-7　全局 C 脚本编辑器

函数和动作均在“编辑窗口”中进行写入和编辑。只有在所要编辑的函数或动作已经打开时，它才是可见的。每个函数或动作都将在自己的编辑窗口中打开，可同时打开多个编辑窗口。

“输出窗口”显示函数“在文件中查找”或“编译所有函数”的结果。“在文件中查找”：搜索的结果将按每找到一个搜索术语显示一行的方式显示在输出窗口中。每行均有一个行编号，表示路径和文件名以及找到搜索术语的行的行号和文本。通过双击已显示在输出窗口中的行，可直接打开相关的文件。光标将放置在找到搜索术语的行中。

“编译所有函数”：编译器所返回的警告和出错消息，将在编译每个函数时输出，窗口中的行将显示所编译函数的路径和文件名以及编译器的总结消息。

状态栏位于全局脚本窗口的下边缘，可以显示或隐藏。它显示了与编辑窗口中光标位置以及键盘设置等有关的信息。此外，状态栏既可显示当前所选全局脚本函数的快速参考，也可显示其提示信息。

1. 项目函数

允许用户创建项目函数并对其进行修改，可以通过使用口令进行保护，防止未经授权的人员对其进行修改和查看。每个函数最多可有 64KB 大小，并可在不同项目之间进行传送。要想从一个项目调用另一个项目的项目函数，必须用 extern 关键字将该函数声明为外部的（external）。项目函数存在<项目名>/library 文件夹的 FCT 文件中。要在不同的项目之间传递函数，只需简单地将它们从原始项目的库函数文件夹中复制到目标项目的库函数文件夹中即可。

项目函数可用于其他项目函数、全局脚本动作、图形编辑器的 C 动作、动态对话框、报警回路功能中的报警记录、启动和解锁归档时以及换出的循环归档时的变量记录中。

2. 标准函数

标准函数包含在 WinCC 中，也可由用户创建和修改，可以通过使用口令进行保护，防止未经授权的人员对其进行修改和查看。

标准函数存在路径：<安装路径>/aplib/<eidtor>/…下的 FCT 文件中，<Editor>是对应编辑器或函数标题的文件夹，如："Alarm（报警）""graphics（图形）""report（报表）"，"taglog（变量存档）""WinCC"或"Windows"等。

由于标准函数位于 WinCC 的安装路径，并不在项目的目录下，所以对它们的任何改动都将影响到系统中的所有项目。如果该项目移到另一个系统或 WinCC 升级了，这些函数必须存到目标设备上。这也说明：任何用户生成的标准功能都可用于该机器上生成的所有其他项目。

标准函数可用于项目函数、其他标准函数、全局脚本动作、图形编辑器的 C 动作中以及动态对话框内、报警回路功能中的报警记录、启动和释放归档时以及备份短期归档时的变量记录中。

3. 内部函数

内部函数包含在 WinCC 中，是一个函数库，包括 ANSI C 中最常见的库函数以及 WinCC 中的一些定制函数，主要包括算术功能、I/O 文件、存储位置、时间和字符串操作功能等。与标准函数不同，内部函数不能创建，不能改变，不能重命名，没有任何触发器，项目范围内可用，具有结构为".icf"的文件名。

内部函数保存在 WinCC 安装目录的子目录"\aplib"中。

内部函数可用于项目函数、标准函数、动作、图形编辑器的 C 动作中以及动态对话框内。

4. 动作

动作是特殊的函数，不是从其他 C 脚本中调用，而是由其他条件触发的，如非周期（根据日期和时间调用一次），周期（时基：每小时，每天，每秒等）和变量（当所设定变量值发生变化）触发。

动作分为全局动作和局部动作，都可以创建和修改，可以使用口令进行保护。全局动作和局部动作的区别如表 5-4 所示。

表 5-4　局部动作和全局动作在特征上的区别

特　征	局部动作	全局动作
用户自己创建	可以	可以
用户自己进行编辑	可以	可以
口令保护	可以	可以
触发器	至少一个触发器	至少一个可进行启动的触发器
适用范围	只在分配的计算机上执行	在客户机—服务器项目的所有项目计算机上执行
扩展名	*.pas	*.pas

5.1.4　创建函数

如果在多个项目中需要执行相同或类似的计算，可以编写函数来执行该计算，然后在动作中通过赋值不同的当前参数来调用该函数。

【例 5-1】 编写一个名为 CelsiusConv 用以实现华氏温度到摄氏温度转换的函数。

在全局脚本 C 编辑器浏览窗口的项目函数项单击鼠标右键选择“新建”添加一个新的项目函数，如图 5-8 所示。

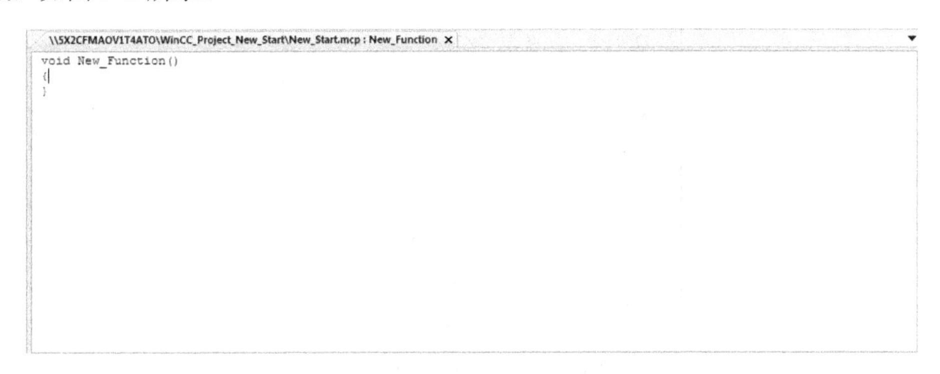

图 5-8　生成一个新的项目函数

定义函数如图 5-9 所示，保存并选择编译，也可以先单击工具栏按钮图标或在程序编辑区右键选择“编译”，来检查编写的程序是否存在错误。若存在错误，根据输出窗口的提示进行处理修改。输出窗口返回出错或警告信息，该信息包含产生该信息的代码的行号，双击其中一条信息，将会使光标定位到该行。

有错误时函数代码无法运行，大多数错误为语法错误造成的，如在一个表达式结尾没有用分号或变量名称输入错误以及在函数调用时使用了错误的参数或函数的返回值与返回类型不符等。注意：在编写代码时，所有的关键字都是蓝色的。

有警告时则函数可以运行，但是最好能清除它们或者至少知道为什么会出现警告。最常见的警告是在数据转换时，数据可能会丢失。

若编写的程序编译后，存在大量错误，修改完主要的错误代码，再进行“编译”，则提示的错误数量可能会大大减少。

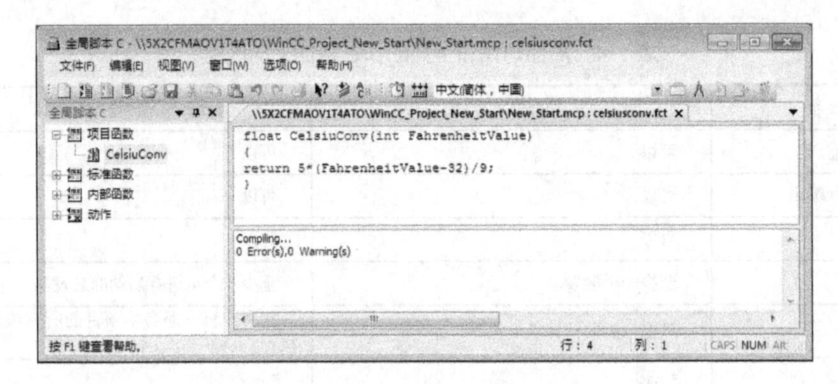

图 5-9 定义 CelsiusConv 函数

单击菜单栏“编译”点击“信息”，可以打开“属性”对话框，如图 5-10 所示，在此可以输入与函数有关的附加信息，如版本信息、注释和密码等。

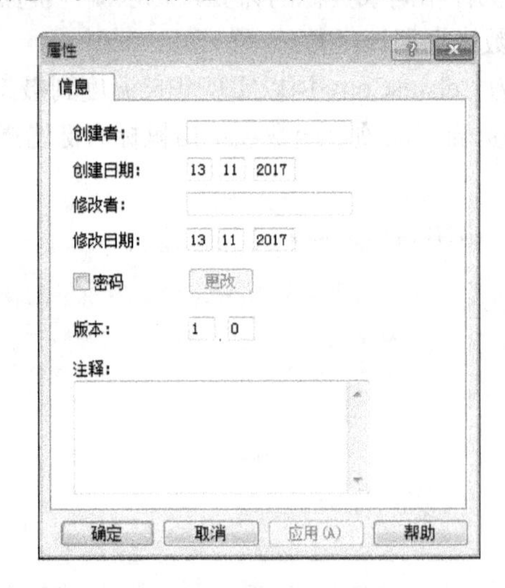

图 5-10 “属性”对话框

5.1.5 创建动作

动作具有触发器，通过调用函数来实现相应的功能。动作与 WinCC 中其他函数不在同一执行线程上，这就意味着，它们可以和 C 脚本并行运行。动作的返回值数据类型是整型（int），不能改变，如果没有在代码中某处返回关键字（不包括：return n;），编译器将生成一个错误信息，通知必须返回一个值。动作函数名不能修改，没有参数，标题文件不能包含前述函数体，动作本身可以改名，扩展名 PAS。全局动作要运行，必须在计算机属性中使能全局脚本编辑器，否则将不运行动作。动作可以导出和导入。

动作分为局部动作和全局动作，分别以实例进行演示。

1. 局部动作

局部动作的例子是图形编辑器中的对象调用 C 动作。

如图 5-11 所示，在画面编辑区插入一个按钮，两个静态文本和两个 I/O 域，用“转换”按钮实现 CelsiusConv 函数的功能，即输入华氏温度后，单击“转换”按钮计算并显示对应的摄氏温度。

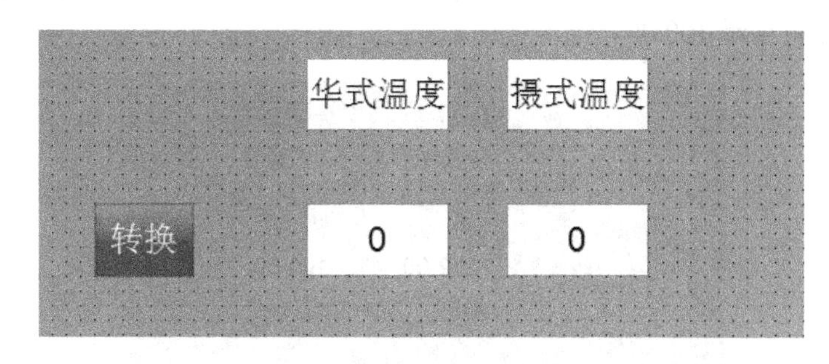

图 5-11 画面组态

在“转换”按钮的“鼠标动作”事件上编写一个 C 动作调用 CelsiusConv 函数，如图 5-12 所示。

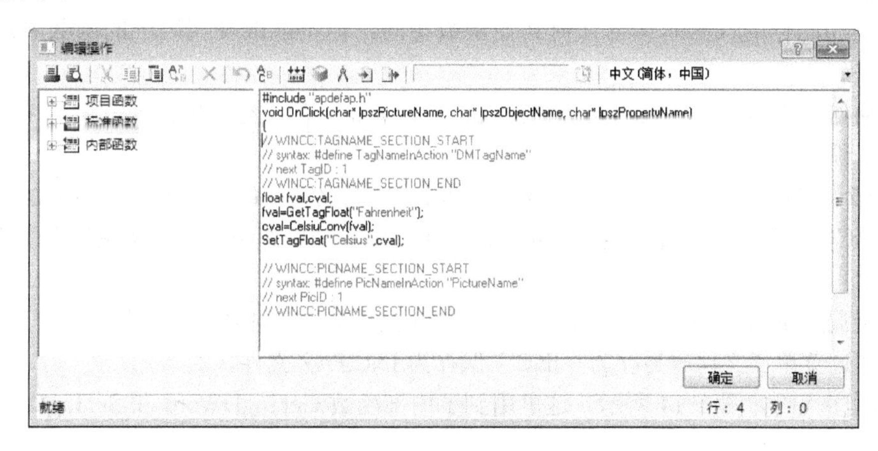

图 5-12 编写调用脚本

图 5-12 打开的鼠标动作编辑器显示了函数的基本框架，C 动作的标题已经自动生成，不能修改。在 C 动作代码的第一行内，包含文件 apdefap.h，通过该文件向 C 动作通知所有项目函数、标准函数和内部函数。C 动作代码的第二部分为函数标题，提供了有关 C 动作的返回值以及 C 动作中使用的传送参数的信息等。C 动作代码的第三部分是大括号，它是成对的，不能删除。大括号之间为实际的 C 动作代码编写区。

其他自动生成的代码部分包括两个注释块。第一个注释块用于定义 C 动作中所使用的 WinCC 变量，在程序代码中，必须使用定义的变量名称，而不是实际的变量名称。第二个注释块用于定义 C 动作中使用的 WinCC 画面，在程序代码中，必须使用定义的画面名称，而不是实际的画面名称。

若要使交叉索引编辑器可以访问 C 动作的内部信息，则需要这些块；要允许 C 动作中语句重新排列也需要这两个块，否则可以删除这些注释。

注意：此处为了演示，脚本程序有一个警告，数据类型不符合。

为对象的属性创建 C 动作还需要定义触发器，此处鼠标事件本身就是触发器，故不必自己定义。

运行测试，如图 5-13 所示，当在华氏 I/O 域输入 212.00 时，左键单击“转换”按钮，摄氏对应的 I/O 域将显示 100.00。

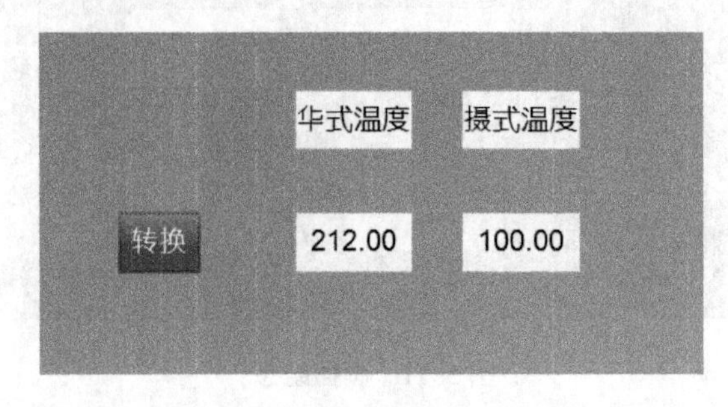

图 5-13　运行测试结果

2. 全局动作

编写全局动作的代码本体与任何其他函数相同，但不能改变代码中的函数名或修改返回值。

全局动作位于与直接连接相同的执行线程上，如果它的执行时间太长，会影响项目的性能。一般来说，动作应短小简明。

【例 5-2】 创建一个全局动作，用来实现每隔 1s 为名为 Tag10 的变量值自动加 1。

在 WinCC 管理器中，建立变量 Tag10，在图形编辑器中组态一个 I/O 域与变量 Tag10 连接起来。

启动全局脚本 C 编辑器，右键单击“动作→全局动作”选择“新建”，创建一个新的全局动作，通过菜单“文件→另存为→INC”保存为 INC.PAS 文件。

编写程序代码如图 5-14 所示。这里用到了内部函数 GetTagDWord 和 SetTagDWord 来获得和设置 WinCC 变量的值。

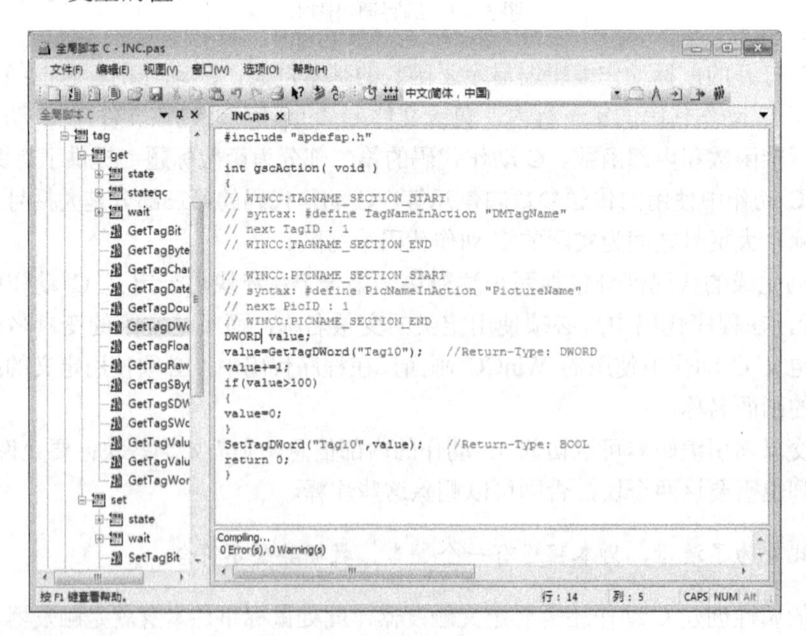

图 5-14　程序代码

全局动作需要设置触发器，如图 5-15 所示，触发器类型包括非周期、周期或变量，单击“添加”按钮来添加触发器。非周期触发器只执行一次，即将在输入的日期和时间时执行动作。周期触发器将按一定的时间间隔来执行动作。变量触发器运行将变量与动作相连，当变量变化时执行动作。但是使用变量触发器时还需要定义变量更新时间，来告诉 WinCC 多长时间去看一看变量有没有发生变化。

本例设置周期为 1s 的触发器。

在“计算机属性”对话框的“启动”选项卡中，勾选“全局脚本运行系统”，运行项目，观察测试结果。

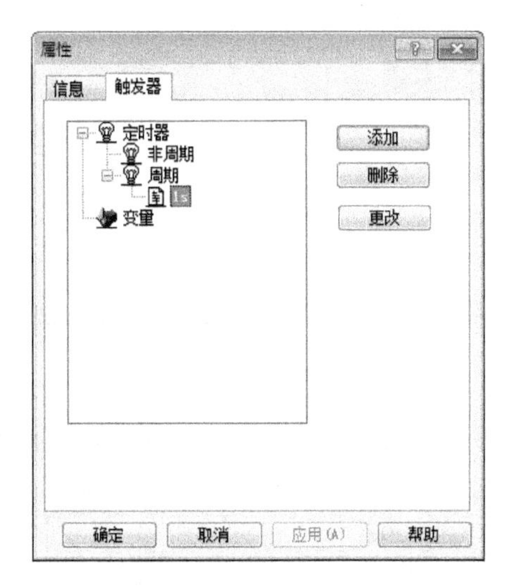

图 5-15　设置触发器

5.1.6　使用诊断输出窗口

WinCC 有三个工具用来分析动作的运行行为，即应用程序窗口 GSC 运行系统、GSC 诊断和应用程序 apdiag.exe。

为了使用应用程序窗口 GSC 运行系统和 GSC 诊断，必须将其添加到过程画面中。可以为诊断目的特别设置一个过程画面，将在运行系统中调用它。

使用这些应用程序窗口，可实行下列不同的策略：

运行系统激活时，GSC 运行系统提供关于所有（全局脚本）动作的动态行为的信息，支持单独启动和每个单个动作的开始和结束动作以及提供全局脚本编辑器入口点。

GSC 诊断按调用的顺序输出 printf 指令（包含在动作中），这也适用于动作中调用的函数中的 printf 指令。经过仔细考虑而使用 printf 指令，例如输出变量的数值，也可以跟踪动作流和调用的函数；导致调用 OnErrorExecute 函数的错误条件也将显示在 GSC 诊断窗口中。

首先通过一个例子说明“GSC 运行系统”和“GSC 诊断”的使用。

【例 5-3】 用时间和变量触发器生成一个动作。

右键单击全局脚本编辑器“全局动作”选择“新建”，在工作区中加入图 5-16 所示代码，注意返回数据类型和函数名称不能改变。动作不接受参数，且必须含有返回语句。此处代码用来检查变量 Tag10 是否为 1，如果为 1，将打印输出当前的时间，即变量系统变量

NewTag_1 中的时间。

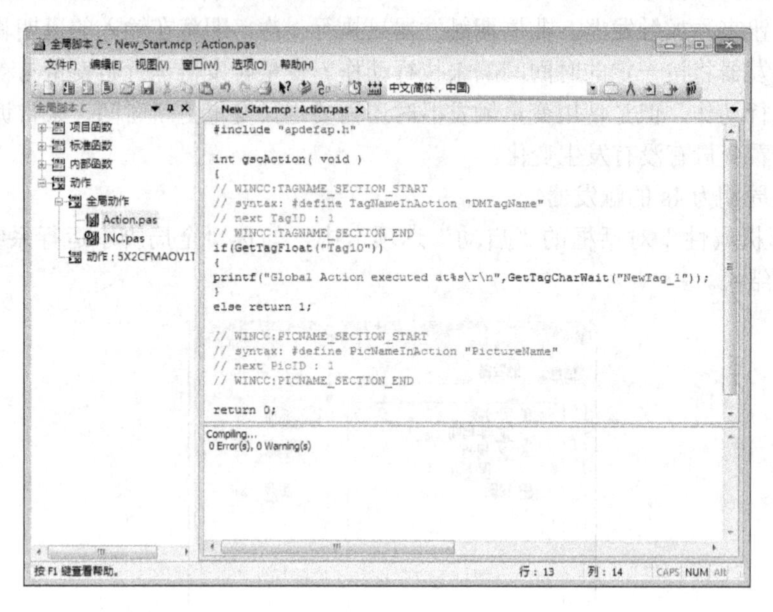

图 5-16　编写代码

加入触发器，如图 5-17 所示，本例既使用时间触发器，又使用变量触发器。

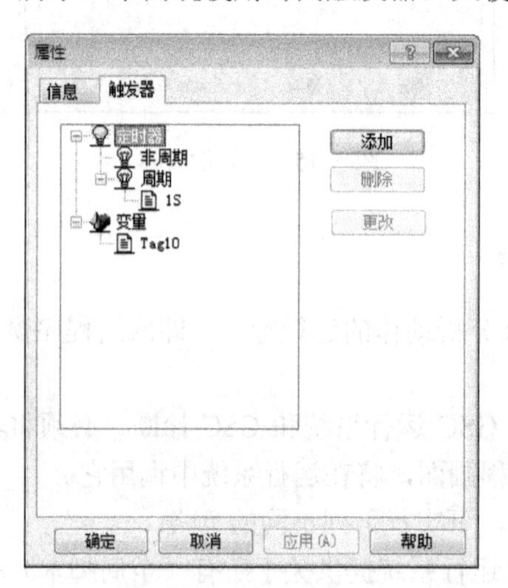

图 5-17　加入触发器

新建一个画面，在画面编辑区添加“智能对象”的“应用程序窗口”，出现窗口内容对话框，选择“全局脚本”，单击“确定”按钮，出现“模板”对话框，选择“GSC Run Time”，单击“确定”按钮，即添加了 GSC 运行系统窗口。同样，添加“应用程序窗口→全局脚本→GSC Diagnostics”，即添加了 GSC 诊断窗口。另外，还添加了与变量 Tag10 连接的 I/O 域。

在画面中选中“GSC 运行系统”对象，可以打开其属性对话框，如图 5-18 所示，可以设置运行时 GSC 运行系统窗口的外观，对 GSC 诊断对象也是一样。

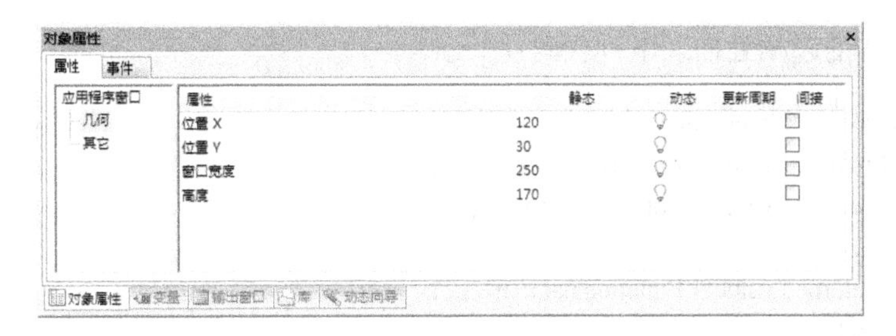

图 5-18 “GSC 运行系统”属性对话框

在计算机属性“启动”选项卡中勾选“全局脚本运行系统”，激活项目运行观察测试结果，如图 5-19 所示。

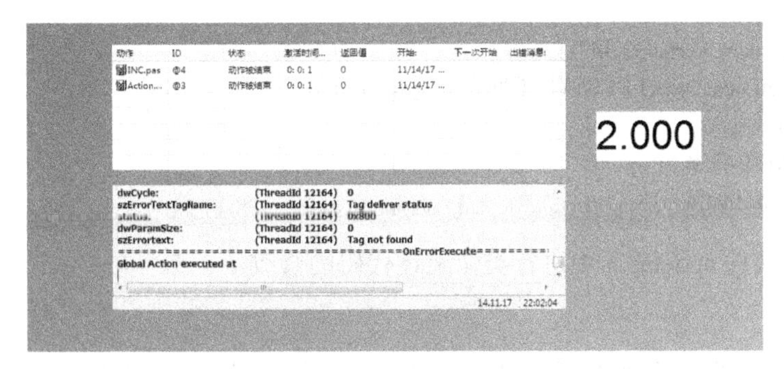

图 5-19 全局脚本 GSC 应用窗口

由图 5-19 可以看出，GSC 运行系统窗口显示了画面中的全局脚本的信息；GSC 诊断窗口包含打印所有产生顺序动作的输出程序。

在 GSC 运行系统窗口的动作行中单击鼠标右键，打开菜单如图所示来选择“停止动作”“开始动作”和“开始（单次）”等，单击“编辑”可以打开全局脚本编辑器对脚本进行编辑。

“GSC 诊断”窗口中的工具栏图标含义如表 5-5 所示。

表 5-5 GSC 诊断窗口工具栏图标含义

按 钮	功 能
	删除窗口内容
	中断窗口更新
	恢复窗口更新
	在窗口中打开一个文本文件
	将窗口的内容保存在文本文件中
	打印窗口的内容

另外，“GSC 诊断”窗口还可以作为一个 OLE 控件对象插入到画面中。

5.1.7 在函数或动作中使用动态链接库

WinCC 允许使用动态链接库（DLL），即访问保存在 DLL 中的外部函数。这些 DLL 既可以是标准的 DLL 也可以是自己创建的函数库。在 C 动作内部特别推荐在需要大量计算的地方使用 DLL 的函数。因为这些代码已经以可执行的方式保存在 DLL 中，不必在运行中进行解释，所以对大量的计算有更快的处理速度。

在函数或动作的起始处插入下列代码：

```
#pragma code("<Name>.dll")
<Type of returned value><Function name 1>(…);
<Type of returned value><Function name 2>(…);
……
<Type of returned value><Function name n>(…);
#pragma code()
```

来自<名称.dll>的函数<函数名称 1>…<函数名称 n>均已进行了声明，并可由各自的函数和动作进行调用。

【例 5-4】

```
#pragma code("kernel32.dll")
VOID GetLocalTime(LPSYSTEMTIME lpSystemTime);
#pragma code()
SYSTEMTIME st;
GetSystemTime(&st);
```

也可以在头文件 apdefap.h 中进行类似上述代码的修改。

【例 5-5】

```
#pragma code("c:\a_WinCC_Kurs_Prj_301_00\ab_pas\library\demo_dll.dll")
int CountingDll(int start, int end);
#pragma code()
int result, start, end, partial step;
partial step = GetTagDWord("partial step");
printf("\r\n\r\noutput of 10 partial steps with DLL function ");
printf("to max. value: %d",partial step*10);
for (start=0;start<10;start++)
{
   end = start * partial step + partial step;
   result = countingDll(start*partial step,end);
   printf("\r\nReturn value DLL function: (%d) %d",start,result);
}
```

在上面的例子中，仅仅处理了一个从开始值到结束值的循环。中间结果被输出到诊断窗口中。通过直接比较发现，除非操作较多，否则将不会发现使用 DLL 函数会有多少时间优势。

在 WinCC 中使用自己的 DLL 时，必须使用发布版。WinCC 是发布版，因而也使用系统 DLL 的发布版。如果在调试版中生成了自定义 DLL，则有可能 DLL 的发布版和调试版二者都将装载，这会增加需要的内存空间。

DLL 的结构必须使用 1B 对齐方式进行设置。

注意：要创建 DLL，可以使用 Visual C++中的应用向导，例如（MFC-AppWizard (dll))。将要用到的所有函数都被输入到这个 DLL 中，并且被声明为外部的“C”。另外，每个函数都必须输入到输出表格中。

5.2 VBS 脚本

WinCC 从 6.0 起就集成了 VB-Script，既可以利用 VBS 来使运行环境动态化，也可以利用 VBS 创建动作和过程来动态化图形对象。VBS 简单易学，便于调试，可以使用微软标准的工具编辑和调试，能够访问 ActiveX 控件和其他 Windows 应用的属性和方法。

5.2.1 VBS 基础

1. VBS 的数据类型

VBScript 只有一种数据类型，称为 Variant。Variant 是一种特殊的数据类型，根据使用的方式，它可以包含不同类别的信息。因为 Variant 是 VBScript 中唯一的数据类型，所以它也是 VBScript 中所有函数的返回值的数据类型。

最简单的 Variant 可以包含数字或字符串信息。Variant 用于数字上下文中时作为数字处理，用于字符串上下文中时作为字符串处理，即如果使用看起来像是数字的数据，则 VBScript 会假定其为数字并以适用于数字的方式处理，而如果使用的数据只可能是字符串，则 VBScript 将按字符串处理，也可以将数字包含在引号（" "）中使其成为字符串。

除简单数字或字符串以外，Variant 可以进一步区分数值信息的特定含义，如使用数值信息表示日期或时间。此类数据在与其他日期或时间数据一起使用时，结果也总是表示为日期或时间。从 Boolean 值到浮点数，数值信息是多种多样的。Variant 包含的数值信息类型称为子类型。大多数情况下，可将所需的数据放进 Variant 中，而 Variant 也会按照最适用于其包含的数据的方式进行操作。表 5-6 显示了 Variant 包含的数据子类型。

表 5-6 Variant 包含的数据子类型

子类型	描　述
Empty	未初始化的 Variant，对于数值变量，值为 0；对于字符串变量，值为零长度字符串 ("")
Null	不包含任何有效数据的 Variant
Boolean	包含 True 或 False
Byte	包含 0～255 之间的整数
Integer	包含-32,768～32,767 之间的整数
Currency	-922,337,203,685,477.5808～922,337,203,685,477.5807
Long	包含-2,147,483,648～2,147,483,647 之间的整数
Single	包含单精度浮点数，负数范围从-3.402823E38～-1.401298E-45，正数范围从 1.401298E-45～3.402823E38
Double	包含双精度浮点数负数范围从-1.79769313486623E308～-4.940656458412E-324 正数范围从 4.94065645841247E-3 24～1.79769313486232E308
Date (Time)	包含表示日期的数字，日期范围从公元 100 年 1 月 1 日到 9999 年 12 月 31 日
String	包含变长字符串，最大长度可为 20 亿个字符
Object	包含对象
Error	包含错误号

可以使用转换函数来转换数据的子类型，可以使用 VarType 函数返回数据的 Variant 子类型。

2. VBS 的变量

变量是一种使用方便的占位符，用于引用计算机内存地址，该地址可以存储脚本运行时可更改的程序信息。使用变量并不需要了解变量在计算机内存中的地址，只要通过变量名引用变量就可以查看或更改变量的值。在 VBScript 中只有一个基本数据类型，即 Variant，因此所有变量的数据类型都是 Variant。

声明变量的一种方式是使用 Dim 语句、Public 语句和 Private 语句在脚本中显式声明变量，如：Dim DegreesFahrenheit。声明多个变量时，使用逗号分隔变量，如：Dim Top、Bottom、Left、Right。

声明变量的另一种方式是通过直接在脚本中使用变量名这一简单方式隐式声明变量。通常不建议这样做，因为有时会由于变量名被拼错而导致在运行脚本时出现意外的结果。因此，最好使用 Option Explicit 语句显式声明所有变量，并将其作为脚本的第一条语句。

变量命名必须遵循 VBScript 的标准命名规则：

① 第一个字符必须是字母。

② 不能包含嵌入的句点。

③ 长度不能超过 255 个字符。

④ 在被声明的作用域内必须唯一。

变量的作用域由声明它的位置决定。如果在过程中声明变量，则只有该过程中的代码可以访问或更改变量值，此时变量具有局部作用域且为过程级变量。如果在过程之外声明变量，则该变量可以被脚本中所有过程识别，称为 Script 级变量，具有脚本级作用域。

变量存在的时间称为存活期。Script 级变量的存活期从被声明的一刻起，直到脚本运行结束。对于过程级变量，其存活期仅是该过程运行的时间，该过程结束后，变量随之消失。在执行过程时，局部变量是理想的临时存储空间。可以在不同过程中使用同名的局部变量，这是因为每个局部变量只被声明它的过程识别。

变量赋值的形式：变量在表达式左边，要赋的值在表达式右边，如：B = 200。

常数是具有一定含义的名称，用于代替数字或字符串，其值从不改变。使用 Const 语句可以创建名称具有一定含义的字符串型或数值型常数，如：Const MyString = "这是一个字符串。"，Const MyAge = 49 等。

3. VBS 的运算符

VBScript 有一套完整的运算符，包括算术运算符、比较运算符、连接运算符和逻辑运算符，如表 5-7 所示。

表 5-7 VBS 的运算符

类　型	描　述	符　号
算术运算符	求幂	^
	负号	-
	乘	*
	除	/

（续）

类　型	描　述	符　号
算术运算符	整除	\
	求余	Mod
	加	+
	减	-
	字符串连接	&
比较运算符	等于	=
	不等于	<>
	小于	<
	大于	>
	小于等于	<=
	大于等于	>=
	对象引用比较	Is
逻辑运算符	逻辑非	Not
	逻辑与	And
	逻辑或	Or
	逻辑异或	Xor
	逻辑等价	Eqv
	逻辑隐含	Imp

当表达式包含多种运算符时，首先计算算术运算符，然后计算比较运算符，最后计算逻辑运算符。所有比较运算符的优先级相同，即按照从左到右的顺序计算比较运算符。当乘号与除号同时出现在一个表达式中时，按从左到右的顺序计算乘、除运算符；当加与减同时出现在一个表达式中时，按从左到右的顺序计算加、减法运算符。

字符串连接 (&) 运算符不是算术运算符，但是在优先级顺序中，它排在所有算术运算符之后和所有比较运算符之前。Is 运算符是对象引用比较运算符，它并不比较对象或对象的值，而只是进行检查，判断两个对象引用是否引用同一个对象。

4. VBS 的语句

使用条件语句和循环语句可以控制脚本的流程。

（1）条件语句

在 VBScript 中可使用“If...Then...Else 语句”和“Select Case 语句”编写进行判断和重复操作的 VBScript 代码。

“If...Then...Else 语句”用于计算条件是否为 True 或 False，并且根据计算结果指定要运行的语句。通常，条件是使用比较运算符对值或变量进行比较的表达式。If...Then...Else 语句可以按照需要进行嵌套。If...Then...Else 语句的一种变形允许从多个条件中选择，即添加 ElseIf 子句以扩充 If...Then...Else 语句的功能，可以控制基于多种可能的程序流程。

Select Case 结构提供了 If...Then...ElseIf 结构的一个变通形式，可以从多个语句块中选择执行其中的一个。Select Case 语句提供的功能与 If...Then...Else 语句类似，但是可以使代码更加简练易读。Select Case 结构在其开始处使用一个只计算一次的简单测试表达式，表达式的结果将与结构中每个 Case 的值比较。如果匹配，则执行与该 Case 关联的语句块。

（2）循环语句

循环用于重复执行一组语句，可分为三类：一类在条件变为 False 之前重复执行语句，一类在条件变为 True 之前重复执行语句，另一类按照指定的次数重复执行语句。

在 VBScript 中可使用下列循环语句：

Do...Loop：当（或直到）条件为 True 时循环，可以使用 While 和 Until 检查 Do...Loop 语句中的条件，Exit Do 语句用于退出 Do...Loop 循环。

While...Wend：当条件为 True 时循环。

For...Next：指定循环次数，使用计数器重复运行语句。

For Each...Next：对于集合中的每项或数组中的每个元素，重复执行一组语句。

5. VBS 的过程

在 VBScript 中，过程被分为两类：Sub 过程和 Function 过程。

Sub 过程是包含在 Sub 和 End Sub 语句之间的一组 VBScript 语句，执行操作但不返回值。Sub 过程可以使用参数（由调用过程传递的常数、变量或表达式）。如果 Sub 过程无任何参数，则 Sub 语句必须包含空括号()。

Function 过程是包含在 Function 和 End Function 语句之间的一组 VBScript 语句。Function 过程与 Sub 过程类似，但是 Function 过程可以返回值。Function 过程可以使用参数（由调用过程传递的常数、变量或表达式）。如果 Function 过程无任何参数，则 Function 语句必须包含空括号()。Function 过程通过函数名返回一个值，这个值是在过程的语句中赋给函数名的。Function 返回值的数据类型总是 Variant。

5.2.2 过程、模块和动作

过程是一段代码，类似 C 语言中的函数，只需创建一次，在工程中可以多次调用，省去了很多重复性的代码。

相互关联的过程应该存放在同一个模块中。在运行状态下，如果通过动作调用某个过程时，包含此过程的模块也会被加载。但是，调用一幅画面时，加载的模块越多，运行状态下系统的性能越差；同时模块越大，包含的过程越多，模块加载的时间就越长。因此，要合理地组织模块。如可以把用于特定系统或画面的过程组织在一个模块中，也可以按照功能来构建模块，如把具有计算功能的过程放在一个模块中。

在 WinCC 中，过程可以由用户创建或修改，可以设置密码进行保护，不需要触发器，过程储存在模块中。WinCC 中没有预定义过程，但是提供了代码模板和智能提示来简化编程。过程适用的范围不同：标准过程适用于计算机上的所有被创建工程，项目过程适用于创建此过程的项目。

模块是一个文件，存放着一个或多个过程。WinCC 的模块可以进行密码保护，扩展名为“.bmo”。模块根据存储在其中的过程的有效性不同而不同。标准模块包含所有项目可全局调用的过程，存放路径是<WinCC installation directory>\ApLib\ScriptLibStd\<Module name.bmo。项目模块保护某个项目可用的过程，存放路径是<Project directory>\ScriptLib\<Module name>.bmo。可以看出，项目模块存放于项目路径下，故当复制项目时，模块也被复制。

动作总是由触发器启动。在运行状态下，当单击画面上的某个对象，定时时间到，或者某个变量被修改后，都可以触发动作。

动作在全局脚本中定义一次，独立于画面而存在。全局脚本动作只在定义它的工程中有效，在运行状态下独立于画面系统而运行。与画面对象相连接的动作，只在定义它的画面中有效。

动作由用户创建和修改，可以密码保护，动作至少具有一个触发器，全局脚本中的动作具有“*.bac”文件扩展名，全局脚本存放路径为<Project directory>\ScriptAct\Actionname.bac。

5.2.3 全局脚本 VBS 编辑器

在 WinCC 项目管理器浏览树中选择“全局脚本→VBS-Editor”右键打开全局脚本 VBS 编辑器，如图 5-20 所示，其中，浏览窗口用来管理项目模块、标准模块、动作和代码模板，选择相应的选项卡即可；右侧为 VBS 脚本编辑区；下面为输出窗口，编译后显示语法检查的结果等，双击对应的信息光标将定位到代码区的相应点。

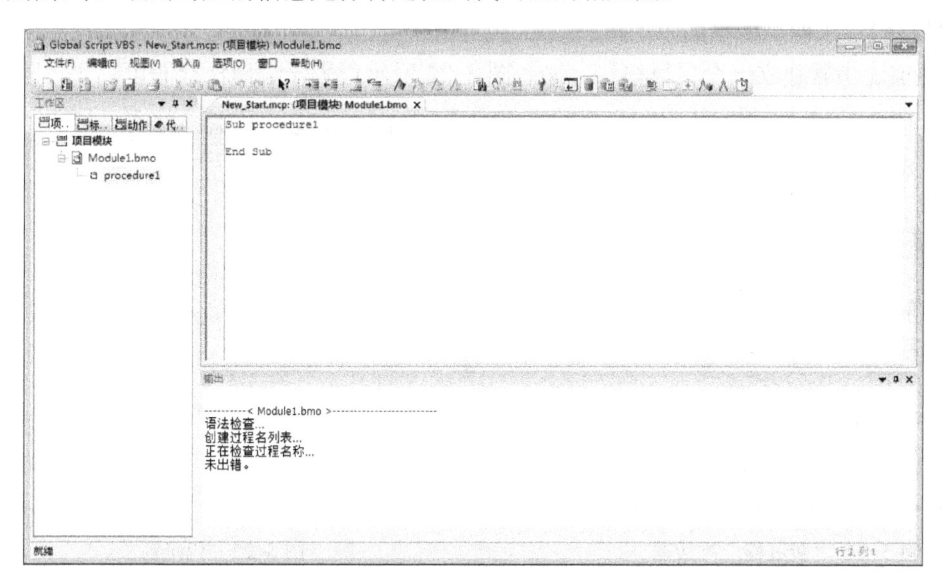

图 5-20　全局脚本 VBS 编辑器

全局脚本 VBS 的功能如下：

① 智能提示和语法高度显示。

② 使用常规 VBS 函数。右击编辑窗口的空白处，在上下文菜单中选择功能列表，就会显示常规的 VBS 函数。

③ 使用对象、属性、方法列表。右击编辑窗口的空白处，在上下文菜单中选择“对象列表”或“属性/方法”列表。

④ 使用代码模板。单击浏览窗口的代码模板的选项，将会看到很多可供选择的常用命令。

⑤ 使用选择对话框，包括“变量选择”对话框、“图形对象选择”对话框和“画面选择”对话框。

⑥ 进行语法检查。

5.2.4 创建过程

创建一个新过程时，WinCC 自动为过程分配一个标准的名字“procedure#”，其中#代表序号。可以在编辑窗口中修改过程名，以便动作能够调用此过程。当保存过程后，修改后的过程名就会显示在浏览窗口中。过程名必须是唯一的，如果重名，将被认为是语法错误。

在图 5-20 浏览窗口的“项目模块”右键单击“新建”选择“新建项目模块”，一个没有返回值的过程自动输入到编辑区，以默认名称保存该项目模块；也可以打开存在的项目模块进行编辑。

在浏览窗口中选择模块，右键选择“添加新过程”，打开图 5-21 所示的“新过程”对话框，可以在已有的模块中插入一个过程，输入过程名并选择是否带返回值，然后一个变量声明和一个返回值就会输入到代码窗口中。

按照要求输入代码。单击工具栏图标或在编辑区右键选择“语法检查”，对编写的程序代码进行语法检查。下面以求取两个变量的平均值为例说明 VBS 的使用。

【例 5-6】 求两个变量的平均值。

按照前述步骤建立一个项目模块，输入图 5-22 所示代码，编译保存即可。

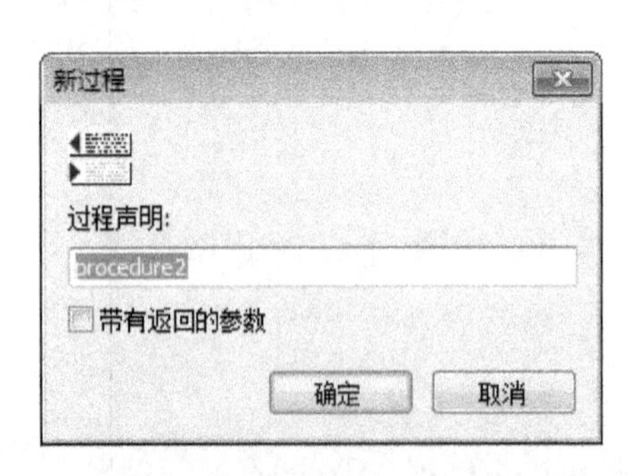

图 5-21 “新过程”对话框

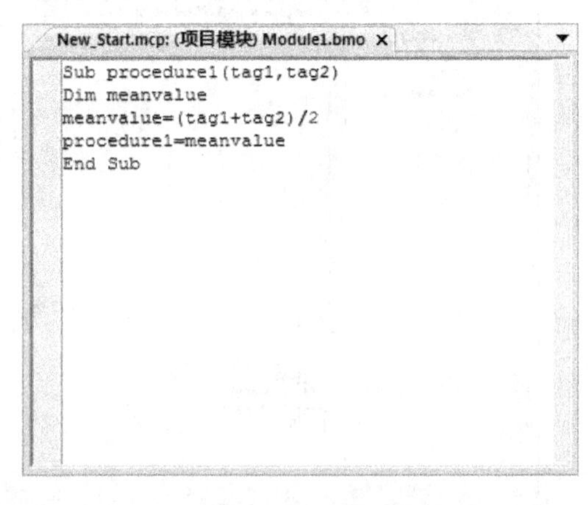

图 5-22 代码例子

在模块中可以使用标准过程或项目过程。通过拖放或快捷菜单在当前的代码中添加一个过程，项目过程只能用在当前工程中，标准过程可以应用在计算机所有的工程中。定义在全局脚本中的过程可以在全局脚本中的动作或在图形编辑器中调用。运行过程中执行动作时，包含过程的整个模块都会被调用。

可以对编写的模块添加相关信息，从而对模块或过程进行修改时，快速获得模块的功能和包含其中的过程。选择要添加信息的模块，单击工具栏图标，打开“信息/触发”对话框，输入相应的信息，可以设置密码保护模块。

5.2.5 创建动作

VBS 动作主要是用来使图形对象或图形对象属性在运行时动态化，或者执行独立于画面的全局动作。VBS 动作分类如图 5-23 所示。

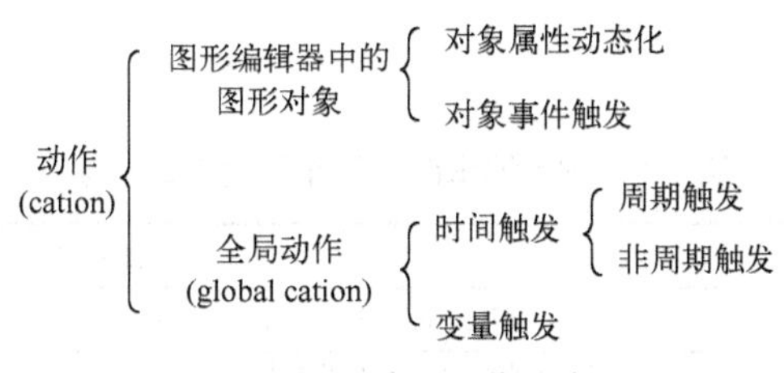

图 5-23　VBS 动作分类

动作可以被分配给多个触发器，当某个触发事件发生时，动作就会被执行。需要注意以下几点：

① 全局脚本中的动作不能被同时执行。最后触发的动作排放在一个队列里，直到当前正在执行的动作完成之后才执行。

② 在图形编辑器中，循环触发和变量触发的动作不能同时启动。如果变量触发动作的执行阻碍了循环触发动作的执行，那么，当变量触发的动作完成之后，循环触发动作才执行。循环触发的动作在非执行周期被排放在一个队列里。当前执行的动作完成之后，循环周期触发的动作才以正常的周期执行。

③ 图形编辑器中，事件触发的动作不能同时执行。

④ 不同类型的动作不会互相妨碍执行。全局脚本动作不会影响图形编辑器中的动作；同样，在图形编辑器中，周期循环触发/变量触发的动作不会影响事件触发的动作。

5.2.6　调试诊断 VBS 脚本

从 WinCC V6.0 开始就提供了一个 VBS 调试诊断工具来分析运行状态下动作的执行情况，包括：GSC 运行和 GSC 诊断应用窗口以及 VBS 调试器。

GSC 运行和诊断应用窗口被用来添加到过程画面中，用法同 ANSI-C 脚本。不同的是，如果想要打印输出中间运算值到 GSC 诊断窗口中，VBS 的语法为

HMIRuntime.trace（<output>）：结果显示在 GSC 诊断窗口中

1. 调试器

在运行状态下调试脚本可以使用的调试器有以下几种：

① Microsoft Script Debugger，包含在 WinCC 中。

② InterDev，包含在 Microsoft Visual Studio 的安装资源中。

③ Microsoft Script Editor（MSE）Debugger，包含在 Microsoft Office 中。

选择 WinCC 安装光盘中安装菜单的“附加软件”，安装 Microsoft Script Debugger。在 WinCC 管理器中，打开“计算机属性”对话框，选择“运行系统”选项卡，激活所需的调试选项，可分别设置全局脚本和图形编辑器中调试器的执行情况。

选择“启动调试程序”项后，如果在运行状态下出现错误，则调试器会直接启动；选择“显示出错对话框”，如果错误发生，则调试器不会直接启动，而是显示一个错误对话框，其中包含错误信息，单击“确认”按钮可以启动调试器。

调试器可以查看需要调试的脚本源代码，检查脚本的单步运行，显示变量和属性的修改值以及监控脚本的执行过程等。

调试器中，动作和过程的名称不同于存储在 WinCC 脚本中的名字。它们遵守表 5-8 中

的规则。

表 5-8　脚本编辑器中动作和过程的名称

动作类型	脚本文件名称
属性上的循环或变量触发事件	ObjectName_PropertyName_Trigger
鼠标事件	ObjectName_OnClick ObjectName_OnLButtonDown ObjectName_OnLButtonUp ObjectName_OnRButtonDown ObjectName_OnRButtonUp
键盘事件	ObjectName_OnKeyDown ObjectName_OnKeyUp
对象事件	ObjectName_OnObjectChanged ObjectName_OnSetFocus
属性事件	ObjectName_PropertyName_OnPropertyChanged ObjectName_PropertyName_OnPropertyStateChanged
画面事件	Document_OnOpen Document_OnClosed

2. VBS 调试器

VBS 调试器如图 5-24 所示，通过菜单命令“查看→运行的文档/调用堆栈/命令窗口”可以分别显示运行的文档窗口、调用堆栈窗口和命令窗口。

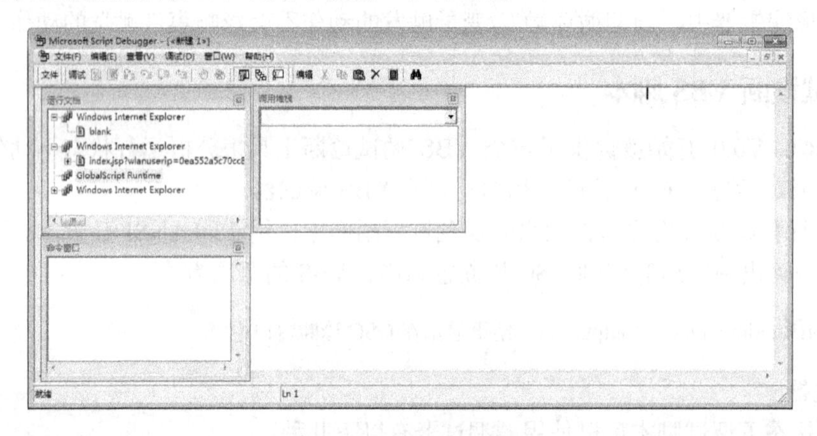

图 5-24　VBS 调试器

（1）运行文档窗口

运行文档窗口显示在 WinCC 运行状态下，所有运行的脚本根据类型不同而归属于不同的分支，即分为全局脚本和图形运行系统脚本。图形运行系统脚本又根据触发条件不同，分为触发控制脚本和事件控制脚本。

（2）调用堆栈窗口

主要用来显示所有运行的动作和调用的过程。当一个过程被调用时，它的名字被添加到窗口列表中。当过程调用结束后，过程的名称从窗口列表中消失。

（3）命令窗口

命令窗口可以用来输入命令，更改变量的值以及修改属性等。可以直接输入命令，并在脚本中直接执行；变量值可以直接在命令窗口中编译和修改，包括脚本中的变量和全局变量；可以在命令窗口中读/写目前脚本中的所有对象的属性。

3. 调试脚本

1）启动脚本调试器，从运行文档窗口中选择要调试的脚本，双击运行文档窗口中需要调试的脚本文件，脚本文件就会在调试窗口中打开（只读）。

2）设置断点，断点经常设置在代码中容易出错的地方。光标放到需要设置断点的地方，选择菜单“调试→切换断点”命令或单击工具栏图标，即可在当前位置设置断点，此时要执行的代码前标记了一个红点；切换 WinCC 到运行状态，触发动作使脚本运行，调试器停留在第一个断点处，并用黄色高度显示。

3）单步运行。按〈F8〉键单步运行脚本文件，进行调试。

4）确定或修改变量或属性值。

脚本文件中至少设置一个断点；切换 WinCC 到运行状态下，触发动作，执行脚本，调试器停在第一个断点处；在命令窗口中，为确定变量或属性的值，先输入一个“?”，再输入空格及变量或属性的名字，如“? mytag”按回车键，执行命令；如果要修改变量/属性，则用 VBS 的赋值语法。

5.2.7 WinCC VBS 参考模型

WinCC 中的 VBS 对象参考模型如图 5-25 所示。可以利用 WinCC 图形运行系统对象模型来访问 WinCC 运行系统的变量和对象。

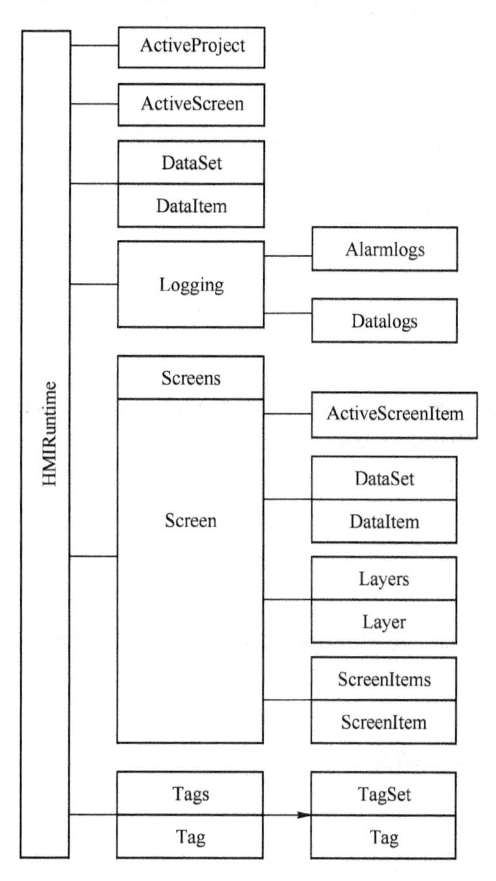

图 5-25　WinCC 中的 VBS 对象参考模型

5.2.8 VBS 例子

第 3 章使用 VBS 组态画面动态时已经提供了部分 VBS 使用例子。此处系统地提供若干例子，结合前面内容进行理解。

1. 给对象属性赋值

（1）简单设置属性

下列代码对画面中的“圆 1”对象的背景颜色设置为红色。

```
ScreenItems("圆 1").BackColor = RGB(255,0,0)
```

（2）带对象引用的属性设置

下列代码中，创建了画面中“圆 1”对象的引用，再使用标准 VBS 函数 RGB( )设置背景色为红色。

```
Dim objCircle
Set objCircle = ScreenItems("圆 1")
objCircle.BackColor = RGB(255,0,0)
```

（3）通过画面窗口设置对象属性

为改变包含在画面中的对象的属性，首先用 HMIRuntime.Screens 来引用包含对象的画面。在下列代码中，创建了包含在画面 Picture2 中“圆 1”对象的引用，并把它的背景色设置为红色。

```
Dim objCircle
Set objCircle=HMIRuntime.Screens("BaseScreen.ScreenWindow1:Screen1.ScreenWindow1: Screen2").
ScreenItems("圆 1")
objCircle.BackColor = RGB(255,0,0)
```

其中，Screen2 显示在 Screen1 中，Screen1 显示在基本画面 BaseScreen 中。

也可以不指定画面名称，可以用画面窗口的名称来唯一指定画面。

```
Dim objCircle
Set objCircle=HMIRuntime.Screens("ScreenWindow1.ScreenWindow1").ScreenItems("圆 1")
objCircle.BackColor = RGB(255,0,0)
```

2. 变量的读写

（1）简单读写操作

简单读代码如下：

```
HMIRuntime.Trace "Value: " & HMIRuntime.Tags("Tag1").Read & vbCrLf
```

简单写代码如下：

```
HMIRuntime.Tags("Tag1").Write 6
```

（2）带变量引用的读写操作

下列代码中创建了一个变量的副本，读的结果显示在诊断窗口中。

```
Dim objTag
Set objTag = HMIRuntime.Tags("Tag1")
HMIRuntime.Trace "Value: " & objTag.Read & vbCrLf
```

使用读操作时，已读过程变量被加入到映像区，此后将周期性地从 AS 系统中读取。如果变量已经存在于映像区，包含在映像区的值会返回给变量。

下列代码为带变量引用的写操作：

```
Dim objTag
Set objTag = HMIRuntime.Tags("Tag1")
objTag.Write 7
```

变量引用可以在对其操作之前进行一些处理，如下列代码变量先读，再计算，最后再写操作：

```
Dim objTag
Set objTag = HMIRuntime.Tags("Tag1")
objTag.Read
objTag.Value = objTag.Value + 1
objTag.Write
```

（3）同步读写操作

通常变量是从变量映像区中读取，写变量值是在传送到变量管理器的同时动作处理也开始进行。有时，需要直接从 AS 读取变量，或者写变量时在动作处理之前确保真正写入变量，即直接写 AS。这样可以指定参数 1 来实现。

直接读代码如下：

```
Dim objTag
Set objTag = HMIRuntime.Tags("Tag1")
HMIRuntime.Trace "Value: " & objTag.Read(1) & vbCrLf
```

直接写代码如下：

```
Dim objTag
Set objTag = HMIRuntime.Tags("Tag1")
objTag.Write 8,1
```

或者

```
Dim objTag
Set objTag = HMIRuntime.Tags("Tag1")
objTag.Value = 8
objTag.Write ,1
```

（4）带状态处理的读写操作

为确保读写成功，读写之后应进行检查。

在下列代码中，读 myWord 变量，进行检查。如果质量代码不是 OK（0x80），则 LastError、ErrorDescription 以及质量代码属性会显示在脚本的诊断窗口中。

```
Dim objTag
Set objTag = HMIRuntime.Tags("Tag1")
objTag.Read
If &H80 <> objTag.QualityCode Then
    HMIRuntime.Trace "Error: " & objTag.LastError & vbCrLf & "ErrorDescription: " & objTag.ErrorDescription & vbCrLf & "QualityCode: 0x" & Hex(objTag.QualityCode) &vbCrLf
Else
    HMIRuntime.Trace "Value: " & objTag.Value & vbCrLf
End If
```

下列代码中，对变量 Tag1 进行写操作。在写的过程中，如果发生错误，错误值和错误描述以及质量代码会显示在脚本的诊断窗口中。

```
Dim objTag
Set objTag = HMIRuntime.Tags("Tag1")
objTag.Write 9
If 0 <> objTag.LastError Then
    HMIRuntime.Trace "Error: " & objTag.LastError & vbCrLf & "ErrorDescription: " & objTag.ErrorDescription & vbCrLf
Else
    objTag.Read
If &H80 <> objTag.QualityCode Then
    HMIRuntime.Trace "QualityCode: 0x" & Hex(objTag.QualityCode) & vbCrLf
End If
End If
```

3. ActiveX 控件的调用

下面几个例子分别演示如何调用嵌入到 WinCC 画面中的 ActiveX 控件的属性和方法。

（1）填充组合框“ComboBox1”

```
Dim cboComboBox
Set cboComboBox = ScreenItems("ComboBox1")
cboCombobox.AddItem "1_ComboBox_Field"
cboComboBox.AddItem "2_ComboBox_Field"
cboComboBox.AddItem "3_ComboBox_Field"
cboComboBox.FontBold = True
cboComboBox.FontItalic = True
cboComboBox.ListIndex = 2
```

（2）填充列表框“ListBox1”

```
Dim lstListBox
Set lstListBox = ScreenItems("ListBox1")
lstListBox.AddItem "1_ListBox_Field"
lstListBox.AddItem "2_ListBox_Field"
lstListBox.AddItem "3_ListBox_Field"
lstListBox.FontBold = True
```

（3）填充函数趋势控件“Control1”

```
Dim lngFactor
Dim dblAxisX
Dim dblAxisY
Dim objTrendControl
Set objTrendControl = ScreenItems("Control1")
For lngFactor = -100 To 100
dblAxisX = CDbl(lngFactor * 0.02)
dblAxisY = CDbl(dblAxisX * dblAxisX + 2 * dblAxisX + 1)
objTrendControl.DataX = dblAxisX
objTrendControl.DataY = dblAxisY
objTrendControl.InsertData = True
Next
```

（4）通过中间变量 varTemp 传递 100 个值给函数趋势控件“Control1”

```
Dim lngIndex
Dim dblXY(1)
Dim dblAxisXY(100)
Dim varTemp
Dim objTrendControl
Set objTrendControl = ScreenItems("Control1")
For lngIndex = 0 To 100
?!--kadov_tag{{}}-->dblXY(0) = CDbl(lngIndex * 0.8)
?!--kadov_tag{{}}-->dblXY(1) = CDbl(lngIndex)
?!--kadov_tag{{}}-->dblAxisXY(lngIndex) = dblXY
Next
varTemp = (dblAxisXY)
objTrendControl.DataXY = varTemp
objTrendControl.InsertData = True
```

（5）控制 MS Web Brower

```
Dim objWebBrowser
Set objWebBrowser = ScreenItems("WebControl")
objWebBrowser.Navigate "http://www.ad.siemens.com.cn"
...
objWebBrowser.GoBack
...
objWebBrowser.GoForward
...
objWebBrowser.Refresh
...
objWebBrowser.GoHome
...
objWebBrowser.GoSearch
...
```

```
objWebBrowser.Stop
...
```

5.3 VB for Application

从 WinCC V6.0 开始，在图形编辑器中集成了一个 VBA 编辑器，可以用来使组态自动化。VBA 与 Microsoft Office 提供的 VBA 编辑器相似，可以直接利用 VBA 编程经验。

VBA 是 Microsoft 用来拓展标准应用的功能以及对标准应用进行定制化的解决方案。图形编辑器中集成的 VBA 功能通过其他应用程序扩展 WinCC 的功能。VBA 是一个开放的解决方案，不仅能访问 WinCC 对象，也同时能访问其他具有 COM 组件的应用。

利用 VBA 可以扩展图形编辑器的功能，如创建用户定义的菜单或工具栏，创建和编辑标准、智能的窗口对象，给画面和对象添加动态效果，在画面和对象中组态动作，访问支持 VBA 的产品，如 MS Office 等。VBA 的功能如表 5-9 所示。

表 5-9 VBA 的功能

功 能 分 类	功 能 说 明
增强图形编辑器的功能	访问组件库
	用户自定义菜单和工具栏
	多语言组态
编辑画面	访问画面属性，编辑层/缩放设置，创建菜单和工具栏
编辑对象	创建删除对象，访问对象属性
给画面和对象添加动态属性	添加直接变量连接，添加动态对话，添加脚本，添加动作
事件处理	对某些时间作出反应（例如在型编辑器中插入一个对象）
访问外部程序	可访问外部支持 VBA 的应用程序，例如，从 Excel 工作簿中读取值，如后将它分配给对象属性

VBA 和 VBS 的区别与联系如表 5-10 所示。

表 5-10 VBS 和 VBA 的区别与联系

项 目	VBA	VBS
语言	Visual Basic	Visual Basic
可调试	可以	可以
可访问其他应用程序	可以	可以
WinCC 已集成功能	是	是
适用范围	WinCC 组态环境（CS） 图形编辑器	WinCC 运行环境（RT） 图形编辑器、全局脚本
可访问对象	WinCC 组态环境（CS） 图形编辑器、变量（Tags）、报警、归档、文本	WinCC 组态环境（RT） 图形编辑器、变量（Tags）
功能近似于	动态向导和 ODK	C 脚本和 ODK

动态向导不能被 VBA 所取代，但 VBA 可以增强动态向导的功能。

ODK 提供了大量的可调用函数，允许访问 WinCC 在组态和运行环境下的所有功能。VBA 只提供了基于对象的访问组态环境下图形编辑器所有对象的功能。

5.3.1 VBA 对象模型

基本上说，在图形编辑器中所有用鼠标进行的组态工作，都可以用 VBA 宏来替代。VBA 对象模型如图 5-26 所示。

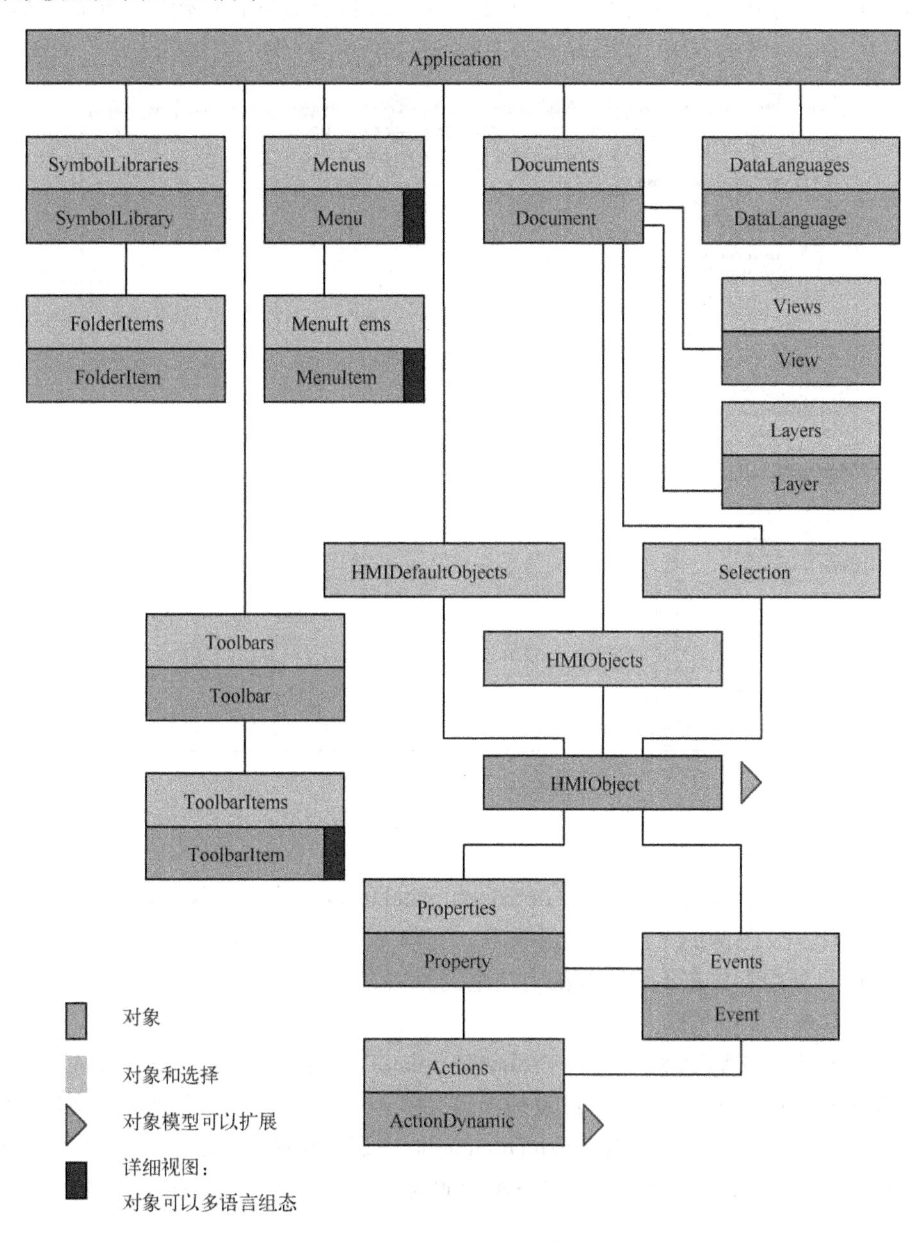

图 5-26 VBA 对象模型

5.3.2 VBA 编辑器

WinCC 工程中的 VBA 代码在 VBA 编辑器中进行管理。可以通过把代码放在不同的地方而指定代码的有效范围。代码有 3 种类型：全局有效 VBA 代码、工程有效 VBA 代码、画面有效 VBA 代码。

图形编辑器中的画面在 VBA 对象模型中被当作一个文档。

在图形编辑器中选择菜单“工具→宏→Visual Basic 编辑器”，启动 VBA 编辑器。若在图形编辑器中没有打开任何的画面，只能编辑全局或项目有效 VBA 代码。全局有效、工程有效及打开的画面有效的 VBA 代码都可以在图 5-27 所示的 VBA 编辑器中进行编辑。

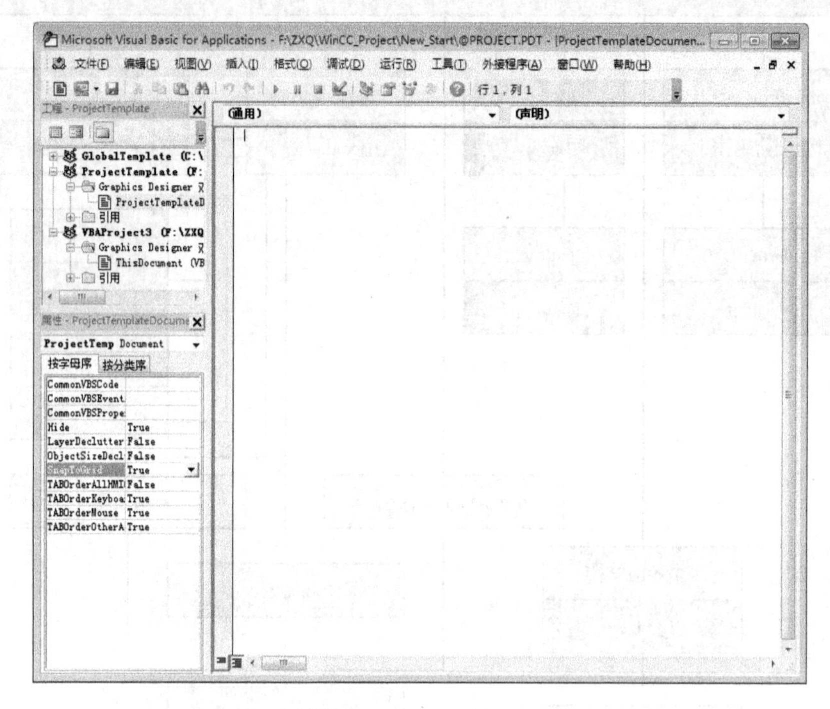

图 5-27　VBA 编辑器

（1）全局有效 VBA 代码

此代码指的是写在 VBA 编辑器 GlobalTemplateDocument 下的代码。VBA 代码存储为 @GLOBAL.PDT，放在 WinCC 的安装目录下。这些代码对于计算机上所有的 WinCC 工程都适用。WinCC 只使用存放在本地计算机上的全局有效 VBA。

（2）工程有效 VBA 代码

此代码指的是写在 VBA 编辑器中 ProjectTemplateDocument 下的代码。VBA 代码存储为 @PROJECT.PDT，放在 WinCC 工程目录的根目录下。这个文件包含对@GLOBAL.PDT 文件的引用，所以可以直接在 ProjectTemplateDocument 中调用存储在@GLOBAL.PDT 中的函数和过程。ProjectTemplateDocument 中的 VBA 代码对正打开项目的所有画面有效。

（3）画面有效 VBA 代码

此代码指的是写在 Thisdocument 下的代码。这些代码与画面一起存为 PDL 文件。这个文件包含对@PROJECT.PDT 文件的引用，所以可以直接在 PDL 文件中调用存储在 @PROJECT.PDT 中的函数和过程。

VBA 宏在执行时，有如下特点：首先执行画面有效 VBA 代码，然后执行工程有效 VBA 代码。如果调用的宏既包含在画面有效代码中，又包含在工程有效代码中，那么，只会执行画面有效 VBA 代码。这是为了避免出现 VBA 宏和函数执行两次的错误。

5.3.3 在图形编辑器中使用 VBA

VBA 在图形编辑器中可以进行如下工作：

① 增强图像编辑器的功能，如访问组件库、用户自定义菜单和工具栏、多语言组态等。

② 编辑画面，如访问画面属性、编辑层/缩放设置、创建菜单和工具等。

③ 编辑对象，如创建删除对象、访问对象属性。

④ 给画面和对象添加动态属性，如添加直接变量连接、添加动态对话、添加脚本、添加动作等。

⑤ 事件处理：对某些事件如在图形编辑器中插入一个对象等做出反应。

⑥ 访问外部程序：可访问外部支持 VBA 的应用程序，如从 Excel 表中读取值，然后再分配给对象属性等。

下面通过几个例子说明在图形编辑器中使用 VBA 的方法。

1. 创建自定义菜单

（1）创建一个用户定义菜单

启动 VBA 编辑器，在“ProjectTemplate→Graphics Designer 对象→ProjectTemplate Document(&PROJECT.PDT)”目标文档中插入一个名为“CreateApplicationMenus”的过程，代码如下：

```
Sub CreateApplicationMenus()
'Declaration of menus...:
Dim objMenu1 As HMIMenu
Dim objMenu2 As HMIMenu
'Add menus. Parameters are "Position", "Key" und "DefaultLabel":
Set objMenu1 = Application.CustomMenus.InsertMenu(1, "AppMenu1", "App_Menu_1")
Set objMenu2 = Application.CustomMenus.InsertMenu(2, "AppMenu2", "App_Menu_2")
End Sub
```

单击工具栏 ▶ 图标，运行效果如图 5-28 所示。

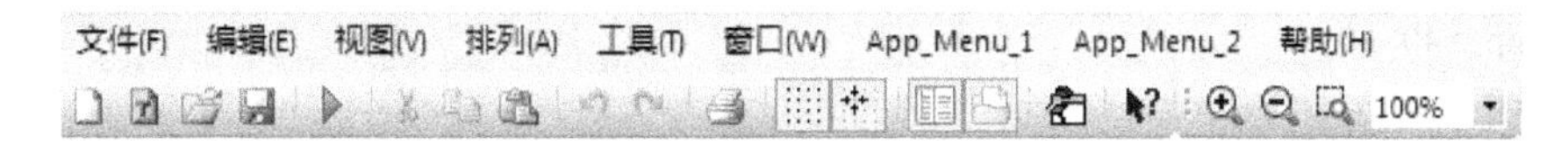

图 5-28 运行效果

在自定义菜单中插入一个条目，代码如下：

```
Sub InsertMenuItems()
Dim objMenu1 As HMIMenu
Dim objMenu2 As HMIMenu
Dim objMenuItem1 As HMIMenuItem
Dim objSubMenu1 As HMIMenuItem
'Create Menu:
```

```
Set objMenu1 = Application.CustomMenus.InsertMenu(1, "AppMenu1", "App_Menu_1")
'Next lines add menu-items to userdefined menu.
    Parameters are "Position", "Key" and DefaultLabel:
SetobjMenuItem1=objMenu1.MenuItems.InsertMenuItem(1,"mItem1_1","App_MenuItem_1")
SetobjMenuItem1=objMenu1.MenuItems.InsertMenuItem(2,"mItem1_2","App_MenuItem_2")
'Adds seperator to menu ("Position", "Key")
Set objMenuItem1 = objMenu1.MenuItems.InsertSeparator(3, "mItem1_3")
'Adds a submenu into a userdefined menu
SetobjSubMenu1=objMenu1.MenuItems.InsertSubMenu(4,"mItem1_4","App_SubMenu_1")
'Adds a menu-item into a submenu
Set objMenuItem1=objSubMenu1.SubMenu.InsertMenuItem(5,"mItem1_5","App_SubMenuItem_1")
SetobjMenuItem1=objSubMenu1.SubMenu.InsertMenuItem(6,"mItem1_6","App_SubMenuItem_2")
End Sub
```

单击运行按钮，运行效果如图 5-29 所示。

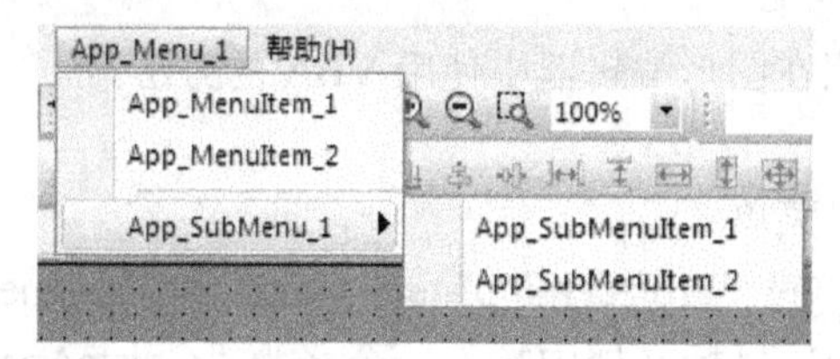

图 5-29　运行效果

2. 使用 VBA 编辑对象属性

启动 VBA 编辑器，在“VBAProject3→Graphics Designer Objects→ThisDocument (NewPdl.Pdl)”目标文档中插入代码如下，完成一个自定义对象的创建：

```
Sub CreateCustomizedObject()
Dim objCustomizedObject As HMICustomizedObject
Dim objCircle As HMICircle
Dim objRectangle As HMIRectangle
Set objCircle = ActiveDocument.HMIObjects.AddHMIObject("sCircle", "HMICircle")
SetobjRectangle=ActiveDocument.HMIObjects.AddHMIObject("sRectangle","HMIRectangle")
With objCircle
.Top = 40
.Left = 40
.Selected = True
End With
With objRectangle
.Top = 80
.Left = 80
.Selected = True
End With
MsgBox "Objects selected!"
Set objCustomizedObject = ActiveDocument.Selection.CreateCustomizedObject
objCustomizedObject.ObjectName = "My Customized Object"
End Sub
```

删除自定义对象的代码如下：

```
Sub DestroyCustomizedObject()
Dim objCustomizedObject As HMICustomizedObject
Set objCustomizedObject = ActiveDocument.HMIObjects("My Customized Object")
objCustomizedObject.Destroy
End Sub
```

或

```
Sub DeleteCustomizedObject()
Dim objCustomizedObject As HMICustomizedObject
Set objCustomizedObject = ActiveDocument.HMIObjects("My Customized Object")
objCustomizedObject.Delete
End Sub
```

3. 对画面和对象的属性设置动态效果

启动 VBA 编辑器，在“ProjectTemplate→Graphics Designer Objects→ProjectTemplate Document(&PROJECT.PDT)”目标文档中插入代码如下：

```
Sub AddDynamicAsVariableDirectToProperty()
Dim objVariableTrigger As HMIVariableTrigger
Dim objCircle As HMICircle
Set objCircle = ActiveDocument.HMIObjects.AddHMIObject("Circle1", "HMICircle")
'Create dynamic at property "Top"
Set objVariableTrigger = objCircle.Top.CreateDynamic(hmiDynamicCreationTypeVariableDirect, "'NewDynamic1'")
'define cycle-time
With objVariableTrigger
.CycleType = hmiVariableCycleType_2s
End With
End Sub
```

运行效果如图 5-30 所示，可以看出该程序在画面中插入一个名为“Circle1”的对象并对其“属性”进行了动态设置。

图 5-30 “Circle1”对象的属性

关于 VBA 的更多内容请参考 WinCC 在线帮助。

5.3.4 在其他编辑器中使用 VBA

VBA 允许访问其他 WinCC 编辑器，如变量记录、变量管理、文本库、报警记录等。访问这些编辑器的函数包含在 HMIGO CLASS 中。

为了能够用 VBA 访问 HMIGO，必须把 HMI GeneralObject 1.0 Type Library 引用到 VBA 编辑器中。另外，在程序代码中必须创建这个类的实例，如：

```
Dim HMIGOObject As New HMIGO
```

如果要同时访问多个对象，必须创建这个类的多个不同的实例。如需要在变量记录中创建两个 HMIGO 类的实例：一个用来访问归档变量，另一个用来访问过程值归档。

利用 HMIGO 类提供的功能，可以创建多个变量，改变它们的值，编辑文本库中的文本以及把报警信息本地化等。

5.4 习题

1. 熟悉 WinCC 中的全局脚本编辑器的使用。
2. 分别运行 C 脚本和 VBS 脚本实现温度转化的功能。
3. 说说 VBS 和 VBA 的区别与联系。

第6章 报警记录

WinCC 中的报警记录编辑器主要用来采集、显示和归档运行信息及由过程数据状态导致的报警消息。这些消息是预先组态好的，响应过程值输入预先定义的二进制值或模拟值的极限值。

本章将介绍如何组态报警以及报警显示界面。报警可以通知操作员生产过程中发生的故障和错误消息，用于及早警告临界状态，避免停机或缩短停机时间。

6.1 组态报警的相关概念

6.1.1 归档

消息状态的变化会写入到可组态的归档中。对应的消息必须按要求进行创建。归档在消息归档中实现。为此指定多个不同的参数，例如归档大小、时间范围和切换时间等。如果超出了所组态标准中的某个标准，则覆盖归档中时间最早的消息。归档数据库的备份会通过附加设置来指定。

消息归档中保存的消息可以在长期归档列表或在短期归档列表中显示。短期归档列表中的消息显示在接收新到达消息时被立即更新。

6.1.2 消息及确认

（1）单个消息和组消息：在报警记录中，要区分这两种消息。使用单个消息是给每个事件分配一条消息。组消息用来总结多个单个消息。

（2）单个确认和组确认：可以用两种方法确认未决消息。对于不带组确认的消息，必须进行单个确认。使用组确认来集中确认所有显示在消息窗口中并且具有“组确认”属性的消息。

（3）事件分为二进制事件和监控事件。二进制事件表征内部或外部变量的状态变化。监控事件不受报警记录的直接支持。归档和只读存储器溢出、打印机消息、服务器故障、过程通讯中断都属于监控事件。

（4）初始值消息和新值消息：初始值消息用来描述一种消息处理的形式，高亮显示最后一个确认以后，消息列表中的第一条消息要经历状态改变。新值消息用来描述一种消息处理的形式，高亮显示最后一个确认以后，消息列表中的第一条消息要经历状态改变。

（5）消息：一般情况下，要区分操作消息、错误消息和系统消息。操作消息用来显示过程状态。错误消息用来显示过程中出现的错误。系统消息用来显示来自其他应用程序的错误。在报警记录中，可以按消息级别和消息类型把类似的消息（确认方法、消息状态颜色）编组在一起。

（6）消息类型、消息类别：如果消息类别不同，确认的方法也就不一样。可以把具有相同确认方法的消息归入单个消息类别。在报警记录中，消息类别“错误”“系统，要求确认”和“系统，不要求确认”是预组态的。消息类型是消息类别的子组，消息状态颜色可以不同。

（7）消息块：在运行系统中，消息状态改变显示在消息行中。用消息块定义要在消息行中显示的信息。消息块有三种不同的类型。

① 系统块：如日期、时间、持续时间、注释等，便于信息分类，它是预定义的，不可自由使用。有了系统块，消息块的值显示在消息行中。

② 用户文本块：允许给消息分配多达 10 个不同、可自由定义的文本。有了用户文本块，消息块的内容显示在消息行中。

③ 过程值块：可以在消息行中显示变量值。可以定义所使用的格式。有了过程值块，消息块的内容可以显示在消息行中。

（8）消息事件、消息状态：消息事件指的是消息的来、去和确认。所有消息事件都存储在消息归档中。消息状态指消息到达、消息离开和已确认消息。

（9）消息窗口：在运行系统中，消息状态改变被输出到消息窗口。可以在图形编辑器中自由定义消息窗口的外观和操作选项。消息窗口以表格形式包含所有要显示的消息。每个要显示的消息被输出到自己的消息行中。用户自定义的过滤器会影响消息窗口的内容。根据消息窗口中显示的消息的源，消息窗口分为 6 种类型，有：消息列表、短期归档列表、长期归档列表、锁定列表、统计列表、隐藏消息列表。

（10）消息变量：在位消息的操作步骤中，控制系统通过消息变量标记过程中发生的事件。通过一个消息变量可以显示多个消息。

（11）消息的操作步骤：报警记录支持多个消息操作步骤，有位消息的操作步骤，按时间顺序排列正确的消息，用限制值监控的模拟报警步骤。

1）在位消息的操作步骤中，控制系统通过消息变量标记发生的事件。消息的时间标志由报警记录标记。

2）按时间顺序排列正确的消息，事件发生时控制系统传送带消息数据的报文。

3）模拟报警可监控模拟变量，要了解超出上限值和下限值的情况。

（12）消息行：在消息窗口，每个消息显示在自己的消息行中。消息行的内容依赖于要显示的消息块。有了系统消息块，可显示消息块的值；有了过程和用户文本块，可显示内容。

（13）报表：使用消息顺序报表的条件是当前未决消息的所有状态改变（到达、离开、已确认）被输出到打印机。使用归档报表，存储在归档中的消息状态的所有改变被输出到打印机。

（14）确认离开的方法：确认方法是指显示和处理消息的方法，从消息进来的时间开始到离开的时间结束。在报警记录中，可以用下列方法进行确认：单个消息，不带确认；单个消息，带来确认；单个消息，带去确认；初始值消息，带单个确认；新值消息，带单个确认；新值消息，带双确认；消息，不带离开状态，不带确认；消息，不带离开状态，带确认。

（15）确认变量：在确认变量中，存储消息的“确认状态”。使用确认变量也可以控制中心信号设备。

（16）状态变量：在状态变量中，存储该消息类型的“到达、离开”和要求确认的消息的标识符。

6.1.3 消息的结构

在运行系统中，以表格的形式分行显示消息。单个消息可以用表格域显示的信息组成。表格域显示的这些单条信息被称为消息块，它可以分为 3 种类别。

① 系统块：包括报警记录分配的系统数据。这些数据包括日期、时间、报表标识符等。

② 过程值块：包含过程提供的数据。

③ 用户文本块：提供常规信息和便于理解的文本。例如消息解释、出错位置和消息源。

6.2 报警记录编辑器简介

报警记录分为两个组件：组态系统和运行系统。报警记录的组态系统为报警记录编辑器。报警记录定义显示何种报警、报警的内容、报警的时间。使用报警记录组态系统可对报警消息进行组态，以便将其以期望的形式显示在运行系统中。报警记录的运行系统主要负责过程值的监控、控制报警输出、管理报警确认等。

可使用报警记录编辑器进行如下组态： 消息准备、在运行期间显示消息、消息确认、消息归档。

在 WinCC 项目管理器左边的浏览窗口中，右键单击“报警记录”选择“打开”或双击打开报警记录编辑器，如图 6-1 所示。可以看出，报警记录编辑器包含三个区域：

图 6-1 报警记录编辑器

（1）导航区域

导航区域以树形视图显示报警记录对象。

顶级文件夹包括：消息、消息块、消息组、系统消息、模拟量报警、AS 消息。其中可隐藏离散量报警、系统消息、模拟量报警和 AS 消息。

（2）表格区域

表格会显示分配给树形视图中所选文件夹的元素。例如，可显示所有消息或仅显示所选消息类别或消息类型的消息。在表格区域可以创建新的消息、消息组和模拟量报警。可以在用于显示消息的表格中选择消息块。还可在表格中编辑消息和消息块的属性。

（3）属性

显示所选对象的属性，并可在此对其进行编辑。

6.3 组态消息系统

在报警记录中，可指定要显示在消息窗口中的消息和内容，以及指定消息的归档方式和位置等。因此需要先将消息系统按照用户要求进行组态。

6.3.1 组态消息块

消息的内容由消息块组成。在运行系统中，每个消息块对应表格区域显示中的某一行。消息块由三部分构成，分别是系统块、用户文本块和过程值块。组态消息块就是要选择要使用的消息块，并对消息块进行编辑。

对消息块进行编辑前，必须先启动“报警记录”编辑器。在导航区域中，选择“消息块”文件夹。针对正在使用的每个消息块，选中“已使用”属性的复选标记。在表格区域或者属性区域中进行编辑。再次单击方框以删除复选标记，消息块随即不再可用。消息块的选择如图 6-2 所示。

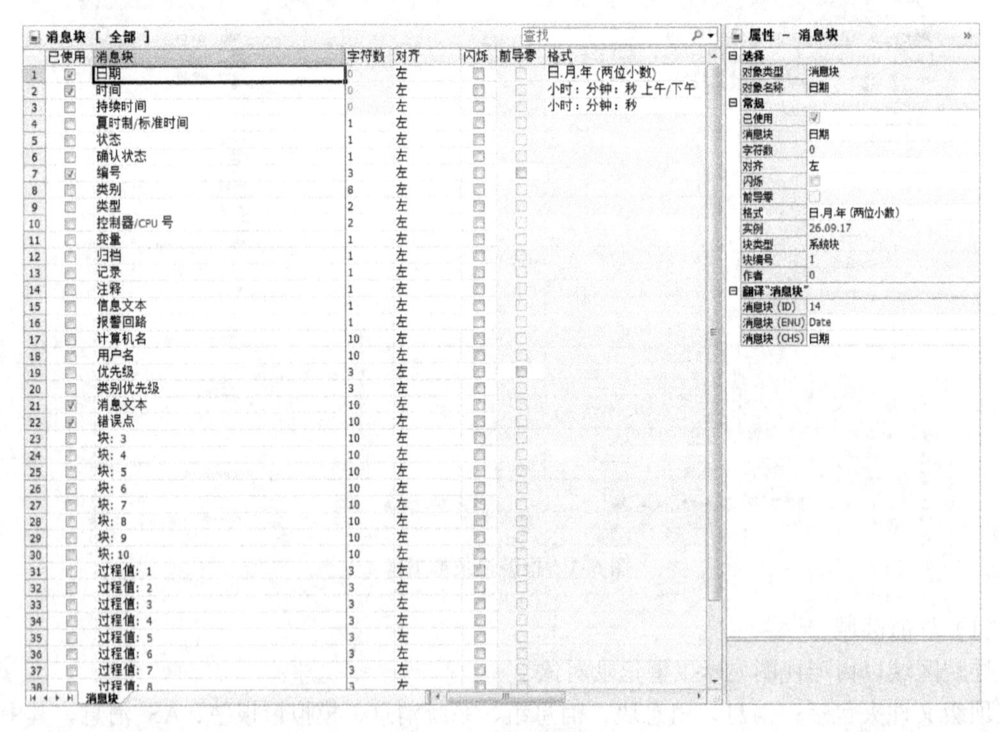

图 6-2 组态消息块

消息块分别由系统块、过程值块和用户文本块构成。各个组成部分的具体含义。系统块包括带有系统数据例如：日期、时间、消息编号和状态。用户文本块是具有说明性文本（例如包含错误原因或错误位置等信息的消息文本），每条消息最多 10 个。过程值块用于将消息与过程值（例如当前的填充量、温度或速度）进行链接，每条消息最多 10 个。

注意消息的显示是有最大字符数的要求的，其中用户文本块的最大长度为 255 个字符。

在运行系统中过程值块的显示有如下限制：按时间先后顺序的报表最多包含 32 个字符，位消息传送最多包含 255 个字符。

6.3.2 组态消息类别

消息类别的不同决定了消息确认的方法也是不一样的，可以把具有相同确认方法的消息归入一个消息类别。消息类别和消息类型成组结合。消息类别可提供清晰和结构化的显示。自 V7.3 起，消息类型可采用消息类别的所有属性。消息类别以消息类型父级的形式保留下来，并且可继续与其组变量一起使用。因此，可在消息类型中更加灵活地使用这些属性。

WinCC 提供 16 个消息类别和两个预设的系统消息类别，提供下列标准消息类别："故障"、"系统，要求确认"、"系统，无需确认"，如图 6-3 所示。

可以通过右键单击"消息"的方式，添加新的消息类别，如图 6-4 所示。

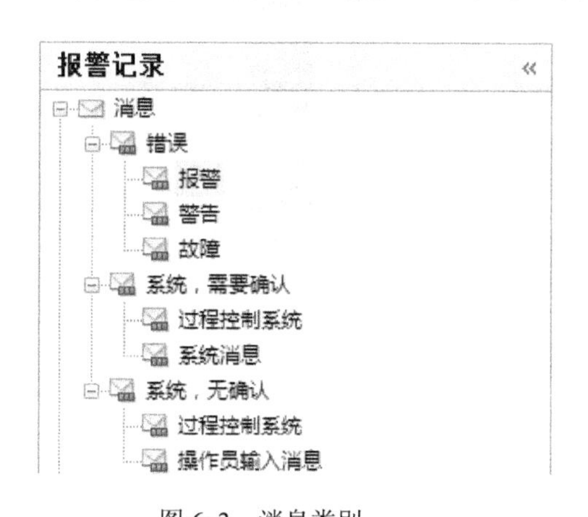

图 6-3 消息类别

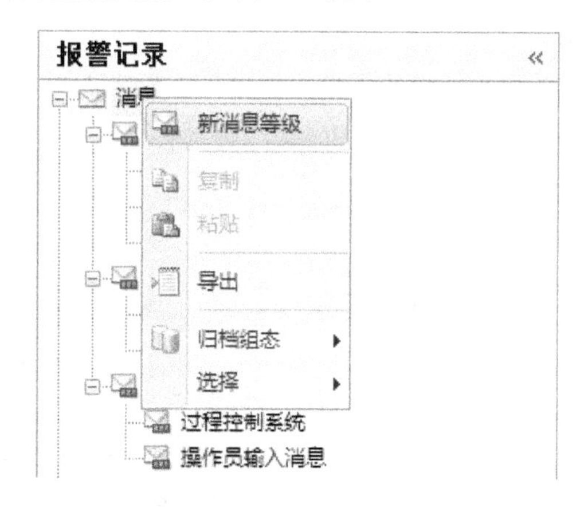

图 6-4 添加新的消息类别

系统消息是在系统内部生成的消息，如来自操作员输入或系统故障时的消息。WinCC 为处理系统消息提供系统消息类别。系统消息类别无法扩展，已分配消息类型的确认原则是预设的。

以下消息类型会分配给消息类别"系统，需要确认"：

① 过程控制系统：由过程控制系统生成的消息。例如，系统启动期间生成的消息。

② 系统消息：由系统生成的消息，例如，系统组件发生故障时。

以下消息类型会分配给消息类别"系统，无需确认"：

① 过程控制系统：由过程控制系统生成的消息。例如，系统启动期间生成的消息。

② 操作员输入消息：由操作员输入生成的消息，例如，通过操作组件。

在表格区域中可以直接创建属于某一消息类别、消息类型的新建消息，并对新消息进行编译，如图 6-5 所示。

在对消息类型进行组态时需要对消息进行确认。对消息进行确认，就是定义在"进入"

和“离开”状态之间，如何在运行系统中显示和处理消息。分配到某种消息类型的所有消息都使用相同的确认原则。在浏览窗口中选定某一消息类型，在属性栏中可对消息进行确认，如图 6-6 所示。

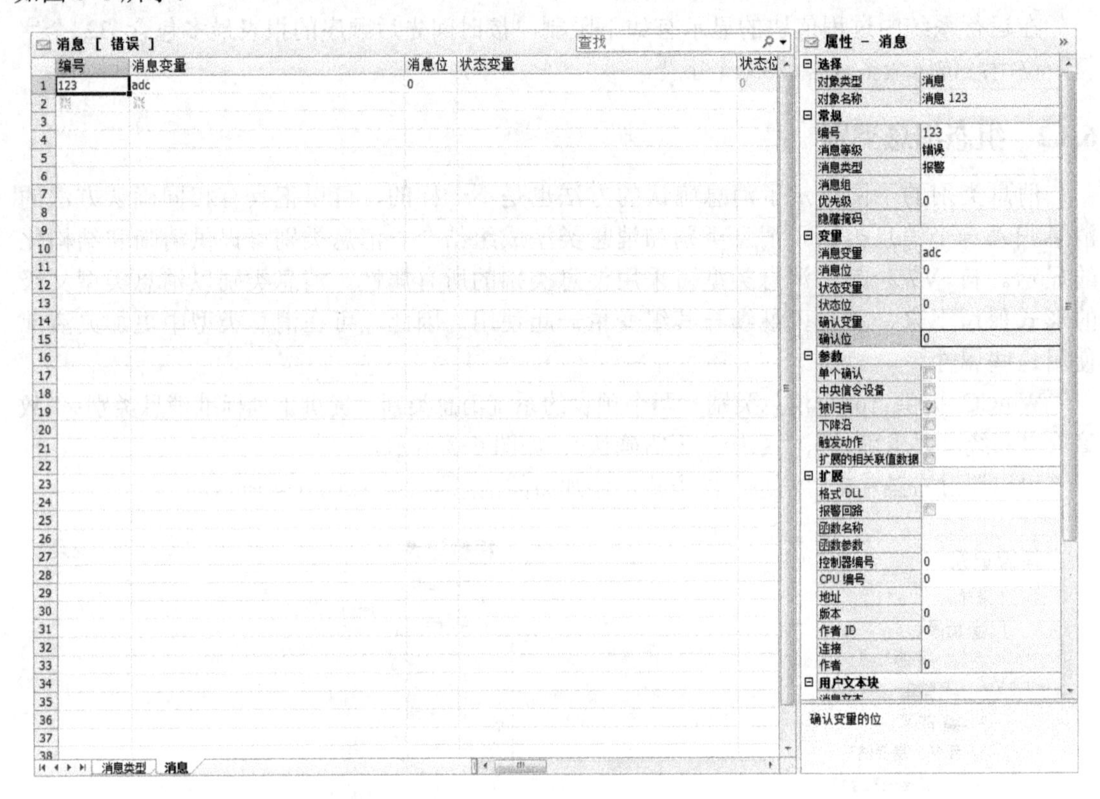

图 6-5 创建消息

属性 - 消息类型	
选择	
对象类型	消息类型
对象名称	报警
常规	
名称	报警
消息类型 (ID)	1
消息类别	错误
作者	0
确认理论	
确认"已进入"	☑
确认"已离开"	☐
闪烁开	☐
只为初始值	☐
无"已离开"状态	☐
唯一用户	☐
注释	☐

图 6-6 消息确认

确认理论选项的具体含义如表 6-1 所示。

表 6-1　确认选项及其含义

选　　项	描　　述
确认到达	针对必须在到达时确认的单个消息选择此选项。在确认之前，消息将保持未决
确认离开	针对需要双模式确认的单个消息选择此选项。必须确认该消息类别的离去消息
闪烁开始	针对需要单模式或双模式确认的新值消息选择选项。当其显示在消息窗口中时，该消息类别的消息将闪烁。为了使消息的消息块在运行系统中闪烁，则必须在相关消息块的属性中启用闪烁
仅用于初始值	针对需要单模式确认的初始值消息选择此选项。只有该消息类型的第一个消息会闪烁显示在消息窗口中。必须选择“闪烁开”（Flashing On）复选框
不带“离开”状态	针对需要或不需要确认的无“离开”状态的消息选择此选项。如果选择该选项，则消息将不具有“离去”状态。如果消息仅识别“已到达”状态，则不将该消息输入到消息窗口中，而是只进行归档
唯一用户	如果选择此选项，消息窗口中的注释将分配给已登录的用户。在“用户名”系统块中输入用户。如果至今没有输入任何注释，则任何用户都可输入第一个注释。在输入第一个注释之后，所有其他用户只能对注释进行读访问
注释	如果选择此选项，进入消息的注释总是与动态组件“@100%s@”“@101%s@”“@102%s@”和“@103%s@”一起显示在用户文本块中。随后的显示则取决于消息列表中消息的状态

6.3.3　组态系统消息

系统消息由运行系统中不同的 WinCC 组件触发。为此，WinCC 会提供系统消息。WinCC 安装目录中包含带有特殊系统消息的特定语言文件，例如“LTMDatenEnu.CSV”。系统消息可使用所有 WinCC 安装语言。组态消息系统时，必须选择要使用的系统消息。

系统消息显示在独立的文件夹系统消息和系统消息类别文件夹下。如果在消息文件夹快捷菜单中选择了“选择”下的“系统消息”，则使用的系统消息也将显示在该文件夹中。

使用系统消息类别时，系统消息被分配到默认消息类型。关于具体的系统消息的介绍请读者自行查阅 WinCC V7.4 用户手册。

6.3.4　模拟量报警

在项目运行过程当中有时需要让数据在一个范围内变化，如果超出使用范围就要触发报警装置，也就是限制值监控，指定变量的限值或比较值并监视它们。如果超出上限或下限，或者满足比较值的条件，则在运行系统中生成一条消息。在 WinCC 中应用模拟量报警系统对其进行组态。

组态模拟量报警可以实现以下功能：指定要监视的变量、分配消息、指定限制值或比较值、指定其他属性。

可以在表格区中显示所有由模拟量报警输出的消息。右键单击消息选择可以显示模拟量报警的内容，如图 6-7 所示。

组态模拟量消息时首先在导航区域中选择“模拟量报警”文件夹。单击表格区中“变量”列的第一个空行。单击 ... 按钮，将打开“变量选择”对话框。选择变量，然后单击“确定”确认，创建新的模拟量报警。指定一个尚未使用的新消息编号，或者为尚未组态消息变量的现有消息输入消息编号，完成模拟量的组态。

在表格区或属性区域中编辑模拟量报警的属性，如图 6-8 所示。

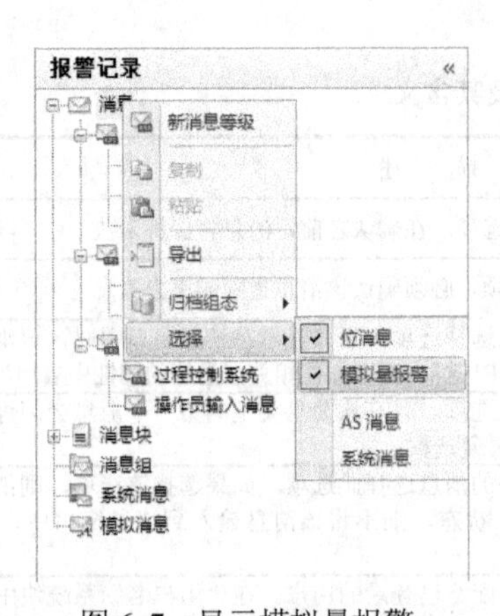

图 6-7　显示模拟量报警

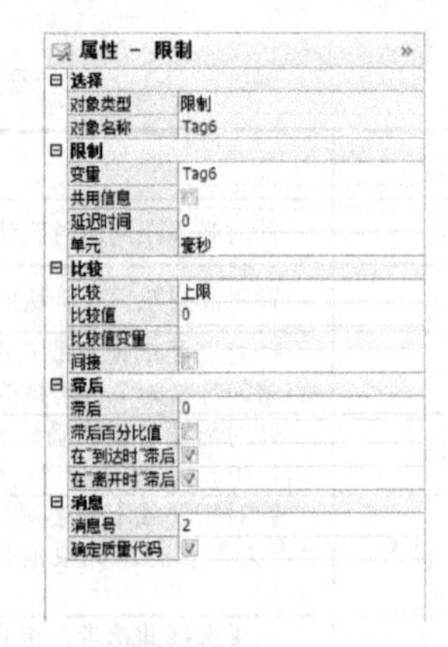

图 6-8　限制属性

各个属性的含义如表 6-2 所示。

表 6-2　限制属性及其含义

属　性	说　明
变量	监视的变量。变量必须已经可用。单击框打开选择对话框
共享消息	针对变量发生的所有事件，创建一个具有相同消息编号的消息
延迟时间	指定事件发生和消息生成之间的时间。只有在延迟时间的整个时间段内满足相应的条件，才能触发消息。延迟时间可以介于 250ms 到 24h 之间。输入值“0”表示“无延迟时间”
单位	输入延迟时间的单位
比较	输出相应消息的限值条件。上限：超出限值。下限：低于限值。值相同：已达到限值。值不同：大于或小于限值
比较值	用于比较的数值（设置“间接”选项时不能进行编辑）
比较变量	选择与当前值进行比较的变量（只有设置“间接”选项时才能进行编辑）
间接	未设置选项：变量与数值进行比较。设置选项：变量与另一个变量的当前值进行比较
滞后	滞后的值
百分比形式的滞后	设置选项：滞后值是百分比形式的值。未设置选项：滞后值是绝对数值
带有“已到达”的滞后	当消息到达时考虑滞后
带有“已离开”的滞后	当消息离开时考虑滞后
消息编号	通过模拟量报警输出的消息编号。如果已选中“共享消息”选项，变量的所有报警均输入同一消息编号
考虑质量代码	当此选项被选中时，只有质量代码为“GOOD”时检查变量的值更改是否超出限值。当选择此选项时，如果与自动化系统的连接存在问题，不会创建限值消息

6.3.5　组态单个消息

本节以组态单个消息为例，将以上章节所介绍的基础知识组合应用，让读者彻底理解并掌握如何组态 WinCC 的报警消息。

这里首先建立两个内部变量 oil_alarm 和 oil_temp，结合这两个内部变量建立三个报警消息。

首先在浏览窗口下选中消息，表格区域如图 6-9 所示，可以在表格区域建立新的消息，并对消息进行编辑。这里建立编号为“1”的消息。选中“消息变量”列，单击 选择消息要关联的变量，这里选择之前建立的内部变量 oil_alarm。在“消息位”列，输入值“0”，值

“0”表示当变量从右边算起的第 0 位置位时，将触发此条报警。在“消息文本”列输入文本内容为“高油位”。在“错误点”列，输入文本内容为“主油箱”。消息类别是“错误”，消息类型是“报警”，组态完成后的消息如图 6-9 所示。

图 6-9　创建新消息

其中消息的各个参数及其含义如表 6-3 所示。

表 6-3　消息参数及其含义

参　数	描　述
编号	单个消息的编号，该消息号只能在表格窗口中进行设置
类别	单个消息的消息类别
类型	单个消息的消息类型
组	当要将单个消息分配给用户自定义的组消息时，可从选择列表中选择一个已组态的组消息
优先级	确定消息的优先级，可根据优先级，对消息显示进行排序，数值范围是“0～16”。在 WinCC 中，没有指定哪一个数值对应于最高优先级，在 PCS7 环境下，数值 16 对应于最高优先级
仅为单个确认	此消息必须单个地确认，无法使用常规确认键进行确认
控制中央信令设备	在消息到达时将触发中心信号设备
将被归档	消息将被保存在归档中
是在下降沿创建	在位消息的处理过程期间，可确定在信号的上升沿或下降沿创建消息。在所有其他消息的处理过程期间，始终在信号上升沿创建消息。对于信号的下降沿创建的消息，消息变量必须将起始值组态为“1”
触发一个动作	该消息触发标准函数 GMsgFunction，使用“全局脚本”编辑器可对该函数进行修改
消息变量	消息变量包含用于触发当前选定消息的位
消息位	消息变量内的位号，用来触发当前所选择的消息
确认变量	定义将要作为确认变量使用的变量
确认位	用于对消息进行确认的确认变量内的位编号
状态变量	定义将在其中存储单个消息状态的变量（到达/离开和确认状态）
状态位	状态变量内指示消息状态的位编号，用于强制确认的位将自动确定
格式 DLL	如果状态变量是原始数据变量，此处必须选择相应的编译程序
DLL 参数	定义指定接口的 DLL（DLL 格式），它将对所接收的过程值的数据格式进行转换，使用“DLL 参数”按钮也可设置该参数

在表格窗口中双击第二行“消息变量”列，在打开的对话框中选择变量 oil-alarm。双击第二行的“消息位”列，输入值为 1。值 1 表示当变量 oil-alarm 从右边算起的第一位置位时，将触发这条报警。双击第二行的“消息文本”列，输入文本内容为“低油位”。双击第二行的“错误点”列，输入文本内容为“主油箱”。这样就完成了第二个报警消息的组态。

重复上述步骤，在“消息变量”“消息位”“消息文本”和“错误点”列分别输入 oil-alarm、2、“油温过高”和“2 号油泵”，完成第三个报警消息的组态，如图 6-10 所示。

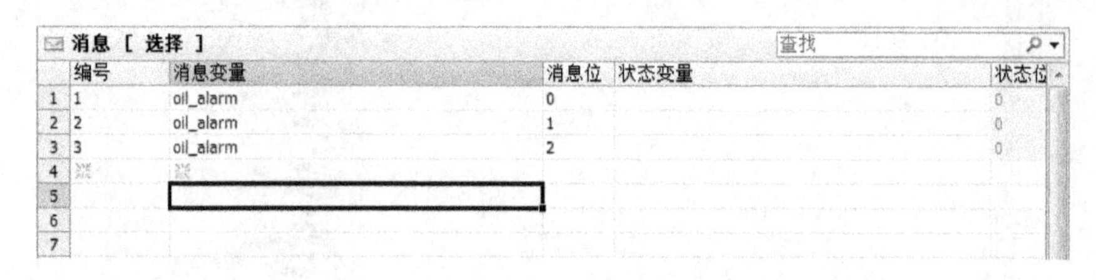

图 6-10　创建的三个消息

前面组态的是对某个变量的某一位进行报警，还可以对某一个过程值进行监控，并设定一个或多个限制值。当过程值超过设定的限制值时所产生的报警称为模拟量报警。

在浏览窗口单击“模拟消息”按钮，进入表格区域对模拟消息进行创立和编辑，在“变量”列选择变量 oil_temp，选择“上限”，输入 60 作为限制值，消息编号为 4，消息文本为“高油箱”，错误点为“1 号油箱”。在创建一个消息编号为 5，变量也选择 oil_temp，选择“下限”，并输入 40 作为限制值。成功建立的两个模拟量变量如图 6-11 所示。

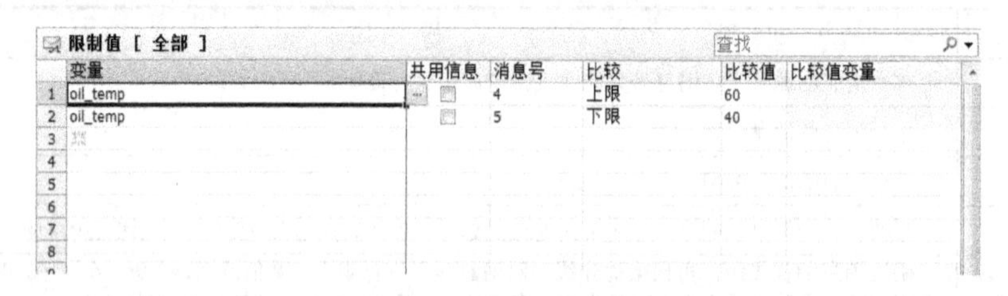

图 6-11　创立模拟量消息

可在“滞后”设置模拟量报警的延迟产生时间。外部过程的扰动可能会使过程值在某一时刻瞬间超过限制值，设置延迟时间可使这一部分的报警不会产生。

6.4　组态报警显示

通过使用报警控件，用户可以看到消息视图、消息行以表格的形式显示在画面中。

6.4.1　在画面中组态控件

新建一个报警画面，在“控件”选项卡内选择“ActiveX 控件”中的“WinCC Alarm Control”控件并将其拖动到编辑区至满意的尺寸后释放，如图 6-12 所示。此时，“WinCC Alarm Control 属性”对话框自动打开，如图 6-13 所示，输入报警窗口标题，根据需要可以勾选其他选项。关闭属性对话框后也可通过单击右键选择“组态对话框”来打开。

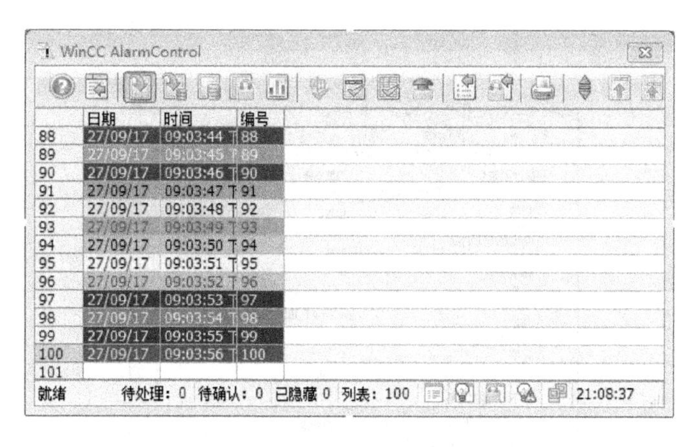

图 6-12 创建报警窗口

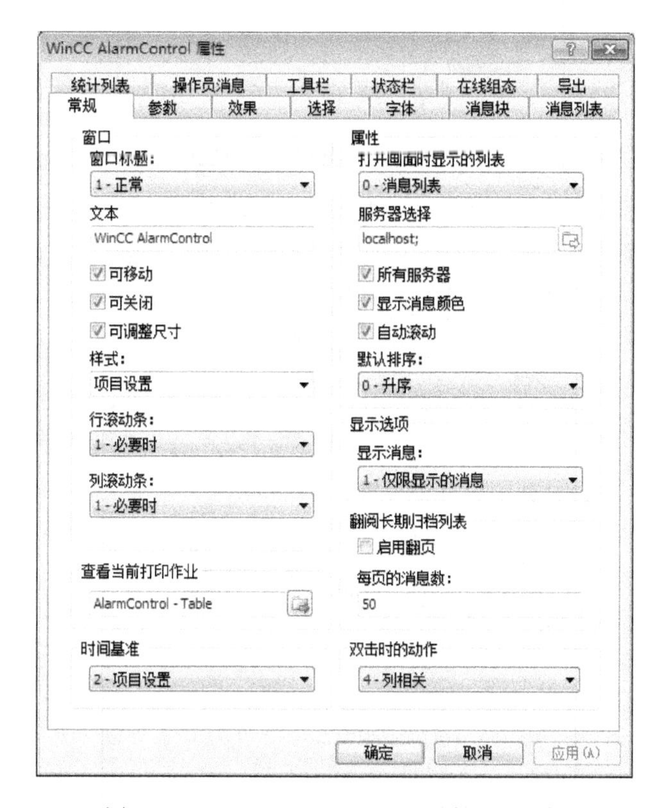

图 6-13 “WinCC Alarm Control 属性”对话框

在“常规”选项卡中，组态报警控件的基本属性。在“常规”选项卡中可以组态消息窗口属性、控件的常规属性、控件的时间基准、表格中默认的排序顺序、长期归档列表的属性、消息行中要通过双击触发的操作等。消息块选项卡如图 6-14 所示。消息块的组态决定了在消息窗口中消息行的内容。选择“消息列表”选项卡，如图 6-15 所示，以定义要在消息窗口中显示为列的消息块。使用该选择对话框定义要在消息窗口中显示的消息。此外，在“参数”“效果”和“选择”选项卡中分别组态消息窗口的布局和属性。如果要查看消息统计信息，则组态“统计列表”。在“操作员消息”选项卡中可以根据需要对操作员输入消息进行调整。

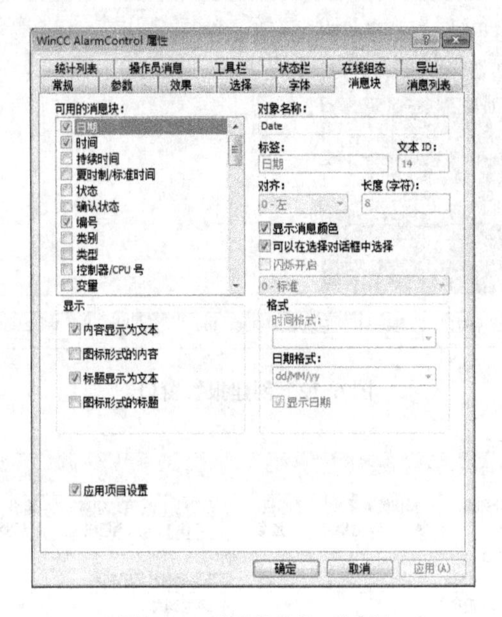

图 6-14 “消息块”对话框

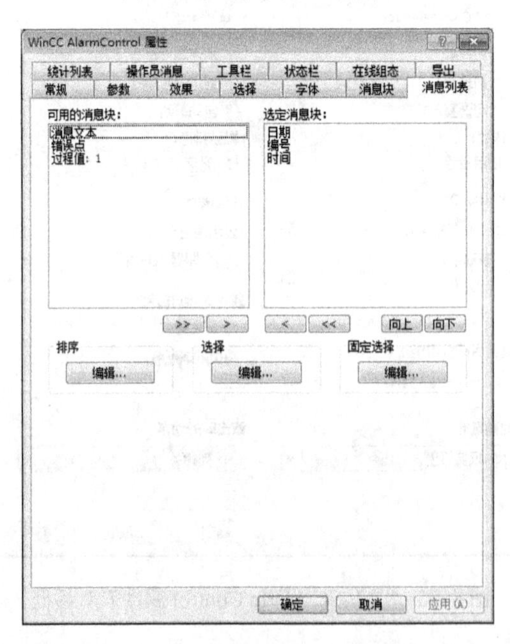

图 6-15 “消息列表”对话框

6.4.2 组态用于测试的画面

前面为报警设置了两个变量：第一个变量通过不同的 3 个位控制 3 组报警，所以在画面中建立一个复选框控制 1 号、2 号和 3 号报警；第二个变量是模拟量报警，设置一个输入输出域来控制 4 号和 5 号报警。

在编辑区中添加一个“输入输出域”，打开“I/O 域组态”对话框，在“变量”文本框中选择 oil-temp。

选择“标准”选项卡，将“复选框”添加到编辑区。选中“复选框”，在属性区选中“属性→复选框→输入/输出”，在右边窗口的“选择框”行上，右击“动态”列选择“变量”，打开“变量选择”对话框，选择变量 oil-alarm，单击“确定”按钮，关闭对话框。

选择复选框对象“属性”选项卡上的“字体”项，根据右边窗口的“索引”，改变相对应的文本值为“1，2，3”分别代表 1 号，2 号和 3 号报警。组态好的画面如图 6-16 所示。

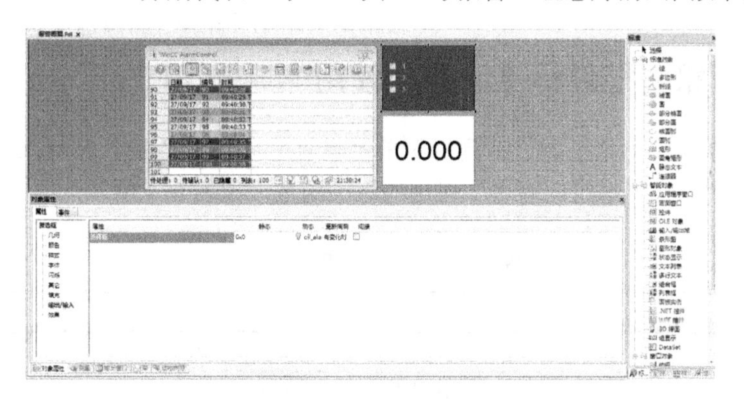

图 6-16 组态好的画面

6.4.3 运行项目

在 WinCC 项目管理器中，打开“计算机”属性对话框选择“启动”选项卡，勾选“报警记录运行系统”复选框，如图 6-17 所示。

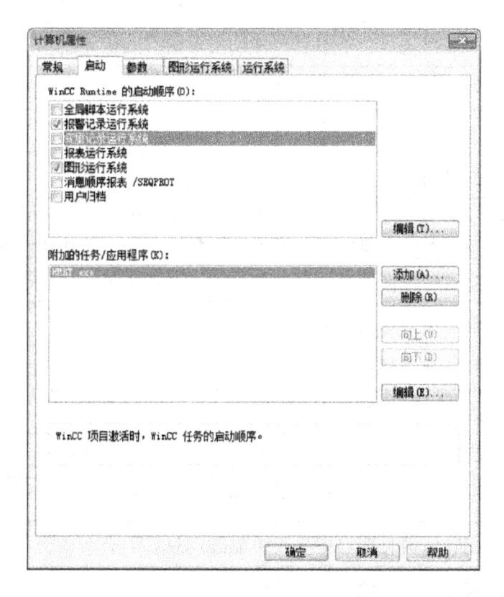

图 6-17 启动报警记录运行系统

运行项目，在“输入输出域”中输入一个数值，单击复选框按钮，运行效果如图 6-18 所示。

图 6-18　运行效果

6.5　WinCC 报警控件标准函数的使用

如果在运行系统中不希望通过工具栏而是希望通过其他方式操作 WinCC 报警控件，在全局脚本编辑器的“报警”组内有多个可用的标准函数，如表 6-4 所示。

表 6-4　报警相关的标准函数

函　数	含　义
AXC_OnBtnArcLong	此函数将消息窗口切换为在长期归档窗口中显示消息
AXC_OnBtnArcShort	此函数将消息窗口切换为在短期归档窗口中显示消息
AXC_OnBtnComment	此函数打开用于输入消息注释的对话框
AXC_OnBtnEmergAckn	此函数允许紧急确认消息
AXC_OnBtnHornAckn	此函数可用于确认分配给所选消息的中央信号设备
AXC_OnBtnInfo	此函数打开一个信息窗口，显示所存储的信息文本
AXC_OnBtnLoop	此函数完成到所选消息的已组态“报警回路”画面的改变
AXC_OnBtnMsgFirst	此函数选择第一条消息并移动消息窗口的可见区域
AXC_OnBtnMsgLast	此函数选择最后一条消息并移动消息窗口的可见区域
AXC_OnBtnMsgNext	此函数选择下一条消息并移动消息窗口的可见区域
AXC_OnBtnMsgPrev	此函数选择前一条消息并移动消息窗口的可见区域
AXC_OnBtnMsgWin	此函数将消息窗口切换为在消息窗口中显示消息
AXC_OnBtnPrint	根据当前的显示类型（消息列表、短期归档窗口、长期归档窗口），此函数将生成满足选择标准的当前未决消息或已归档消息的打印输出。所使用的布局也依赖于消息窗口的类型
AXC_OnBtnProtocol	此函数启动控件的当前视图的打印。打印满足选择标准的消息
AXC_OnBtnScroll	此函数切换消息窗口的自动滚动动作
AXC_OnBtnSelect	此函数打开选择对话框
AXC_OnBtnSinglAckn	此函数确认所选的单个消息
AXC_OnBtnSortDlg	此函数打开对话框，指定所显示消息的自定义排序
AXC_OnBtnTimeBase	打开对话框为消息中显示的时间创建时间基准
AXC_OnBtnVisibleAckn	此函数确认消息窗口中所有可见的消息
AXC_OnBtnLock	此函数打开允许锁定消息的对话框
AXC_OnBtnLockWin	此函数激活锁定列表窗口
AXC_OnBtnLockUnlock	在消息列表、短期归档和长期归档的窗口视图中，此函数将锁定当前所选择的报警控件消息。如果选中锁定列表窗口，则此函数将解锁当前所选择的消息
AXC_SetFilter	此函数定义过滤器，用来选择要在消息窗口中显示的消息。过滤标准必须在动作脚本中定义

在画面中直接对按钮进行编程就可以实现“确认报警信息”“解除警笛”“显示过滤”等操作。例如要实现“确认报警信息”操作，可以编写程序如下：

```
AXC_OnBtnSinglAckn("报警信息子框图.PDL","control1");
SetTagBit("确定报警",1);
```

6.6 习题

1. 说说报警记录的作用。
2. 熟悉报警记录编辑器的使用，组态二进制报警和模拟量报警。

第7章 变 量 记 录

变量记录也称为变量归档或者过程值归档，主要是用于获取、处理和记录工业设备的过程数据。本章将介绍如何对变量值进行归档以及如何在运行系统中以趋势曲线和表格的方式显示被归档的历史数据。

变量记录可以降低危险，对错误状态进行早期检查，从而提高生产力和产品质量，优化维护周期等。

变量归档分成两个部分：组态系统和运行系统。组态系统中变量记录的任务是在变量记录编辑器中定义归档、将要归档的变量和归档周期等；通过使用用户归档向导简化变量归档中的组态；借助于图形编辑器中组态的“WinCC 在线趋势控件”和“WinCC 在线表格控件”，在运行系统中显示数据。运行系统中变量归档的任务是变量记录运行系统归档和显示产生的变量值。

7.1 变量记录的基本概念

变量记录的示意图如图 7-1 所示，归档系统负责运行状态下变量过程值的归档：首先将过程值暂存于运行数据库，然后写到归档数据库中。各个部分含义如下：

自动化系统（AS）：存储通过通信驱动程序传送到 WinCC 的过程值。

数据管理器（DM）：处理过程值，然后通过过程变量将其返回到归档系统。

归档系统：处理采集到的过程值，处理方法取决于组态归档的方式。

运行系统数据库（DB）：保存要归档的过程值。

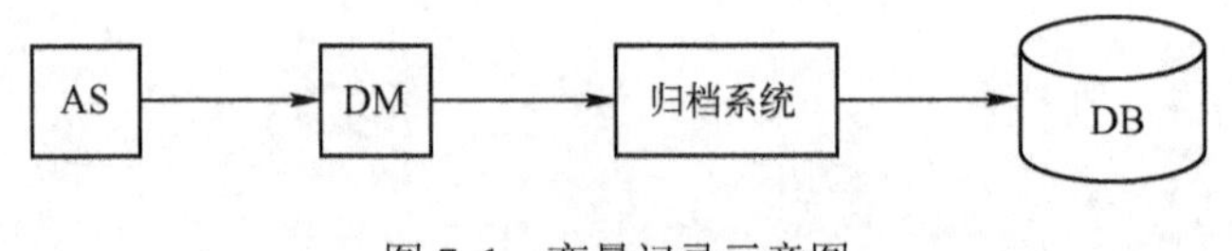

图 7-1 变量记录示意图

变量记录中，是否以及何时采集和归档过程值取决于各种参数，组态哪些参数取决于所使用的归档方法。这里涉及一些基本概念，下面进行解释。

7.1.1 变量记录的归档方法

配置系统时应确定哪种数据应该存储在哪一个归档中。在一个归档中，可以定义要归档变量的不同采集类型。

（1）非周期

变量的采集周期不固定，可定义一个返回值为布尔类型的函数，当它的返回值变化时进行采集；也可以是一个布尔型的变量，当它的值变化时进行采集。

（2）连续周期

启动运行系统时，开始周期性的过程值归档。过程值以恒定的时间周期采集，并存储在归档数据库中。终止运行系统时，周期性的过程值归档结束。

（3）可选择周期

发生启动事件时，在运行系统中开始周期地选择过程值归档。启动后，过程值以恒定时间周期采集，并存储在归档数据库中。停止事件发生或运行系统中终止时，周期性的过程值归档结束。停止事件发生时，最近采集的过程值也被归档。

（4）一旦改变

如果过程变量有变化就进行采集，归档与否由所设定的时间周期来决定。

7.1.2 变量的分类

由前面内容可以知道变量分为内部变量和外部变量。外部变量用来获取过程值，内部变量用来获取系统的内部值和状态。变量记录中的“二进制变量”和“模拟量变量”可以用来归档过程值（外部变量）和内部变量，而压缩归档的变量用作所有变量类型的长期归档。

在组态过程值归档时，选择要归档的过程变量和存储位置。在组态压缩归档时，选择计算方法和压缩时间周期。

7.1.3 事件

事件可以发生在各种窗口中，可以通过事件来启动和停止过程值归档。WinCC 中的事件有一定区别。

二进制事件：二进制事件对二进制变量（内部与外部）边沿的改变做出反应。例如启动电动机才开始对电动机速度的归档。

限制值事件：与限制值事件作用，可以分为超出上限值情况，低于下限值情况，到达限制值情况。例如当锅炉温度高于某一设定值时开始归档。

计时事件：计时事件以某一个预先设定的时间间隔进行归档（时间设定值、班次改变、启动后时间段等）。

7.1.4 周期

需要为过程值的采样和归档建立不同的时间周期。最小的时间间隔长度是 500 毫秒，所有可以设置的时间都是此长度的整数倍。

变量记录中采样周期和归档周期是有区别的。一个归档周期的时间间隔长度是对应的采样周期的时间间隔长度的整数倍。

采样周期：采样周期帮助变量记录运行系统获取 WinCC 变量。WinCC 管理器连续地执行它的过程映像，变量记录运行系统在设置采样周期时间时接受数据的内容。当定义短时间的采集周期时，要确保该周期比硬件采集周期长得多。短时间的周期在 PLC 间隔时间内能更好地存储数据并通过消息帧将它传送到 WinCC。

归档周期：归档周期将已获得的和经过处理的 WinCC 变量传送到为它们准备的归档中。在设定的时间，归档周期有规律地为显示和归档发放变量。归档周期和采集周期的关系决定同时被处理的过程数据量。采样周期同时提供过程数据。

7.1.5 归档的分类

（1）周期性连续归档

运行系统启动时，开始采集数据，并且在有规律的时间周期内连续运行直至系统被关闭。

WinCC 归档系统的每一个归档中，可以单独地对采样周期和归档周期进行组态。可以将归档周期选择组态为从 1 秒到 1 年。在组态阶段，为每个变量/测量值或成组变量/测量值设置时间周期，并因此在运行系统模板中设置静态的固定代码。使用每一归档功能，可以在存储周期或实际值中常规的选择存储平均数、最小值或最大值。

（2）周期性选择归档

事件发生时开始归档，并在有规则的时间周期执行直到第二个事件产生。如果有一个停止信号，最近获取的数据也被存储。

（3）非周期性归档

非周期性的归档，一旦事件发生就存储二进制变量或模拟量变量。在组态阶段为每个变量或变量组设置对归档和采样周期事件的分配。在运行系统模块中，它是静态的固定代码。测量值和测量值组有同样的应用。在非周期性归档中，实际值往往存储在归档中。

（4）过程控制归档

在过程控制归档中，将要归档的过程值在 PLC 块中编块，通过 WinCC 项目管理器将其作为原始数据变量发生到变量记录中。使用转换程序、格式化 DLL 在变量记录中准备数据并且存储在归档中。格式化 DLL 是由通道决定的，因此必须遵守通道和 PLC 生产商的技术规范。变量记录运行系统提供用于该目的接口的定义。

7.1.6 记录

每一个测量点通过变量记录以三种不同的方式记录。

（1）在主存储器连续归档内记录

主存储器（主内存）连续归档用来记录带有简要历史记录的当前趋势。它提供时间限制的过程值记录。如果缓冲器满，旧数据被重写。用户可以在一个已组态的事件发生时以简单的印象存储当前测量值的缓冲器的内容。

（2）在本地硬盘连续归档内记录

测量值记录在可组态长度的连续归档中。如果缓冲器满，旧数据被重写。可以将连续归档中的测量值与已组态的事件进行交换。要交换的测量值的类型和范围必须包含在脚本中。

（3）在本地硬盘的长期归档内记录

变量记录也提供自动建立长期归档的选项，也就是支持沿事件轴的测量值的无限制归档。这样的历史记录只受限于可用的存储器空间。

建立长期归档之前，必须检查存储介质上是否有足够的可用的空存储器用于要归档的时帧。通过“存储”选项，长期归档可以交换任何给定的时帧。在用户界面，可以查看归档的内容。

7.2 组态变量记录

WinCC 项目中组态变量记录包括如下的步骤：

1）创建或配置用于变量归档的定时器，可以自定义定时器，也可以直接使用默认定时器。

2）创建和配置一个过程值归档，用于存储过程数据。

3）如果有必要，在所创建的归档中对每个归档变量进行属性配置。

4）在图形编辑器中创建和配置在线趋势或表格控件，以便于系统运行时观察归档数据。

本节将通过实例讲述如何在“变量记录”编辑器中建立归档，至于在图形编辑器中配置控件显示归档数据将在下节进行说明。变量记录对 WinCC 中的内部变量和外部变量的归档使用同样的方法。为便于测试，此处使用内部变量用以说明。

建立两个内部变量 temp 和 set。

双击 WinCC 项目管理器的浏览树中的“变量记录”或右键选择“打开”即可打开图 7-2 所示的“变量记录”编辑器。使用“变量记录”编辑器可对归档、需要组态的变量、采集时间定时器和归档周期进行组态。

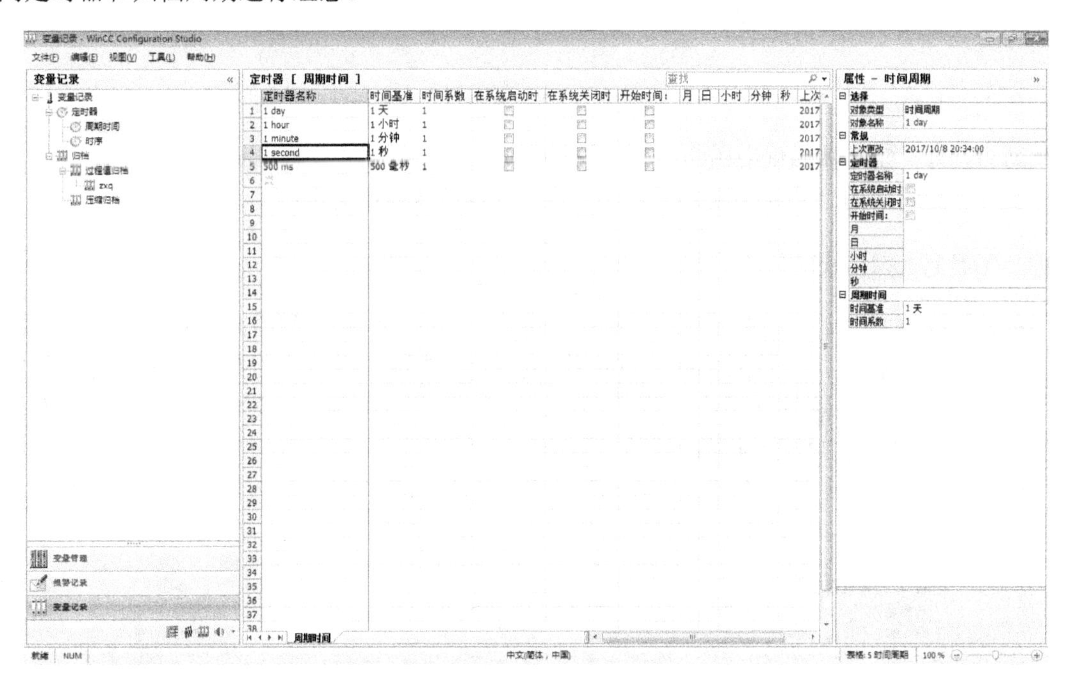

图 7-2　变量记录编辑器

7.2.1　组态定时器

单击“变量记录”编辑器左边浏览窗口中的“定时器”，右边数据窗口将显示所有已经组态的定时器。在默认情况下，系统提供了 5 个定时器：500 毫秒、1 秒、1 分钟、1 小时、1 天，如图 7-2 所示。

已组态的定时器可用于变量的采集和归档周期。这里变量的采集周期是指过程变量被读取的时间间隔。归档周期是指过程变量被存储到归档数据库的时间间隔，是变量采集周期的整数倍。

如果要使用不同于默认的定时器，可以根据工程需要组态一个新的定时器。例如组态一个 10 秒的定时器。

在浏览窗口中选中“定时器”再选中“周期时间”，接着在表格编辑区创立新的定时器。

在“定时器名称”一栏中输入“10s”作为新定时器的名称，在“时间基准”的下拉列表中选择时间基准值为“1 秒”，在“时间系数”编辑框中输入 10。

图 7-3 中，“时间基准”是指设定的时间基准，“时间系数”是时间基准的倍数，定时器的时间是时间基准乘以系数的结果。如果勾选“在系统启动时”或“在系统关闭时”，则不管已组态的周期如何，当“系统启动时”或“退出运行系统时”，都将执行一个归档周期。还可以指定第一个归档周期的开始时间，之后将按照设定的周期时间启动归档。

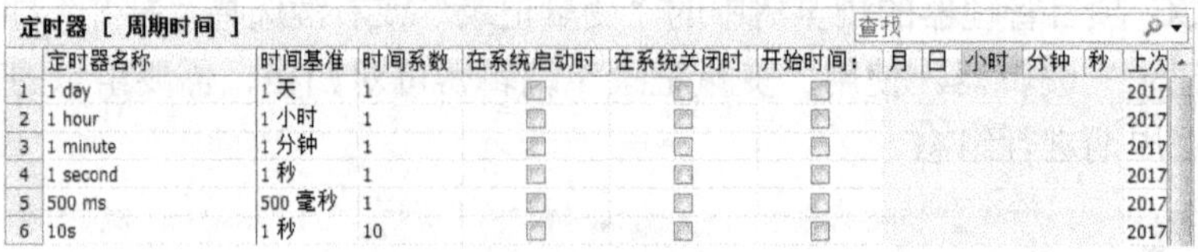

定时器 [周期时间]　查找

	定时器名称	时间基准	时间系数	在系统启动时	在系统关闭时	开始时间：	月	日	小时	分钟	秒	上次
1	1 day	1 天	1	☐	☐	☐						2017
2	1 hour	1 小时	1	☐	☐	☐						2017
3	1 minute	1 分钟	1	☐	☐	☐						2017
4	1 second	1 秒	1	☐	☐	☐						2017
5	500 ms	500 毫秒	1	☐	☐	☐						2017
6	10s	1 秒	10	☐	☐	☐						2017

图 7-3　定时器编辑

新组态好的定时器出现在图 7-2 变量记录编辑器的定时器栏中。

在任意定时器的“属性”栏中，可以修改已有定时器的相关属性。

7.2.2　创建过程值归档

创建过程值归档必须先组态好过程值归档，再在相应的归档中创建归档变量。

首先创建过程值归档：创建新的过程值归档并选择要进行归档的变量。组态过程值归档：通过选择存储位置等来组态过程值归档。在浏览窗口中选中“过程值归档”，在右侧“表格窗口”中进行新过程值归档的建立与组态。

创立新的过程值归档，在“表格窗口”中的“归档名称”栏中输入新建过程值归档的名称，此处建立“Newset”归档。如图 7-4 所示。

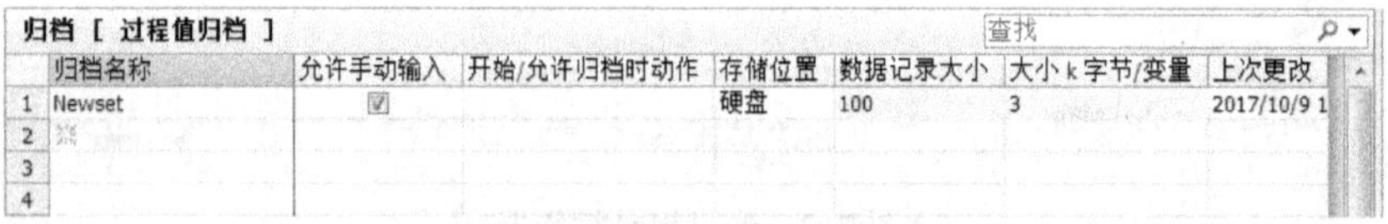

归档 [过程值归档]　查找

	归档名称	允许手动输入	开始/允许归档时动作	存储位置	数据记录大小	大小 k 字节/变量	上次更改
1	Newset	☑		硬盘	100	3	2017/10/9 1
2	✳						
3							
4							

图 7-4　建立新的过程值归档

组态新建的过程值归档，可在“属性”栏对过程值归档进行属性的编辑。过程值归档属性栏如图 7-5 所示。

在“属性”栏中可以设置归档的名称、授权等级等常规属性，“存储位置”选项卡选择过程值归档的存储位置。归档变量的值可以存储在硬盘上，也可以存储在内存（主存储器）中。在此例中，将归档存储在内存中。更改数据记录大小为“50”，表示在内存中归档缓冲区的大小为 50。

过程值归档组态完成以后需要创建归档变量。选中新建立的过程值归档，“表格区域”将进入创建归档变量编辑区。如图 7-6 所示，在“过程变量”栏选中要进行归档的变量“set”和“temp”，则选择的变量将出现在表格区域。

属性 － 过程值归档	
⊟ 选择	
对象类型	过程值归档
对象名称	Newset
⊟ 常规	
注释	
禁用归档	☐
允许手动输入	☑
上次更改	2017/10/9 17:27:23
⊟ 常规归档属性	
归档名称	Newset
开始/允许归档时动作	
⊟ 存储位置	
存储位置	主内存
数据记录大小	50
大小 k 字节/变量	1

图 7-5　过程值归档属性

归档 [Newset]

	过程变量	变量类型	变量名称	归档名称	注释	采集类型	变量提供	禁用归档
1	set	模拟量	set	Newset		周期 - 连续	系统	☐
2	temp	模拟量	temp	Newset		周期 - 连续	系统	☐
3								
4								
5								
6								
7								
8								
9								
10								
11								

图 7-6　创建归档变量

归档变量的属性需要根据用户的需求进行组态的，可以在“表格区域”中进行编辑也可以在“属性”栏中进行编辑。新的归档变量的属性在“属性”栏中如图 7-7 所示。

在“归档”选项卡中可以根据自己的需要选择采集类型、采集周期和归档周期等。“归档”选项卡如图 7-8 所示。此处选择采集周期为定时器 10s，选择归档周期为 1*10s。“归档”选项卡中，归档变量名称不一定非要与实际的过程变量名称一致。另外，可以将归档值放入到一个定义的变量中。

属性 － 变量
⊞ 选择
⊞ 常规
⊞ 常规归档属性
⊞ 常规变量属性
⊞ 归档
⊞ 参数
⊞ 显示
⊞ 压缩

图 7-7　归档变量属性

⊟ 归档	
采集类型	周期 - 连续
采集周期	500 ms
归档周期系数	1
归档/显示周期	500 ms
数值头数量	0
数值尾数量	0
起始事件	
终止事件	
起始变量	
停止变量	
区段变化后归档	☐
滞后	0
滞后类型	绝对值

图 7-8　归档选项卡

“参数”选项卡如图 7-9 所示，可以设置归档变量的参数。“正在处理”项中，可以对采集的变量进行处理后再归档。对一个过程变量进行归档，并不一定是对实际值进行归档。由于采集周期和归档周期可以不同，且归档周期是采集周期的整数倍，因此数个过程值才产生一个归档值，可以对这数个过程值进行某种运算后再进行归档。可以选择的运算有求总和、最大值、最小值、平均值等。

参数
归档于
正在处理
当前值
单元
处理动作
错误时储存
计数器上限
计数器下限
显示
压缩
当前值
平均值
总和
最小值
最大值
动作
差值
升序值的差值
降序值的差值

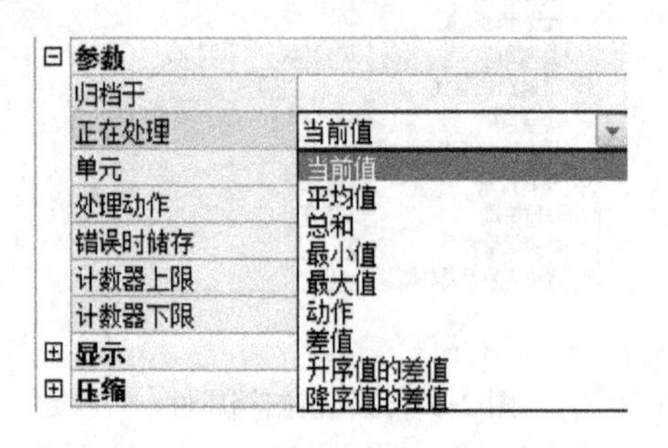

图 7-9　参数选项卡

如果在读取过程值时出现错误，可以设置用哪个值进行存档。“上一个值”再次输入采集的上一个值。“替换值”输入上一个值及其相邻值的平均值。

“显示”选项卡如图 7-10 所示，在此显示要归档或显示的变量的值范围上下限。

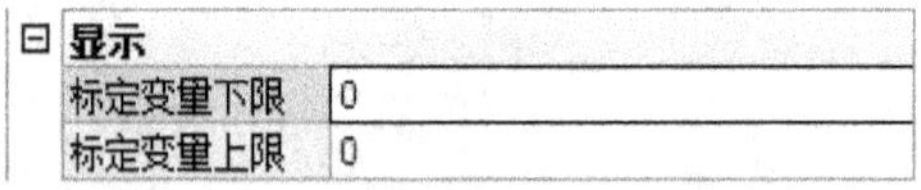

显示
标定变量下限
0
标定变量上限
0

图 7-10　显示选项卡

“压缩”选项卡如图 7-11 所示，此选项与压缩归档相关，将在后面章节详细介绍。

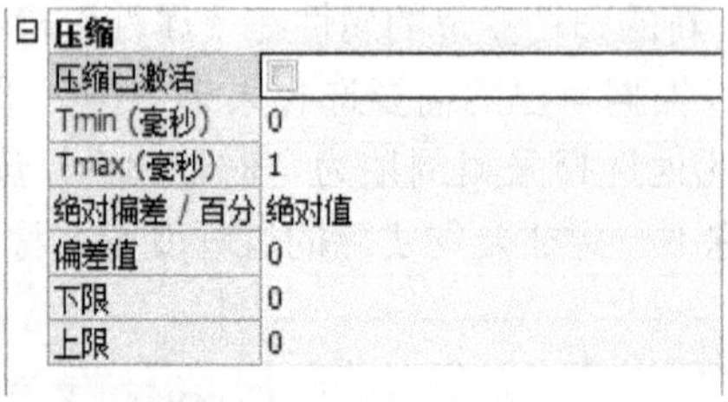

压缩
压缩已激活
Tmin (毫秒)
0
Tmax (毫秒)
1
绝对偏差 / 百分
绝对值
偏差值
0
下限
0
上限
0

图 7-11　压缩选项卡

重复上述步骤组态变量 temp，将其采集周期和归档周期也设为 10s。这样，就创建一个名为 Newset 的归档，归档存储在内存中。这个归档对两个变量 set 和 temp 进行归档，它们的采集周期和归档周期都为 10s。

7.2.3　创建压缩归档

压缩归档从过程值归档数据库中取出数据，采用更有效的空间格式将其存档。为了将数据存入压缩归档数据库，必须首先生成一个过程值归档或者存储压缩的原始数据类型变量。

在变量记录编辑器中，在“数据窗口”中选中压缩归档，在“表格区域”中完成对压缩归档的建立与组态，如图 7-12 所示。

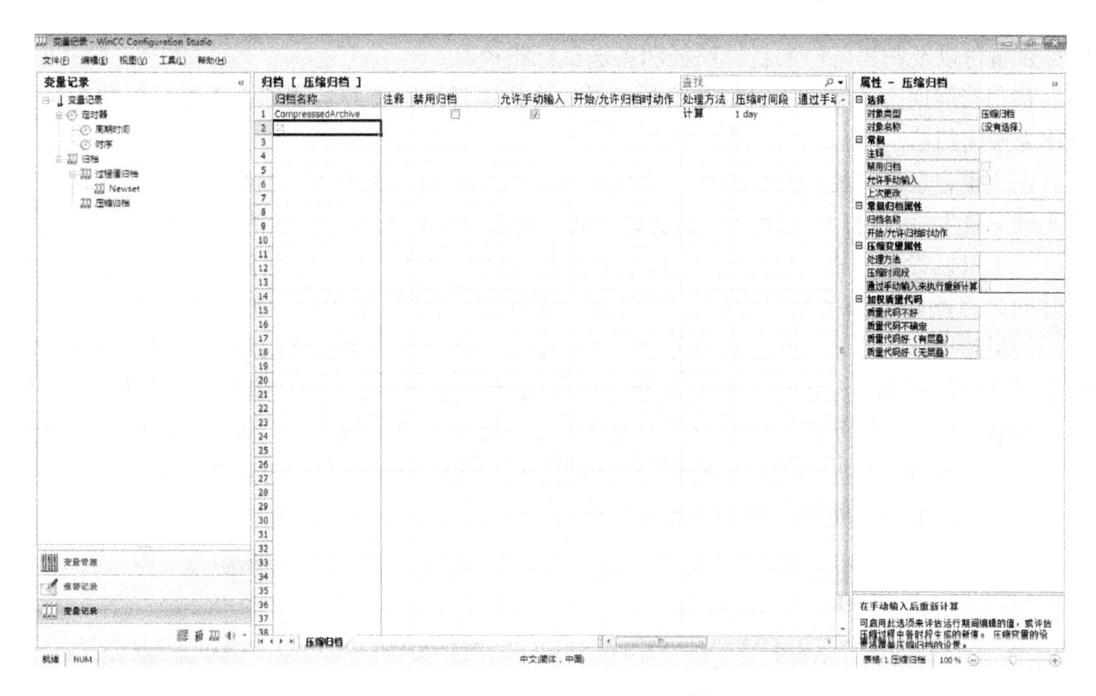

图 7-12 生成压缩归档

在压缩归档的“属性”中可以设置压缩的处理方法和压缩时间段等。点击“浏览窗口”中的“压缩归档”将会出现新建的压缩归档。选中新建立的压缩归档后可以在“表格窗口”中将过程变量与建立的压缩归档联系起来。在“源变量”栏可以选择压缩变量。如图 7-13 所示。

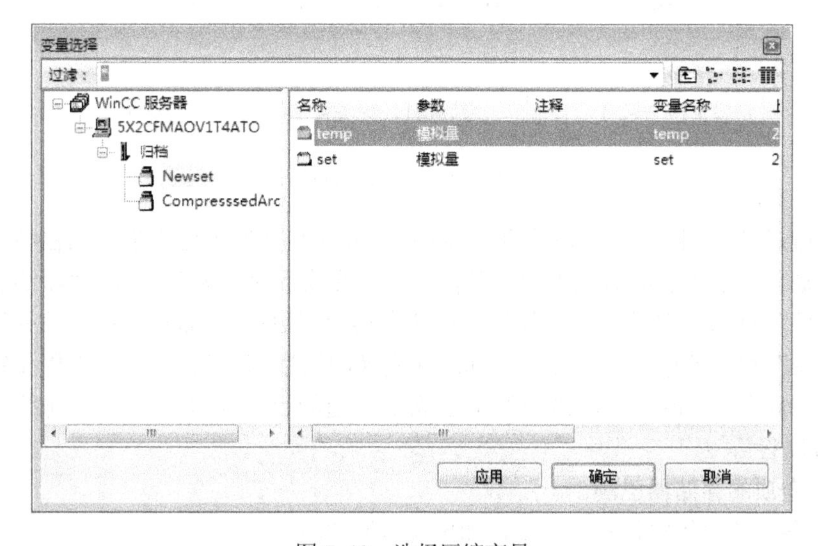

图 7-13 选择压缩变量

7.2.4 归档备份

定期进行归档数据的备份，确保过程数据的可靠完整。在快速和慢速归档中都可设定归档是否备份以及归档备份的目标路径和备选目标路径。

将归档周期小于等于 1 分钟的变量记录称为快速记录，将归档周期大于 1 分钟的变量记录称为慢速归档。

在变量记录编辑器浏览窗口中，右键单击“归档”项，选中“归档组态”项，单击“快速变量记录”，可以打开快速变量记录对话框，如图 7-14 所示，它包括三个选项卡，“归档组态”中可以设置归档尺寸和更改分段的时间。其中，“所有分段的时间范围”用于指定多长时间之后删除最旧的单个分段，“所有分段的最大尺寸”用于规定归档数据库的最大尺寸，如果超出该大小，则将删除最旧的单个分段。“单个分段所包含的时间范围”用于指定消息或过程值在单个分段中归档的周期，如果超出该周期，将启动新建的单个分段。“单个分段的最大尺寸”用于输入单个分段的最大尺寸，如果超出了该大小，则启动新建的单个分段。“更改分段的时间”用于规定分段变化的时间，新建的段将在此时启动。即使超出了所组态大小或所组态的周期，分段也将改变。

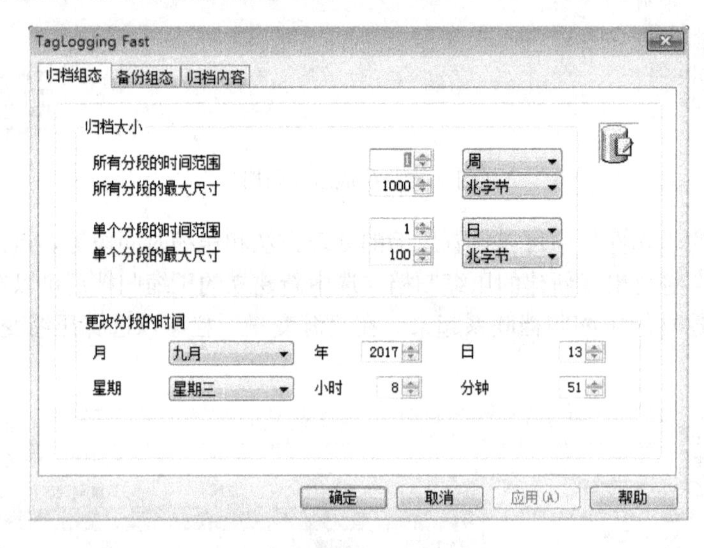

图 7-14　快速变量记录对话框

“备份组态”选项卡如图 7-15 所示，其中，“激活签名”为已交换的归档备份文件进行签名，通过签名可使系统能够识别归档备份文件在交换后是否发生变化。“激活备份”在目录“目标路径”和/或“备选目标路径”下激活交换归档数据。“备份到两个路径”在两个目录“目标路径”和“备选目标路径”下都激活交换归档数据。“目标路径”用作定义归档备份文件的存储路径。“备选目标路径”用于规定可选的目标路径。如在下列条件下，使用“可选的目标路径”：

① 备份介质的存储器已满。

② 进行备份的原始路径不能使用，如出现电源故障。

“归档内容”选项卡如图 7-16 所示，其中，若激活“通过事件驱动采集的测量值”复选框，非周期的测量值被保存在“高速变量记录”过程值记录中。若激活“循环测量值其周期<=”复选框，则所有记录周期小于或等于指定值的周期性测量值被保存在“高速变量记录”记录中。若激活“压缩值其周期<=”复选框，则所有记录周期小于或等于指定值的压缩数值

均被保存在“高速变量记录”记录中。

图 7-15 “备份组态”选项卡

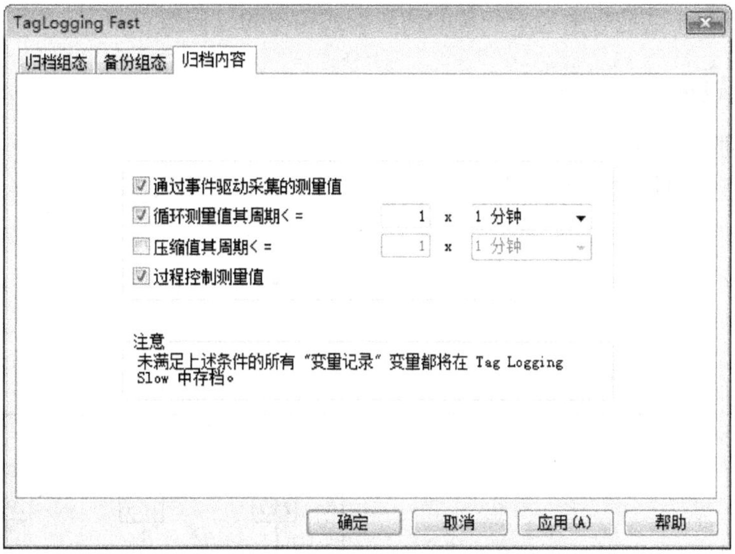

图 7-16 “归档内容”选项卡

“TagLogging Slow（慢速变量记录）”与快速变量记录类似。

7.2.5 计算归档数据库的尺寸

慢速归档时一条变量归档记录占用 32 字节的空间，每个变量以 2 分钟为归档周期，一周之内会产生 5040 条记录，若有 5000 个变量的归档，则单个数据片段的大小计算为

$$32\times5000\times5040=806400000\ \text{byte}$$

约等于 800MB 考虑到留出 20%的余量，设定单个数据片段为 1G。

所有数据归档期限是两个月，因此所有段的尺寸为单个片段尺寸乘以单个片段的个数，即：1GB×9＝9GB

快速归档时一条变量归档记录占用 3 字节的空间，每个变量以 2 秒钟为归档周期，一周之内会产生 302400 条记录，若有 50 个变量的归档，则单个数据片段的大小计算为：

$$3\times50\times302400=45360000\ \text{byte}$$

约等于 46MB，考虑到留出 20%的余量，设定单个数据片段为 60MB。

所有数据归档期限是两个月，因此所有段的尺寸为单个片段尺寸乘以单个片段的个数，即：60MB×9＝540MB

只有周期连续归档的数据才能定量的计算其占用的数据库尺寸，因此当对设定的时间期限计算并设置数据库尺寸大小时，需要考虑其他数据归档类型的数据，留出相应的余量。

7.3 输出变量记录

WinCC 的图形系统提供 4 个 ActiveX 控件用于显示过程值归档：WinCC Online Table Control 以表格的形式显示已归档的过程变量的历史值和当前值；WinCC Online Trend Control 以趋势的形式显示；WinCC BarChart Control 以条形图形式显示归档的过程值；WinCC FunctionTrendControl 以趋势中另一变量的函数形式输出的过程值。

7.3.1 趋势的显示

1．趋势的显示类型

WinCC 中有 4 种基本趋势类型可用于图形显示变量值，其示意如图 7-17 所示。

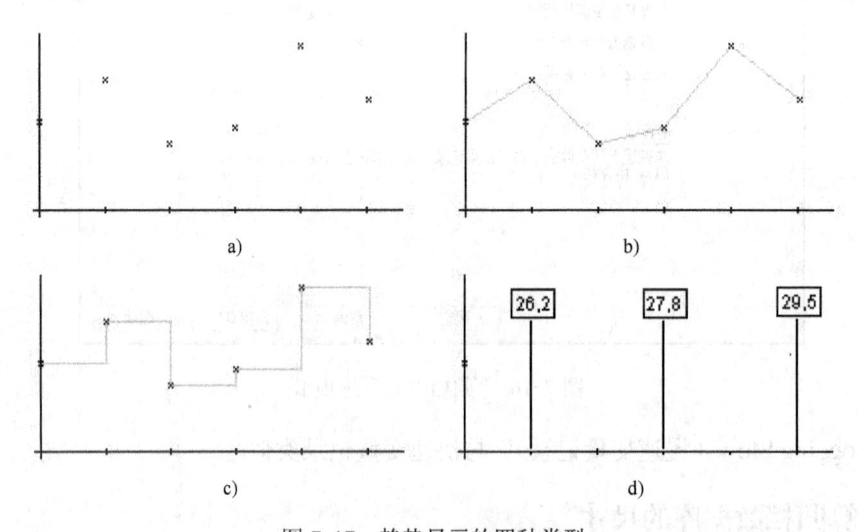

图 7-17 趋势显示的四种类型

a) 单个值 b) 线性插入 c) 步进趋势 d) 表示值

2．选用不同的坐标轴显示曲线的趋势

1）如果要在一个趋势窗口中显示多个趋势，可以选择为每个趋势使用单个坐标轴或选择为所有趋势使用公共 X/Y 轴。

如果要在变量窗口中显示的变量值差别很大，建议不要使用公共坐标轴显示趋势。使用不同的坐标刻度，读取变量值会更清晰、容易一些，如图 7-18 所示。

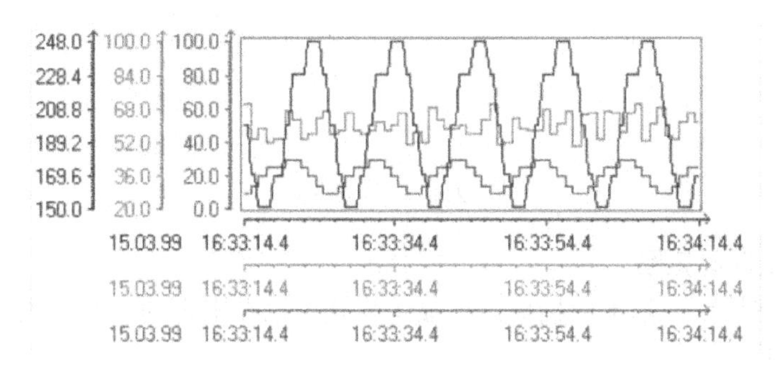

图 7-18　使用不同 Y 轴显示趋势

在运行系统中，通过放大或查询坐标轴也可确定较精确的变量值，如图 7-19 所示。

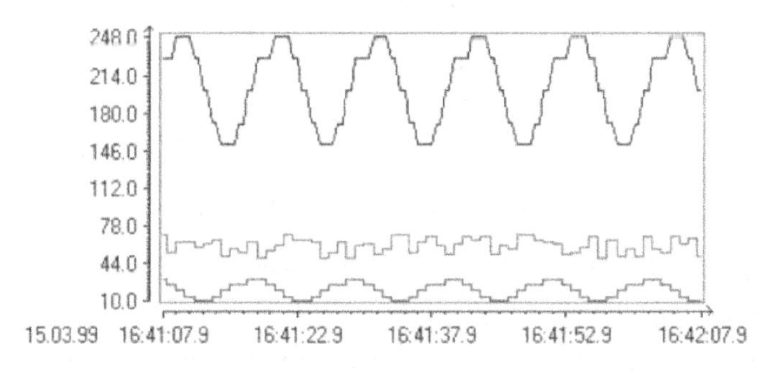

图 7-19　放大或查询坐标轴

2）对于范围差别较大的趋势值，可以选择交错趋势来显示。对于每个趋势，可以设置要显示的 Y 轴数值范围，如图 7-20 所示。

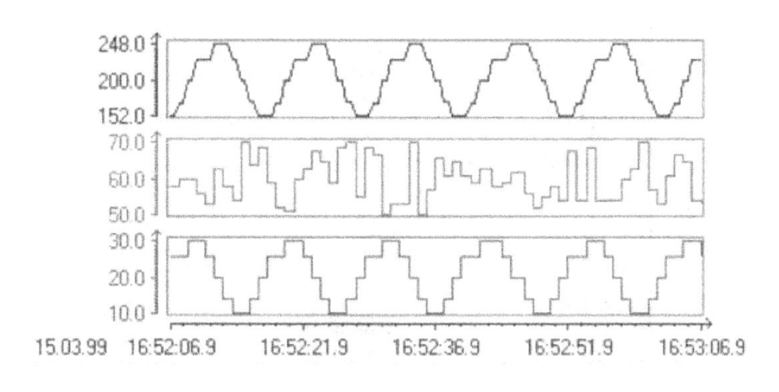

图 7-20　交错趋势显示方式

3）用“写方向”选项可以指定在哪里显示当前测量值。“从下”设置指定在趋势窗口的下边框显示当前测量值，如图 7-21 所示。

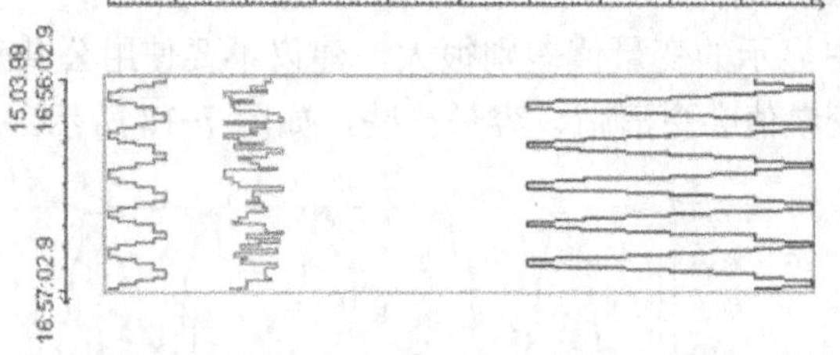

图 7-21 写方向功能

3．趋势显示的时间范围

1）趋势的静态显示：基于归档值，该显示形式可以在限定的时间间隔显示变量的变化过程，如图 7-22 所示。

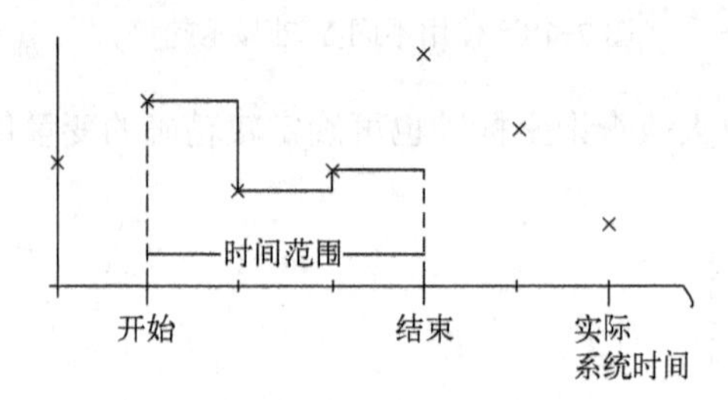

图 7-22 趋势的静态显示

为了组态静态显示类型，可以在属性对话框中“时间轴”栏中取消激活“刷新”选项。组态要显示的时间设置，可以通过以下方法进行，如图 7-23 所示。

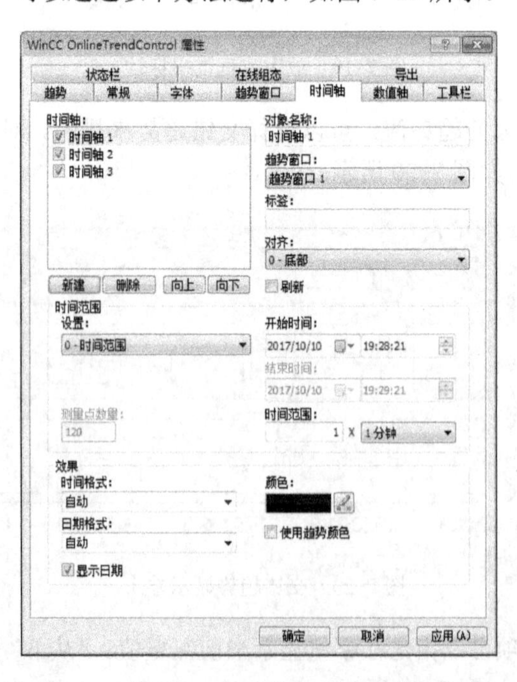

图 7-23 在属性对话框中组态静态显示类型

① 输入开始时间和时间范围。

② 输入开始时间和结束时间。

③ 输入开始时间和要显示的测量点的数目。

2）趋势的动态显示：趋势的结束时间总是对应于当前的系统时间，新到来的测量值将包括在显示内，如图 7-24 所示。

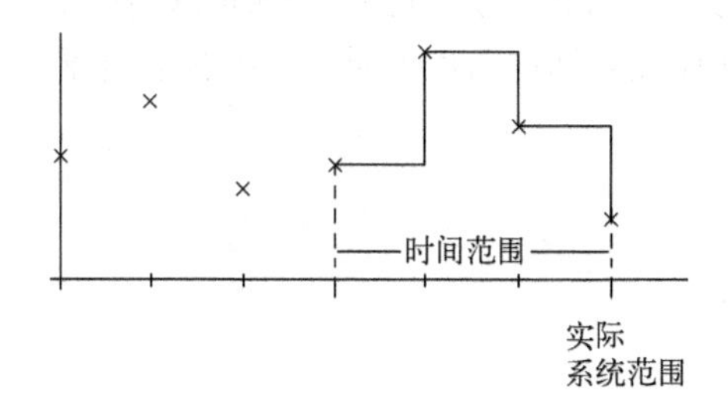

图 7-24　趋势的动态显示

为了组态动态显示类型，可以在属性对话框中激活“刷新”选项。组态要显示的时间设置，可以通过以下方法进行，如图 7-25 所示。

① 输入时间范围。

② 指定的开始和结束之间的时间差。

③ 输入要显示的测量点的数目。

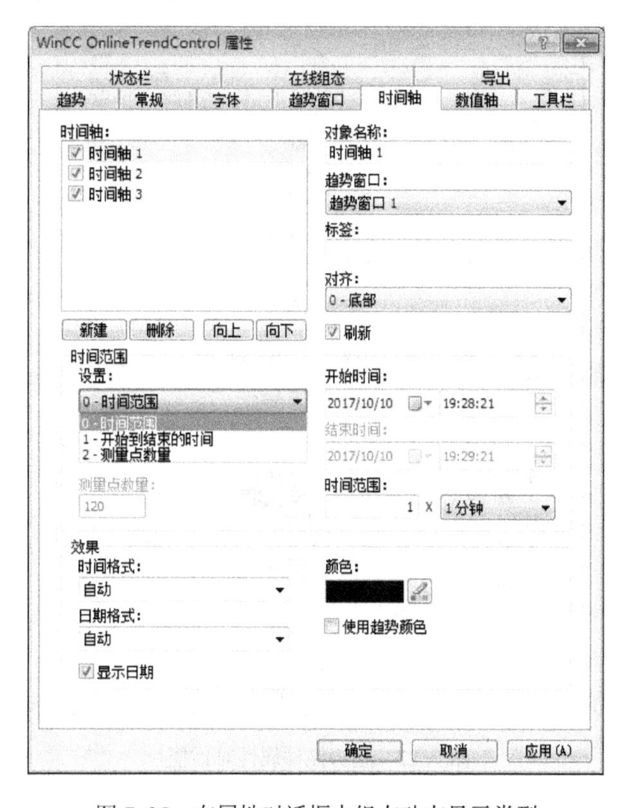

图 7-25　在属性对话框中组态动态显示类型

7.3.2 在画面中组态控件

下面以实例说明显示过程值归档的 ActiveX 控件的使用方法。

1. 创建趋势图

新建一个画面，在“控件”选项卡选择“WinCC Online Trend Control”控件将其拖动到编辑区至满意的尺寸后释放，如图 7-26 所示。此时，“WinCC 在线趋势控件的属性”对话框自动打开，如图 7-27 所示。关闭属性对话框后也可通过单击右键选择“组态对话框”来打开。

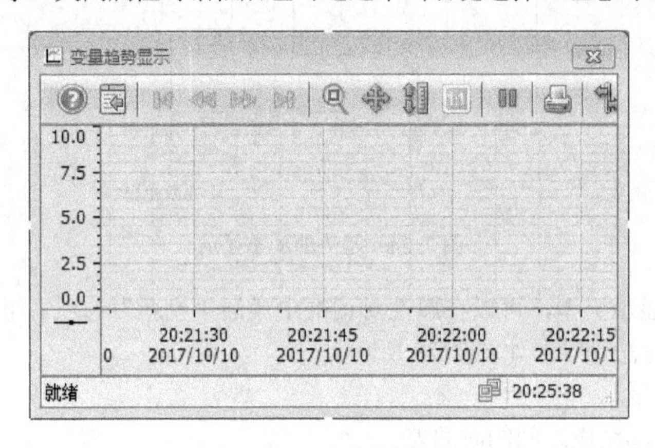

图 7-26　创建趋势图

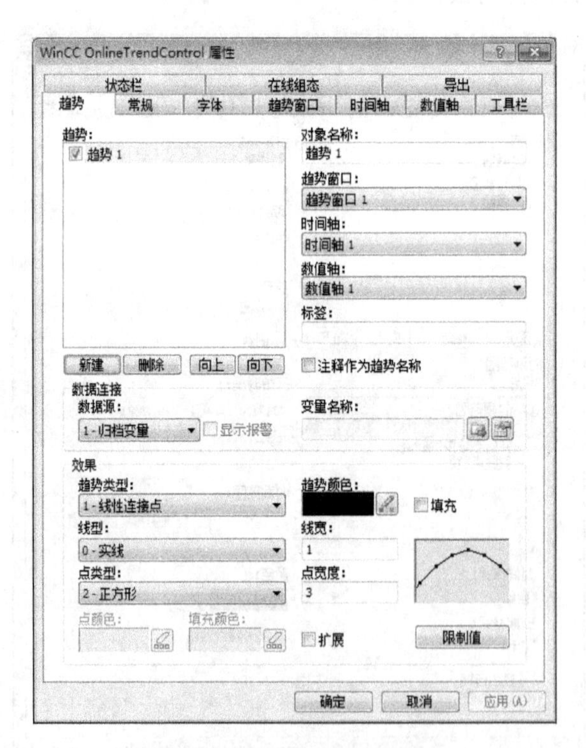

图 7-27　趋势控件属性对话框

在“趋势”选项卡中可以新建要显示的趋势，最好不要超过 8 个显示，并且为新建的趋势连接相应的归档变量。可以设置趋势以何种方式进行显示，包括单个值、线性插入、步进趋势、表示值。可以为“趋势”配置不同的趋势窗口、时间轴和数值轴。

“常规”选项卡中主要包括对趋势窗口显示的属性配置。“常规”选项卡如图 7-28 所示。

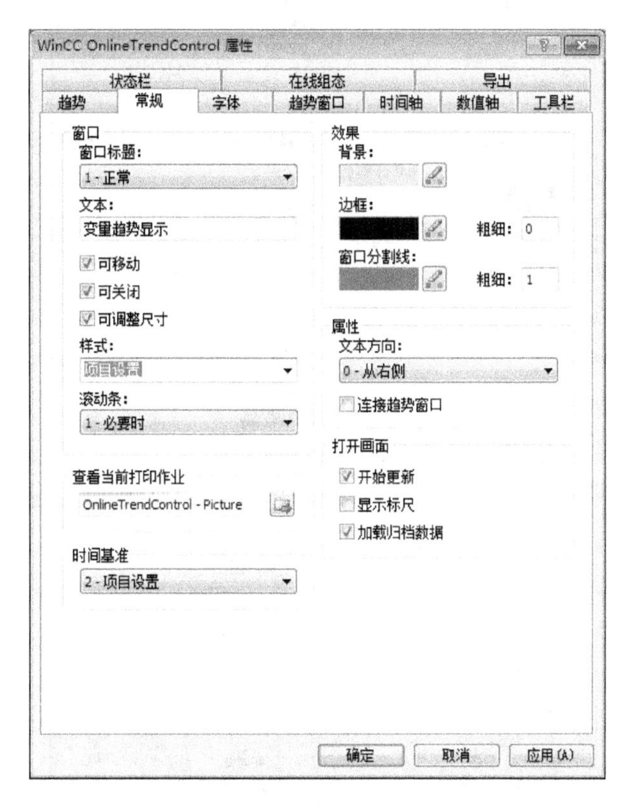

图 7-28 常规选项卡

在“窗口”栏可设置窗口的名称，窗口在动态显示时是否可以移动，窗口的显示样式，包括窗口的背景配置。“打印作业”：通过“选择”按钮打开选择打印作业的对话框。可以通过工具栏中的“打印记录”按钮打印当前显示的趋势。如果激活“显示标尺”选项，在运行系统中，每次发生画面改变时，在趋势窗口中将自动显示确定坐标值的标尺。“加载归档数据”指定画面打开时是否用归档值填充趋势窗口或是否仅显示当前值。

2. 设置趋势图

添加变量之后，需要对显示趋势的界面选择坐标轴及时间轴等参数。在“时间轴”选项卡下，将时间格式设置为 hh:mm:ss 格式，时间范围系数改为 10，如图 7-29 所示。

图 7-29 中，如果“刷新”选项激活，在“选择时间”下输入的条目被解释为趋势的动态显示的相对值。如果“刷新”选项未激活，在“选择时间”下输入的条目被解释为趋势的静态显示的绝对值。

“WinCC 在线趋势控件的属性”对话框的“字体”选项卡可以设置趋势中的字体、大小和效果等。

“WinCC 在线趋势控件的属性”对话框的“工具栏”选项卡可以设置工具栏在趋势窗口中的位置以及要显示的按钮等，如图 7-30 所示。

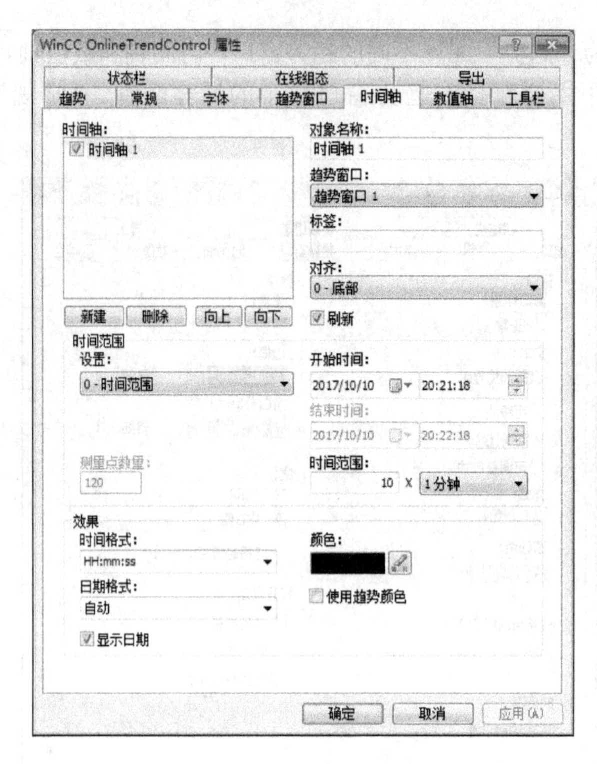

图 7-29 “时间轴”选项卡

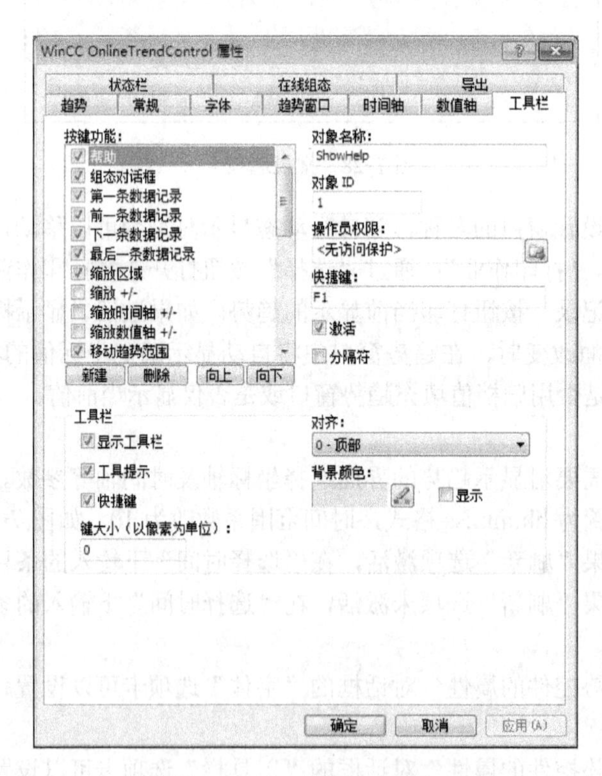

图 7-30 “工具栏”选项卡

“WinCC 在线趋势控件的属性”对话框的“数值轴”选项卡可以改变要显示的趋势的 Y 轴，如图 7-31 所示。“线性”处确定曲线的标定，包括：

① 线性：数值显示为 1 到 1。

② 对数：以 10 为底的对数显示。

③ 负对数：以 10 为底的负对数显示。负数数值可以作为替换数值在“对数”显示中显示。

在“值范围”栏取消选定“自动”可以自己设置 Y 轴的数值范围。“小数位”设置在刻度条目中输入多少个小数位。

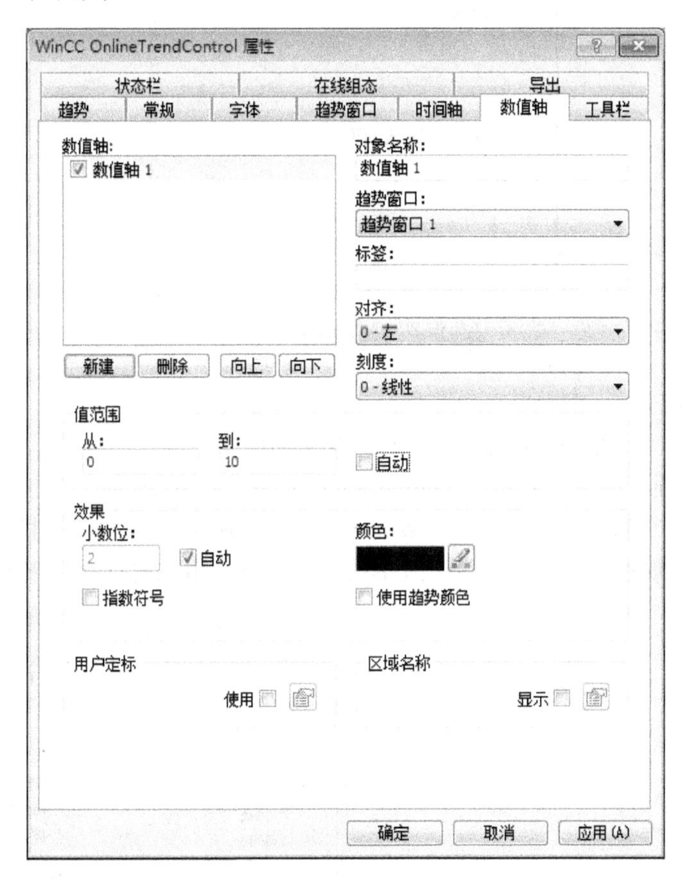

图 7-31 “数值轴”选项卡

“WinCC 在线趋势控件的属性”对话框的“限制值”选项卡可以对限制值超出、时间跳跃和时间重叠的彩色标记以及替换值进行设置，“限制值”在 V7.4 中在“趋势”选项卡中可以找到，如图 7-32 所示。

“下限值”设置显示小于指定下限值的趋势值的颜色。限制值以浮点数输入。所有小于指定限制值的测量值显示的颜色可以通过“颜色”按钮来选择，预览窗口显示用户选择的颜色。

“上限值”设置显示大于指定上限值的趋势值的颜色。限制值以浮点数输入。所有大于指定限制值的测量值显示的颜色可以通过“颜色”按钮来选择，预览窗口显示用户选择的颜色。

“状态不确定的值”：激活运行系统以后其初始值未知的数值，或为其使用了替换值的数值，有不确定的状态。单击“颜色”按钮，可以为这样的数值设置特别的颜色。

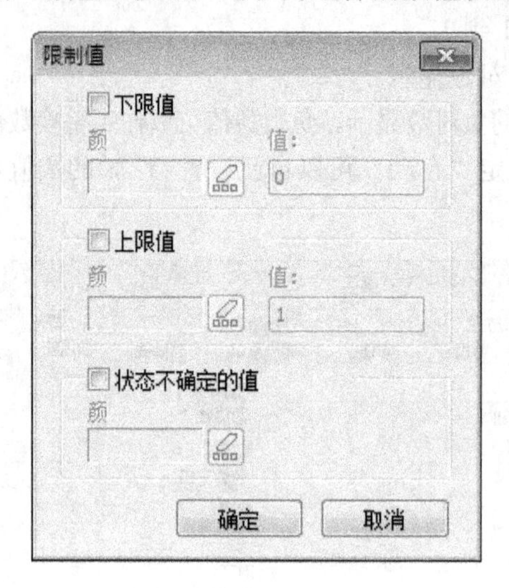

图 7-32 “限制值”选项卡

3. 建立表格窗口

WinCC 中也可以以表格的形式显示已归档变量的历史值。

在“控件”选项卡选择“WinCC Online Table Control”控件将其拖动到编辑区至满意的尺寸后释放，如图 7-33 所示。此时，“WinCC 在线表格控件的属性”对话框自动打开，如图 7-34 所示。关闭属性对话框后也可通过单击右键选择“组态对话框”来打开。

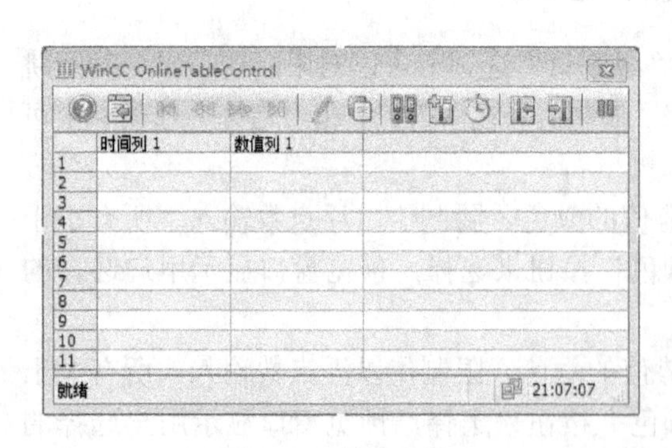

图 7-33 创建表格

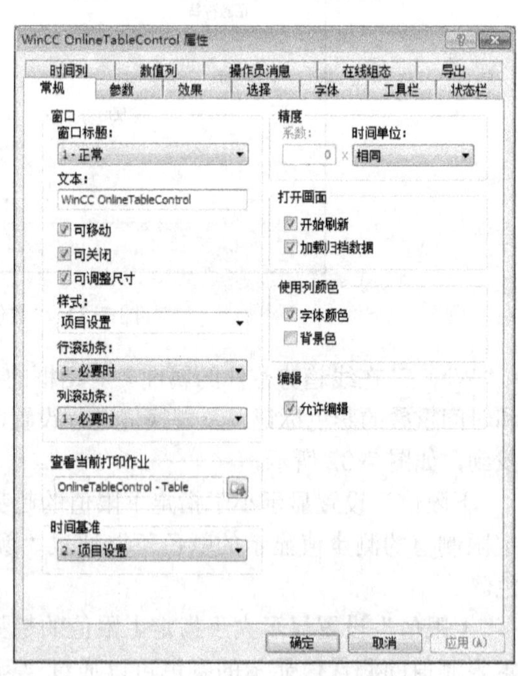

图 7-34 表格属性对话框

单击“数值列”选项卡，新建“数据列 2”，并把“数据列 1”和“数据列 2”分别改为“设置”和“温度”。在数据连接处为“设置”连接变量“set”，颜色选为红色。为“温度”连接变量“temp”，颜色选为蓝色。如图 7-35 所示。

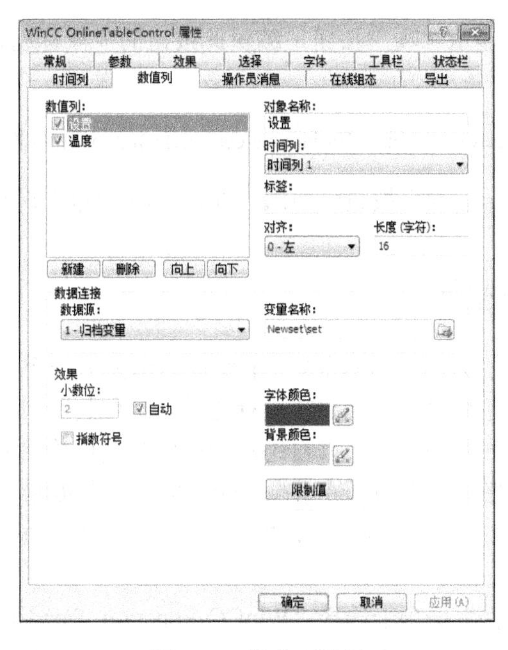

图 7-35　数值列设置

添加变量之后，需要对显示表格的界面选择参数。在“时间列”选项卡中将时间格式设置为 HH:mm:ss 格式，时间范围系数改为 10。这样就完成了简单的表格控件的组态。

棒图控件的组态可根据趋势和列表控件的组态方式进行设置。

7.3.3　运行项目

在 WinCC 项目管理器中，打开“计算机”属性对话框选择“启动”选项卡，勾选“变量记录运行系统”复选框。

运行项目，通过仿真器对内部变量 set 和 temp 进行随机模拟，运行效果如图 7-36 所示。可以利用工具栏按钮对趋势和表格进行各种操作。

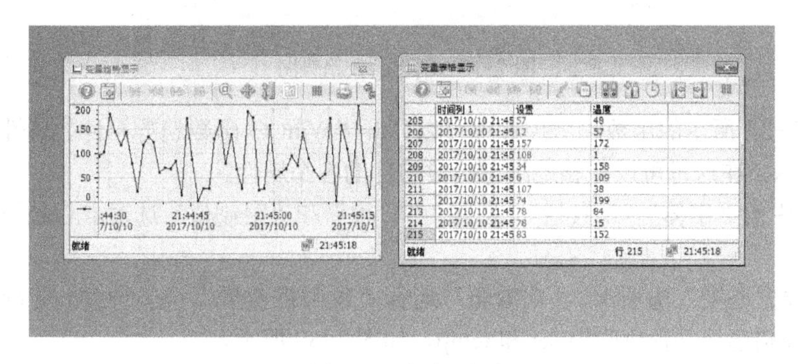

图 7-36　运行画面

7.3.4 添加按钮来控制趋势图

在画面中添加一些按钮，通过编程的方式，利用 WinCC 自带函数命令，可以使按钮直接控制趋势图。

例如在画面中添加“显示选项”按钮，编辑此按钮的“鼠标动作”事件的 C 动作代码如下：

```
TlgTrendWindowPressOpenArchiveVariableSelectionDlgButton("变量趋势显示");
```

则在运行时单击“显示选项”按钮将弹出“选择归档/变量”对话框。

7.4 使用函数趋势控件

WinCC 中的“函数趋势控件”可以将一个变量显示为另一个变量的函数，如温度可显示为压力的函数。此外，趋势可与目标趋势进行比较。这些趋势可使用在线变量、来自过程值归档的变量或来自用户归档的数据。来自用户归档的数据用作目标趋势。在运行期间，趋势的显示通过在图形编辑器画面中插入并组态 ActiveX 控件来实现。

下面通过一个实例说明函数趋势控件的使用，即将前面的内部变量 temp 作为 set 的函数。

在“对象选项板→控件”选项卡选择“WinCC Function Trend Control”控件，将其拖动到编辑区至满意的尺寸后释放，如图 7-37 所示。此时，“WinCC 函数趋势控件的属性”对话框自动打开，如图 7-38 所示。

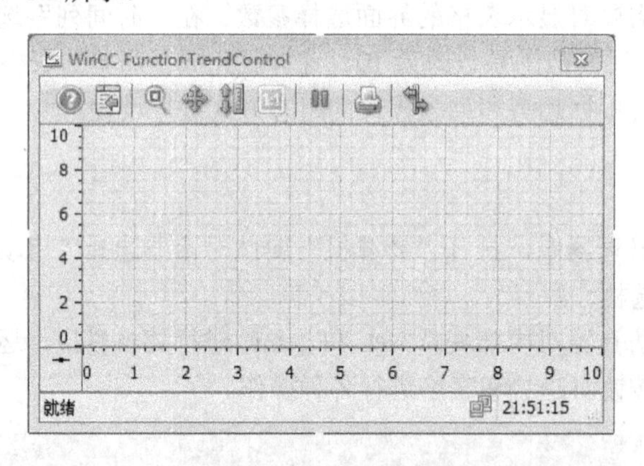

图 7-37 创建函数趋势图

双击图 7-37 所示的函数趋势控件也可以打开“WinCC 函数趋势控件的属性”对话框，如图 7-38 所示。在这里可以完整地组态函数控件的各个属性。

图 7-38 中的“字体”“工具栏”“X 轴”“Y 轴”和“限制值”选项卡与趋势类似，此处不做介绍。

单击“数据连接”选项卡，“数据源”选择“1-归档变量”，在“归档/变量选择”项中 X 轴和 Y 轴分别选择过程值归档 set 和 temp，如图 7-39 所示。

单击“确定”按钮，完成函数趋势控件的组态。

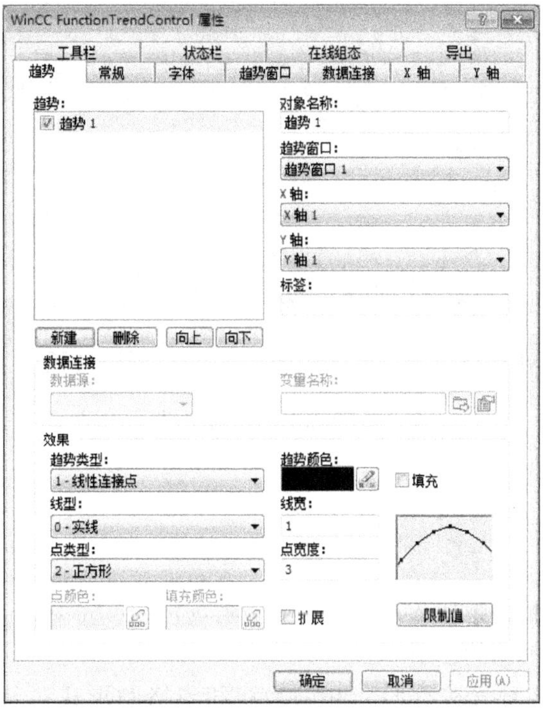

WinCC FunctionTrendControl 属性

工具栏 | 状态栏 | 在线组态 | 导出

趋势 | 常规 | 字体 | 趋势窗口 | 数据连接 | X 轴 | Y 轴

趋势：

☑ 趋势 1

对象名称：
趋势 1

趋势窗口：
趋势窗口 1

X 轴：
X 轴 1

Y 轴：
Y 轴 1

标签：

新建　删除　向上　向下

数据连接

数据源：

变量名称：

效果

趋势类型：
1 - 线性连接点

趋势颜色：

☐ 填充

线型：
0 - 实线

线宽：
1

点类型：
2 - 正方形

点宽度：
3

点颜色：　填充颜色：

☐ 扩展

限制值

确定　取消　应用 (A)

图 7-38　函数趋势属性对话框

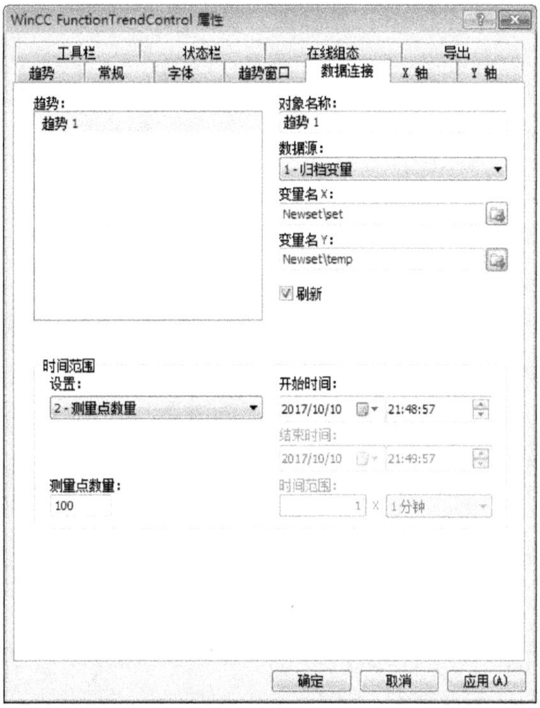

WinCC FunctionTrendControl 属性

工具栏 | 状态栏 | 在线组态 | 导出

趋势 | 常规 | 字体 | 趋势窗口 | 数据连接 | X 轴 | Y 轴

趋势：

趋势 1

对象名称：
趋势 1

数据源：
1 - 归档变量

变量名 X：
Newset\set

变量名 Y：
Newset\temp

☑ 刷新

时间范围

设置：
2 - 测量点数量

开始时间：
2017/10/10　21:48:57

结束时间：
2017/10/10　21:49:57

测量点数量：
100

时间范围：
1 x 1 分钟

确定　取消　应用 (A)

图 7-39 “数据连接”选项卡

运行项目，利用仿真器模拟 set 和 temp 皆为正弦信号，观察效果如图 7-40 所示。

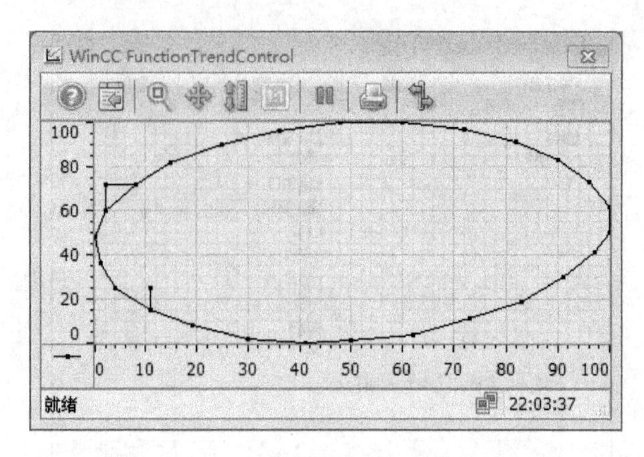

图 7-40　运行效果

7.5　习题

1. 说说变量记录的目的是什么？

2. 熟悉变量记录编辑器的使用。

3. 新建一个变量，对其进行归档并以趋势和表格的形式对其当前值、历史值进行显示。

第8章 报 表 系 统

报表用于归档过程数据和完整的生产周期，可报告消息和数据，以创建班次报表、输出批量数据，或者对生产制造过程进行归档以用于验收测试等。

报表编辑器是 WinCC 基本软件包的一个组成部分，提供了报表的创建和输出功能。创建是指创建报表布局；输出是指打印输出报表。在打印作业中可找到时序表、输出介质和输出定义的范围。

WinCC 允许输出项目文档报表和运行系统数据报表。其中，项目文档报表输出 WinCC 项目的组态数据，项目文档包括 WinCC 项目管理器、图形编辑器、报警记录、变量记录、全局脚本、文本库、用户管理器、用户归档、时间同步等。

运行系统数据报表可在运行期间输出过程数据。报表系统可对表 8-1 所示的运行记录文档数据进行输出。

表 8-1　报表系统可记录的数据文档类型

记录系统	日志对象
报警记录系统	消息顺序报表
	消息报表
	归档报表
变量记录系统	变量记录表格
	变量趋势
用户归档运行系统	用户归档表
CSV 文件	CSV 数据源表
	CSV 数据趋势
通过 ODBC 记录数据	ODBC 数据库域
	ODBC 数据库表
自身 COM 服务器	COM 服务器
硬拷贝输出	硬拷贝

各种报表的结构和组态几乎是一样的，不同的是报表的布局、打印输出、启动过程中数据及与动态对象的链接。

报表可以含有运行数据和组态数据，并分为运行报表和组态报表。组态报表由存在项目数据库表中的数据组成，这些数据对应各编辑器包括管理器中的组态设置。项目数据库可在项目文件夹中找到，其文件名为“项目名.db”。这个只读文件不能删除或重命名。一个新项目的所有组态报表都已事先组态好，并能在各编辑器的组态方式下的“文件”菜单中进行打印。运行报表由项目运行数据库表组成，它包括报警和变量存档档案库。运行数据库可在项目文件夹中找到，其文件名为“项目名 RT.db”。运行报表只有在生成报表的编辑器数据处于运行状态时才能打印。报警存档报表通常从报警窗口工具条上打印，而变量记录数据库通常直接从打印作业上打印。这些报表的打印也可以在打印作业中按时间表进行，使打印过程自动化。

8.1 组态布局

创建报表时根据报表的布局和数据内容来区分，可以使用页面布局和行布局两个编辑器。在页面布局中，报表编辑器为可视化结构提供静态、动态和系统对象。

每个新项目有若干个（不同版本有差异）已组态好的布局可供选择，可以在报表编辑区中打开进行编辑修改。用户也可以通过报表编辑器生成自己的布局。

8.1.1 页面布局编辑器

页面布局编辑器作为报表编辑器的组件，用于创建和动态化报表输出的页面布局。页面布局编辑器仅能用于在 WinCC 项目管理器中打开的当前项目，所保存的布局作为该项目基准。

WinCC 项目管理器中，选中浏览树中的“报表编辑器”，则其下出现两个子目录：布局和打印作业。右键单击“布局”选择“打开页面布局编辑器” 或双击打开页面布局编辑器，如图 8-1 所示。

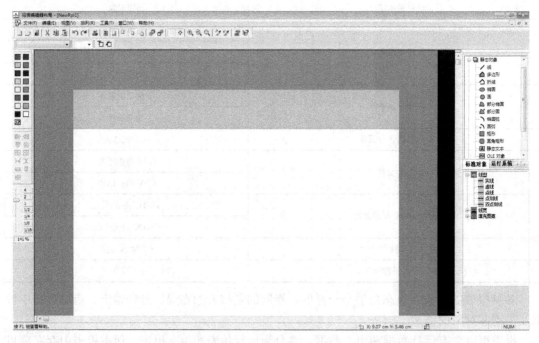

图 8-1　页面布局编辑器

页面布局编辑器是根据 Windows 标准构建的。它具有工作区、工具栏、菜单栏、状态栏和各种不同的选项板。当打开页面布局编辑器时，将出现带默认设置的工作环境；可根据个人习惯移动、排列选项板和工具栏，也可以选择隐藏或显示它们。

页面布局编辑器包括以下组成部分：

（1）工作区

页面的可打印区将显示为灰色区，而页体部分将显示为白色区。工作区中的每个画面都代表一个布局，并将保存为独立的 rpl 文件。布局可按照 Windows 标准进行扩大和缩小。

（2）菜单栏

菜单栏始终可见。不同菜单上的功能是否激活，取决于状况。

（3）工具栏

工具栏包含一些特别重要的菜单命令按钮，以便快速、方便地使用页面布局编辑器。

（4）状态栏

状态栏位于屏幕的下边沿，它包含有提示、高亮显示对象的位置以及键盘设置等。

（5）字体选项板

字体选项板用于改变文本对象的字体、大小和颜色以及标准对象的线条颜色。

（6）样式选项板

样式选项板用于改变所选对象的外观。根据对象的不同，可改变线段类型、线条粗细或填充图案。

（7）对齐选项板

对齐选项板用于改变一个或多个对象的绝对位置以及改变所选对象之间的相对位置，并可对多个对象的高度和宽度进行标准化。

（8）缩放选项板

缩放选项板提供了用于放大或缩小活动布局中对象的两个选项：使用带有默认缩放因子的按钮或使用滚动条。

（9）调色板

调色板用于选择对象颜色。除了 16 种标准颜色之外，还可定义自己的颜色。

（10）对象选项板

对象选项板包含标准对象、运行系统文档对象、COM 服务器对象以及项目文档对象，均可用于构建布局。

标准对象由静态对象、动态对象和系统对象组成。其中，静态对象用于构建可视化页面布局。页面布局的静态和动态部分中都可插入静态对象。

动态对象可与具有当前对象有效数据格式的数据源相连接，该数据可按 WinCC 布局输出，如表 8-2 所示。只能将动态对象插入到页面布局的动态部分中。

表 8-2　动态对象

图标	对　象	描　述
	嵌入布局	项目文档的布局可与“所嵌入的布局”动态对象嵌套。对象只用于 WinCC 已建布局中的项目文档
	硬拷贝	使用“硬拷贝”对象类型，可将当前屏幕和内容的画面或其所定义部分输出到日志中，也可输出当前所选择的画面窗口
	变量	输出具有“变量”对象类型的运行系统中的变量值，只有在项目被激活时才能输出变量值；在运行系统中也可调用脚本进行输出

系统对象用作系统时间、当前页码以及项目和布局名称的占位符，如表 8-3 所示。系统

对象只能插入到页面布局的静态部分中。

表 8-3 系统对象

图 标	对 象	描 述
	日期/时间	使用“日期/时间”系统对象将输出的日期和时间占位符插入到页面布局中。在打印期间，系统日期和时间均由计算机进行添加
	页码	使用“页码”系统对象可以将报表或日志当前页码的占位符插入布局
	项目名称	使用“项目名称”系统对象可以将项目名称占位符插入页面布局
	布局名称	使用“布局名称”系统对象可以将布局名称占位符插入页面布局

运行系统文档中的对象包括报警记录 RT、运行系统用户归档、CSV 数据源等，如表 8-4 所示。运行系统文档对象用于输出运行系统数据的日志，所提供的对象均已经与当前数据源相链接。输出选项可使用“对象属性”对话框进行组态，日志的数据可在输出时从已链接的数据源中提取。此外，只能将运行系统文档对象插入页面布局的动态部分中。

表 8-4 运行系统文档对象

对 象	描 述
归档报表	“归档报表”对象连接到消息系统，并将保存在消息归档中的消息输出到表格中
消息报表	“消息报表”对象连接到消息系统，并将消息列表中的当前消息输出到表格中
用户归档-运行系统表	“用户归档-运行系统表”对象连接到用户归档，并将用户归档和视图中的运行系统数据输出到表格中
CSV 供应商表格	可将“CSV 数据源表格”对象链接到 CSV 文件，文件中所包含的数据均输出到表格中，数据必须具有预先定义的结构
CSV 供应商趋势	可将“CSV 数据源趋势”对象链接到 CSV 文件，文件中所包含的数据均可输出到曲线中，数据必须具有预先定义的结构
变量表格	“变量表格”对象连接到变量记录运行系统，并将变量记录中所用变量的内容输出到表中，所有使用变量归档的过程值在相应时间周期内均将输出
趋势	“趋势”对象连接到变量记录运行系统中，并将变量记录中所用变量的内容输出到曲线，所有使用变量归档的过程值在相应时间周期内均将输出

为了使用 COM 服务器对象，必须将 COM 服务器项目器集成到 WinCC 中。采用这种方式，可以将用户指定的数据集成到 WinCC 日志中。COM 服务器对象的形式和属性均由 COM 服务器记录器确定。使用 COM 服务器记录器传递 COM 服务器对象的描述，用于选择输出数据的选项均由当前 COM 服务器对象确定。只能将 COM 服务器对象插入页面布局的动态部分中。

项目文档对象包括图形编辑器中的动作、报警记录 CS、全局脚本等。项目文档对象可用于所组态数据的报表输出。只能将项目文档对象插入页面布局的动态部分。

项目文档对象将与 WinCC 组件严格连接，对象类型是固定的。根据要输出的组态数据的类型和大小，使用“静态文本”“动态图元文件”或“动态表”对象类型。

对于某些使用了“动态图元文件”和“动态表格”对象类型的对象，可改变用于输出的组态数据的选择。

通过菜单“工具→设置”打开“设置”对话框，如图 8-2 所示，可进行一些基本设置来调整页面布局编辑器的外观和特性，以满足用户的需要。这些设置均可保存，并将保留到再次打开页面布局编辑器。

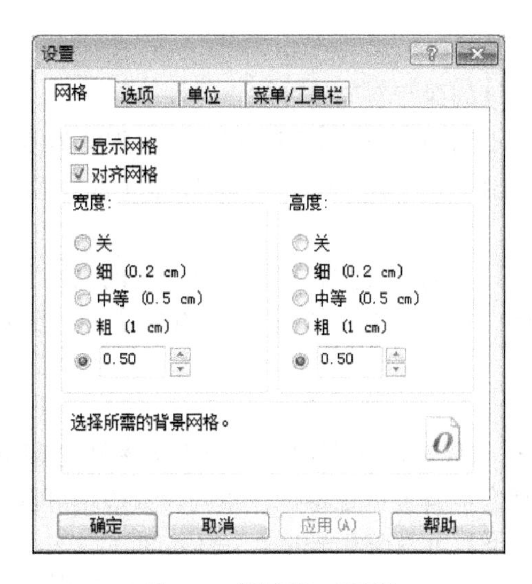

图 8-2 “设置”对话框

8.1.2 行布局编辑器

行布局编辑器是一个由 WinCC 提供的编辑器，它允许创建行布局并使之动态化，以用于消息顺序报表的输出。行布局编辑器作为 WinCC 的一部分，仅可用于编辑属于 WinCC 中打开项目的行布局。

每个行布局包含一个连接到 WinCC 消息系统的动态表。附加的对象不能添加到行布局。可在页眉和页脚中输入文本。

打开 WinCC 项目管理器，选中浏览树中的“报表编辑器”，则其下出现两个子目录：布局和打印作业。右键单击“布局”选择“打开行布局编辑器” 或双击打开行布局编辑器，如图 8-3 所示。

行布局编辑器具有工具栏、菜单栏、状态栏以及用于编辑行布局的各种不同区域。打开时，行布局编辑器以默认设置显示。

行布局编辑器包括以下组成部分：

（1）菜单栏

菜单栏始终可见。 不同菜单上的功能是否激活，取决于状况。

（2）工具栏

工具栏上有不同的按钮，可以快速激活菜单命令功能。行布局编辑器中的工具栏始终激活，不能将其隐藏。

（3）状态栏

状态栏包含了有关工具栏按钮、菜单命令以及键盘设置的提示。

（4）页眉区域

页眉区域允许输入文本以创建行布局的页眉。

（5）表格区域

可以为每个行布局定义用于输出报表和测量值的表格。列的数目和内容单击“选择”按钮进行定义。列数可以在 1～40 之间，这依赖于所选择的消息块的数量。

（6）页脚区域

页脚区域用于输入文本以创建行布局的页脚。

可以为每个行布局定义不同的页眉和页脚。页眉和页脚数为 0～10 之间，可以在其中输入任何文本。可以输出与所设置的行数一样多的页眉，但页眉和页脚并不是一定要输出。

（7）页面大小区域

页面大小区域用于设置行布局的行数和列数。行布局的页面大小可以在以下限制范围内设置：行数可以在 1～400 之间；列数可以在 20～400 之间。列数的数值定义为每行的字符数。

（8）页边距区域

页边距区域用于设置行布局输出的页边距。由于大多数打印机不能一直打印到页面边缘，因此必须在行布局中相应地设置页边距。行布局的页边距可以在以下限制范围内设置：页边距数值（左、右、上、下）可以在 0～30 个字符之间。

单击图 8-3“时间基准”按钮可以在表格区域中改变时间基准。通过改变时间设置的基准，可以将在报表数据的时间标志中指定的时间转换成不同的时间基准。时间设置仅为报表中输出而转换，不会写回到报警记录。例如，如果想在另一个时区输出远程计算机的数据，就可以使用此功能以确保数据以可比较的时间被输出。如果在这种情况下两台计算机正使用“当地时间”时间基准工作，则在两台计算机上接收到的报表会有不同的时间。

如果改变输出的时间基准，则确保在报表中也输出时间参考。

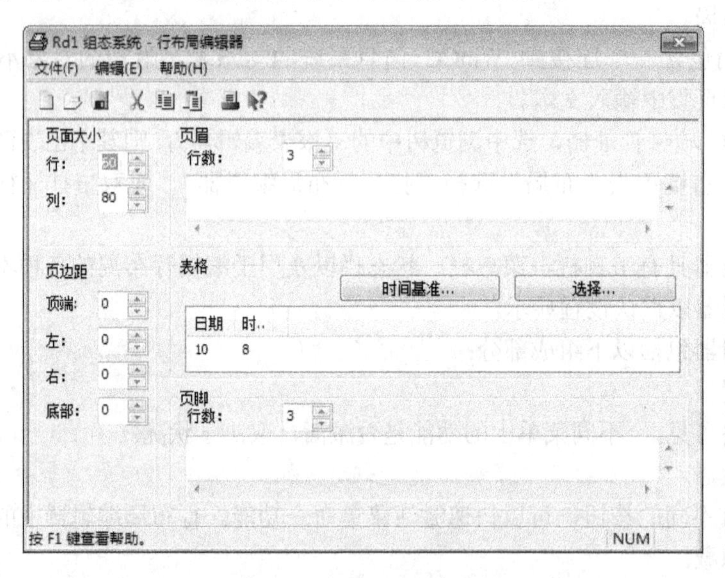

图 8-3 行布局编辑器

8.2 组态打印作业

WinCC 中的打印作业对于项目和运行系统文档的输出非常重要。在布局中组态输出外观和数据源，在打印作业中组态输出介质、打印数量、开始打印的时间和其他输出参数。

每个新项目有若干个（不同版本有差异）已组态好的打印作业可以使用。用户也可以通过报表编辑器生成自己的打印作业。

每个布局必须与打印作业相关联，以便进行输出。WinCC 中提供了各种不同的打印作业，用于项目文档。这些系统打印作业均已经与相应的 WinCC 应用程序相关联，既不能将其删除，也不能重新命名。

可在 WinCC 项目管理器中创建新的打印作业，以便输出新的页面布局。

WinCC 为输出行布局提供了特殊的打印作业。行布局只能使用该打印作业输出，而不能为行布局创建新的打印作业。

WinCC 项目管理器中，在浏览窗口 中选中“报表编辑器”，则其下出现两个子目录：布局和打印作业。右键单击“打印作业”选择“新建打印作业”，则在屏幕右侧表格区自动建立一个名称为打印作业 001 的打印作业，双击打开“打印作业属性”对话框，如图 8-4 所示，它包括了三个选项卡。

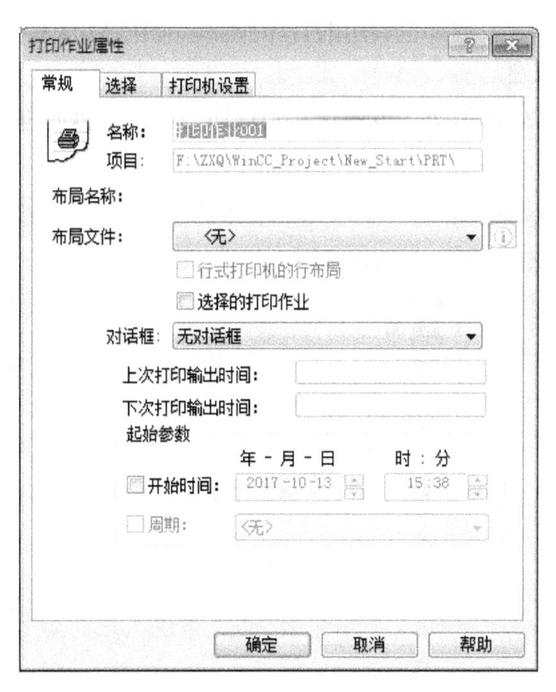

图 8-4 “打印作业属性”对话框

“常规”选项卡中，打印作业的名称将显示在“名称：”区域中，可在此重命名打印作业，WinCC 自带的系统打印作业不能重命名，因为它们与 WinCC 的不同应用程序直接相关联。

通过“布局：”列表框选择期望的输出布局。在“@报表报警记录 RT 消息序列”打印作业中只能选择行布局。只有在该作业中，才能选择“行式打印机布局”选项的复选框。如果选择复选框，则消息顺序报表将输出到本地行式打印机。如果没有选择该复选框，则消息顺序报表将按页面格式输出到可选打印机。

所提供的系统打印作业以及在其中设置的布局均可用于项目文档的输出。因此，系统打印作业应不与其他布局相关联。否则，项目文档将不再正确运行。

“打印作业列表标记”：图形编辑器包括一个属于打印作业列表的应用程序窗口。如果WinCC 画面中集成了该打印作业列表，则可显示打印作业，用于在运行期间进行记录，并启动输出。在打印作业列表中，可对打印作业的显示进行设置。可选择下列视图：所有打印作业，仅系统打印作业，仅用户自定义打印作业和具有所选“标记打印作业列表”选项的打印作业。“标记打印作业列表”选项允许在运行期间将所需的打印作业选择放在一起。

为了使运行系统文档更灵活，许多记录参数都已经进行了动态化，这将允许在运行期间改变记录输出。从“对话框：”列表中选择“组态对话框”选项。当运行期间调用打印作业时，可修改输出参数。该对话框也将允许选择或改变用于输出的打印机。为在页面布局中输出日志，可在运行期间改变用于输出的打印机。为此，可在“对话框：”列表中选择“打印机设置”选项。当运行期间调用打印作业时，将调用用于选择打印机的对话框。

在“启动参数”区中，可设置启动时间和输出周期。该设置主要用于定期输出运行系统文档中的日志（例如，换班报表）。项目文档不需要启动参数，因为项目文档不是周期性输出。对于已组态了启动参数或周期性调用的打印作业，可在 WinCC 项目管理器中根据打印作业列表的不同符号来识别。

“选择”选项卡如图 8-5 所示，可以指定要打印的数量，页面范围的选择或将要输出的数据的时间范围。

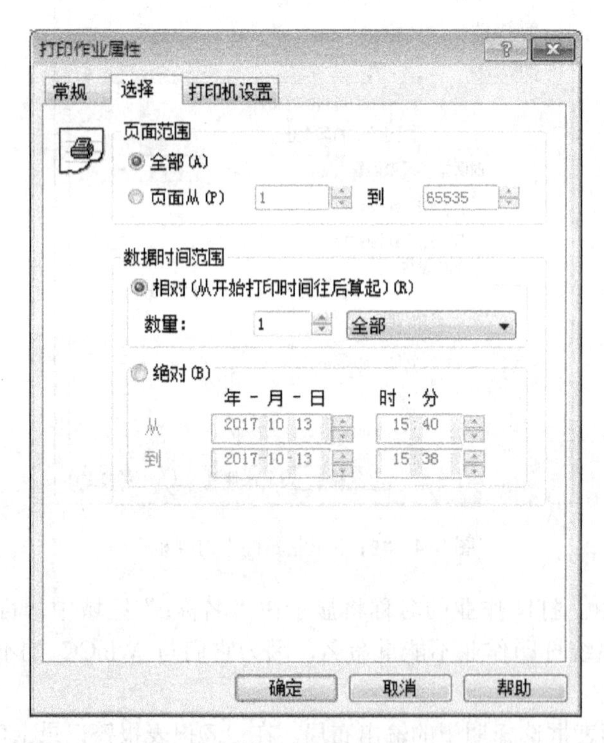

图 8-5 “选择”选项卡

图 8-5 中，在“页面范围”项中可指定输出时将要打印多少，既可输出单个页面，也可输出页面范围或所有的页面。

“数据时间范围”：可使用“相对”选项来指定用于输出的相对时间范围（从打印启动时间开始）。下列时间间隔都可用于相对时间范围：所有、年、月、星期、日和时。“绝对”选项将允许为输出的数据指定绝对的时间范围。

注意：如果在打印作业的布局中组态了时间范围，则该设置将比打印作业设置的优先级高。时间范围的选择只与报警记录和变量记录中的运行系统文档有关。如果为输出数据的选择设置了过滤标准，则除了“打印作业属性”对话框中的设置以外，这些过滤标准均应予以考虑。例外：如果使用了“DATETIME”过滤标准，则忽略打印作业中的时间范围设置。如果通过报警控件中的按钮启动了“@ReportAlarmLoggingRT”打印作业，则将忽略布局和打印作业的设置，因为输出数据的选择是从报警控件传送过来的。

“打印机设置”选项卡如图 8-6 所示，可以指定用于输出的一台或多台打印机。使用“打印机优先级”区域中的列表可指定打印机的使用次序，也可在此处指定打印缓冲区的设置以及输出到文件的设置。

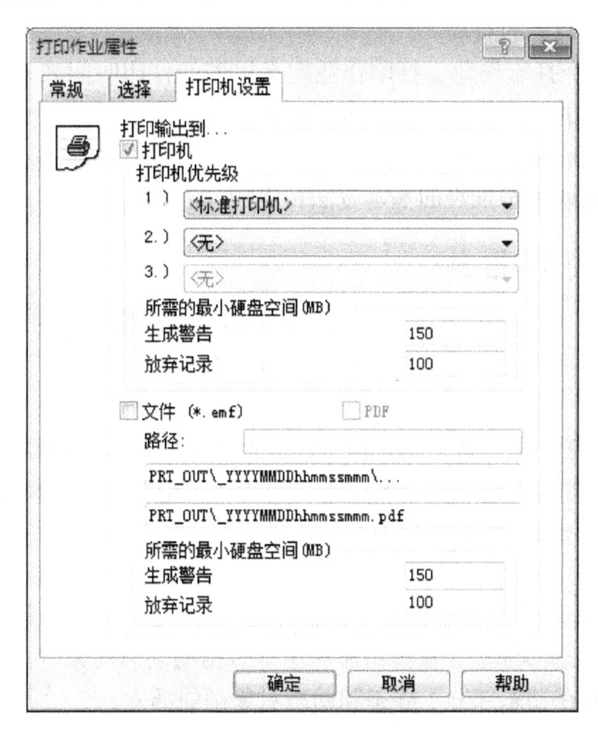

图 8-6 “打印机设置”选项卡

图 8-6“打印机设置”选项卡指定用于输出的打印机将按其优先级次序排列。报表和日志均输出到“1.)”所设置的打印机，如果该打印机出现故障，则将自动输出到“2.)”所设置的打印机。对于第三台打印机也采用相同的操作步骤。如果查找不到可以运行的任何打印机，则打印数据将保存到硬盘上的某个文件中。这些文件均存储在项目目录的“PRT_OUT”文件夹中。一旦打印机发生故障，操作系统将输出一条出错消息。此时，可以有下列选择：

（1）忽略出错消息（建议使用）

当打印机再次可用时，自动打印未决的消息（打印作业仍然位于假脱机程序中）。

（2）重复

如果按下“重复”按钮，那么操作系统将尝试重新输出仍然位于假脱机程序中的打印作业。只有在打印机再次准备就绪时才值得这样操作。

（3）取消

如果按下“取消”按钮，将删除引起出错的打印作业，打印数据也因而丢失。

8.3　组态报表

在 WinCC 中生成和打印报表是个简单的过程。在每个 WinCC 项目生成的默认布局和打印作业，通常可以满足大多数报表的需要，一般不需要用户设计布局。如果希望生成一个新的报表或修改一个已有的报表，基本步骤如下：

1）在布局编辑器生成或修改报表布局。如果使用系统已有布局，则此步可以省略。可以修改已有布局或者生成新的布局。

2）生成或修改一个打印作业。打印作业定义报表的打印时间表、范围和打印机的选择等。如果用户使用已有的打印作业，则此步可以省略。

3）组态报表，激活“报表运行系统”。

下面以几个例子说明组态报表的基本方法和步骤。

8.3.1　组态报警消息顺序报表

在进行组态之前，确保已经组态好了报警记录和显示报警记录的画面（如 alarm.pdl），画面中已经组态了显示报警记录的控件 WinCC Alarm Control。

1. 创建页面布局

打开 WinCC 项目管理器，选中浏览树下的“报表编辑器”，右键单击“布局”选择“打开页面布局编辑器”，将自动建立一个名称为 NewRPL1.RPL 的布局，存储文件时将文件另存为并修改名称为 MessageSequenceReport.rpl。

2. 编辑页面布局

页面布局包括静态部分和动态部分。静态部分可以组态页眉和页脚来输出诸如公司名称、页码和时间等。动态部分包含输出组态和运行数据的动态对象。在静态部分只能插入静态对象和系统对象；而在动态部分，静态和动态对象都能插入。

在 WinCC 项目管理器中，双击页面布局 MessageSequenceReport.rpl 打开。

单击工具栏的□、□和□图标，将分别选择当前布局的“封面”“报表内容”和“最后一页”，这也是通常报表的几个组成部分。

单击工具栏□图标，让当前的页面布局显示其静态部分；单击工具栏□图标，让当前的页面布局显示其动态部分。要插入报表消息报表，只能选择“动态部分”。

从对象选项板的“运行系统”选项卡中的“报警记录”中选择“消息报表”，在页面布局的动态部分，把对象拖放到合适的尺寸，如图 8-7 所示。

双击“消息报表”对象，打开“对象属性”对话框，选择“连接”选项卡，如图 8-8 所示。

双击图 8-8 的“选择”项或选中“选择”项单击“编辑”按钮，打开图 8-9 所示的“报警记录运行系统：报表-表格列选择”对话框，将“存在的块”栏中的需要在消息报表中打印的消息块选中单击 -> 按钮移至“报表的列顺序”栏中；选择消息块“编号”，单击“属性”按钮，打开消息块的属性对话框，在“数字位数”文本框中输入 9。在消息块“错误点”中进行同样的操作，在“长度”文本框中输入值 20，单击“确定”按钮完成组态。

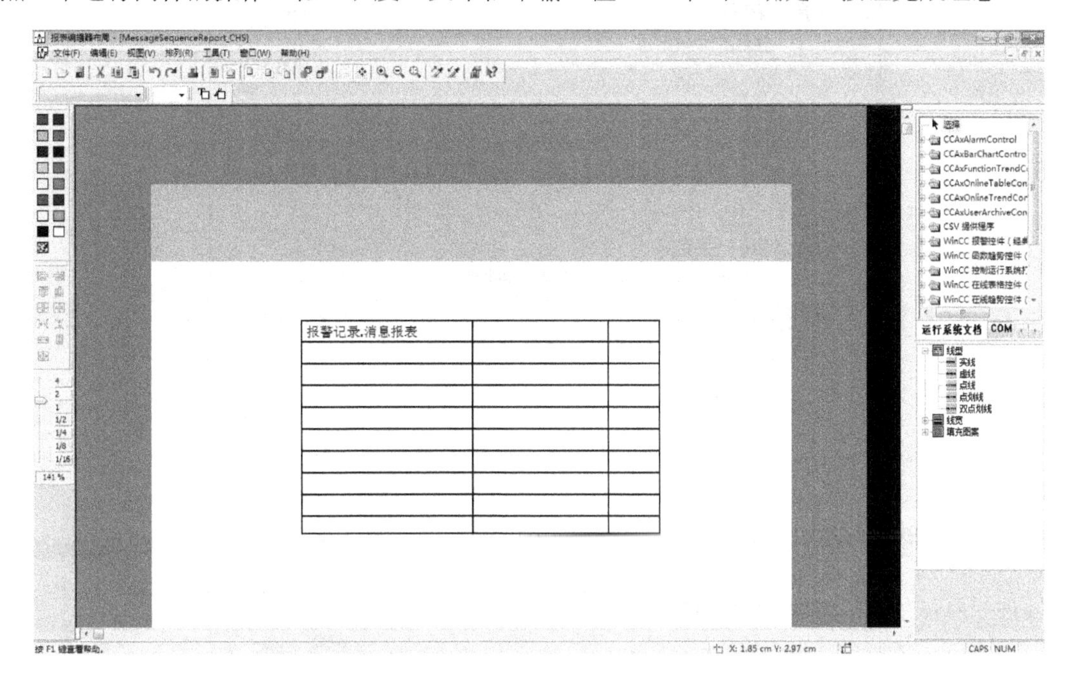

图 8-7　插入“消息报表”

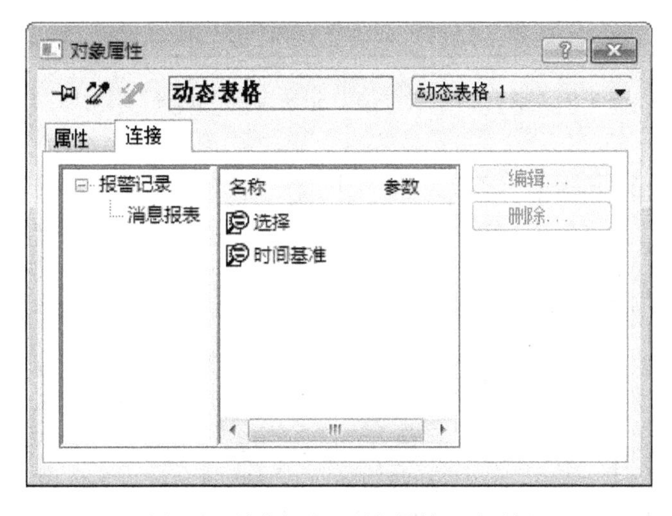

图 8-8　消息报表“对象属性”对话框

在图 8-7 的工作区的空白区单击右键选择“属性”打开布局的“对象属性”对话框，如图 8-10 所示。

在“属性”选项卡选中“几何”，在“纸张大小”项中选择了“A4 纸”，其他设置根据需要修改即可。

完成组态，单击工具栏保存按钮保存页面布局。

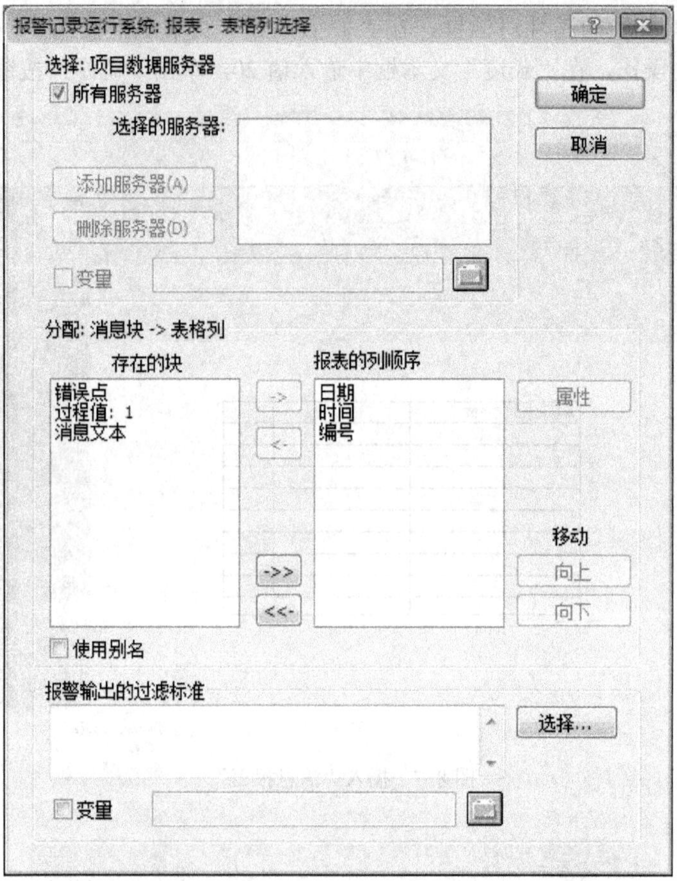

图 8-9 “报警记录运行系统：报表-表格列选择”对话框

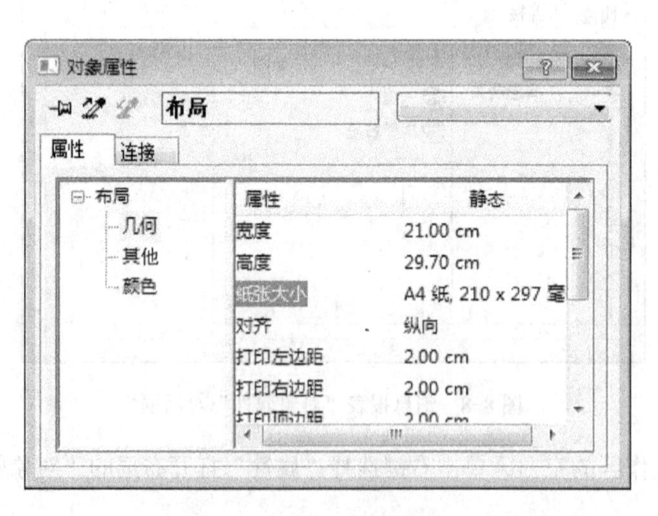

图 8-10 布局的“对象属性”

3. 组态打印任务

为了在运行状态下打印输出报表，需要在 WinCC 项目管理器中组态打印任务。

WinCC 项目管理器中，选中浏览树中的“报表编辑器”，选中“打印作业”则右侧窗口显示定义的打印作业列表。双击打印作业 Report Alarm Logging RT Message Sequence.RPL 打开其属性对话框，取消勾选“行式打印机布局”（必须取消，否则无法选择布局），从下拉列表中选择 MessageSequenceReport.RPL 布局。

在图 8-11 中，选择“打印机设置”选项卡，选择实际所需的打印机，单击“确定”按钮完成组态。

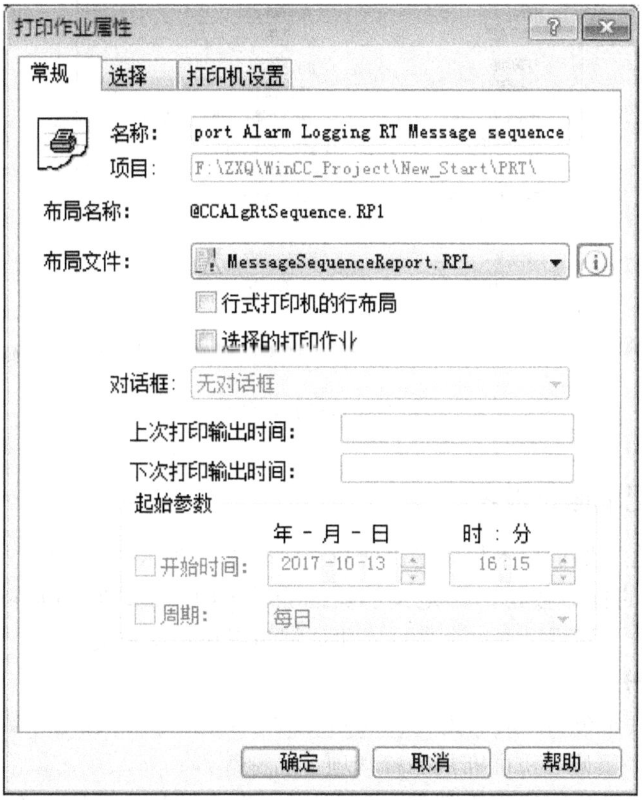

图 8-11 “打印作业属性”对话框

现在消息窗口需要连接到已经组态的打印任务。如果运行时单击“打印”，将会用到已经组态的布局。

打开已组态好的报警画面 alarm.pdl，双击 WinCC Alarm Control 打开属性对话框，选择“常规”选项卡，单击“查看当前打印作业”项后的按钮，打开“选择打印作业”对话框，从中选择“Report Alarm Logging RT Message sequence”打印作业，如图 8-12 所示。

保存报警画面。

4. 运行项目

在 WinCC 项目管理器中，打开“计算机”属性对话框选择“启动”选项卡，勾选“报表运行系统”复选框，使报表编辑器在运行状态下启动。

运行项目，观察效果。

图 8-12　选择打印作业

8.3.2　组态变量记录运行报表

运行状态下，在表格窗口中打印输出变量记录数据。在这个例子中，通过单击变量记录表格控件工具栏上的打印按钮，预定义的页面布局@CCTableControleontents.rpl 将会被用到。同时，在此例中，还要组态一个带页眉和页脚的用户定义布局。

1. 编辑静态部分

创建一个新的页面布局，命名为 Taglogging.rpl，双击打开。首先，要在静态部分添加对象，包括时间/日期、页码、页面布局名称和项目名称等。

单击工具栏图标，编辑页面的静态部分。选择对象选项板中的“系统对象→日期/时间”将其放至左上角，并拖动调整对象大小。右键单击对象选择“属性”打开属性对话框，选中“日期/时间→字体”项修改“Y 对齐”为“居中”，如图 8-13 所示。根据需要，其他属性可以在此修改。

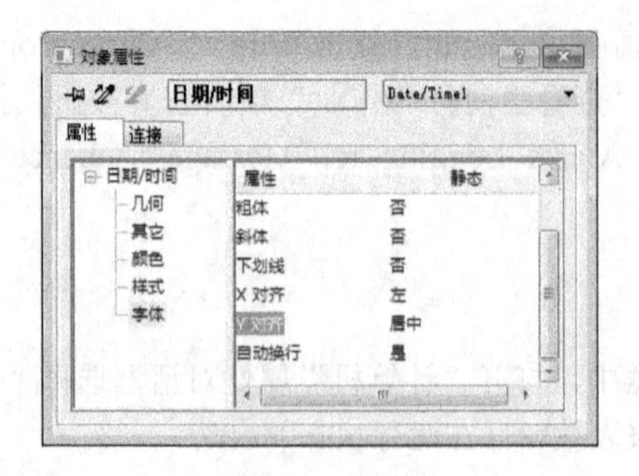

图 8-13　对象属性

依照上述步骤，在静态部分添加“项目名称”“页码”和“布局名称”，然后调整对齐方式。

选择上述静态对象，打开属性对话框，在“属性→样式”项中双击“线型”选择“线型选择”为“无”，去掉这些对象的边框。

2. 编辑动态部分

单击工具栏图标，编辑页面的动态部分。对象选项板的“运行系统”选项卡中的“用户归档—运行系统”中选择“表格”，在页面布局的动态部分，把对象拖放到合适的尺寸，如图 8-14 所示。

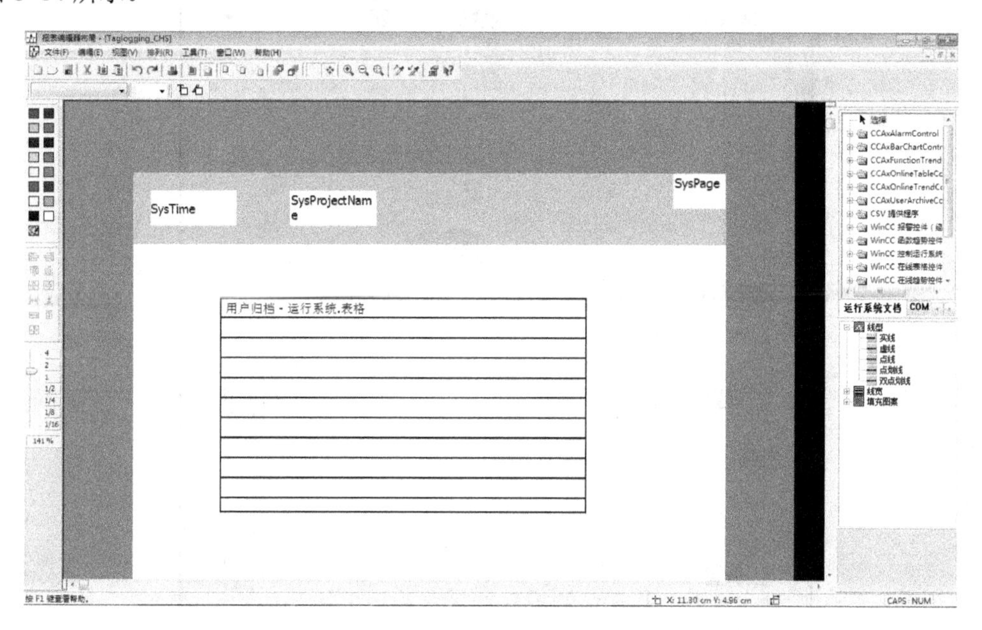

图 8-14　插入变量表格

双击“表格”对象，打开“对象属性”对话框，选择“连接”选项卡，如图 8-15 所示，选中“选择表格”，双击打开“选择表格”对话框，如图 8-16 所示，单击按钮添加归档变量。

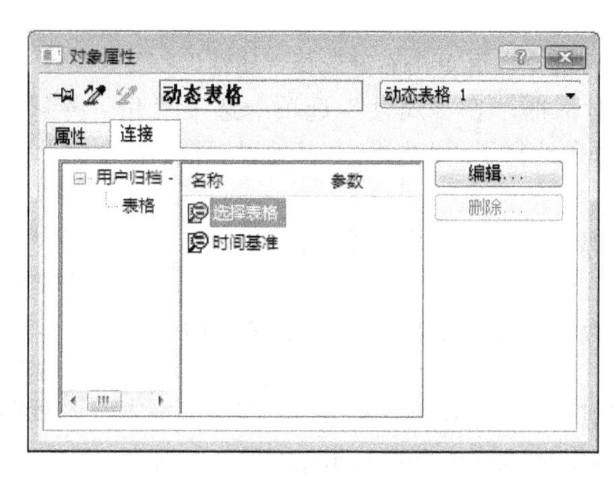

图 8-15　对象属性

参数。

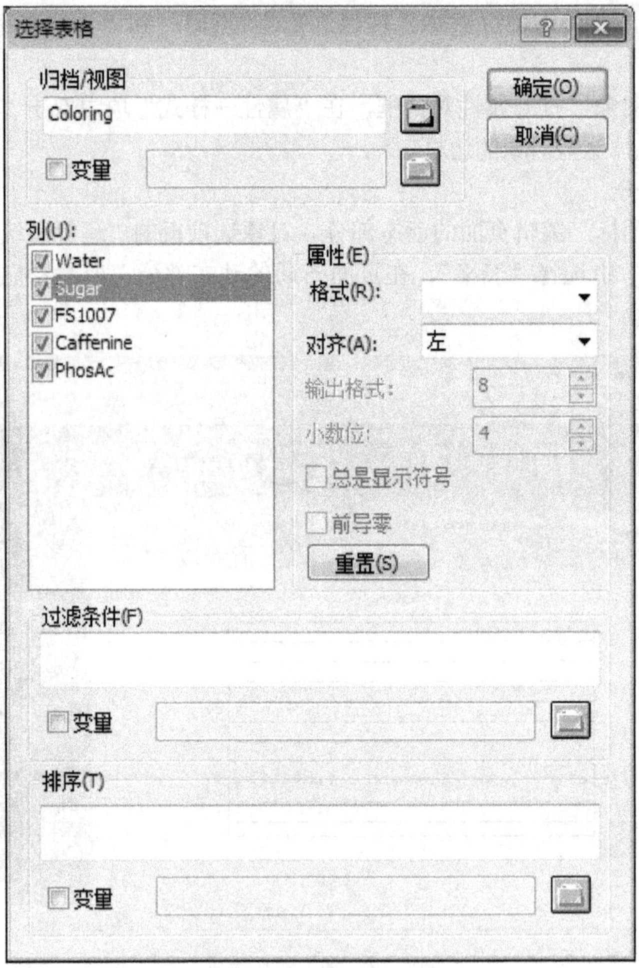

图 8-16　选择表格对话框

运行时输出数据，需要对变量进行格式化。图 8-16 中在单击属性列表中编辑输出变量的格式，如图 8-17 所示，选择“格式”为“整型数”，“输出格式”中输入值 3，“小数位”中输入值 0。

在图 8-14 的工作区的空白区单击右键选择“属性”打开布局的“对象属性”对话框，在“属性”选项卡选中“几何”，在“纸张大小”项中选择了“A4 纸”，其他设置根据需要修改即可。

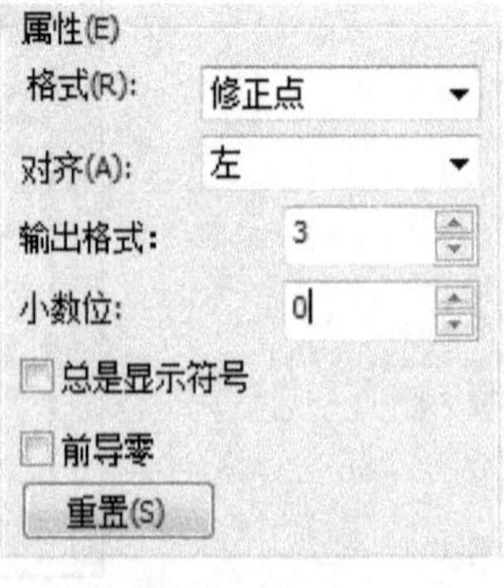

完成组态，单击工具栏保存按钮保存页面布局。

3. 组态打印作业

为了打印输出变量记录运行报表，需要定义打印作业参数。

打开 WinCC 项目管理器，选中浏览树下的“报表编辑器→打印作业”，双击打印作业 Report Tag Logging RT Table New 打开其属性对话框，从下拉列表中选择 Taglogging.RPL 布局。

图 8-17　变量属性对话框

在图 8-18 中，选择“打印机设置”选项卡，选择实际所需的打印机，单击“确定”按钮完成组态。

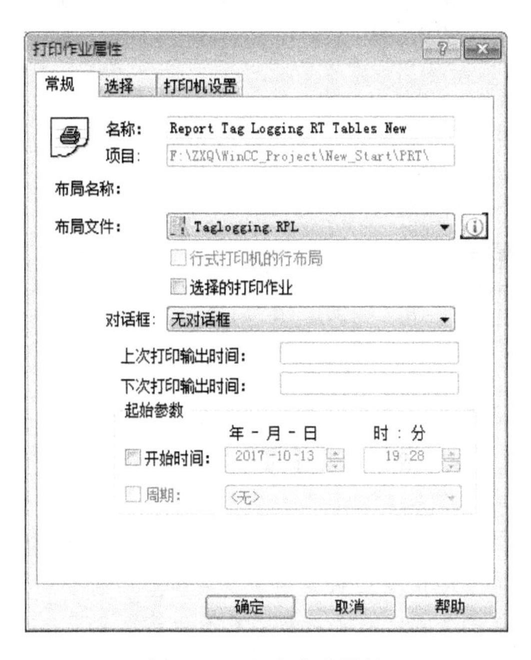

图 8-18　打印作业属性

4. 运行项目

在 WinCC 项目管理器中，打开“计算机”属性对话框选择“启动”选项卡，勾选“报表运行系统”复选框。

运行项目，利用 WinCC 提供的变量模拟器来给 WinCC 变量赋值。

WinCC 项目管理器中，右键单击打印作业“@Report TagLogging RT Tables New”选择“预览打印作业”打开预览窗口，可通过“放大”或“缩小”来改变输出。单击“打印”，文档即可打印输出。

8.3.3　行式打印机上的消息顺序报表

此例的目的是设计适合行式打印机输出的消息顺序报表，即报表消息一旦到达，则打印机自动打印。主要组态内容是创建行式布局，并为“@Report Alarm Logging RT Message sequence”指定该布局。

1. 创建行布局

打开 WinCC 项目管理器，选中浏览树下的“报表编辑器”，右键单击“布局”选择“打开行布局编辑器”，布局将显示在行布局编辑器中。在“页面大小”区指定每个页面的行数和列数（每行字符数），在“页边距”区指定用于页边距宽度的字符数，编辑页眉和页脚的内容将在每页上输出。

单击“选择”按钮打开“报警记录运行系统：报表-表格列选择”对话框，如图 8-19 所示，在此指定输出的数据。当关闭对话框时，所选择的列及其宽度在“表格”栏中以每行字符数显示。如果每行的字符数太多，则显示相应的消息。

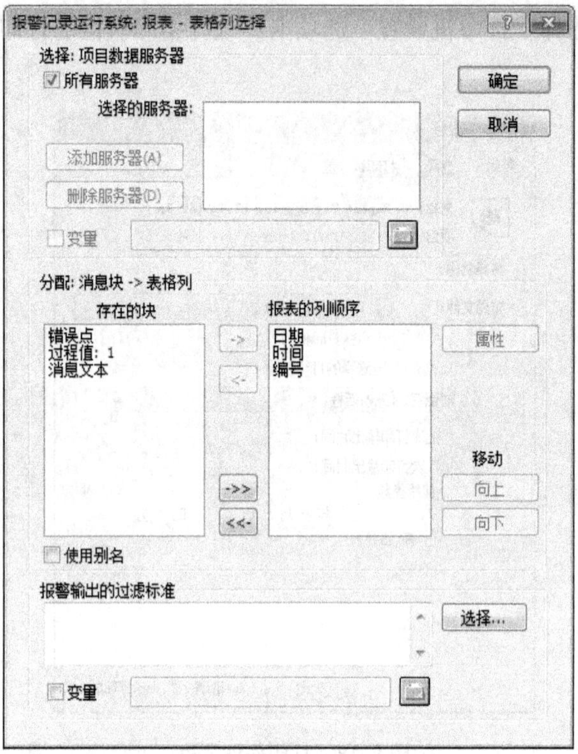

图 8-19 “报警记录运行系统：报表-表格列选择”对话框

列数及其宽度自动与所选择的消息块和顺序相匹配，如图 8-20 所示。

保存设置关闭行布局编辑器。

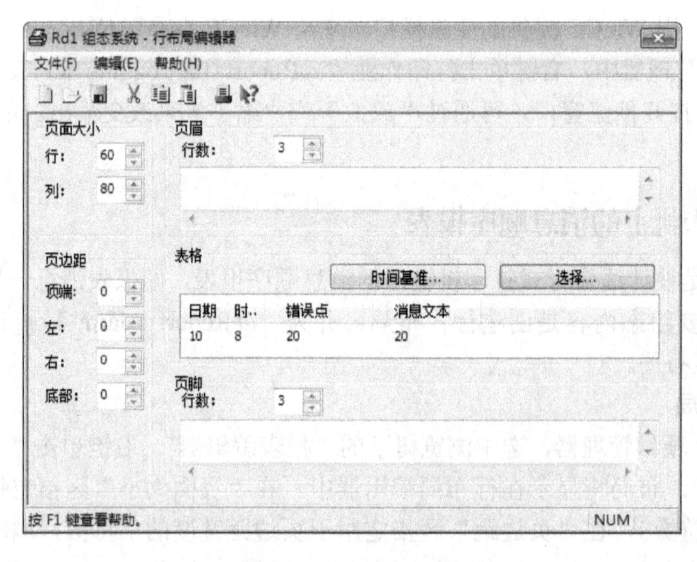

图 8-20 行布局编辑器

2. 组态打印作业

打开 WinCC 项目管理器，选中浏览树下的“报表编辑器→打印作业”，双击打印作业

“@Report A1arm Logging RT Message sequence”，打开其属性对话框，在“常规”选项卡中，勾选“行式打印机布局”复选框，并指定布局“@CCAlgRtSequence.RPL，如图 8-21 所示。“打印机设置”选项卡中设置期望的打印机。单击“确定”按钮，关闭对话框。

图 8-21 “打印作业属性”对话框

3. 运行项目

在 WinCC 项目管理器中，打开“计算机”属性对话框选择“启动”选项卡，勾选“报表运行系统”复选框。

运行项目，观察效果。

注意：必须将要输出消息顺序报表的行式打印机连接到执行记录的计算机上。

8.3.4 通过 ODBC 接口在报表中打印外部数据库中的数据

使用 ODBC“数据库表”对象，可将数据库表的内容以文本的形式通过 ODBC 接口粘贴到页面布局的动态部分。

前提条件：

① 存在有效的 ODBC 数据源，数据库已经注册在 Windows 的 ODBC 管理器中。

② 数据库支持标准 SQL 语言进行查询。

1. 创建页面布局。

WinCC 项目管理器中，创建一个新的页面布局，命名为 ReportDatabase.RPL，双击打开，首先在静态部分添加对象包括时间/日期、页码、页面布局名称和项目名称。

单击工具栏图标以编辑页面的动态部分。单击“对象选项板→标准对象”选项卡中的动态对象，选择“动态对象→ODBC 数据库→数据库表”，将其拖动到布局中调整大小尺寸。

双击布局中的“数据库表”对象，打开对象属性。单击“连接”选项卡，选中右边的数据库连接后，单击“编辑”按钮，打开“数据连接”对话框，如图 8-22 所示，选择“ODBC 数据源”名称，如果数据库访问需要用户名和口令的话，在相应的条目中输入正确的值。在“数据连接”对话框中，所有需要输入的信息都可通过定义一个变量，在运行状态下动态地修改。

在对话框下部的“SQL 语句”栏中，输入正确的 SQL 数据库查询语句从数据库中检索所需要的信息。

单击“测试 SQL 语句”按钮，可以测试 SQL 语句是否正确。如果正确，单击“确定”按钮，关闭对话框。

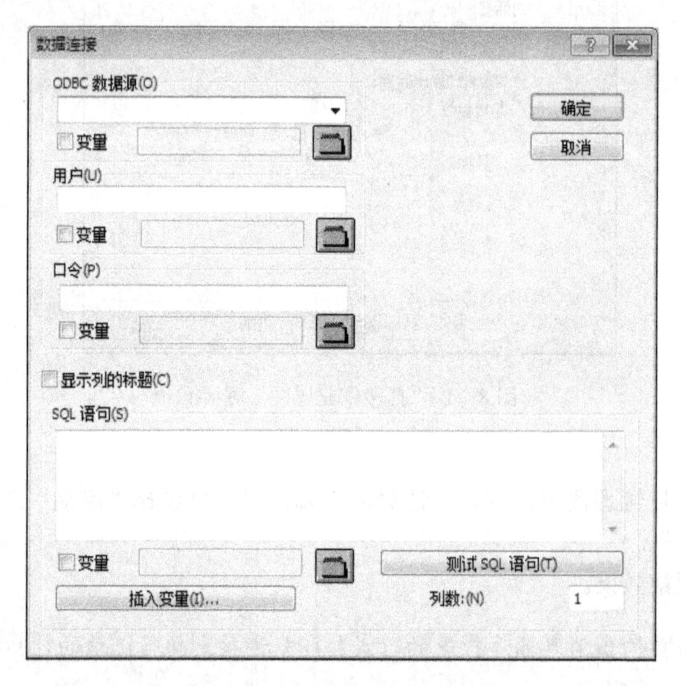

图 8-22 “数据连接”对话框

根据需要组态页面布局的其他部分，保存页面布局设置，关闭页面布局对话框。

2. 组态打印作业

新建打印作业，命名为 PrintDatabase，双击打开，如图 8-23 所示。在“布局”栏中指定布局为 ReportDatabase.RPL。单击“确定”按钮完成组态。

3. 在画面中组态启动打印作业

打开图形编辑器，在画面中组态一个按钮，为其“鼠标动作”事件添加 C 动作，代码如下：

```
RPTJobPreview("PrintDatabase");
```

编译保存代码，单击“确定”按钮，关闭对话框。

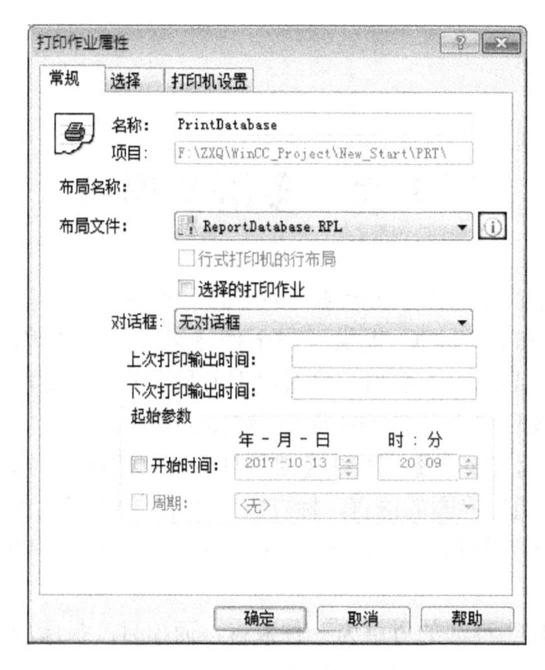

图 8-23 “打印作业”属性对话框

4. 运行项目

WinCC 管理器的计算机属性“启动”设置中，激活“报表运行系统”复选框。运行项目，每次按下按钮，“打印预览”对话框就会显示。

8.4 WinCC 报表标准函数的使用

WinCC 提供用于报表功能的函数包括 ReportJob、RPTRreview 和 RPTJobPrint，其中，ReportJob 函数被 RPTRreview 和 RPTJobPrint 替代，不再使用。RPTRreview 用于启动打印作业的预览，RPTJobPrint 用于启动打印作业。

8.5 习题

1. 熟悉 WinCC 中报表编辑器的使用。
2. WinCC 中两种报表布局的使用有何不同，以例子进行说明。
3. 说说 WinCC 中打印作业的组态过程。

第9章　多语言项目

WinCC 中可以使用不同的语言进行项目的组态，支持包含运行系统可见文本在内的几乎所有对象的多语言组态。WinCC 提供了用于翻译组态文本的编辑器，除直接文本输入外，还提供了界面友好的导出导入选项，这对组态海量文本的大型项目时有一定优势。文本库则是提供管理和维护项目中所有文本的强大编辑器。

通常，WinCC 允许为安装在操作系统上的每种语言创建项目。安装 WinCC 时也提供了一组可用来设置 WinCC 组态界面的语言，标准安装版本的 WinCC 包括德语、英语、西班牙语、意大利语、法语，而亚洲语言版本的 WinCC 可安装日语、中文（繁体或简体）、朝鲜语、英语。

如果组态项目时项目工程师的母语为一种语言，而项目产品所应用的对象语言为另外一种或几种语言，则需要进行语言的转换。WinCC 提供了多语言项目的服务功能。

如果要把项目用在另外一台计算机上，则目标计算机上的 WinCC 必须安装有与源计算机相同的语言。

9.1　多语言项目概述

9.1.1　WinCC 中的语言支持

当使用 WinCC 创建多语言项目时，可在多种系统级别上对语言进行设置，需要注意不同级别之间的差异。

操作系统语言（系统语言）是在操作系统中所设置的语言环境，类似 WinCC 这样的“非 Unicode”应用程序在其中运行。

操作系统用户界面语言是指显示操作系统的 GUI 时所使用的语言，所有 Windows 的菜单、对话框和帮助文本都以这种语言进行显示。组态期间，在 WinCC 组态中以操作系统用户界面语言显示一些系统对话框，如“打开”和“另存为”对话框等。操作系统用户界面语言只有在多语言操作系统中才能进行切换。

WinCC 用户界面语言是指 WinCC 组态中的项目界面语言，也就是组态期间显示 WinCC 菜单、对话框和帮助时所使用的语言。安装期间，可将任意一种语言设置为所安装的 WinCC 用户界面语言。安装 WinCC 时所选择的语言在首次启动 WinCC 时将被设置为 WinCC 用户界面语言。下次启动时，使用上次设置的用户界面语言来显示界面。

项目语言是指用于将创建项目的语言。为了在运行系统中有多种语言可供使用，可创建一个包含多种项目语言的项目。除了随 WinCC 安装的语言外，还可选择操作系统所支持的任何其他语言作为项目语言。

在 WinCC 项目管理器的计算机属性中，可以设置一种应用于图形对象的运行系统默认语言。如果以当前运行系统语言显示的特定文本在为某种语言创建的文本库中不存在任何对应的译文，则相应的文本将以所组态的运行系统默认语言显示。如果也不存在那种语言的文本，将显示“??????”。

默认运行系统语言为英语。如果没有相应运行系统语言的译文，则如报警控件或表格控件的文本等 WinCC 对象将使用缺省运行系统语言。一般来说，如果运行系统语言不是 WinCC 所安装的语言之一，WinCC 控件中的标题栏标题和列标题将受影响。

由于 WinCC 和操作系统上存在各种不同的语言设置选项，可进行许多不同的语言组合。例如：

① 在首选语言下组态单语言项目：操作系统语言、操作系统用户界面语言、WinCC 用户界面语言和组态语言都是相同的。

② 用非首选语言组态单语言项目：操作系统用户界面语言和 WinCC 用户界面语言均属于首选语言，项目语言则是运行系统中希望显示的语言。如果组态亚洲语言如中文简体，要正确设置操作系统语言以保证显示所使用的字符集。

③ 组态一个多语言项目，一种语言是首选语言：操作系统用户界面语言和 WinCC 用户界面语言均属于首选语言，项目语言则是运行系统中希望显示的语言。以首选语言组态项目，并在项目完成时移交用于翻译的文本。

④ 对于喜欢不同语言并在一台计算机上组态：可以选择一种中性语言（如英语）作为操作系统用户界面语言。各个组态工程师都可将 WinCC 用户界面语言设置为自己的首选语言，随后将在运行系统中显示的语言设置为项目语言。如果组态亚洲语言（如中文简体），要正确设置操作系统语言以保证显示所使用的字符集。

9.1.2 组态多语言项目的前提

组态多语言项目时，操作系统必须满足下列要求：

① 操作系统上必须安装有项目语言。

② 操作系统上必须指定正确的系统区域设置（操作系统语言）作为默认设置，特别是采用亚洲语言进行组态时。

③ 操作系统必须提供任何要使用的特殊字体，尤其是非拉丁字体，如西里尔字母或亚洲语言字体。

④ 必须在操作系统中安装相应输入法来输入字体。对于每个正在运行的应用程序，可选择不同的输入法。

组态多种语言时，需要考虑使用下列 WinCC 中的编辑器，包括：

文本库：除图形编辑器的文本外，所有项目文本均在文本库中进行集中管理。文本库是集中设置字体、直接翻译文本以及使用导出和导入功能的地方。

图形编辑器：项目画面中可包括不同的文本元素，如 ActiveX 控件的静态文本、工具提示或标签等。来自图形编辑器的文本将存储在与它相关的画面中。文本可以以表格格式导出，经翻译后重新导入相关的画面中。

报警记录：报警记录用于组态运行系统中所出现的报警消息。消息系统的文本将集中在文本库中进行管理。可以在报警记录中或通过文本库直接翻译文本。如果存在数量极大的消息文本，建议通过文本库对其进行翻译。自 SIMATIC 管理器（STEP 7）的报警记录文本在传送完成后存储在文本库中，且必须在文本库中进行翻译。

报表编辑器：报表编辑器用于为运行系统所发出的报表组态布局以及为项目的项目文档创建模板。

用户管理器：在用户管理器中组态的授权均与语言有关，且在文本库中集中管理，需通过文本库翻译这些文本。用户管理器支持为用户界面定义的五种语言。为了在项目文本库中创建文本，必须以相应的语言打开用户管理器。

用户归档：用户归档中的所有文本均集中在文本库进行管理，通过文本库翻译这些文本。

画面目录树管理器：来自该 WinCC 选件的文本均集中在文本库进行管理，通过文本库翻译这些文本。

9.1.3 组态多语言项目的步骤

组态多语言项目主要包含以下步骤：

1）在操作系统上安装所有需要的字体和输入法。如果组态非拉丁字体，则可用的相关字体必须是小字体。

2）在操作系统上激活希望组态的语言。

3）安装 WinCC 完整版，它带有 WinCC 用户界面语言使用时所需要的所有语言。如果后来再安装语言，则这些语言的标准文本都不会自动传送给文本库。

4）在创建新项目时，WinCC 用户界面语言即为安装 WinCC 时所选择的语言。重新启动，WinCC 将以最近设置的 WinCC 用户界面语言打开。

5）打开 WinCC 中的报警记录。在此之前，不要打开文本库。按此顺序，所安装 WinCC 语言下的所有标准文本将输入到文本库中。使用非 WinCC 提供的语言作为组态语言时注意：WinCC 中这类语言的标准文本不存在译文，但是在从组态语言切换到 WinCC 用户界面语言时已经自动输入到文本库中了，可在以后翻译这些文本或在切换到项目语言之前直接输入到文本库中。

6）使用熟悉的语言组态项目。该项目语言以后将用作文本翻译的基础。

7）使用 WinCC 智能简易语言工具从图形编辑器中导出文本，通过文本库导出功能导出文本库的文本。

8）在外部编辑器中翻译上述两个文本。

9）重新导入已翻译的文本。

10）在运行系统中测试已翻译完的项目。

9.1.4 安装语言和设置字体

Windows 操作系统下所有的语言和字体都可以使用。如果要激活一种尚未安装的语言，则需要根据提示从 Windows 光盘上进行安装。

下面以 Windows 7 操作系统为例介绍激活操作系统中语言的方法。

打开“控制面板→时钟、语言和区域”，选择“更改显示语言”选项卡，在“区域和语言”对话框中单击“键盘和语言”中的“更改键盘按钮打开图 9-1 所示对话框，单击“添加”按钮来添加必需的输入语言和键盘布局。在此还可以在“高级键设置”栏中定义一个热键序列，以便切换输入语言。例如，假如正在创建英语操作系统中的亚洲语言项目，则切换到另一个 Windows 应用程序时，可使用键盘快捷键来切换输入语言。

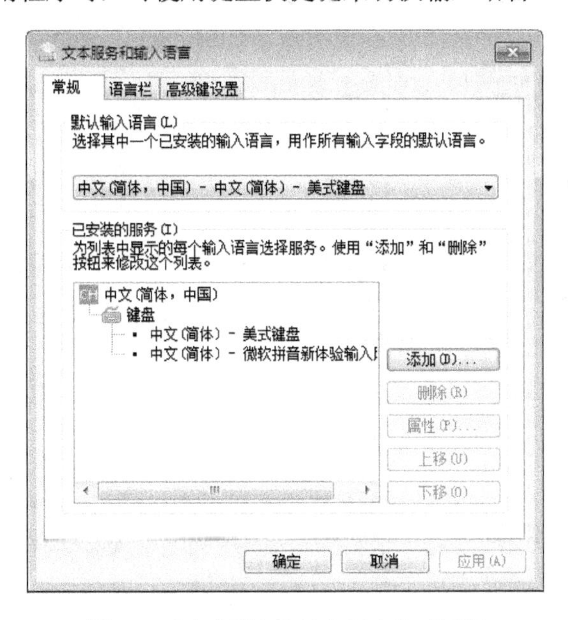

图 9-1 “文字服务和输入语言”对话框

在 WinCC 中可为每种所组态的语言设置自定义的字体，希望使用的字体必须安装在操作系统中。如果所使用的项目语言包含有非拉丁字符，例如西里尔字母、希腊语或亚洲字符集，则需要特殊字体。

WinCC 中可在文本库和图形编辑器中设置字体：

① 文本库中：操作者必须给每种非拉丁语言至少分配一种合适的字体。

② 图形编辑器中：对于所有包含有文本显示的对象，可在相关对象的“属性”对话框或组态对话框中设置字体。在一些输入窗口中，即使正确设置了字体，非拉丁语言文本也不会正确显示，此时可在另一个编辑器如 Word 软件中输入文本，然后使用复制粘贴功能将其传送到输入域中。

此外，对于包含有不可调节字体的对象，如工具提示、AcitveX 控件等，则有：

① 工具提示：为了在运行系统中显示非拉丁字体的工具提示，可跳转到操作系统的控制面板，在“显示”属性中设置工具提示的字体。注意，此时 Windows 系统中所有其他应用程序的工具提示字体都将改变。

② ActiveX 控件的窗口标题和列标题：如果当前运行系统语言不是 WinCC 语言，则文本将始终以默认的运行系统语言（英语）显示。

③ 在图形编辑器的某些文本输入域中，不能对字体进行设置，此时选择一个可以在其中设置字体的输入对话框。

9.2 使用文本库

除来自图形编辑器的文本外，项目中的所有文本都集中在文本库中进行管理。每个文本条目都将分配一个唯一的 ID 号，根据 ID 号来索引 WinCC 中的文本，如图 9-2 所示。可以看出，文本库以表格的形式表示了不同语言的文本对应关系。

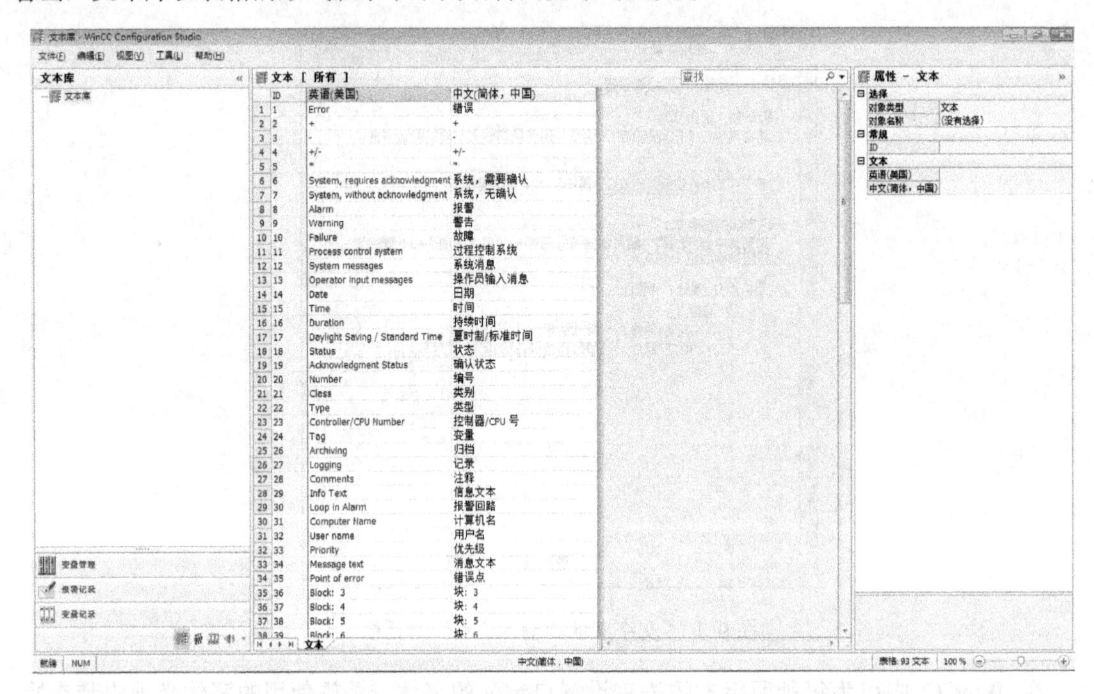

图 9-2　文本库

如果有大量的文本存储在文本库中，则可通过导出和导入功能将文本导出，在 WinCC 外面对其进行翻译，然后将其重新导入。

在编辑器如报警记录编辑器中设置另一种项目语言，则在文本库中将自动创建相应的语言列。

如果创建新的项目，并在打开文本库之前打开报警记录，则将为使用 WinCC 所安装的每种语言都创建语言列。同时，所有的 WinCC 标准文本（消息类的缺省名称、WinCC 系统消息等）均使用 WinCC 所安装的语言输入。

9.2.1　编辑文本库

图 9-2 文本库中，可以对文本库中的文本进行编辑。

在文本库的表格区域可以在文本库中添加新的一行，新的行将总是粘贴在文本库的末尾，系统自动分配文本-ID 编号，输入相应的文本信息，此文本信息不必在 WinCC 编辑器中创建。例如，当希望只创建一次报警记录术语而将其用于报警记录的多个位置时，可以这样输入。

选中文本库的某一文本或某一行文本，通过菜单“编辑”或在文本库的表格单击右键选择“删除”或“删除行”可以删除选中的信息。

复制和粘贴文本：如果文本在文本库中反复出现，则可复制单个术语，然后将其粘贴在其他位置。

创建新的语言：在组态新的语言或将其用于翻译之前，必须在文本库中创建相应的列。

在文本库中最多可以同时创建 31 种语言，可以使用操作系统支持的所有语言。在浏览窗口右键单击“文本库”选择“添加语言”将弹出“添加语言”对话框，如图 9-3 所示，从所安装语言的列表中选择期望的语言，单击确定将为所选语言创建一个不带条目的新列。重复此操作可以添加更多的语言列。如果新选择的语言来源于前一语言之外的其他语言区，则还须改变操作系统语言（系统位置），以便字符集可在正确的代码页下工作。在切换语言之后，要重新启动操作系统。

删除语言：如果不再打算在项目中使用某种语言，则可单击浏览窗口中的“文本库”选择“删除语言”，从所安装语言的列表中选择要删除的语言，单击“确定”按钮，语言列将从文本库中删除，项目中该语言下的所有条目均将删除。

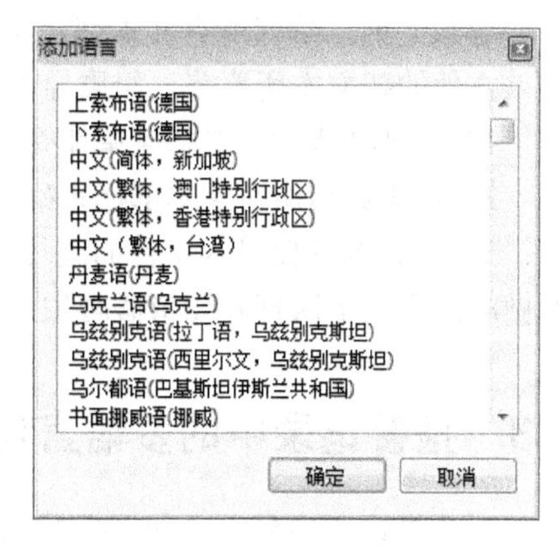

图 9-3 “添加语言”对话框

9.2.2 翻译文本库的文本

翻译在文本库中管理的文本既可在文本库中进行，也可在外部进行。如果只管理文本库中的少量文本，则可直接在文本库中对其进行翻译；如果管理文本库中的大量文本，例如已经组态了包含有许多消息的项目，则可在文本库外部翻译文本。

当直接在文本库中进行翻译时，先在现有语言下选择相关术语的行，注意源文本和已翻译文本的 ID 号必须一致；再选择目标语言的列输入信息文本，所给出语言的所有条目均输入该列中。

要从外部翻译文本库的文本，操作如下：

1. 从文本库中导出文本

1）打开文本库，为每种语言创建一个列，并分配正确的字体。

2）通过菜单命令“文件→导出为”打开“导出为”对话框，选择文件路径，指定导出文件的名称，WinCC 将自动分配扩展名“*.csv”。

3）单击“确定”按钮，文本库文本就存储在外部文件中。当从文本库中导出时，总是导出包含的所有语言。如果具有指定名称的导出文件已经存在，则它将被覆盖。

2. 在外部编辑器如 Excel 中翻译文本

1）打开 Excel，通过菜单命令“文件→打开”在 Excel 中打开上面导出的文件，“文件类型”选择“文本文件（*.prn; *.txt; *.csv）”；文件将在 Excel 中正确地打开。

2）当进行翻译时，要确保没有改动或删除任何文本 ID 号，没有变换任何行、列或域，没有在源语言下进行任何改动。

3）如果已经将多个语言分发给各个不同的翻译员，则将单个翻译重新汇编为单个表格，要确保没有变换任何条目、列或行。

4）翻译完成后，可使用“文件→另存为”将文件保存为 CSV 格式。

如果为编辑包含有非拉丁字体的文本，使用可保存“统一代码”的软件数据包。可使用 Access 或 WinCC 程序接口访问画面文本，也可使用相关语言版本的 Excel。

3．将所翻译的文本导入文本库

导入之前，确保所有文本都已正确而完整地翻译。导入时，文本库中的所有文本均将被导入文件的新文本所覆盖。如果导入文件中丢失了任何翻译，项目中都可能丢失文本索引。

1）打开文本库，选择菜单命令“文件→导入”，显示警告消息。

2）如果确信所有文本都已正确翻译，单击“继续”将显示“导入”对话框。

3）选择要存储导入文件的路径和导入的文件，单击“打开”，文件将被导入到文本库。所做的改变在下次打开编辑器时生效。

9.3 报警记录中的多语言消息

对于多语言项目，可使用报警记录来组态所有语言下的所有消息系统文本。消息系统的文本集中存储在文本库中。文本库不仅包含有用户自己组态的文本，而且也预置了 WinCC 的标准文本，例如消息类和消息块的默认名称等。

在创建新项目时，可以首先打开报警记录，随 WinCC 安装的所有语言下的标准文本将传送到文本库中；然后，创建文本库中的语言，并输入标准文本，标准文本也包括 WinCC 系统消息。如果使用 SIMATIC STEP 7 进行组态，当消息系统的文本从 SIMATIC 管理器中进行传送时，它也存储在文本库中。

报警系统刚打开时，运行系统语言被设置为项目语言。如果希望检查翻译或直接在另一种语言下输入文本，可切换报警记录中的项目语言。操作系统上必须安装有所期望的项目语言。切换项目语言，选择报警记录编辑器菜单命令“视图→输入语言”，输入语言列表框将显示系统中所有可用的语言。切换之后，所有已组态的文本都以所选语言进行显示。如果尚未组态语言，则文本域将显示为空白或出现条目“未使用”。所设置的项目语言将显示在报警记录状态栏中。

报警记录可以查找用户文本和标准文本，这两种文本均存储在文本库中。其中用户文本是消息类的名称、消息块和消息类型以及消息文本、出错点和关于消息的信息文本。除了帮助文本以外，用户文本在输入后立即输入到文本库中。帮助文本不存储在文本库中，且不能改变其语言。如果只是为一种语言进行组态或以一种“中性”语言（如英语）输入文本，则只能使用信息文本。标准文本在默认状态下将拥有消息类名称、消息类型和消息块，可改变报警记录或文本库中的标准文本。

由于报警记录文本存储在文本库中，所以如果已经组态的只是少量的消息文本，则可将目标语言消息文本输入到报警记录中或直接在文本库中对其进行翻译；若已经组态的是大量的消息文本，则使用文本库导出功能在外部对其进行翻译后重新导入。

组态步骤如下：

1）打开报警记录，将首选语言设置为项目语言。

2）以首选语言组态所有消息系统文本。

3）若要在报警记录中翻译消息系统文本，则切换项目语言，并输入目标语言文本。注意：标准文本也要翻译。

4）若要借助于文本库翻译消息系统文本，则可以从文本库导出文本进行翻译，再重新导入翻译完的文本。

9.4 多语言项目的报表

在 WinCC 中存在两种类型的报表：

① 组态期间输出以提供组态数据概述的报表（项目文档）。这些报表可以使用 WinCC 所安装的所有语言输出。在项目文档中，可对所组态的所有多语言文本进行归档。

② 在运行期间输出的报表，例如测量数据的定期打印输出等。这些报表设计为以所设置的运行语言而输出的。

9.4.1 创建多语言项目文档

多语言项目文档的规则如下：

① 报表中的标题和表名以安装的 WinCC 语言输出。

② 对象属性以运行系统语言输出，这些属性在计算机属性中设置。如果没有设置德语、英语、法语、意大利语或西班牙语作为运行系统语言，对象属性以英语输出。

③ 组态文本均以计算机属性中已安装的运行语言输出。如果在创建项目文档时激活运行系统，则所组态的文本均以当前的运行语言输出。

假如 WinCC 用户界面语言为德语，运行语言为英语，运行系统未激活，则标题和表名均以所有安装的 WinCC 语言输出，对象属性以英语输出，用英语组态的文本均以英语输出，如果所组态的文本在英语中不存在，则输出字符串“??????”。

若 WinCC 用户界面语言为法语，运行语言为英语，运行系统已激活，并在切换语言之后运行在意大利语下，则标题和表名均以所有安装的 WinCC 语言输出，对象属性以英语输出，以意大利语组态的文本均以意大利语输出，如果所组态的文本在意大利语下不存在，则输出字符串“??????”。

创建多语言项目文档的步骤如下：

1）退出运行系统。

2）将 WinCC 用户界面语言设置为要用来创建项目文档的语言。

3）将运行语言设置为与要为其生成文档的项目语言一样的语言。在文本库中已经创建的所有语言都将和运行语言一样使用。如果需要不同的字体，则可为每种语言创建一个包含有正确字体的专用布局。

4）在编辑器中通过菜单命令“查看项目文档”来检查项目文档，通过菜单命令“打印项目文档”来输出项目文档。

9.4.2 输出运行系统中的多语言报表

在运行系统中，可输出过程值的报表，例如定期测量数据报表、曲线或消息报表。如果项目运行在运行系统的多种语言下，则运行系统中的报表将始终以当前语言输出。下面步骤将显示如何组态按钮，操作员使用此按钮可根据当前的运行语言输出报表。

1）打开报表编辑器。

2）对于希望用其输出运行系统报表的每种语言，可创建一个专用布局，例如“Printlayout_de”“Printlayout_fr”和“Printlayout_jap”。

3）对于每个布局，可创建一个专用的打印作业，例如“Print_de”“Print_fr”和“Print_jap”。

4）将每个打印作业链接到相应布局上。

5）打开项目画面，组态一个用来运行报表输出的按钮。

6）打开按钮的“对象属性”对话框，为“鼠标动作”事件添加“C 动作”，代码如下：

```
DWORD rt_language;
rt_language = GetLanguage (); // 获取当前语言
if (rt_language == 0x040C)  // 法语
{
RPTJobPrint("Print_fr");
}
if (rt_language == 0x0407) //德语
{
RPTJobPrint("Print_de");
}
if (rt_language == 0x0411) // 日语
{
RPTJobPrint("Print_jap");
}
```

上面代码中，打印作业的名称为“RPTJobPrint”。当为其他语言组态打印作业时，必须在“rt_language=”处输入合适的语言代码。

9.5 图形编辑器的多语言画面

在图形编辑器中，可以以安装在操作系统中的所有语言创建图形对象的文本。通过图形编辑器菜单命令“视图→语言”打开与图 9-4 类似的语言选择对话框，其列表框将显示系统中所有可用语言。

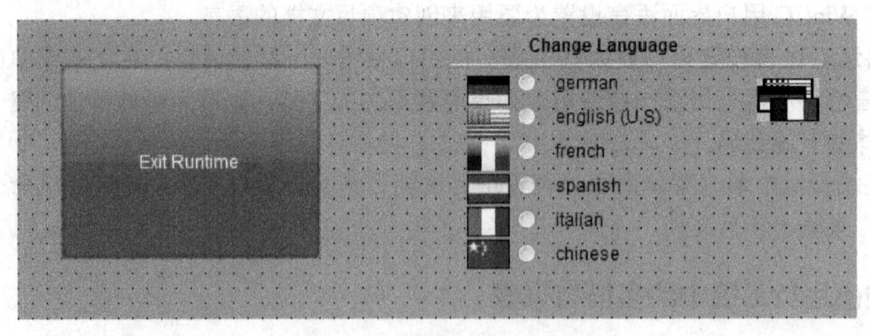

图 9-4 在画面中插入对象

根据画面对象的不同，文本的输入也有不同的情况：如静态文本等可以直接输入，如按钮等在组态对话框进行文本输入，而对工具提示、输出文本、文本属性等则在对象属性对话框中直接输入大部分文本。

图形编辑器中的对象都有不同的属性，除了智能对象、画面窗口/应用程序窗口和某些 WinCC 控件的窗口标题以外，可改变所有对象属性的语言。这些属性包括：

①“文本”属性：静态文本、文本列表、按钮、复选框、单选按钮。

②“字体”属性：静态文本、I/O 域、棒图、组显示、文本列表。

③“工具提示”属性：除了画面窗口和应用程序窗口以外的所有对象。

④“窗口标题”属性：画面窗口，应用程序窗口。

⑤ ActiveX 控件：某些 ActiveX 控件的诸如列名称、窗口标题或轴标签等文本属性无法进行切换语言。在 WinCC 中，这些属性以 WinCC 安装时的所有语言进行存储，并在运行系统中正确显示。如果以非 WinCC 安装时的语言进行组态，则这些属性在运行系统中都将以默认运行系统语言（英语）显示。

在图形编辑器中组态多语言画面对象，步骤如下：

1）组态首选语言下的所有画面和画面对象。

2）翻译画面文本，有两种选择：

一是切换图形编辑器中的项目语言，并以适当的语言直接在对象中输入所翻译的文本。假如文本量很大，则应始终在外部翻译文本。如果已经组态了少量的、容易处理的文本，则可直接在图形编辑器中输入目标语言文本。

二是通过 WinCC 智能工具简易语言（EasyLanguage）将所有画面文本从画面导出到 CSV 文件，并使用外部编辑器进行翻译。简易语言的详细介绍在后续章节进行。需要注意：简易语言工具不适合亚洲语言的导出导入。

3）完成文本导出，在外部进行翻译。使用 Excel 打开导出的文本文件，翻译时，确保没有修改或删除任何文本信息，如对象名、字体设置等，没有变换任何行、列或域，并且没有在源语言中进行任何改动。翻译完成将文件保存为 CSV 格式。

4）重新导入翻译完的文本。

5）在相关对象中设置正确的字体。

6）切换图形编辑器中的项目语言，以便检查译文是否完整，未翻译文本显示为“???”。

9.6 多语言项目应用实例

本例首先以多语言组态画面中的图形对象，再组态语言切换功能，最后在运行中运行项目，并切换语言。

1. 组态多语言图形对象

新建一个画面 mullanguage.pdl，通过菜单命令“视图→语言”打开语言选择对话框，选择“中文（简体，中国）”语言，从对象选项板的窗口对象中拖动一个按钮对象至画面中，在组态对话框中输入文本“退出运行系统”，使用动态向导“System Functions”中的“Exit WinCC Runtime”功能使按钮具有退出运行系统的功能，保存画面。

单击菜单命令“视图→语言”打开语言选择对话框，从可用语言的列表中选择“英语（美国）”，在语言切换之后，按钮上将显示“???”，因为英语文本尚未存在。选中对象，在对象属性区域输入英语文本“Exit Runtime”，保存画面。

同样可以组态其他语言。

操作完成后，当选择在中文、英语之间切换图形编辑器中的项目语言时，文本每次都将以当前的项目语言显示在按钮上。

2．组态语言切换

在画面 mullanguage.pdl，打开 WinCC 库，在全局库中，打开文件夹“Operation→Buttons Languages”选择对象“Lang. Switch All（切换所有语言）”并将其拖动到画面中，WinCC 库对象将按当前的项目语言自动改编其标签，如图 9-4 所示。

3．在运行系统中切换语言

打开 WinCC 文本库，检查是否已经创建了要用作运行语言的语言（中文、英语等）。若缺少运行语言，通过菜单命令“工具→添加语言”创建该语言，本例以中文作为运行语言。

在 WinCC 项目管理器中打开“计算机属性”对话框，选择“参数”选项卡，在“运行时的语言设置”域中选择运行语言，如“中文（中国）”，在“运行时的默认语言”下选择缺省运行语言，如“英语”，如图 9-5 所示。

运行项目，将以所设置的运行语言即中文显示画面，将语言切换到英语，可以看到画面中按钮的文本变为组态的英文文本。

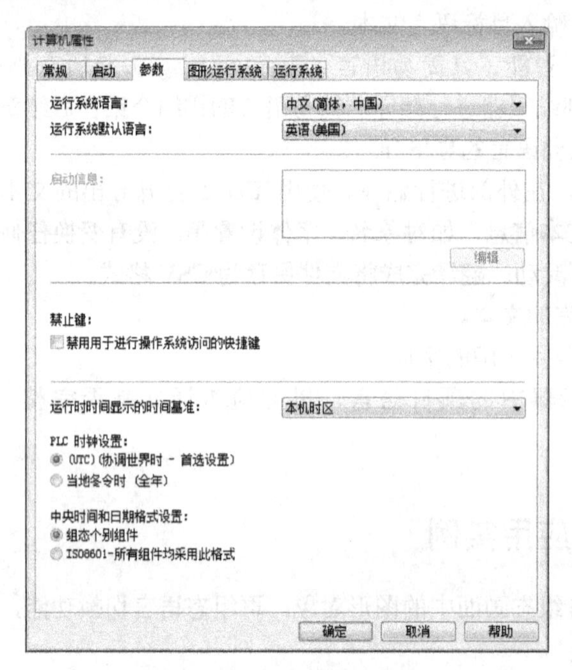

图 9-5　设置运行语言

为了演示，可切换到位于文本库中但尚未为按钮组态任何文本的语言，可以看到未组态的文本将显示为“???”；若将语言切换回中文，然后再切换到在文本库中既未组态，也未创建的语言，如西班牙语，因为语言在文本库中尚不能使用，所以语言不改变。

9.7　习题

1．使用 WinCC 时的语言设置有哪些，它们之间的关系如何？

2．通过实例演示多语言项目的组态过程。

第 10 章　WinCC 的开放性

WinCC 以 Microsoft 技术作为后盾，几乎集成了 Microsoft 所有的开放性技术，包括 ActiveX、OPC、VBA、VBS、OLE、API 以及 Microsoft 强大而高效的数据库 Microsoft SQL Server 2014，通过它们可以把自己的应用程序集成到 WinCC 中，如图 10-1 所示。WinCC 的开放性和标准化接口使其扩展应用更加方便简单。

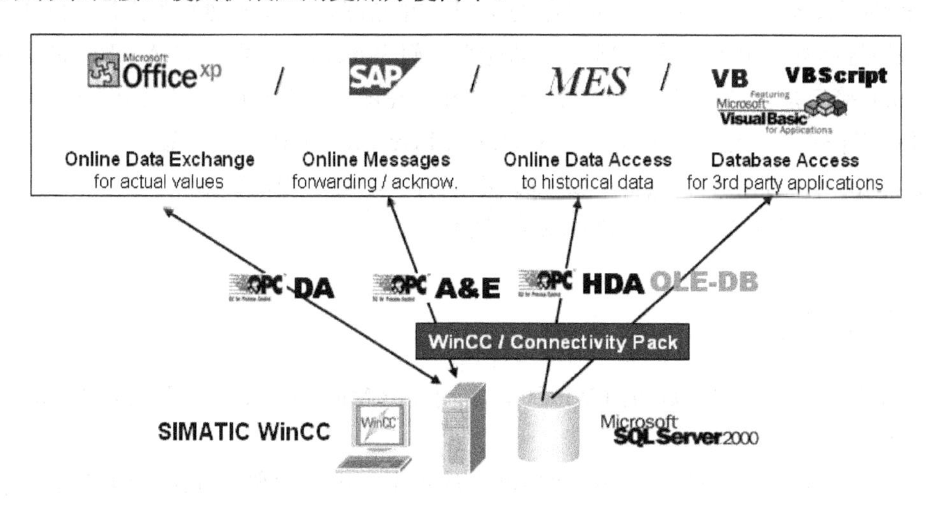

图 10-1　WinCC 开放性示意图

ActiveX 是自身具有用户接口的程序模块的 Windows 标准，这些程序模块称为 ActiveX 控件。ActiveX 控件可包含特殊按钮或图形显示元素。WinCC 提供了大量的 ActiveX 控件。ActiveX 控件还可从其他供应商处获得或单独编程。使用 Visual Basic 创建单个 ActiveX 控件时，IndustrialX 选件提供支持。要确保 WinCC 功能正确应用，应在使用之前详细测试这些控件。使用拖放方式可将 ActiveX 控件集成到用户的 WinCC 画面中。

OLE 是“Object Linking and Embedding（对象链接和嵌入）”的缩写，是 Microsoft Windows 应用程序之间进行数据交换的标准。它将来自一个应用程序的数据插入到用户自己的应用程序中，如在 WinCC 项目中可使用这种技术将 Excel 表格集成到画面中，并使用表格中的数据作为配方数据等。

OPC 是“OLE for Process Control （用于过程控制的 OLE）”的缩写，是为自动化技术特别开发的一种 OLE 形式。使用该标准，任意 OPC 激活的组件可相互通信。用户在组态期间不必考虑接口的具体细节。WinCC 可以是 OPC 客户机或 OPC 服务器。在作为 OPC 客户机操作时，WinCC 将访问其他应用程序的数据。当 WinCC 用作 OPC 服务器时，WinCC 数据将对其他应用程序可用。下列访问类型是可能的：

① 通过 WinCC OPC DA 服务器访问 WinCC 变量。

② 通过 WinCC OPC HDA 服务器访问归档系统。

③ 通过 WinCC OPC A&E 服务器访问消息系统。

SQL 可用来访问 WinCC 数据库的内容。SQL 是“Structured Query Language（结构化查询语言）”的缩写，是一种用于访问数据库的标准化语言。所查询到的数据既可以用于其他应用程序，也可以导入到其他数据库中。

WinCC 每个组件都有一个 API（应用程序接口）接口用以开放 WinCC 供其他应用程序使用。因此，单个应用程序可以影响 WinCC，可以访问组态运行期数据或对过程进行干预。ODK 选件（开放式开发工具）包含该接口的文档和大量实例。

WinCC 中，除了 C 脚本，程序语言 VBScript 也可作为应用程序接口。VBScript（VBS）提供对图形运行系统变量和对象的访问，并允许独立画面动作的执行。除了指定的 WinCC 应用程序外，也可使用 VBS 常规功能来访问 Windows 环境。VBA（Visual Basic for Application）接口是自定义 WinCC 的另一个选择。在图形编辑器中，可以用 VBA 自动重复执行相关的工作步骤，还可以利用支持 VBA 的 Microsoft Office 家族产品。

ADO/OLE DB 可以通过 ADO/OLE DB 接口访问 WinCC 归档数据库。

本章通过各种实例简要介绍这些技术的使用。

10.1 OLE 应用

OLE 是通过其他程序函数访问 WinCC，本例介绍 Microsoft Office Word 和 WinCC 通过 OLE 进行连接。

新建一个画面，拖动对象选项板“标准”选项卡“智能对象→OLE 元素”到编辑区，图 10-2 所示对话框自动打开，选择“新建”项，对象类型为“Mirosoft Word 文档”，单击“确定”按钮在画面中插入一个 OLE 元素。

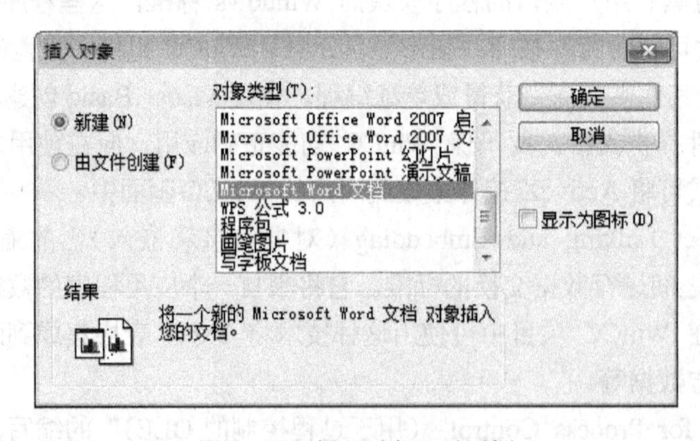

图 10-2 “插入对象”对话框

双击画面中的 OLE 元素，启动由 Microsoft Word 打开的文件，输入希望的内容，如艺术字“OLE 元素”测试，双击画面区域关闭 Microsoft Word，则画面如图 10-3 所示，可以调整该对象的尺寸，双击打开 Microsoft Word 编辑软件。

图 10-3　画面中的 OLE 元素

10.2　API 应用

每个 WinCC 组件如变量管理器、图形编辑器、全局脚本、报警记录、变量记录、报表编辑器、用户管理、文本库等都有一个 API 接口用以开放 WinCC 供其他应用程序使用，当然，也可以通过 WinCC 使用 Windows API。下面给出几个例子。

【例 10-1】 在 WinCC 项目中调用一个用户指定的帮助。

编写项目函数，代码如下：

```
#pragma code("user32.dll")
BOOL WinHelpA(hwnd, lpszHelpFile, fuCommand, dwData);
#pragma code()
#define HELP_CONTENTS 0x0003L
void WinHelpApi()
{
HWND hwnd; /*需要的帮助窗口句柄 */
char HelpFile[255];
UINT fuCommand; /* 帮助类型 */
DWORD dwData; /* 附加数据 */
BOOL bRetVal;
LPCTSTR lpszHelp;
lpszHelp = HelpFile;
strcpy(HelpFile, "c:\\Windows\\Help\\ade.hlp");
hwnd = FindWindow("PDLRTisAliveAndWaitsForYou","WinCC Runtime - ");
fuCommand = HELP_CONTENTS;
dwData = 0L;
bRetVal=WinHelpA((DWORD) hwnd,(DWORD) lpszHelp, fuCommand, dwData);
printf("hwnd: %d \r\n",hwnd);

printf("HelpFile: %s \r\n",HelpFile);

printf("bRetVal: %d \r\n",bRetVal);

}
```

此处打开的是“软件安装上下文帮助”，如果希望指定另外一个帮助文件，用相应的文件路径替换代码中的“HelpFile”即可。

【例 10-2】 通过脚本函数在 WinCC 中创建一个新目录。

编写函数代码如按钮的“鼠标动作”事件如下：

```
#pragma code("kernel32.dll");
BOOL CreateDirectoryA( LPCTSTR ,LPSECURITY_ATTRIBUTES );
#pragma code();
CreateDirectoryA("c:\\test",NULL);
```

【例 10-3】 使用 API 函数“Sleep（）”。

编写函数代码如下：

```
#pragma code("Kernel32.dll")
void Sleep(int Milliseconds);
#pragma code()
Sleep(1000); //以毫秒为单位
```

“睡眠”功能对动作的处理性能有负面的影响，使用时需要注意。

【例 10-4】 打开一个应用程序如 Adobe Reader 8.0 使其在前台且一直保持在前台。

首先编写一个按钮的“鼠标动作”事件的 C 函数如下：

```
#include "apdefap.h"
void OnClick(char* lpszPictureName, char* lpszObjectName, char* lpszPropertyName)
{
  HWND Handle = NULL;
  Handle = FindWindow("AcrobatSDIWindow",NULL);

  if (Handle)
  {
   ShowWindow(Handle, SW_SHOWNORMAL);
  } else {
   ProgramExecute("C:/Program Files/Adobe/Reader 8.0/Reader/AcroRD32.exe");
   Handle = FindWindow(NULL, "Adobe Reader");
  }
  SetWindowPos (Handle, HWND_TOPMOST, 400, 200, 520, 420, 0);
}
```

接着，编写下面 C 函数，在窗口中指明窗口类的名称。

```
#include "apdefap.h"
void OnClick(char* lpszPictureName, char* lpszObjectName, char* lpszPropertyName)
{
  char winclass[256];
  HWND Handle = NULL;
  Handle = FindWindow(NULL, "Adobe Reader");

  if (!Handle) {
```

```
    ProgramExecute("C:/Program Files/Adobe/Reader 8.0/Reader/AcroRD32.exe");
    Handle = FindWindow(NULL, "Adobe Reader");
   }
  GetClassName(Handle, winclass, sizeof (winclass)-1);
  printf ("Window Class Name: %s \r\n", winclass);
}
```

【例 10-5】 WinCC 中通过 C 脚本实现声音输出。

编写事件代码如下：

```
#include "apdefap.h"
void OnClick(char* lpszPictureName, char* lpszObjectName, char* lpszPropertyName, UINT nFlags, int x, int y)
{
#pragma code ("Winmm.dll ")
VOID WINAPI PlaySoundA ( char* pszSound, char* hmode, DWORD dwflag );
#pragma code()
PlaySoundA("C:\\Windows\\Media\\ding.wav",NULL,1); //正确的路径
}
```

如果希望使用计算机内部的蜂鸣器来代替声音文件，编写代码如下：

```
#include "apdefap.h"
void OnClick(char* lpszPictureName, char* lpszObjectName, char* lpszPropertyName, UINT nFlags, int x, int y)
{
#pragma code ("Kernel32.dll")
BOOL Beep( DWORD dwFreq, DWORD dwDuration); //dwFreq 定义频率（Hz）
                                            //dwDuration 指定持续时间（毫秒）
#pragma code()
Beep(1000,100);                             //1000Hz 持续 100ms
}
```

【例 10-6】 在 WinCC 运行系统中，想打开一个文件编辑，要求如下：

① 在运行时打开导出的归档段（变量日志/报警），以便通过运行系统数据库更正它们，然后再断开它们的连接。

② 选择并打开日志文件。

③ 将导出的数据 （例如，归档段、日志文件）复制到另一个驱动器。

本例描述如何利用 Windows API 函数“GetOpenFileName()”调用 Windows 文件打开对话框、预设需要的值（路径、标题、文件类型）、在脚本中评估选定的文件并处理它，如下：

```
//IS_FileDlg.h, Author: Grahl, Jens-Peter
#pragma code("comdlg32.dll")
#pragma pack(1)
typedef UINT (APIENTRY *LPOFNHOOKPROC) (HWND, UINT, WPARAM, LPARAM);
```

```
typedef struct tagOFNA {
    DWORD           lStructSize;
    HWND            hwndOwner;
    HINSTANCE       hInstance;
    LPCSTR          lpstrFilter;
    LPSTR           lpstrCustomFilter;
    DWORD           nMaxCustFilter;
    DWORD           nFilterIndex;
    LPSTR           lpstrFile;
    DWORD           nMaxFile;
    LPSTR           lpstrFileTitle;
    DWORD           nMaxFileTitle;
    LPCSTR          lpstrInitialDir;
    LPCSTR          lpstrTitle;
    DWORD           Flags;
    WORD            nFileOffset;
    WORD            nFileExtension;
    LPCSTR          lpstrDefExt;
    LPARAM          lCustData;
    LPOFNHOOKPROC lpfnHook;
    LPCSTR          lpTemplateName;
} OPENFILENAMEA, *LPOPENFILENAMEA;
typedef OPENFILENAMEA OPENFILENAME;
typedef LPOPENFILENAMEA LPOPENFILENAME;
BOOL   APIENTRY      GetOpenFileNameA(LPOPENFILENAMEA);
#define GetOpenFileName   GetOpenFileNameA
BOOL   APIENTRY      GetSaveFileNameA(LPOPENFILENAMEA);
#define GetSaveFileName   GetSaveFileNameA
short APIENTRY       GetFileTitleA(LPCSTR, LPSTR, WORD);
#define GetFileTitle   GetFileTitleA
#define OFN_READONLY                    0x00000001
#define OFN_OVERWRITEPROMPT             0x00000002
#define OFN_HIDEREADONLY                0x00000004
#define OFN_NOCHANGEDIR                 0x00000008
#define OFN_SHOWHELP                    0x00000010
#define OFN_ENABLEHOOK                  0x00000020
#define OFN_ENABLETEMPLATE              0x00000040
#define OFN_ENABLETEMPLATEHANDLE        0x00000080
#define OFN_NOVALIDATE                  0x00000100
#define OFN_ALLOWMULTISELECT            0x00000200
#define OFN_EXTENSIONDIFFERENT          0x00000400
#define OFN_PATHMUSTEXIST               0x00000800
#define OFN_FILEMUSTEXIST               0x00001000
#define OFN_CREATEPROMPT                0x00002000
#define OFN_SHAREAWARE                  0x00004000
#define OFN_NOREADONLYRETURN            0x00008000
```

```
#define OFN_NOTESTFILECREATE          0x00010000
#define OFN_NONETWORKBUTTON            0x00020000
#define OFN_NOLONGNAMES               0x00040000
#define OFN_EXPLORER                 0x00080000
#define OFN_NODEREFERENCELINKS         0x00100000
#define OFN_LONGNAMES                0x00200000
#define OFN_ENABLEINCLUDENOTIFY        0x00400000
#define OFN_ENABLESIZING              0x00800000
#pragma code()

// WinCC_FileOpenDialog.fct
#include "apdefap.h"
#include "IS_FileDlg.h"
int WinCC_FileOpenDialog(char* lpszTitle, char* lpszInitialDir, char* lpszFilter, char* lpszFileName)
{
#ifdef IS_FUNCTION
#undef IS_FUNCTION
#endif
#define IS_FUNCTION    "WinCC_FileOpenDialog"
OPENFILENAME OpenFileName;
TCHAR szFile[MAX_PATH+20];
HWND hwnd;
BOOL bOK;
int iRet =0;
//check parameter
if (lpszFileName == NULL){
   printf ("#E081: \"%s\" - lpszFileName is NULL!\r\n", IS_FUNCTION);
   return (-81);
}
//The FileOpenDialog is subordinated to WinCC-Runtime
hwnd=FindWindow("PDLRTisAliveAndWaitsForYou",NULL);
if (hwnd==NULL) {
   printf ("#E091: \"%s\" - WinCC Runtime not found!\r\n", IS_FUNCTION);
   return (-91);
}
//Init the OPENFILENAME structure
OpenFileName.lStructSize          = sizeof(OPENFILENAME);
OpenFileName.hwndOwner              = hwnd;
OpenFileName.hInstance             = NULL;
OpenFileName.lpstrFilter          = lpszFilter;
OpenFileName.lpstrCustomFilter = NULL;
OpenFileName.nMaxCustFilter       = 0;
OpenFileName.nFilterIndex         = 1;
OpenFileName.lpstrFile            = szFile;
OpenFileName.nMaxFile               = sizeof(szFile);
OpenFileName.lpstrFileTitle      = NULL;
```

```
OpenFileName.nMaxFileTitle      = 0;
OpenFileName.lpstrInitialDir    = lpszInitialDir;
OpenFileName.lpstrTitle         = lpszTitle;
OpenFileName.nFileOffset        = 0;
OpenFileName.nFileExtension     = 0;
OpenFileName.lpstrDefExt        = NULL;
OpenFileName.lCustData          = 0;
OpenFileName.lpfnHook           = NULL;
OpenFileName.lpTemplateName     = NULL;
OpenFileName.Flags=OFN_EXPLORER|OFN_FILEMUSTEXIST|OFN_HIDEREADONLY|OFN_
READONLY;
//Call the common dialog function.
bOK = GetOpenFileName(&OpenFileName);
if(!bOK){
  //no file selected
  printf ("#E0221: \"%s\" - GetOpenFileName() - no file selected!\r\n", IS_FUNCTION);
  return (-221);
}
//file selected
strcpy(lpszFileName,szFile);
return (0);
}

// WinCC_FileOpenDialog_Task1.fct
#include "apdefap.h"
int   WinCC_FileOpenDialog_Task1(char* lpszPictureName, char* lpszObjectName){
#ifdef IS_FUNCTION
#undef IS_FUNCTION
#endif
#define IS_FUNCTION    "WinCC_FileOpenDialog_Task1"
#define WINCC_FILEOPENDIALOG_VARNAME        "CRT3894_FileOpenDialog_szFile"
#define WINCC_FILEOPENDIALOG_DEFAULTPATH  "D:\\projekte\\nbg\\tmp"
char *pch;
int iRet;
char szFileName[MAX_PATH +20];
char szTitle[256] = "Select file";
char szInitialDir[MAX_PATH];
typedef struct{
  char szName[64];
  char szPattern[64];
}FILTER_type;
FILTER_type ascFilter[] ={
  {"special filter (cnf, txt, csv)", "*.cnf;*.txt;*.csv"},
  {"configuration file (*.cnf)", "*.cnf"},
  {"text file    (*.txt)", "*.txt"},
  {"csv file    (*.csv)", "*.csv"},
```

```
        {"all files  (*.*)", "*.*"},
        {"END", "END"},
    };
    FILTER_type *pscFilter;
    char szFilter[512];
    //prepare initial directory
    pch =   GetTagChar (WINCC_FILEOPENDIALOG_VARNAME);
    if (!pch){
        printf ("#E081: \"%s\" - GetTagChar(\"%s\") failed!\r\n", IS_FUNCTION, WINCC_FILEOPENDIALOG_
VARNAME );
        return (-81);
    }
    strcpy (szInitialDir, pch);
    pch = strrchr (szInitialDir, '\\');                 //split filename from path
    if (pch) *pch = '\0';                               //insert NULL-character to cut the string
    pch =strstr (szInitialDir, WINCC_FILEOPENDIALOG_DEFAULTPATH);//check for default path
    if (pch != szInitialDir) strcpy (szInitialDir, WINCC_FILEOPENDIALOG_DEFAULTPATH);
    //prepare buffer to initialize the filter combobox
    for (pch=szFilter,pscFilter=ascFilter; strcmp(pscFilter->szName,"END"); pscFilter++ ){
        strcpy(pch, pscFilter->szName);                 //copy name of the filter
        pch += strlen(pscFilter->szName);               //increment buffer
        *pch ='\0';                                     //NULL-character
        pch++;                                          //increment buffer
        strcpy(pch, pscFilter->szPattern);              //copy filter pattern
        pch += strlen(pscFilter->szPattern);            //increment buffer
        *pch ='\0';                                     //NULL-character
        pch++;                                          //increment buffer
    }//for
    *pch ='\0';                                         //extra NULL-character
    //Call the common file dialog
    printf ("#I410: \"%s\" - szTitle=\"%s\"   szInitialDir=\"%s\" szFileName=\"%s\" \r\n", IS_FUNCTION,
        szTitle, szInitialDir, szFileName);
    iRet = WinCC_FileOpenDialog(szTitle, szInitialDir,szFilter, szFileName);
    if (iRet != 0){
        //no file selected
        printf ("#I421: \"%s\" - no file selected!\r\n", IS_FUNCTION);
        return (421);
    }
    //file selected
    SetTagChar (WINCC_FILEOPENDIALOG_VARNAME, szFileName);
    printf ("#I420: \"%s\" - \"%s\" selected!\r\n", IS_FUNCTION, szFileName);
    return (0);
    }
```

对已打开的 Windows 文件打开对话框，遵守下列注意事项：

① 只有当已关闭该文件打开对话框（即已终止文件选择）时才能继续操作该系统。只

要在前台打开了文件打开对话框，正常的脚本顺序就被中断。

② 可使用文件打开对话框在系统目录结构中浏览。因为 WinCC 用户具有管理员权限，所以可在系统目录中创建、修改和删除文件。这可能严重影响系统的稳定性。只有具有较高授权的人员才应使用该函数。

10.3 使用 ActiveX 控件

OCX 和 ActiveX 对象提供了未被 WinCC 的对象默认包含的某些功能。WinCC 使 OCX 和 ActiveX 对象可以嵌入到画面中，从而实现更多复杂的功能。

ActiveX 是基于 COM（Component Object Model）的可视化控件结构的名称，是一种封装技术，提供封装 COM 组件并将其置入应用程序的一种方法。在操作系统中注册的所有 ActiveX 控件均可用于 WinCC。

10.3.1 在 WinCC 中直接插入 ActiveX 控件

WinCC 图形编辑器的“控件”选项卡中包含各种控件，这些控件可以直接插入到画面中。在“控件”选项卡选中“ActiveX 控件”单击鼠标右键选择“添加/删除”，打开“选择 OCX 控件”对话框，如图 10-4 所示。

图 10-4 “选择 OCX 控件”对话框

图 10-4 中“可用的 OCX 控件”列表显示已在操作系统注册的所有 ActiveX 控件。在读入注册信息之后，确切的数字显示在该区域的标题中。红色复选标记表示可在对象选项板的“控件”标签中获得的控件。所选择的 ActiveX 控件的路径和程序标识号均显示在“详细资料”域中。在图中勾选相应的“OCX”控件。单击“注册 OCX”按钮可以添加 OCX 控件，选中某一 OCX 控件单击“取消注册”则从列表中删除该控件。

在对象选项板中插入可用的 ActiveX 控件后，就可以采用拖放的方式将其插入到画面中了。

10.3.2 用 VBScript 访问 ActiveX 控件

画面中已经插入了外部的 ActiveX 控件，可以用 VBScript 中的 ScreenItems 对象来访问修改 ActiveX 控件对象的属性。例如在画面中插入了一个 ActiveX 控件，给它命名为“Control1”，那么可以通过以下的代码修改它的高度、宽度以及其他特殊属性等。

```
Dim Control
Set Control=ScreenItems(''Controll")
Control.Height=5
```

注意：VBScript 是操作对象的运行状态属性；而 VBA 是操纵对象的组态属性。

10.3.3 用 VBA 组态 ActiveX 控件

本例用 VBA 在画面中插入一个 ActiveX 控件的 WinCC Gauge 控件，并调整控件的属性。

```
Sub AddActiveXControl()
Dim objActiveXControl As HMIActiveXControl
Set objActiveXControl=ActiveDocument.HMIObjects.AddActiveXControl("WinCC_Gauge
", "XGAUGE.XGaugeCtrl.1")
End Sub
```

下面的例子中，在当前打开的画面中插入了 WinCC Gauge 控件，并把它命名为“WinCC_Gauge2”，然后修改其部分属性。需要注意 AddActiveXControl 函数的参数，第一个参数为插入控件的名称；第二个参数为属性 ProgID，其值可从图 10-8 的“选择 OCX 控件”对话框选中 WinCC Gauge Control 得到。

```
Sub AddActiveXControl()
Dim objActiveXControl As HMIActiveXControl
Set objActiveXControl=ActiveDocument.HMIObjects.AddActiveXControl("WinCC_Gauge 2", "XGAUGE.
XGaugeCtrl.1")
objActiveXControl.Top=40
objActiveXControl.Left=60
objActiveXControl.Properties("BackColor").value=RGB(255, 0, 0)
End Sub
```

10.4 利用脚本实现开放性数据交换

脚本自身可以访问所有 WinCC 图形对象的属性和方法，可访问 ActiveX 控件和其他制造商的对象模型。所以，可以控制对象的动态行为，与其他制造商的对象模型建立连接，例如与 Excel 和 SQL 数据库进行数据交换。

10.4.1 VBScript 实现开放性数据交换

VBScript 是微软的基于 Visual Basic 运行的脚本语言，可以用 VBScript 操纵 WinCC 的变量、对象，并编写独立于画面的动作。下面给出用 VBScript 来实现 WinCC 的开放性的例子。

【例 10-7】 VBScript 实现 WinCC 与 Excel 之间的数据交换。本例中输入/输出域中的值写入到了 Excel 表格中。

```
Dim objExcelApp
Set objExcelApp=CreateObject("Excel.Application")
objExcelApp.Visible=True
'ExcelExample.xls 必须在执行这个过程之前已经创建好
'用 ExcelExample.xls 文件的真实路径来替换<path>
ObjExcelApp.Workbooks.Open"<path>\ExcelExample.xls"
objExcelApp.Cells(4, 3).Value=ScreenItems("IOFieldl").OutputValue
objExcelApp.ActiveWorkbook.Save
objExcelApp.Workbooks.Close
objExcelApp.Quit
Set objExcelApp=Nothing
```

【例 10-8】 从 MS Access 中打开一个报表。

```
Dim objAccessApp
Set objAccessApp=CreateObject("Access.Application")
objAccessApp.Visible: True
'DbSample. mdb and RPT_WINCC_DATA 必须在执行这段过程之前已经创建好
'用数据库文件 DbSample.mdb 的真实路径替代<path>
objAccessApp.OpenCurrentDatabase"<path> \ DbSample. mdb".False
objAccessApp.DoCmd.OpenReport"RPT_WINCC_DATA", 2
objAccessApp.closecurrentDatabase
Set objAccessApp=Nothing
```

【例 10-9】 用 VBScript 打开 MS Internet Explorer。

```
Dim objIE
Set objIE=CreateObject("InternetExplorer.Application")
objIE.Navigate "http://www.ad.siemens.com.cn"
Do
Loop While objIE.Busy
objIE.Resizable=True
objIE.Width=500
objIE.Height=500
objIE.Left=0
objIE.Top=0
objIE.Visible=True
```

【例 10-10】 用 VBScript 组态数据库连接。

本例中 WinCC 变量值通过 ODBC driver 写到 Access 数据库。

1）创建 Access 数据库，在数据库中创建一张 WinCC_DATA 数据表。表中有两个字段

（ID，TagValue），ID 值是自动产生的值。

2）创建 ODBC 数据源，名称定义为 SampleDSN 指向上面的 Access Database。

3）编写下列程序：

```
Dim objConnection
Dim strConnectionString
Dim ingValue
Dim strSQL
Dim objCommand
strConnectionString="Provider=MSDASQL~DSN=SampleDSN；UID=；PWD=；"
ingValue=HMIRuntime.Tags("Tagl").Read
strSQL="INSERT INTO WINCC_DATA(TagValue)VALUES("&ingValue&")；"
Set objConnection=CreateObject("ADODB.Connection")
objConnection.ConnectionString=strConnectionString
objConnection.Open
Set objCommand=CreateObject("ADODB.Command")
With objCommand
    .ActiveConnection=objConnection
    .CommandText=strSQL
End With
objCommand．Execute
Set objCommand=Nothing
objConnection.Close
Set objConnection=Nothing
```

此处使用了 VB 中的数据库访问控件 ADO。ADO 控件是一种 OLE DB 的控件，也可以用作 ODBC 方式访问数据库。

10.4.2 C-Script 实现开放性数据交换

C-Script 是功能最全的脚本系统，它可以操纵 WinCC 所有对象的组态和运行属性。通过 C-Script 也可以进行一些开放性的操作。

【例 10-11】 用 C-Script 进行文件操作。

第一段代码是一个按钮触发的动作，其主要功能是从文件中读出字符串值，并把值送回 WinCC 变量。

```
#include"apdefap.h"
void OnClick(char*ipszPictureName，char*ipszObjectName，char*ipszPropertyName)
{
FILE*datei；
char t[20]；
char x[20]；
char*z；
datei=fopen("c:\\Temp\\variablen.txt"，"w')；//open file to read
if (datei!=NULL)
{
```

```
z=fgets(t,20,datei); //read 1.string from file
strncpy(&x[0], &t[0], strlen(&t[0])-1); //copy string in 2.Array except of \n
SetTagChar("Text_1",x);
z=fgets(t,20,datei);
SetTagChar("Text_2",t);
)
fclose(datei); //close file
}
```

第二段代码是把 WinCC 中的变量字符串值写到文件中。

```
#include "apdefap.h"
void OnClick(char*ipszPictureName, char*ipszObjectName, char*ipszPropertyName)
{
FILE*datei;
char*a;
char*b;
datei.fopen("C:\\Temp\\variablen.txt", "W"); //open file to write
if (datei!=NULL)
a=GetTagChar("Text_l");
b=GetTagChar("Text_2");
fprintf(datei,"%s\n%s",a,b);
}
fclose(datei); //close file
)
```

【例 10-12】 用 C-Script 调用系统时间。

```
#include "apdefap.h"
  char* _main(char*ipszPictureName, char*ipszObjectName, char*ipszProperty)
  {
#pragma code("kernel32.dll")
VOID GetLocalTime(LPSYSTEMTIME ipSystemTime);
#pragma code()
SYSTEMTIME sysTime;
Char szTime[6]='"';
GetLocalTime(&sysTime);
Sprintf(szTime,''%02d:%02d",sysTime.wHour,sysTime.wMinute):
Return szTime;
)
```

10.5 OPC 应用

OPC 是 OLE for Process Control 的缩写，即把 OLE 技术应用于工业控制领域。OLE 原意是“对象链接与嵌入”，随着 OLE2.0 的发布，其范围已远远超出了这个概念。现在的 OLE 包容了许多新的特征，如统一数据传输、结构化存储和自动化，已经成为独立于计算机语言、操作系统甚至硬件平台的一种规范，是面向对象程序设计概念的进一步延伸。OPC 建立在 OLE 规范之上，它为工业控制领域提供了一种标准的数据访问机制。现在多家自动化领域的著名厂商都支持 OPC 接口，从而使集成各个厂家的设备和应用程序就非常容易。

OPC 服务器实现了一套标准的 COM 接口，即 OPC 接口，任何一个 OPC 客户机都可以连接到由一个或多个供应商提供的 OPC 服务器上。只要工业自动化软件符合 OPC 规范，它不需要做任何修改就能一致地访问所有的 OPC 服务器实现的硬件驱动程序；而且 OPC 客户机可以透明地与网络计算机商的 OPC 服务器进行通信，对软件实现网络化极其方便。OPC 技术规范以 Microsoft 的 OLE/COM 设计为基础，它所定义的是一组接口规范，包括 OPC 自动化接口（Automation Interface）和客户化接口（Custom Interface）两个部分，其实质是在硬件供应商和软件开发商之间建立了一套完整的接口规则，只要遵循这套规则，数据交换对两者来说都是透明的，硬件供应商无需考虑应用程序的多种需求和传输协议，软件开发商也无需了解硬件的实质和操作过程。值得注意的是，OPC 技术规范定义的是 OPC 服务器程序和客户机程序进行接口或通信的一种规则，它不规定如何具体来实现这种接口。

10.5.1 WinCC 中的 OPC

WinCC 全面支持 OPC，可以作为 OPC 服务器和 OPC 客户机。集成在基本系统中的 OPC DA Server，可以让其他兼容 OPC 的应用程序访问 WinCC 的过程数据，进行进一步的数据处理。另外，可以通过 OPC HAD（History Data Access）来访问 WinCC 的归档数据。作为 HDA 服务器，其他应用程序可以访问 WinCC 所有的历史数据。

在一台计算机上安装 WinCC 时，自动添加下列 OPC 组件：OPC 服务器、OPC 通信驱动程序和 OPC 条目管理器。

当使用 WinCC 作为 OPC 客户机时，“OPC”通道必须添加到 WinCC 项目中。

由 WinCC 变量实现 OPC 服务器和 OPC 客户机之间的数据交换。通过 OPC 软件界面，WinCC OPC 服务器允许访问 WinCC 变量值。为此，在 WinCC OPC 客户机的 WinCC 项目中创建了一个连接，它访问 WinCC OPC 服务器的 WinCC 变量。为使组态更容易，提供了 OPC 条目管理器。

10.5.2 OPC 规范

WinCC 支持的 OPC 支持的 OPC 服务器遵循以下规范：

OPC DA：OPC Data Access 1.0a 和 2.0；

OPC HDA：OPC Historical Data Access 1.1；

OPC A&E：OPC Alarm&Events 1.0；

OPC XDA：OPC XML Data Access 1.0。

1. WinCC OPC DA

WinCC 既可以用作 OPC DA Server，也可以用作 OPC DA Client。

（1）WinCC 作为 OPC DA Server

因为有了 OPC DA Server，外部应用程序可以访问 WinCC 项目中的所有数据。这些应用程序可以和 WinCC 运行在同一台计算机上，也可以运行在网络中的另外一台计算机上。通过 OPC DA，WinCC Tag 可被导出到 Excel 中，如图 10-5 所示。

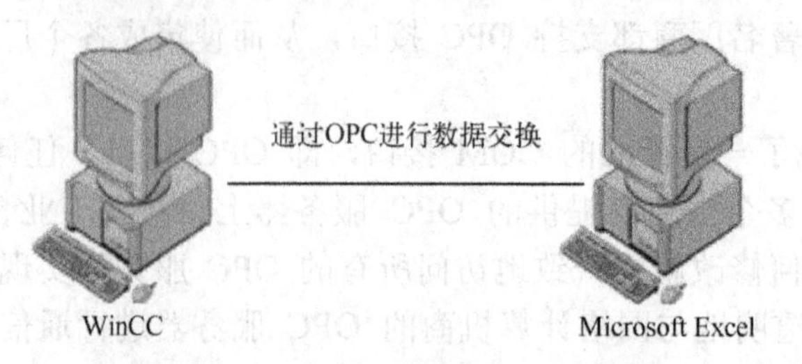

图 10-5　WinCC 通过 OPC 与 Excel 通信

（2）WinCC 作为 OPC DA Client

在 WinCC 管理器中加入 OPC 通信通道后，WinCC 就可以作为 WinCC Client 使用，如图 10-6 所示。

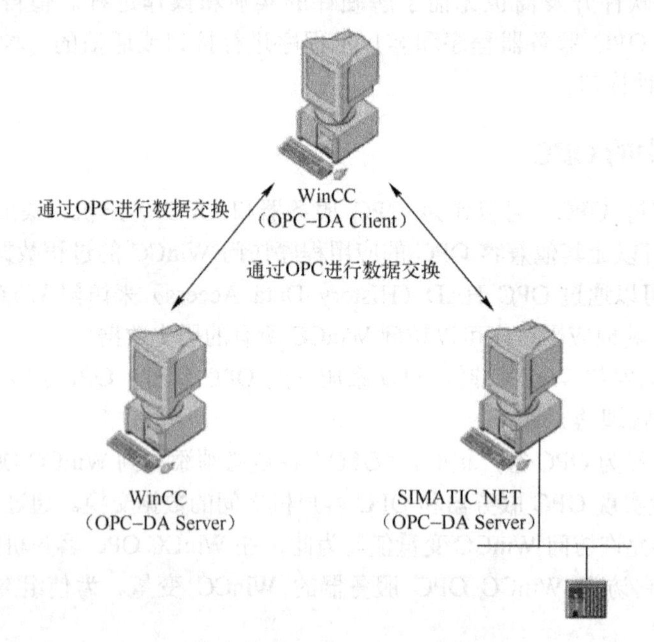

图 10-6　WinCC 作为 OPC DA Client

（3）使用多个 OPC Servers

多个 OPC DA Server 可以安装在同一台计算机上，并且可以同时并行运行。这样，WinCC OPC DA Server 和其他（第三方）OPC DA Server 可以同时在一台计算机上相互独立运行。WinCC OPC DA Client 可以通过第三方供应商提供的 OPC DA Server 来访问自动化设备上的过程数据。例如，MS Excel 中的 OPC Client 可以通过 WinCC OPC DA Server 来访问 WinCC 的数据，如图 10-7 所示。

有很多制造商都提供 OPC DA Server，每个 OPC DA Server 都有一个唯一的名字（ProgID）作为区分使用。OPC DA Client 必须用这个名字来访问 OPC Server。WinCC V6 中 OPC DA Server 的名字为 OPCServer.WinCC。

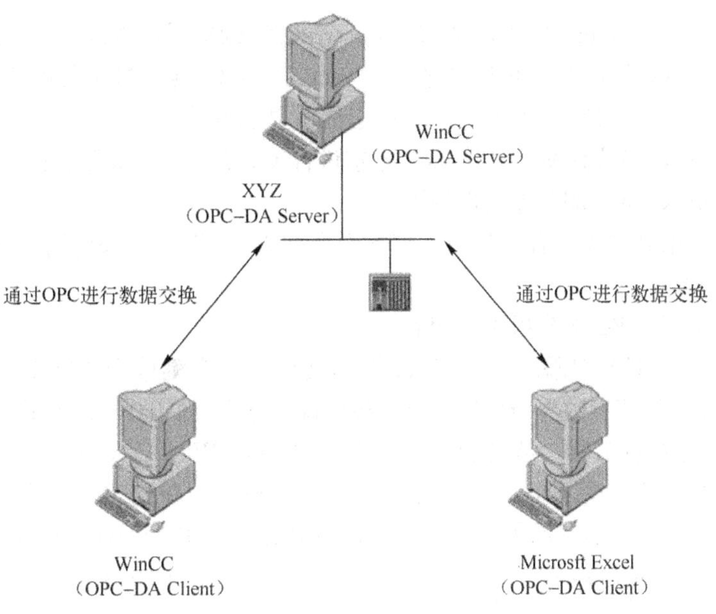

图 10-7　多个 OPC Server

2．WinCC OPC HDA Server

WinCC OPC HDA Server 是一个 DCOM 应用程序。OPC HDA Client 可以访问 Server 上的所有归档数据。使用 Item Handles 来访问数据，数据可以被读和分析。WinCC OPC HDA Server 遵循 OPC Historical Data Access 1.1 规范。WinCC OPC HDA Server 只能在 WinCC Server 上来完成。为了使用 WinCC OPC HDA Server，每个需要作为 WinCC OPC HDA Server 的 WinCC Server 上必须安装 Connectivity Pack 授权和 WinCC 基本系统的授权。

3．WinCC OPC A&E Server

WinCC OPC A&E Server 同样也是一个 DCOM 应用程序。OPC A&E Client 通过订阅的方式跟踪 WinCC 信息的状态变化。OPC A&E Client 在订阅时可以设置过滤条件，过滤条件决定了哪个消息的哪个属性需要显示。

WinCC OPC A&E Server 支持 OPC Alarm&Event 1.0 规范，WinCC OPC A&E Server 同样只能由 WinCC Server 来完成。为了具有 OPC A&E Server 的功能，WinCC Server 除了安装基本系统的授权之外，还需安装 Connectivity Pack 授权。

所有遵循 OPC Alarm&Event 1.0 规范的 OPC A&E 客户机都能够访问 OPC A&E Server。用户开发的 OPC A&E 客户机同样可以。用户开发 OPC 客户机是满足特殊需求的最佳方法。

OPC A&E 客户机可以用来分析以及归档来自于不同 OPC A&E Server 的消息。

10.5.3　OPC 应用举例

下面通过几个例子让读者理解 WinCC 中 OPC 的运用。

【例 10-13】 WinCC 连接到 WinCC，此两台计算机位于相同网络中。

为了将 WinCC 连接到 WinCC，WinCC 变量“OPC_Server_Tag”用于交换 WinCC 服务器和 WinCC OPC 客户机之间的数据。在 WinCC OPC 客户机上的 WinCC 变量“Client_OPC_Server_Tag_xyz”访问 WinCC 变量“OPC_Server_Tag”。如果 WinCC OPC 服务器上的

WinCC 变量“OPC_Server_Tag”的数值改变，WinCC OPC 客户机上的 WinCC 变量“Client_OPC_Server_Tag_xyz”的数值也同样改变。WinCC OPC 客户机上的改变也导致在 WinCC OPC 服务器上的改变。I/O 域在两台计算机上同时显示变量。

为了使 WinCC 连接到 WinCC，需要分别进行 WinCC OPC 服务器和客户机上的组态。

（1）在 WinCC OPC 服务器上的组态

新建一个数据类型为“有符号 16 位数”名称为“OPC_Server_Tag”的内部变量，与画面中的 I/O 域连接。

（2）在 WinCC OPC 客户机上的组态

在变量管理编辑器中添加“OPC.chn”驱动程序，右键单击“OPC Groups （OPCHN Unit #1）”选择“系统参数”，打开“OPC 条目管理器”，如图 10-8 所示，单击作为 WinCC OPC 服务器的计算机名称，从列表中选择“OPCServer.WinCC”。单击“浏览服务器”按钮将显示“过滤标准”对话框。在“过滤标准”对话框中，单击“下一步”按钮，选择变量“OPC_Server_Tag”。单击“添加条目”按钮，建立连接“OPCServer_WinCC”。

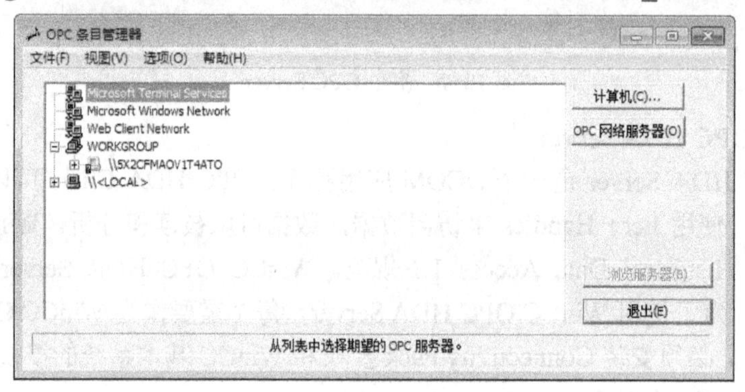

图 10-8　OPC 条目管理器

“添加变量”对话框如图 10-9 所示，在“前缀”域中输入“Client_”，在“后缀”域中输入“_xyz”，选择连接“OPCServer_WinCC”。

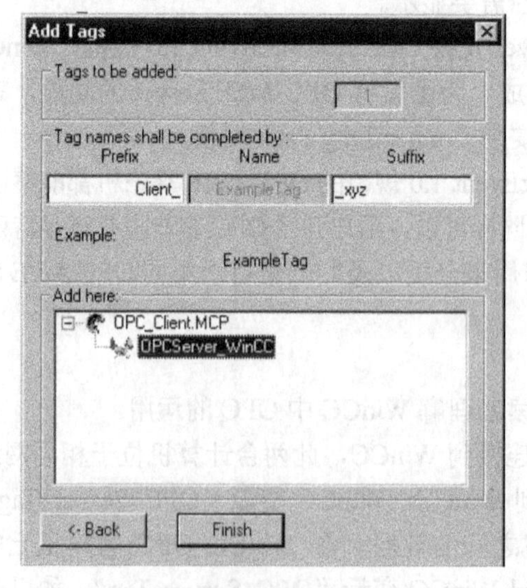

图 10-9　“添加变量”对话框

返回，关闭OPC条目管理器。

建立画面，插入I/O域，将其与变量“Client_OPC_Server_Tag_xyz”连接。

运行项目，观察效果。

【例10-14】 WinCC连接到Excel。

此例中，在Microsoft Excel的Visual Basic编辑器中创建一个OPC客户机。在WinCC OPC服务器的WinCC项目中OPC客户机访问WinCC变量并且在单元格中输出该数值。如果在单元格中输入一个新的数值，该值将会转送到WinCC OPC服务器上。

为了实现组态，Microsoft Excel中需要执行下列组态：

1．在Microsoft Excel的Visual Basic编辑器中创建OPC客户机

启动一个Excel的新工作簿，在“工具”菜单单击“宏→Visual Basic编辑器”打开Microsoft Excel的Visual Basic编辑器，在Visual Basic编辑器的“工具”菜单中，单击“引用”，打开“引用-VBAProject”对话框，如图10-10所示，从“可使用的引用”列表中，勾选“Siemens OPC DAAutomation 2.0”或“OPC Automation2.0”条目。

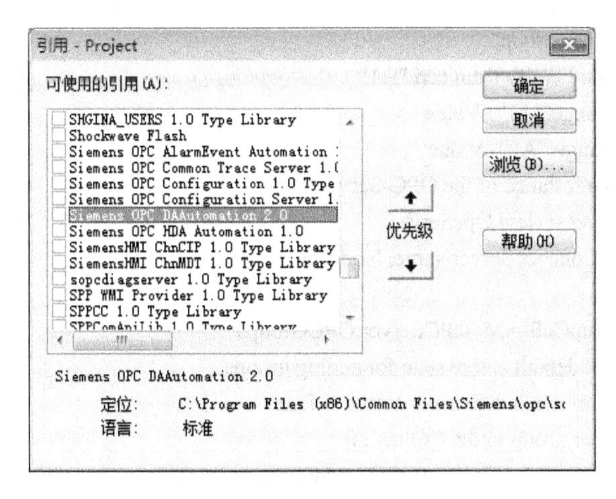

图10-10 “引用-VBAProject”对话框

双击“Sheet1”条目，在VisualBasic编辑器的项目窗口中打开新的代码窗口，输入如下代码：

```
Option Explicit
Option Base 1

Const ServerName = "OPCServer.WinCC"

Dim WithEvents MyOPCServer As OpcServer
Dim WithEvents MyOPCGroup As OPCGroup
Dim MyOPCGroupColl As OPCGroups
Dim MyOPCItemColl As OPCItems
Dim MyOPCItems As OPCItems
Dim MyOPCItem As OPCItem
```

```
Dim ClientHandles(1) As Long
Dim ServerHandles() As Long
Dim Values(1) As Variant
Dim Errors() As Long
Dim ItemIDs(1) As String
Dim GroupName As String
Dim NodeName As String

'-------------------------------------------------------------------
' Sub StartClient()
' Purpose: Connect to OPC_server, create group and add item
'-------------------------------------------------------------------
Sub StartClient()
  ' On Error GoTo ErrorHandler
  '----------- We freely can choose a ClientHandle and GroupName
  ClientHandles(1) = 1
  GroupName = "MyGroup"
  '----------- Get the ItemID from cell "A1"
  NodeName = Range("A1").Value
  ItemIDs(1) = Range("A2").Value
  '----------- Get an instance of the OPC-Server
  Set MyOPCServer = New OpcServer
  MyOPCServer.Connect ServerName, NodeName

  Set MyOPCGroupColl = MyOPCServer.OPCGroups
  '----------- Set the default active state for adding groups
  MyOPCGroupColl.DefaultGroupIsActive = True
  '----------- Add our group to the Collection
  Set MyOPCGroup = MyOPCGroupColl.Add(GroupName)

  Set MyOPCItemColl = MyOPCGroup.OPCItems
  '----------- Add one item, ServerHandles are returned
  MyOPCItemColl.AddItems 1, ItemIDs, ClientHandles, ServerHandles, Errors
  '----------- A group that is subscribed receives asynchronous notifications
  MyOPCGroup.IsSubscribed = True
  Exit Sub

ErrorHandler:
  MsgBox "Error: " & Err.Description, vbCritical, "ERROR"
End Sub

'-------------------------------------------------------------------
' Sub StopClient()
' Purpose: Release the objects and disconnect from the server
'-------------------------------------------------------------------
Sub StopClient()
```

```
    '----------- Release the Group and Server objects
    MyOPCGroupColl.RemoveAll
    '----------- Disconnect from the server and clean up
    MyOPCServer.Disconnect
    Set MyOPCItemColl = Nothing
    Set MyOPCGroup = Nothing
    Set MyOPCGroupColl = Nothing
    Set MyOPCServer = Nothing
End Sub

'-----------------------------------------------------------------
' Sub MyOPCGroup_DataChange()
' Purpose: This event is fired when a value, quality or timestamp in our Group has changed
'-----------------------------------------------------------------
'----------- If OPC-DA Automation 2.1 is installed, use:
Private Sub MyOPCGroup_DataChange(ByVal TransactionID As Long, ByVal NumItems As Long,
ClientHandles() As Long, ItemValues() As Variant, Qualities() As Long, TimeStamps() As Date)
    '----------- Set the spreadsheet cell values to the values read
    Range("B2").Value = CStr(ItemValues(1))
    Range("C2").Value = Hex(Qualities(1))
    Range("D2").Value = CStr(TimeStamps(1))
End Sub

'-----------------------------------------------------------------
' Sub worksheet_change()
' Purpose: This event is fired when our worksheet changes, so we can write a new value
'-----------------------------------------------------------------
Private Sub worksheet_change(ByVal Selection As Range)
    '----------- Only if cell "B3" changes, write this value
    If Selection <> Range("B3") Then Exit Sub
    Values(1) = Selection.Cells.Value
    '----------- Write the new value in synchronous mode
    MyOPCGroup.SyncWrite 1, ServerHandles, Values, Errors
End Sub
```

在“文件”菜单单击“保存”且“关闭并且返回到 Microsoft Excel”。

2．在 Excel 中组态访问 WinCC 变量

在 OPC 服务器的 WinCC 项目中创建一个数据类型为“有符号 16 位数”名称为“OPC_Excel”的内部变量，与一个 I/O 域连接。

激活 WinCC OPC 服务器的 WinCC 项目。

在 Microsoft Excel 的单元格“A1”中，输入用作 WinCC OPC 服务器的计算机名称。在单元格“A2”中，输入变量名称“OPC_Excel”。

在 Microsoft Excel 的“工具”菜单中，单击“宏”将打开“宏”对话框。在“宏名称”域选中“Sheet1.StartClient”单击“执行”按钮，则在单元格“B2”中输出变量的数值，在“C2”中输出质量代码并且在“D2”中输出时间标志。在单元格 B3 中输入一个新的数值。

WinCC OPC 服务器的 I/O 域将显示改变的值。

在“工具”菜单打开“宏”对话框。在“宏名称”域中，选中“Sheet1.StopClient”单击“执行”按钮来停止 OPC 客户机。

【例 10-15】 以 S7-200 与 WinCC 通过 OPC 进行通信为例。

1．用 PC Access 建立 OPC 服务器

PC Access 是专为 S7-200 PLC 所做的 OPC 服务器，内置 OPC 测试 Client 端；可以添加 Excel 客户端，用于简单的电子表格对 S7-200 数据进行监控；提供任何 OPC Client 端的标准接口。

安装 PC Access 后运行，设置 PG/PC 通信接口为“PC/PPI 电缆（PPI 协议）”与 S7-200 通信；之后，增加新 PLC（PLC1）、文件夹（NET1）和项目（ITEM1……），如图 10-11 所示。

建好的数据可以作客户端测试：将建立的数据拖到[测试客户机]栏中，选择下拉菜单“状态”启动测试客户机，测试所建项目，如果“质量”显示“好”，表示通信数据正确，保存文件，则要检查接口或者重新设置。

图 10-11 PC Access 建立链接的数据

2．WinCC 的 OPC 客户端建立连接

WinCC 项目管理器在“变量管理”中“添加新的驱动程序”，选择 OPC 的 WinCC 通信驱动程序(*.CHN)；则在“变量管理”中会出现该驱动程序的变量组。

右键单击“OPC GROUPS”选择“新的程序链接”，将打开 OPC 条目管理器；选择“LOCAL”中的 S7200.OPCServer，并点击“浏览服务器”，弹出“过滤标准”对话框，如图 10-12 所示。

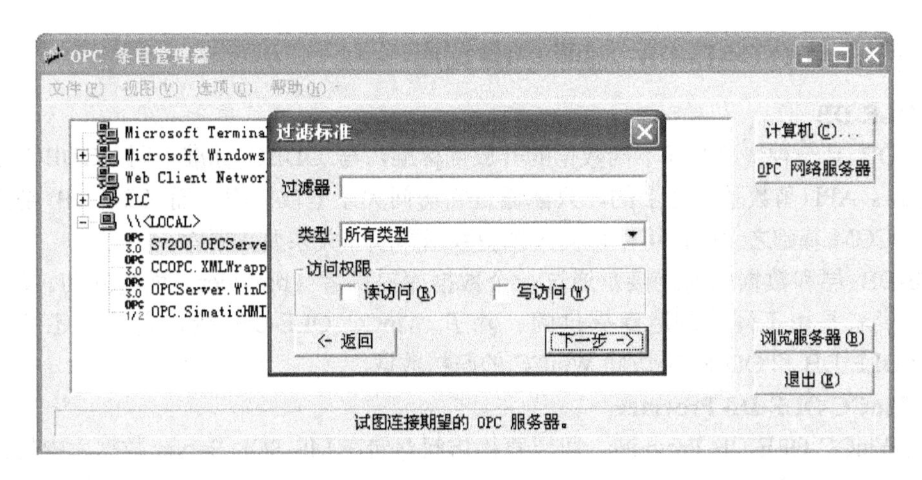

图 10-12　建立 WinCC OPC Client

单击图 10-12 中“下一步”按钮，打开已经建立的 S7200.OPCSERVER 对话框；选择已建的 ITEMS，并选择“添加条目”，单击“完成”后，在 OPC GROUPS 下将出现 S7200_OPCSERVER 的连接以及添加的条目，如图 10-13 所示，完成变量的链接。

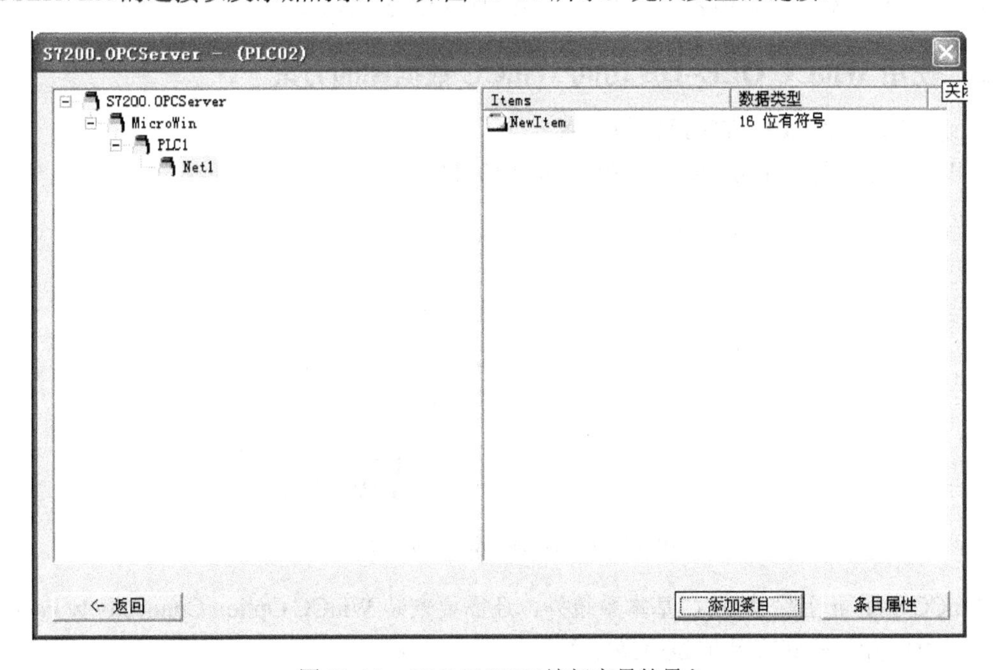

图 10-13　OPC CLIENT 访问变量的导入

10.6　WinCC 数据库直接访问方法

不同的供应商提供了可用于访问数据库的接口，这些接口也允许直接访问 WinCC 归档数据库。例如使用直接访问可以读出过程值，以便在电子表格程序中进行处理。可以通过 ADO/OLE-DB、OPC HDA 和 ODK API 等多种方式访问数据库。

10.6.1　使用 ADO/OLE-DB 访问归档数据库

1．OLE-DB

OLE-DB 是一种快速访问不同数据的开放性标准，与 ODBC 标准不同。ODBC 是建立在 Windows API 函数基础之上的，只能通过它访问关系型数据库。而 OLE-DB 是建立在 COM 和 DCOM 基础之上的，可以访问关系型数据库或非关系型数据库。

OLE-DB 层和数据库的连接是通过一个数据库提供者（provider）而建立的。OLE-DB 接口和提供者是由不同的制造商提供的。除了 WinCC OLE-DB 接口之外，还可以通过 Microsoft OLE-DB 和 ODBC 来访问 WinCC 的归档数据。

2．WinCC OLE-DB Provider

通过 WinCC OLE-DB Provider，可以直接访问存储在 MS SQL Server 数据库中的数据。在 WinCC 中，采样周期小于或等于某一设定时间周期的数据归档，以一种压缩的方式存放在数据库中。WinCC OLE-DB Provider 允许直接访问这些值。

3．Microsoft OLE-DB/ODBC

使用 Microsoft OLE-DB/ODBC，只能访问没有压缩的过程值和报警消息。如果远程访问 MS SQL Server 数据库，则需要一个 WinCC 客户访问授权（CAL）。

10.6.2　使用 WinCC OLE-DB 访问 WinCC 数据库的方案

1．访问本地 WinCC 实时运行数据库

可以在本地计算机上分析归档数据，如图 10-14 所示。

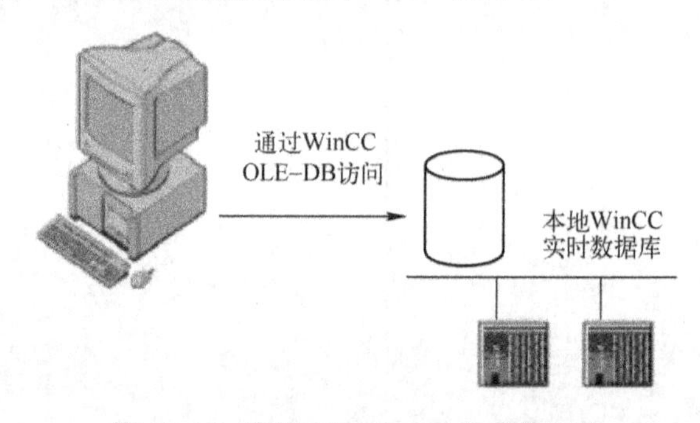

图 10-14　访问本地 WinCC 实时数据库

WinCC Station 上除 WinCC 基本系统外，还需要安装 WinCC Option Connectivity Pack。

2．远程访问 WinCC 实时运行数据库

Connectivity Pack Client 远程访问 WinCC Station 上的 WinCC RT 数据库。通过 WinCC OLE-DB Provider、Connectivity Pack Client 读取过程值归档和报警信息归档，如图 10-15 所示。在 Connectivity Pack Client，数据可以被显示、分析或做更进一步的处理。

WinCC Station 上除 WinCC 基本系统外，还需要安装 WinCC Option Connectivity Pack。

Connectivity Pack 客户机可以有下列两种情况：

① WinCC Runtime 运行在客户机上。

② 客户机上没有 WinCC 软件，那么，Connectivity Pack Client 和一个 WinCC Client Access Licence 需要安装在客户机上。

3. 访问本地归档数据库

从运行数据库复制数据库到本地计算机的另外一个目录下。本地归档数据可以显示、查找和分析，如图 10-16 所示。

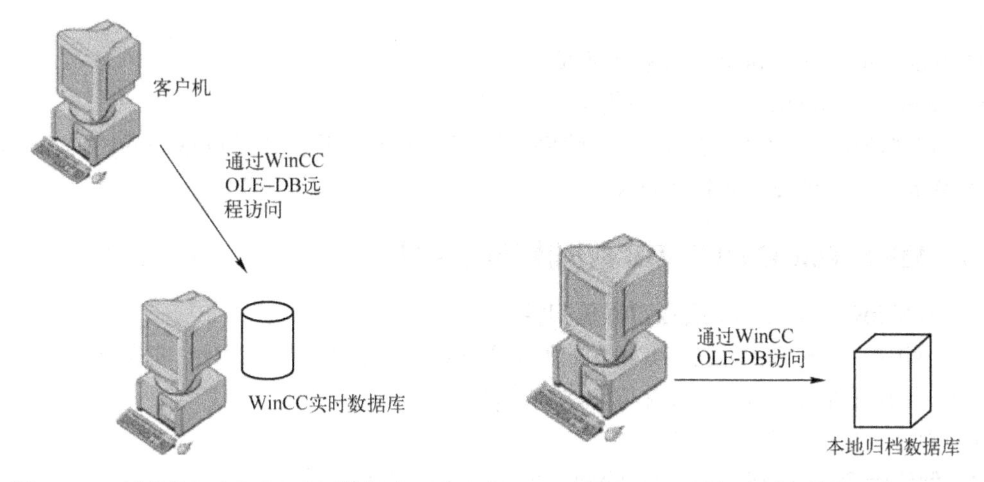

图 10-15 远程访问 WinCC 实时数据库　　图 10-16 访问本地归档数据库

WinCC Station 上除 WinCC 基本系统外，还需要安装 WinCC Option Connectivity Pack。

4. 远程访问 WinCC 长期归档数据库

长期归档服务器用来备份过程值归档和报警信息归档。例如，每月使用 Archive Connector，交换出的数据归档可以重新连接到 SQL Server。这些归档可以再次利用 WinCC OLE-DB Provider 来访问，如图 10-17 所示。

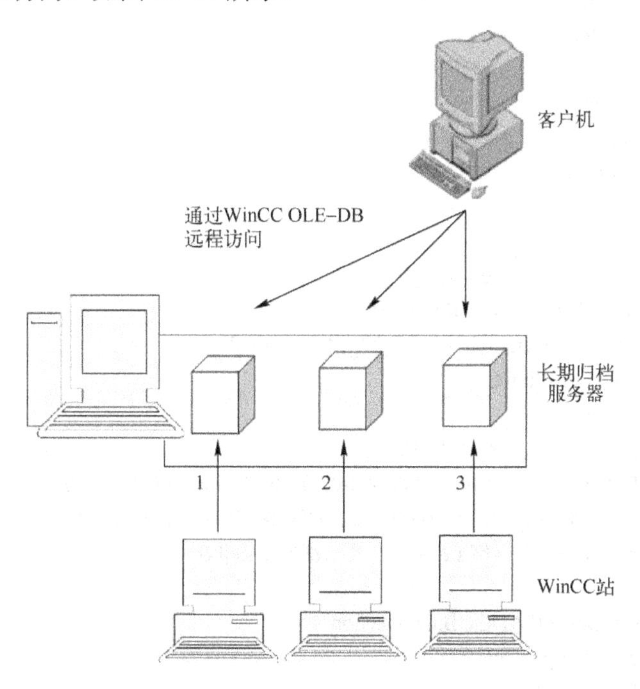

图 10-17 远程访问 WinCC 长期归档数据库

Connectivity Pack Client 通过 WinCC OLE-DB Provider 来访问归档。利用 VB 应用程序，可以分析归档值。

长期归档服务器需要安装 Connectivity Pack Server 和 WinCC Option Connectivity Pack 的授权。

Connectivity Pack Client 可以有下列情况：

① WinCC Runtime 运行在客户机上。

② 若客户机上没有安装 WinCC 软件，则客户机上需要安装 Connectivity Pack Client 和一个 WinCC Client Access Licence。

10.6.3 ADO/WinCC OLE-DB 数据库访问举例

1．用 WinCC OLE-DB 读取过程值归档

在本例中，变量 Tag1 最后 10 min 的值从 WinCC 运行数据库中读出，并显示在一个 List View 中，输出值限制在 1000 以内。具体步骤如下：

1）创建一个 WinCC 变量 Tag1。

2）创建一个过程值归档 PVArchivel，把 Tagl 和归档相连接。

3）创建一个 VB 工程，连接 MS Windows Common Controls 6.0 “ListView Control”，命名为 ListViewl。ListViewl 中的列由脚本创建。

4）创建一个命令按钮，把下面的脚本复制到按钮事件中。

```
Dim sPro As String
Dim sDsn As String
Dim sSer As String
Dim soon As String
Dim sSql As String
Dim conn As Object
Dim ors As Object
Dim oCom As Object
Dim oItem As ListItem
Dim m，n，s
‘#为 ADODB 创建 connection string
sPro=”Provider=WinCCOLEDBProvider.1;”
sDsn=”Catalog=CC_OpenArch_03_05_27_14_11_46R;’’
sSer=”Data Source=.\WinCC’’
sCon=sPro+sDsn+sSer
    ‘#在 sSql 定义命令文本（相对时间）
sSql=”TAG:R, ‘PVArchive\Tagl’, ‘0000-00-00 00:10:00.000’,’0000-00-00 00:00:00.000‘”
’sSql=”TAG:R,1,‘0000-00-00 00:10:00.000’,’0000-00-00 00:00:00.000’“
MsgDOx ”Open with：”& vbCr & sCon  &  vbCr & sSql & vbCr
‘#建立连接
Set conn=CreateObject(”ADODB.Connection”)
corln.ConnectionString=sCon
corm.CursorLocation=3
coon.Open
```

```
'#使用命令文本进行查询
Set oRs=CreateObject("ADODB.Recordset")
Set oCom=CreateObject("AIX)DB.Command")
oCom.CommandType=1
Set oCom.ActiveConnection=conn
oCom.CommandText=sSql
'#填充记录集
Set oRs=oCom.Execute
m=oRs.Fields.Count
'#用记录集填充标准 listview 对象
ListViewl.ColumnHeaders.Clear
ListViewl.ColumnHeaders.Add,,CStr(oRs.Fields(1).Name),140
ListViewl.ColumnHeaders.Add,,CStr(oRs.Fields(2).Name),70
ListViewl.ColumnHeaders.Add,,CStr(oRs.Fields(3).Name),70
If (m>0) Then
oRs.MoveFirst
n=0
Do While Not oRs.EOF
n=n+1
S=Left(CStr(oRs.Fields(1).Value),23)
Set oItem=ListViewl.ListItems.Add()
oItem.Text=Left(CStr(oRs.Fields(1).Value),23)
oItem.SubItems(1)=FormatNumber(oRs.Fields(2).Value,4)
oItem.SubItems(2)=Hex(oRs.Fields(3).Value)
If (n>1000) Then Exit Do
oRs.MoveNex-t
Loop
oRs.Close
Else
End If
Set oRs=Nothing
coon.Close
Set conn=Nothing
```

注意：在脚本中要把 WinCC Runtime Database 的名称 CC_OpenArch_03_05_27_14_11_46R 改为自己的工程数据库的名称。数据库名称可通过 SQL Server Group><Computer Name>/WinCC>Databases><DatabaseName_R>来查看。

5）激活 WinCC 工程，启动 VB 应用程序，单击“命令”按钮。

2．用 ADO/WinCC OLE-DB 查看报警信息归档

在此例中，从报警消息归档数据中读取 10 min 时间间隔的数据。数据带有时间标记、消息编号、状态和消息类型显示在 ListView 对象中。具体步骤如下：

1）在报警记录中组态报警，激活报警记录。

2）创建一个 VB 工程，连接 MS Windows Common Controls 6.0 “ListView Control”，命名为 ListViewl。ListViewl 中的列由脚本创建。

3）创建一个命令按钮，把下面的脚本添加到按钮事件中。

```
Dim sPro As String
Dim sDsn As String
Dim sSer As String
Dim sCon As String
Dim sSql As String
Dim conn As Object
Dim ors As Object
Dim oCom As Object
Dim oltem As ListItem
Dim m,n,s
't#为 ADODB 创建 connection string
sPro="Provider=WinCCOLEDBProvider.1;"
sDsn="Catalog=CC_0penArch_03_05_27_14_11_46R;"
sSer="Data Source=.\WinCC"
sCon=sPro+sDsn+sSer
'#在 sSql 定义命令文本(相对时间)
sSql="ALARMVIEW:Select*FROM  AlgViewEnu  WHERE  DateTime>'2003-07-30  11:30:00'  AND
DateTime<'2003-07-30 11:40:00'"
'sSql="ALARMVlEW:Select*FROM AlgViewEnu WHERE MsqNr=5"
'sSql="ALARMVIEW:Select*FROM AlgViewEnu"
MsgBox "Open with:" & vbCr &sCon & vbCr & sSql & vbCr
'#建立连接
Set conn=createObject("ADODB.Connection")
conn.ConnectionString=sCon
conn.CursorLocation=3
conn.Open
'#使用命令文本进行查询
Set oRs=CreateObject("ADODB.Recordset")
Set oCom=CreateObject("ADODB.Command")
oCom.CommandType=1
Set oCom.ActiveConnection=conn
oCom.CommandText=sSql
'#填充记录集
Set oRs=oCom.Execute
m=oRs.Fields.Count
'#用记录集填充标准 listview 对象
ListViewl.ListItems.Clear
ListViewl.ColumnHeaders.Clear
ListViewl.ColumnHeaders.Add,,CStr(oRs.Fields(2).Name),140
ListViewl.ColumnHeaders.Add,,CStr(oRs.Fields(0).Name),60
ListViewl.ColumnHeaders.Add,,CStr(oRs.Fields(1).Name),60
ListViewl.ColumnHeaders.Add,,CStr(oRs.Fields(34).Name),100
If (m>0) Then
oRs.MoveFirst
n=0
```

```
Do While Not oRs.EOF
n=n+1
If (n<1000) Then
s=Left(CStr(oRs.Fields(1).Value),23)
Set oItem=ListViewl.Listltems.Add()
oItem.Text=CStr(oRs.Fields(2).Value)
oItem.SubItems(1)=CStr(oRs.Fields(0).Value)
oItem.SubItems(2)=CStr(oRs.Fields(1).Value)
oItem.SubItems(3)=CStr(oRs.Fields(34).Value)
End If
oRs.MoveNext
Loop
oRs.Close
E1se
End If
Set oRs=Nothing
conn.Close
Set conn=Nothing
```

注意：在脚本中把 WinCC Runtime Database 的名称 CC_OpenArch_03_05_27_14_11_46R 改为自己的工程数据库的名称。数据库名称可在 SQL EnterPrise Manager 中通过 SQL Server Group><ComputerName>/WinCC>Databases><Database Name R>查看。

4）激活 WinCC 工程，启动 VB 应用程序，单击“命令”按钮。

10.7 习题

1．说说 WinCC 的开放性体现在哪些地方？

2．在 WinCC 中使用 Windows Media Player 控件，并通过 VBS 脚本控制其启动停止。

3．WinCC 数据库直接访问的方法有哪些，以实例进行演示。

第11章 系统组态

11.1 WinCC客户机/服务器组态

WinCC 通过组态客户机/服务器系统，可以将系统操作和监控的功能分配到多个客户机和服务器上。对于较大的系统，这样的组态方式既可以降低单台计算机的负担，也可以增强系统的性能。

11.1.1 WinCC客户机/服务器结构

WinCC客户机/服务器结构（Client/Server结构，以下简称C/S结构）是在计算机网络基础上，以数据库管理为后援，以计算机为工作站的一种系统结构。C/S 结构包括一个网络中的多台计算机，那些处理应用程序请求另外一台计算机的服务的计算机称为客户机（Client），而处理数据库的计算机称为服务器（Server）。客户机/服务器功能描述如表 11-1 所示。

表 11-1 客户机/服务器功能描述

客户机功能	服务器功能
管理用户接口	从客户机接受数据库请求
从用户接受数据	处理数据库请求
处理应用逻辑	格式化结果并传送给客户机
产生数据库请求	执行完整性检查
向服务器发送数据库请求	提供并行访问控制
从服务器接受结果	执行恢复
格式化结果	优化查询和更新处理

客户机运行那些使用户能阐明其服务请求的程序，并将这些请求传送到服务器。由客户机执行的处理为前端处理（front-end processing）。前端处理具有所有与提供、操作和显示数据相关的功能。

在服务器上执行的计算称为后端处理（back-end processing）。后端硬件是一台管理数据资源并执行引擎功能（如存储、操作和保护数据）的计算机。

通过将任务合理分配到Client端和Server端，降低了系统的通信开销，可以充分利用两端硬件环境的优势。

WinCC 可组态含有多个客户机和服务器的客户机/服务器系统，从而更有效地操作和监控大型系统。通过在多个服务器中分配操作和监控的任务，平衡了服务器的使用率，从而使性能得到改善。此外，也可以使用WinCC构建具有复杂技术或拓扑结构的系统。

1. WinCC 可实现的客户机/服务器方案

根据应用情况，可以使用 WinCC 来实现不同的客户机/服务器方案。WinCC 服务器类型和特点如表 11-2 所示。

表 11-2　WinCC 服务器类型和特点

客户机/服务器实现方案	特点
多用户系统	多个操作站通过过程驱动器连接访问服务器上的项目。单个操作站可以执行同样的或不同的任务。在多用户系统的情况下，没有必要组态客户机。服务器负责实现所有公共功能
分布式系统	分布任务在多个服务器的结果，减轻了单个服务器的负荷。客户机可具有自己的工程来浏览多个服务器上的数据，使大型应用程序系统获得更好的性能
文件服务器	WinCC 文件服务器是具有最小 WinCC 组件组态的服务器。可以将项目保存在文件服务器上并集中管理。因此，可更方便地创建所有项目的定期备份副本
长期归档服务器	长期归档服务器用于保存归档备份副本。不带有过程驱动器连接的服务器将用作长期归档服务器；具有过程驱动器连接的服务器将其归档备份数据副本传送到该服务器上
中央归档服务器	集中归档多个 WinCC 服务器和其他数据源相关过程数据。这样，用于分析和可视化的过程数据可用于整个公司。使用开放接口，例如用 OPC、OLE-DB、ODBC 来存储 WinCC 历史记录中各种数据源的数据。此外，也可访问集中归档服务器上的数据。通过 WinCC 趋势控件或 WinCC 报警控件，WinCC 历史记录的数据可以在 WinCC 过程画面中显示
服务器-服务器通信	在两个服务器之间进行通信时，一个服务器可以访问另一个服务器上的数据。一个服务器可以访问多达 12 个其他服务器或冗余服务器对上的数据。在组态和操作方面，进行数据访问的服务器与客户机相同，除非不能组态成标准服务器
冗余服务器	WinCC 冗余用于组态冗余系统。可将两台服务器连接在一起进行并行操作。如果其中一台服务器出现故障，将自动切换。总体上，这将增加 WinCC 和设备的可用性

2. WinCC 中客户机和服务器可能的数目

可根据需求组态不同的客户机/服务器方案。WinCC 客户机种类包括客户机、Web 客户机和瘦客户机，如表 11-3 所示。

表 11-3　WinCC 客户机种类

名称	使用	备注
WinCC 客户机	根据组态的不同，客户机/服务器系统中的客户机可以： 在多台客户机上显示来自同一台服务器的视图（多用户系统）； 在客户机上显示多台服务器的视图（分布式系统）； 从客户机上组态服务器项目（远程）； 从客户机上激活和取消激活服务器项目（远程）	每台服务器上都需要“WinCC Server”选件
Web 客户机	Web 客户机安装在客户机/服务器系统中，例如在下列情况时： 需要通过窄带连接访问系统时； 只需要临时访问数据时； 必须远距离(例如通过 Internet)访问数据时。 Web 客户机具有下列优点： 可使用具有不同操作系统的客户机； 可以通过多台 Web 客户机同时访问一台服务器； 可实现大型的数量结构	需要“WinCC Web Navigator”选件
瘦客户机	瘦客户机基本上具有与 Web 客户机相同的主要特性以及附加的特性，还可以在以 Windows CE 为基础的客户机平台上使用（例如 MP370），也可以使用移动客户机（例如 Mobic）	需要“WinCC Web Navigator”选件

根据所使用客户机的类型和数目，可实现不同的数量结构；也可以是混合系统，表示在一个客户机/服务器系统中同时使用客户机和 Web 客户机。

根据所使用客户端的类型和数目，可实现不同的数量结构。可以使用混合系统，意味着可以在一个客户端/服务器系统中同时使用客户端和 Web 客户端。如果仅使用客户端，则在 WinCC 网络中最多有 50 个并行客户端可访问服务器。在运行系统中，一个客户端最多可访问 18 台服务器。最多可使用 36 台服务器，其形式为 18 个冗余服务器对。使用 Web 客户端时，上限为 151 个客户端（1 个客户端和 150 个 Web 客户端）。在这样的系统中，最多可使用 36 台服务器，其形式为 18 个冗余服务器对。

在组态混合系统时，应遵守下列经验规则，以获得最大的数量结构。

① 每种客户机类型均具有一个值。

② 网络客户机/瘦客户机=1。

③ 客户机=2。

④ 具有“组态远程”功能的客户机=4。

在 WinCC 服务器不带操作功能的情况下，每个服务器上所有客户机数值的总和不应超过 60；对于带有操作功能的服务器，数值的总和不应超出 16。表 11-4 所示为客户机数目计算举例。

表 11-4　客户机数目计算表

组件	含义
2 个具有“远程组态”功能的客户机	2×4=8
4 个客户机	4×2=8
44 个网络客户机	44×1=44
总和	60

11.1.2　多用户系统组态

多用户系统由一台服务器和多个操作站（客户机）组成。

1．多用户结构的服务器组态

通常对于小的系统，即数据不需要分布到多个服务器的情况下，组态带有过程驱动器连接的单服务器。多个操作站通过过程驱动器连接访问服务器上的项目。单个操作站可以执行同样的或不同的任务。

多用户系统的应用领域包括如下：

① 希望在不同的操作控制台上显示与同一过程相关的不同信息。例如，用户可以使用一个操作控制台来显示过程画面，使用第二个操作控制台专门实现显示和确认消息的功能。操作控制台既可以并排布置，也可以位于完全不同的位置。数据由服务器　提供。

② 希望操作来自多个不同位置的过程。例如，沿生产线的不同位置组态用户授权，来定义某个操作控制台上操作员可用的功能。

2．组态步骤

1）在服务器上创建类型为“多用户项目”的新项目，输入项目名称和路径。通常，用 WinCC 安装目录中的 WinCC Projects 文件夹作项目路径。当前项目将自动作为服务器项目。

2）在服务器上组态必要的项目数据，包括画面、归档、变量等。

3）具有远程组态能力的客户机必须在服务器上的计算机列表中注册。打开 WinCC 项目管理器选中“计算机”项，右键单击选择“添加新计算机”打开“计算机属性”对话框，如图 11-1 所示，输入能访问当前服务器的计算机的名称，并指定访问计算机是客户机，还是服务器计算机。单击“确定”按钮，以便将计算机注册到项目的计算机列表中。对于要访问当前服务器的所有计算机，重复上述步骤。

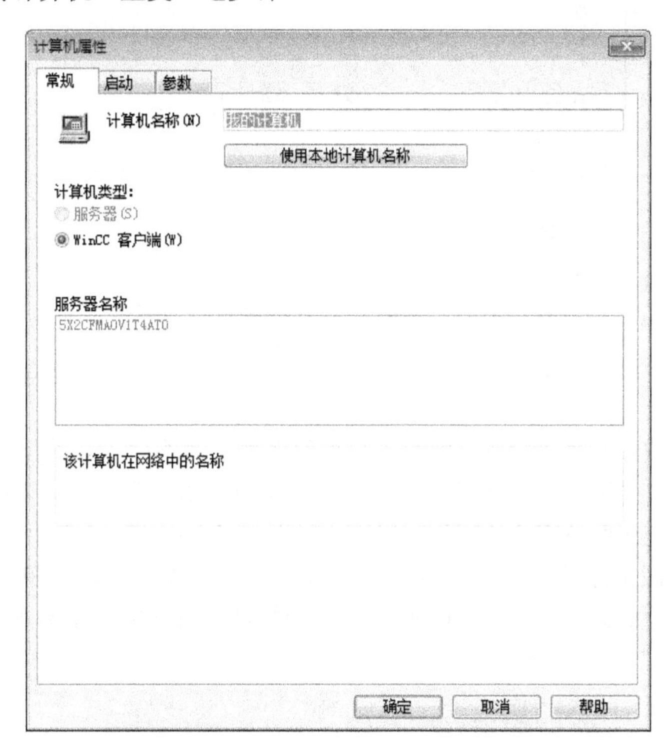

图 11-1 “计算机属性”对话框

4）为应具有远程组态能力的客户机分配操作权限。为了使客户机能够远程打开和处理服务器项目，必须在服务器项目中为客户机组态相应的操作权限。服务器提供了下列可用的操作权限。

远程组态：可从远程工作站打开服务器项目，并对项目进行完全访问；

组态远程：客户机可从远程工作站激活服务器项目，包括在运行时；

仅是监视：授权网络客户机对系统进行监控，这种操作员权限与其他客户机的组态无关。

一旦客户机试图打开、激活或取消激活相应服务器中的项目，就会请求客户机的操作权限。如果相应的操作权限没有在服务器上组态，则项目不能进行处理。在客户机上关闭服务器项目后，再次打开时需再次请求注册。步骤如下：

打开 WinCC 项目管理器中的“用户管理器”，从用户列表中选择要编辑的用户，激活“组态远程”和“激活远程”两个授权，以便该用户可以被分配服务器项目的完整权限。

5）组态数据包导出（手动或自动）。打开 WinCC 项目管理器，在浏览树选中“服务器数据”项右键单击选择“创建”。在图 11-2 所示的“数据包属性”对话框中，指定符号和物理服务器名称。该信息可识别客户机上数据包的来源。组态期间应定义服务器的物理和符号计算机名。如果符号计算机名称改变，则必须在所有组态数据中都对其进行修改。符号计算机名称通常由项目名称和物理计算机名称组合而成。

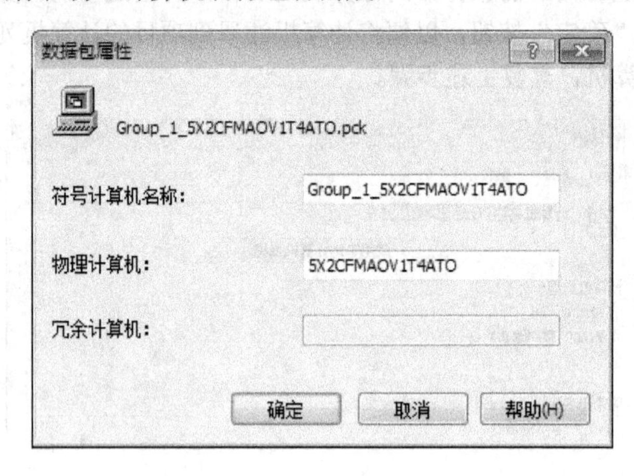

图 11-2　数据包属性对话框

单击“确定”按钮，生成服务器数据。根据组态大小的不同，该过程将需要一些时间。带有服务器数据的数据包位于 WinCC 项目管理器“服务器数据”下的列表中。

数据包将保存在文件系统的<项目名称>\<计算机\Packages~*.pck 项目目录中。

6）激活服务器上的自动程序包导入。在 WinCC 项目管理器中右键单击“服务器数据”项，选择命令“隐含更新”，打开“组态隐含数据包更新”对话框，如图 11-3 所示，勾选需要的选项。

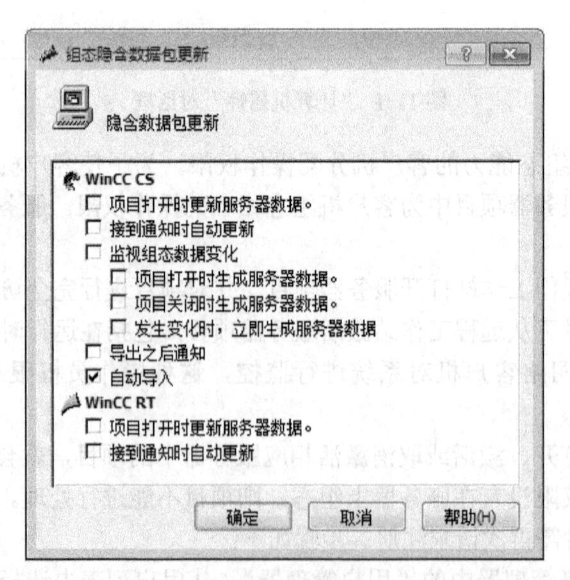

图 11-3　“组态隐含数据包更新”对话框

7）组态服务器项目中的客户机。在服务器上打开 WinCC 项目管理器中的计算机列表，选择要组态的客户机，右键单击选择“属性”，打开客户机的属性对话框，如图 11-4 所示。

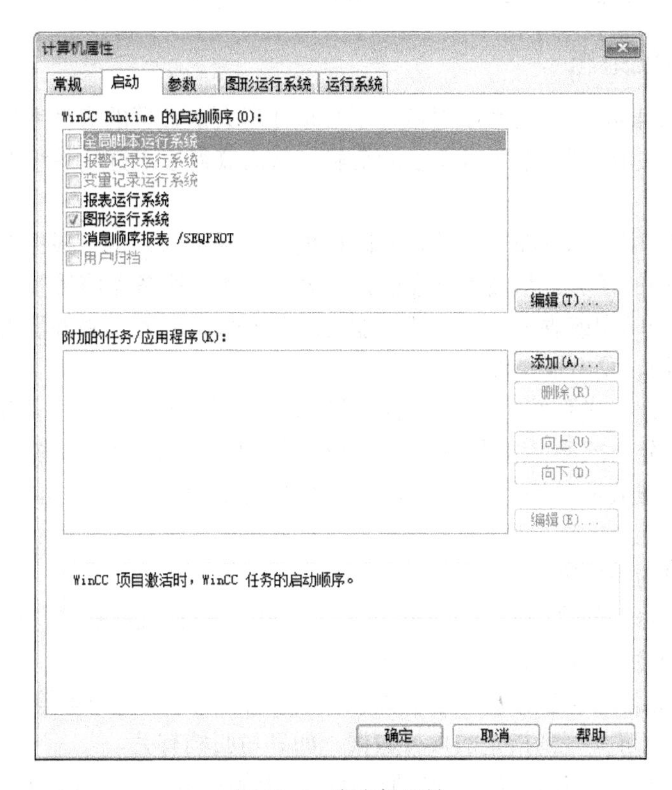

图 11-4　客户机属性

在“启动”选项卡中激活那些要在客户机上运行系统中激活的编辑器，如使用多语言项目则激活文本库等。

在“参数”选项卡选择客户机上启动运行系统时所采用的语言。例如，可以组态两台以不同语言显示相同数据的客户机。

在“图形运行系统”选项卡上指定客户机的起始画面。每个客户机的起始画面均可单独进行选择，还可定义窗口属性。

使用同样的方式，组态项目中其他客户机的属性。

右键单击服务器项目中的“服务器数据”，选择“隐含更新”，勾选“自动导入”设置。

最后，在服务器项目中创建程序。

2．多用户结构的客户机组态

如果组态的是多用户系统，且客户机在其中只显示一个服务器上的数据，则不需要任何客户机组态。客户机将从服务器项目中接受全部数据及其运行环境。

多用户结构客户机组态步骤如下：

1）在客户机上打开 WinCC 项目管理器 WinCCExplorer，单击“打开”按钮，找到 Server 上的项目。

2）选择.mcp 项目文件，将会显示客户登录对话框。

3）输入客户端的用户名和密码。此用户名和密码必须已经在 Server 端定义，而且具有

“1000 激活远程”和“1001 组态远程”的授权。

4）Server 的工程就会在本地客户机上打开，只要激活运行工程即可。

11.1.3　分布式系统组态

可实现多个服务器的分布式系统通常用于必须处理大量数据的大型系统。在多个服务器中分配任务，减少了加载到单个服务器上的负载，从而获得了更好的系统性能，并可实现更大的数量结构。

如果在 WinCC 中组态分布式系统，则既可根据过程步骤，也可根据功能，通过相应的组态来分配服务器中的任务。从技术分配的角度来讲，每个服务器将接管系统中技术上有限的区域，例如，某一印刷或烘干单元。就功能上的分配来说，各个服务器将接管某一任务，例如，可视化、归档、发出报警等。

在运行期间，分布式系统中的每台客户机均可显示多达 12 个不同服务器或冗余服务器对中的数据。分布式系统中的各个客户机将使用基准画面和某些本地数据单独进行组态。用于显示过程数据的服务器数据从服务器传送到客户机，并可在必要时自动进行更新。

1．分布式系统的服务器组态

1）在各个服务器上创建类型为“多用户项目”的新项目。创建的项目在 WinCC 项目管理器中打开。当前项目将自动作为服务器项目。

2）在各个服务器上组态必要的项目数据，如画面、归档、变量等。根据分配的不同（技术/功能方面），也可关联到指定的项目数据，如只与归档有关。

3）应具有远程组态能力的客户机必须在服务器上的计算机列表中注册。WinCC 项目管理器浏览树中右键单击“计算机”，选择“新建计算机”，打开“计算机属性”对话框，输入能访问当前服务器的计算机的名称，并指定访问计算机是客户机还是服务器。单击“确定”按钮，以便将计算机注册到项目的计算机列表中。

对于要访问当前服务器的所有计算机，重复上述步骤。

4）为应具有远程组态能力的客户机分配操作权限。打开 WinCC 项目管理器中的“用户管理器”，从用户列表中选择要编辑的用户，激活“组态远程”和“激活远程”两个授权，以便该用户可以被分配服务器项目的完整权限。

5）组态程序包导出（手动或自动）。WinCC 项目管理器浏览树中，选择“服务器数据”项右键单击选择“创建”，在“程序包属性”对话框中，指定符号和物理服务器名称。该信息可识别客户机上程序包的来源。组态期间尽可能定义服务器的物理和符号计算机名称。如果符号计算机名称改变，则必须在所有组态数据中都对其进行修改。符号计算机名称通常由项目名称和物理计算机名称组合而成。

单击“确定”按钮，生成服务器数据。根据组态大小的不同，该过程将需要一些时间。生成程序包后，它们将显示在 WinCC 项目管理器的数据窗口，根据不同的图标显示不同的含义：

键盘在右边：所装载的程序包；

键盘在左边：从服务器导出的程序包；

显示器绿色：没有标准服务器；

显示器红色：具有标准服务器；

监视器蓝色：服务器自己的导出程序包（未重新导入）；

连续两个显示器：本地生成的程序包重新导入到自己的项目中。

2．分布式系统中客户机的组态

1）在客户机上创建类型为“客户机项目”的新项目。项目在 WinCC 项目管理器中创建并打开。

2）组态导入数据包。为了使分布式系统中的客户机能够显示来自不同服务器的过程数据，需要相关数据的信息。为此，分布式系统中的服务器将创建包含其组态数据的数据包，并将其提供给客户机。客户机需要服务器的数据包，以便显示这些服务器的数据，如图 11-5 所示。

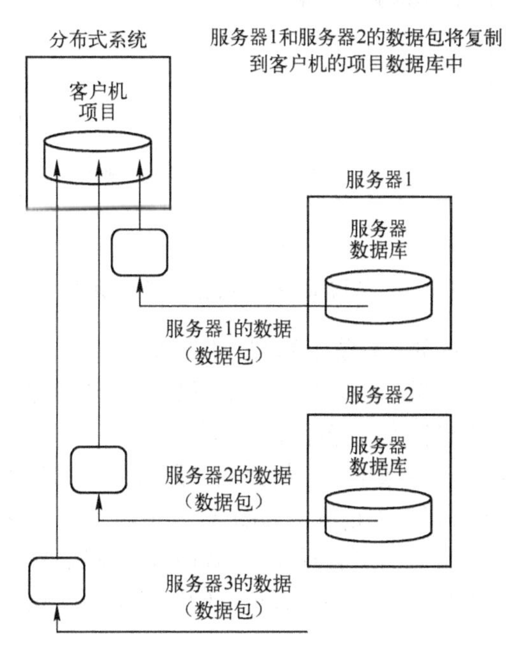

图 11-5　分布式系统数据包结构示意图

打开客户机上的客户机项目，选中 WinCC 项目管理器浏览树中的“服务器数据”，右键单击选择“装载”，显示“打开文件”对话框。如果要更新已经装载的数据包，选择“更新”。选择要导入的数据包，并单击“确定”按钮。通常，服务器数据包将以名称“<项目名称_计算机名称>*.pck”存储在目录“...\\<服务器项目名称>\<计算机名称>\程序包\”中。也可以访问存储在任何数据介质中的数据包。

单击“打开”按钮，数据被导入。

在 WinCC 项目管理器中选择“服务器数据”项，右键单击选择命令“隐含更新”，显示“组态隐含数据包更新”对话框，如图 11-6 所示。勾选需要的选项。单击确定，服务器数据将在客户机上自动进行更新，例如在通过网络打开项目或接受通知时将自动更新。

程序包装载后，它们将显示在 WinCC 项目管理器的数据窗口，根据不同的图标显示不同的含义：

键盘在右边：所装载的程序包；

键盘在左边：已导出，但尚未装载的程序包；
显示器绿色：没有标准服务器；
显示器红色：具有标准服务器。

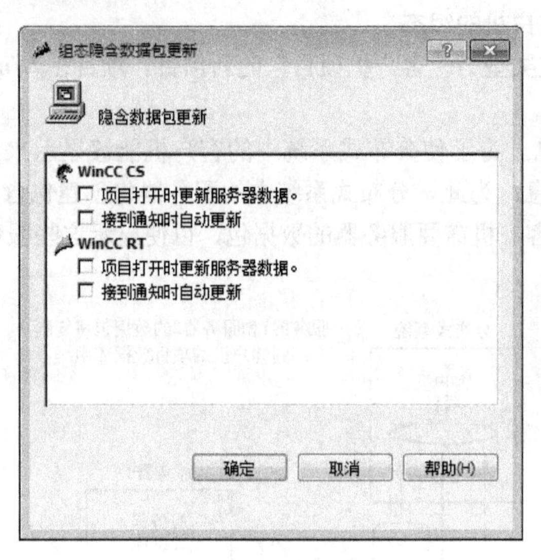

图 11-6 “组态隐含数据包更新”对话框

3）组态标准服务器。为分布式系统中的客户机组态一个标准服务器后，如果没有指定任何唯一的服务器前缀（例如变量），则 WinCC 将从此标准服务器中请求数据。只有在导入相应的程序包之后，才能在客户机上选择标准服务器。

在 WinCC 项目管理器浏览树选中客户机上的“服务器数据”项，右键单击选择“标准服务器”，打开“组态标准服务器”对话框，如图 11-7 所示，从所需组件列表中选择标准服务器。列表包含了客户机上所装载的所有程序包的符号计算机名称。对话框中所列出的组件取决于 WinCC 安装程序。如果已经安装了选项，则组件选项（例如用户归档）可以与显示的组件一起列出。

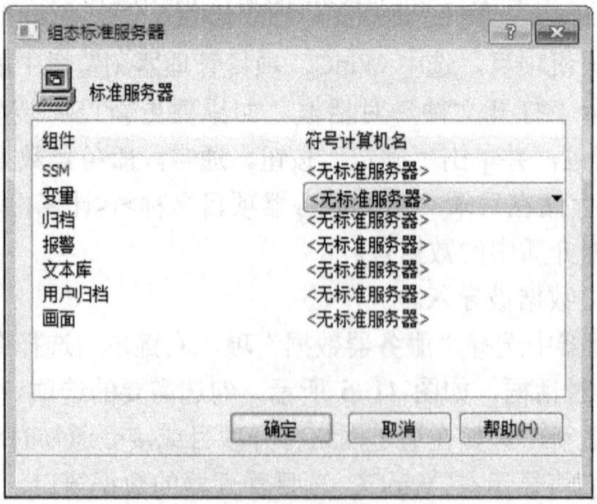

组态标准服务器

标准服务器

组件	符号计算机名
SSM	<无标准服务器>
变量	<无标准服务器>
归档	<无标准服务器>
报警	<无标准服务器>
文本库	<无标准服务器>
用户归档	<无标准服务器>
画面	<无标准服务器>

确定　取消　帮助(H)

图 11-7 组态标准服务器

4）组态客户机的起始画面。分布式系统中的任何画面均可用做客户机的起始画面，可以是来自服务器的画面、客户机上的本地画面或任何其他画面。

打开客户机上的客户机项目，在 WinCC 项目管理器中打开“计算机属性”对话框，选中“图形运行系统”选项卡，单击“浏览”按钮打开画面选择对话框进行选择，它将显示装载到客户机上的所有服务器程序包的画面。

5）显示来自不同服务器的画面。来自不同服务器的画面可以组态显示在客户机同一画面的不同画面窗口中。

打开客户机上要插入画面窗口的画面，将“画面窗口”对象插入到画面中。双击“画面窗口”对象，打开其属性对话框，在“属性”选项卡选择“其他”项，双击“其他”项中的“画面名称”打开画面选择对话框进行画面选择，也可以直接以格式“<服务器前缀>：：<画面名称>”输入画面名称。

6）使用来自不同服务器的数据。分布式系统中的客户机画面以及包含在其中的所有对象均可直接在客户机上进行组态。每个画面都可对多个服务器中的数据进行访问，例如图 11-8 所示。

I/O域　服务器1：变量

WinCC 报警控制　服务器1：变量　服务器2：变量

WinCC 趋势/表格控制　服务器1：变量　服务器2：变量

基本画面

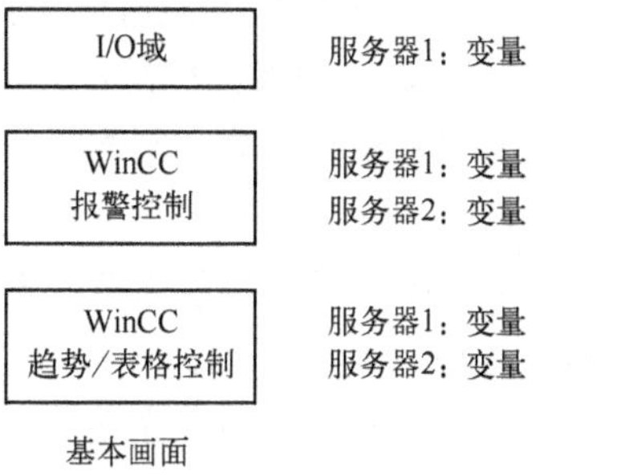

图 11-8　组态显示不同服务器消息的示意图

来自服务器 1 中的过程值输出域，来自服务器 2 中的过程值输出域；

显示多个不同服务器消息的消息窗口；

以比较的形式显示不同系统块/服务器中数据的趋势。

打开客户机上的客户机项目，将“WinCC 在线趋势控件”插入到画面中，打开“WinCC 在线趋势控件属性”对话框，“常规”选项卡选择“在线变量”作为数据源，“曲线”选项卡“选择归档/变量”项单击“选择”按钮，选择要显示其过程值的第一个趋势的变量。输入下列格式的变量名称：“<服务器前缀 1>：：<变量名称>”。

添加并连接第二个趋势，变量来自第二个服务器。

7）显示来自不同服务器的消息。打开客户机上的客户机项目，将“WinCC 报警控件”插入画面中，打开“WinCC 报警控件属性”对话框，当要显示该报警控件中所有已连接服务器的消息时，在“服务器选择”项勾选“所有服务器”。如果只显示指定服务器中的消息，则取消勾选“所有服务器”，单击“选择”按钮选择一个 WinCC 服务器。

8）组态多个服务器消息的消息顺序报表。打开 WinCC 项目管理器浏览树中报表编辑器下的布局“@CCAlgRtSequence.RP1”打开行布局编辑器，单击“选择”按钮打开“报警记录运行系统：报表-表格列选择”对话框，取消勾选“所有服务器”。单击“添加服务器”按钮，将希望的服务器插入到“选择的服务器”列表中。只有那些已在客户机上导入其程序包的服务器才会显示。将希望的消息块传送给“报表的列顺序”。

双击打印作业“@Report Alarm Logging RT Message Sequence”，打开打印作业属性对话框，勾选“行式打印机布局”，在“打印机设置”选项卡中，选择打印机表示报表将通过其打印输出。

WinCC 项目管理器中打开“计算机属性”对话框，勾选“启动”选项卡中“消息顺序报表”。

11.1.4 冗余系统组态

冗余系统组态步骤包括下面一些步骤：

1）建立网络中的服务器和客户机。在每台计算机上安装网络，并为每台计算机赋予一个唯一的名称，以便可以在网络上方便地识别。

2）设置用户。

3）安装网络后，必须在每台计算机上设置用户账号。

4）必须安装冗余授权。

5）组态服务器上的项目。当组态 WinCC 冗余时，将定义缺省主站、伙伴服务器、切换时的客户机动作以及归档同步的类型。

6）在复制项目前，创建服务器数据包（编辑器 Serverdata）。建议在缺省主站上对其进行创建。

7）复制项目。为避免必须第二次组态伙伴服务器，“项目复制器”可将项目从一台服务器复制到另一台服务器。

8）客户机的组态。先在“服务器数据”编辑器中载入服务器（缺省主站）的数据包，然后再根据需要定义首选服务器，并激活数据包的自动更新。

9）激活冗余服务器。首先激活第一台服务器，然后启动其已存在的客户机。一旦它们处于激活状态，就激活第二台服务器及其已存在的客户机，之后执行第一个同步。经同步的停机时间就是启动第一台和第二台服务器之间的时间间隔。

11.2 WinCC 浏览器/服务器结构

浏览器/服务器结构（Browser/Server，简称 B/S 结构）是随着 Internet 技术的兴起对 C/S 结构的一种变化或者改进的结构。在这种结构下，用户界面完全通过 WWW 浏览技术，结合浏览器的多种 Script 语言和 ActiveX 技术，是一种全新的软件系统构造技术。B/S 结构是建立在广域网基础上的。不过，采用 B/S 结构，客户端只能完成浏览、查询和数据输入等简单功能，绝大部分工作由服务器承担，这使得服务器的负担很重。采用 C/S 结构时，客户端和服务器端都能够处理任务。这虽然对客户机的要求较高，但可以减轻服务器的压力。所以，采用 C/S 结构还是采用 B/S 结构，要视具体情况而定。

WinCC Web Navigator 是 WinCC 实现 B/S 结构的组件。用于 WinCC V6.0 基本系统的 Web Navigator 提供了通过 Internet/Intranet 监控工业过程的解决方案。Web Navigator 采用强大而最优的事件驱动方式作为数据传输的方式。

Web Navigator 可被称为“瘦客户”，也就是说可以通过打开的 IE 浏览器来控制监控运行的 WinCC 工程，而不需要在客户机上安装整个 WinCC 的基本系统。WinCC 的工程和相关的 WinCC 应用都位于服务器上。

通过 Internet 来控制和监控，安全性是必须考虑的问题。Web Navigator 支持所有目前已知的安全标准（银行和保险部门使用），包括用户名和密码登录、防火墙技术、安全 ID 卡、SSL 加密和 VPN 技术。

11.2.1 WinCC Web Navigator Server 可组态的系统结构

在设计 Web Server 时，必须考虑安全性和系统条件，可能的系统结构如下。

1．岛状结构

在岛状结构中，Web Client 不连接到 Intranet，只是给运行的 WinCC 项目充当 HMI。这种结构经济实惠，如图 11-9 所示。

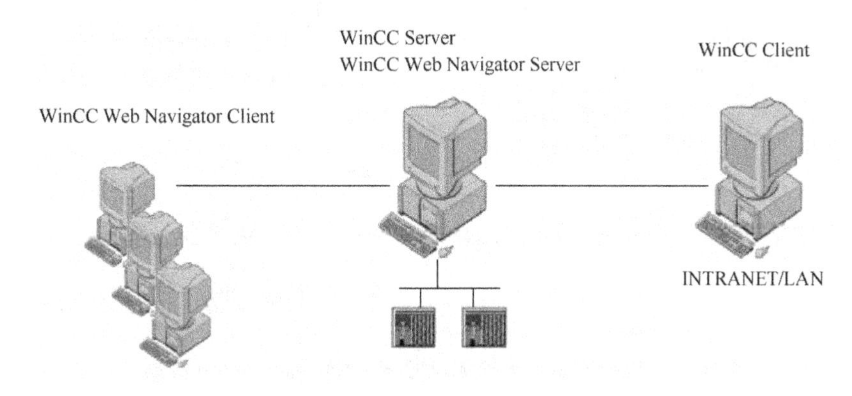

图 11-9 岛状结构

2．在 WinCC Server 上建立 WinCC Web Navigator Server

WinCC Server 和 WinCC Web Navigator Server 组件安装在一台机器上。WinCC Web Navigator Client 可以通过 Internet/Intranet 来控制监控运行的 WinCC 项目。使用 WinCC Web Navigator Client 可以扩展 Client/Server 结构。为了免受 Internet 攻击，必须采用防火墙。第一个防火墙保护 WinCC Web Navigator Server 免受 Internet 攻击，第二个防火墙为 Intranet 提供额外安全保障，如图 11-10 所示。

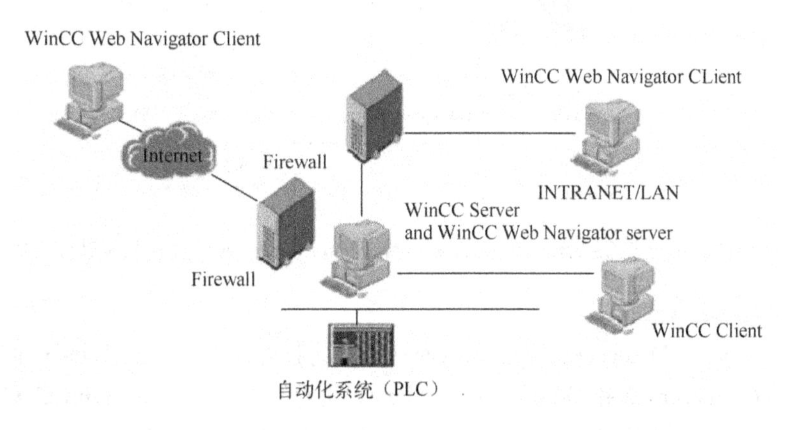

图 11-10 WinCC Server 上建立 WinCC Web Navigator Server

3．WinCC Server 和 WinCC Web Navigator Server 分离

WinCC Web Navigator Server 上的工程不与 PLC 设备进行连接，WinCC Server 上的工程通过网络 1∶1 镜像到 WinCC Web Navigator Server 上。它们之间的数据通过 OPC 通道进行同步。

WinCC Web Navigator Server 需要足够数量的 OPC 变量授权。同样，采用了两个防火墙来防止非法访问，如图 11-11 所示。

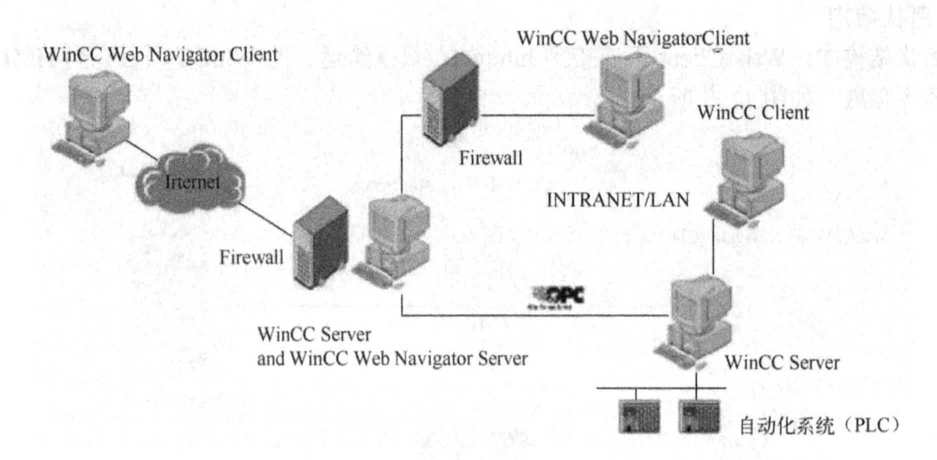

图 11-11　WinCC Server 和 WinCC Web Navigator Server 分离

另外，WinCC Server 和 WinCC Web Navigator Server 也可以通过过程总线进行连接，数据同步借助过程总线来实现，如图 11-12 所示。

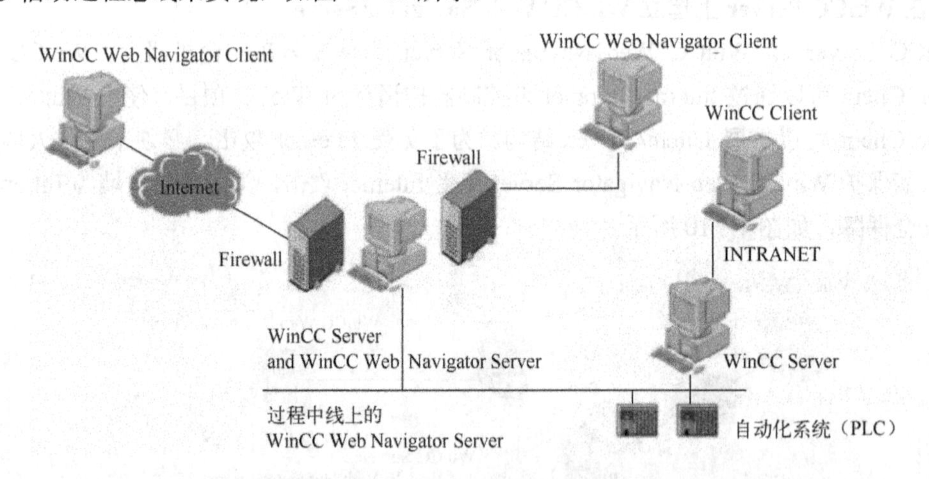

图 11-12　WinCC Server 和 WinCC Web Navigator Server 通过过程总线进行连接

4．专用 Web Server

专用 Web Server（Dedicated Web Server）可以同时访问多个下级 WinCC 服务器，支持两个下级 WinCC Server 使用 WinCC Redundancy 进行冗余切换。在 WinCC Client 上安装 Web Navigator Server，就可实现专用 Web Server 的功能，如图 11-13 所示。

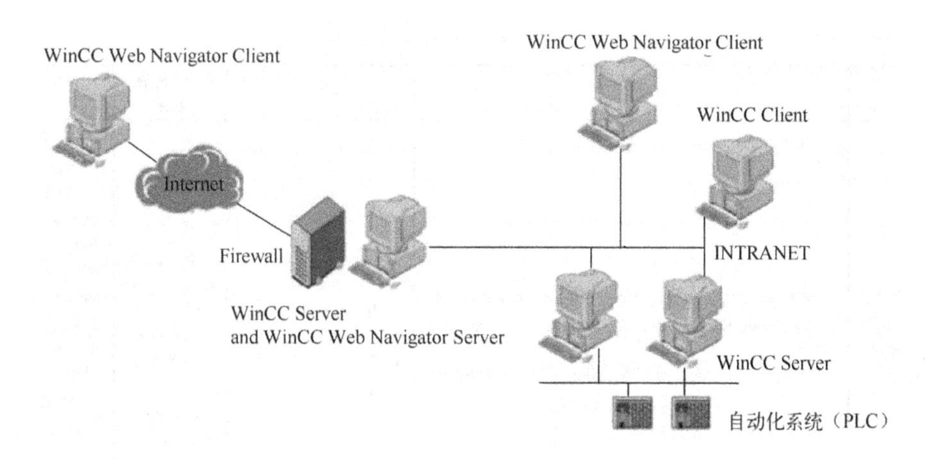

图 11-13　专用 Web Server

11.2.2　安装

Web Navigator 包括安装在 Server 上的 Web Navigator Server 组件和运行在 Internet 计算机上的 Web Navigator Client 组件。监控 WinCC Web Navigator Client 上的画面，就如同平常的 WinCC 系统一样，所以可以在任何位置监控运行在 Server 上的工程。

Web Navigator 安装条件如表 11-5 所示。

表 11-5　Web Navigator 的安装条件

安装类别	操作系统	软件	硬件配置要求	其他
WebNavigator 客户端	Windows 10 Pro / Enterprise / Enterprise LTSB 64 位 Windows 8.1 Pro / Enterprise 32 位 Windows 8.1 Pro / Enterprise 64 位 Windows 7 SP1 Professional / Enterprise / Ultimate 32 位 Windows 7 SP1 Professional / Enterprise / Ultimate 64 位 Windows Server 2008 R2 Standard SP1 64 位 Windows Server 2012 R2 Standard / Datacenter 64 位 Windows Server 2016 Standard / Datacenter 64 位 还有其它通过 MS 终端服务访问的操作系统 Windows Embedded Standard 7，包括 SP1（与 SIMATIC IPC 4x7D 和 SIMATIC IPC 4x7E 结合使用	Internet Explorer V11.0 及以上版本 (32 位) WebNavigator 客户端：为通过 Intranet/Internet 进行安装，必须安装 Internet Explorer 的新累计安全更新	最低配置：双核 CPU 2GHz，内存 1GB；推荐配置：多核 CPU 3GHz，内存 2GB	可访问 Intranet/ Internet 或通过 TCP/IP 连接访问 WebNavigator 服务器。 通过无线 LAN 操作 WebNavigator，仅在 SIMATIC Mobile Panel PC 12"上经过认证
WinCC 单用户系统上的 WebNavigator 服务器	Windows 10 Pro / Enterprise / Enterprise LTSB 64 位 Windows 8.1 Pro / Enterprise 32 位 Windows 8.1 Pro / Enterprise 64 位 Windows 7 SP1 Professional / Enterprise / Ultimate 32 位 Windows 7 SP1 Professional / Enterprise / Ultimate 64 位 Windows Server 2008 R2 Standard SP1 64 位 Windows Server 2012 R2 Standard / Datacenter 64 位 Windows Server 2016 Standard / Datacenter 64 位	Internet Explorer V11.0 及以上版本（32 位）WinCC 基本系统 V7.4 SP1	最低配置：双核 CPU 2.5GHz，内存 2 GB；推荐配置：多核 CPU；3.5GHz，内存>4 GB	可访问 Intranet/ Internet 或通过 TCP/IP 连接访问 WebNavigator 客户端

（续）

安装类别	操作系统	软件	硬件配置要求	其他
WinCC 服务器或自带项目的 WinCC 客户端上的 WebNavigator 服务器	Windows Server 2008 R2 Standard SP1 64 位 Windows Server 2012 R2 Standard / Datacenter 64 位 Windows Server 2016 Standard / Datacenter 64 位	Internet Explorer V11.0 及以上版本（32 位） WinCC 基本系统 V7.4 SP1	最低配置：双核 CPU 2.5 GHz，内存 4 GB；推荐配置：多核 CPU 3.5 GHz，内存 8 GB	访问 Intranet/ Internet。 如果要发布到 Intranet 上，则需要能够将计算机名转换为 IP 地址的系统。此步骤允许用户在连接到服务器时使用别名代替 IP 地址。 如果要发布到 Internet 上，则需要对 IP 地址进行 DNS 注册。此步骤允许用户在连接到服务器时使用别名代替 IP 地址
WebNavigator 诊断客户端	Windows 10 Pro / Enterprise / Enterprise LTSB 64 位 Windows 8.1 Pro / Enterprise 32 位 Windows 8.1 Pro / Enterprise 64 位 Windows 7 SP1 Professional / Enterprise / Ultimate 32 位 Windows 7 SP1 Professional / Enterprise / Ultimate 64 位 Windows Server 2008 R2 Standard SP1 64 位 Windows Server 2012 R2 Standard / Datacenter 64 位 Windows Server 2016 Standard / Datacenter 64 位	Internet Explorer V11.0 及以上版本（32 位）	最低配置：双核 CPU 2 GHz，内存 1 GB；推荐配置：多核 CPU 3 GHz，内存 2 GB	访问 Intranet/ Internet

如果要在 Intranet 上发布信息，那么计算机必须与网络兼容。最好能把机器名翻译成 IP 地址，可以使用户通过“别名”而不是 IP 地址来连接服务器。

如果想在 Internet 上发布信息，那么计算机要连接到 Internet 上，并要从 Internet 服务供应商（ISP）那里得到 IP 地址。IP 地址要进行域名注册，可以使用户通过“别名”而不是 IP 地址来连接服务器。

授权方面，WinCC Web Navigator Client 不需要授权，WinCC Web Navigator Server 需要 WinCC RT 基本运行系统授权。如果没有本地 WinCC Client 连接，则不需要 WinCC Server 的授权。即使 WinCC Client 作为专职 WinCC Web Navigator Server，也不需要 WinCC Server 授权。

安装 WinCC Web Navigator Server 之前，必须安装 Internet Information Service（IIS），在“控制面板”中通过“添加/删除 Windows 组件”安装；之后再安装 WinCC Web Navigator Server，还要安装它的授权。

11.2.3 组态 Web 工程

组态分以下步骤：

1）组态 Web Navigator Server。

2）发布能够运行在 WinCC Web Navigator Client 上的过程画面。

3）组态用户管理。

4）组态 Internet Explorer Settings。

5）安装 WinCC Web Navigator Client。

6）创建新的过程画面。

1．组态 Web Navigator Server 工程

以一个演示项目 Webdemo Project 为例，将其复制到本地计算机上，也可以自己新建一个 WinCC 项目。

1）启动项目，打开“计算机属性”对话框，在计算机名称中，输入当前的计算机名称。工程重新打开后或 WinCC 重新启动后，改动才能生效。

2）打开 WinCC Web Configurator 对话框。在 WinCC 中，右键单击 Web Navigator，选择“Web 组态器（Web Configurator)”，打开图 11-14 所示的对话框。

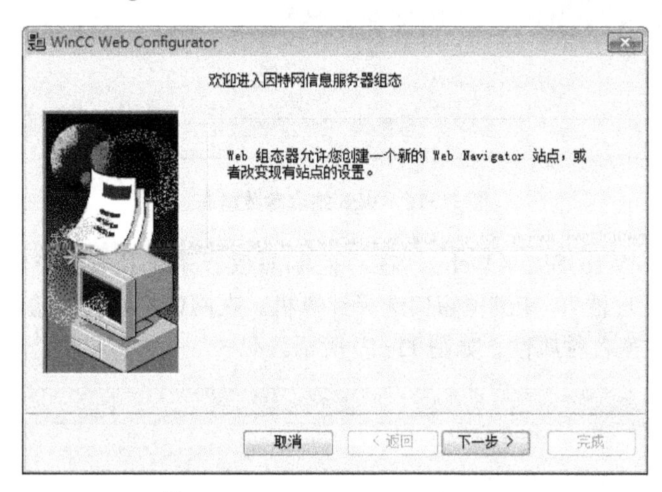

图 11-14　WinCC Web Configurator

3）定义标准 Web Site。单击图 11-14 中的“Next”按钮，第一次启动 WinCC Web 组态时，有一个对话框提供了两个选项，如图 11-15 所示，选择创建新的标准 Web Site（standalone)，单击“下一步”按钮，进入图 11-16 所示的对话框。输入 Web Navigator 作为 Web Site 的名称，从可选的区域中选择 IP 地址。单击“完成”按钮，完成 Server 组态。

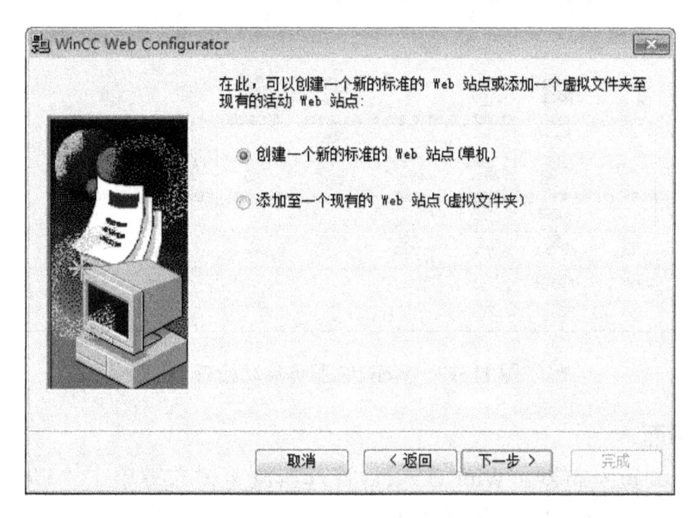

图 11-15　Web 站点类型选择

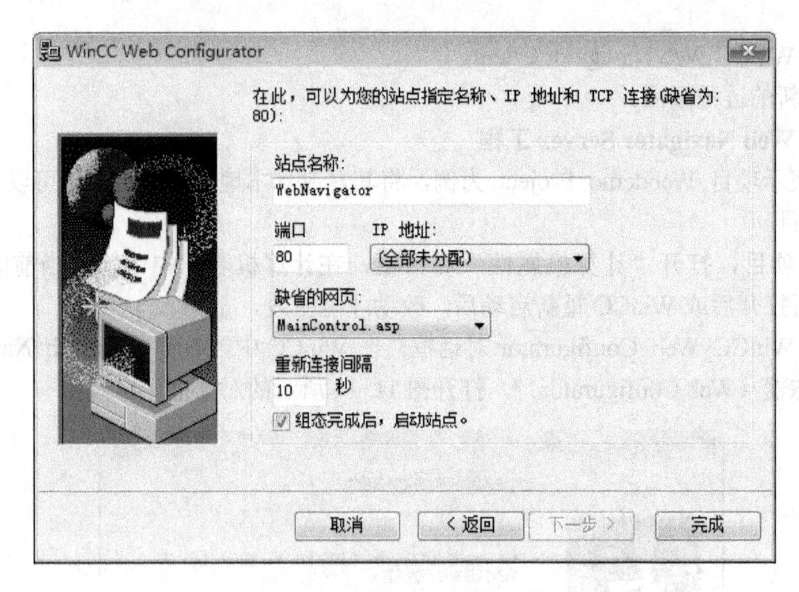

图 11-16　Web 站点参数组态

4）检查启动的 Web Site（Web）。在“控制面板→系统和安全→管理工具”中启动“Internet 信息服务管理器”，在浏览窗口选择计算机。在网站栏选择要检测的 Web。在右侧的窗口可以查看和改变各种属性。如图 11-17 所示。

图 11-17　Web IIS 服务启动检查

2. 发布过程画面

1）启动 Web 浏览发布器。WinCC 项目管理器浏览树右键单击“Web 浏览器”，选择“Web 浏览发布器”，打开图 11-18 所示的画面，单击“下一个”按钮。

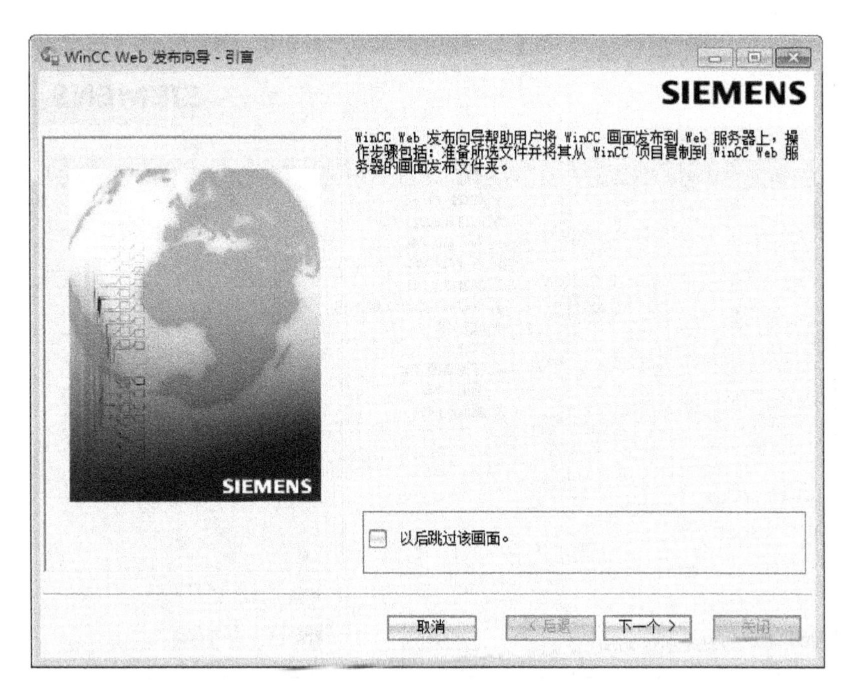

图 11-18　页面发布向导起始画面

2）发布画面，如图 11-19 所示，单击“下一个”按钮，进入图 11-20 所示画面。

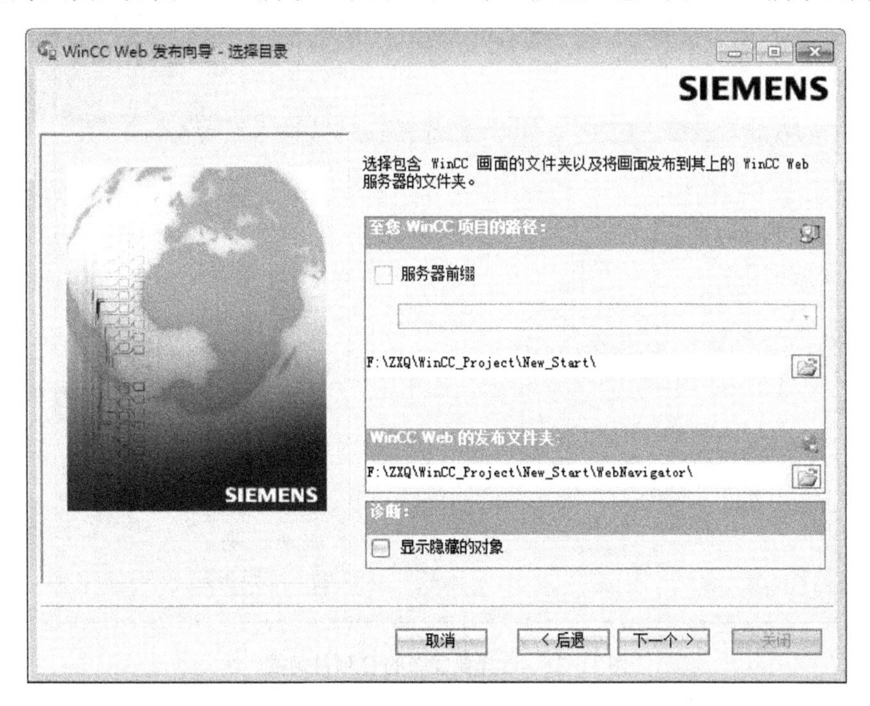

图 11-19　选择远程发布画面的路径

单击图 11-20 中的“>>”按钮来选择所有文件，单击“下一个”按钮，进入下一个对话框，单击“>”选择需要发布的 C 项目函数，如图 11-21 所示。

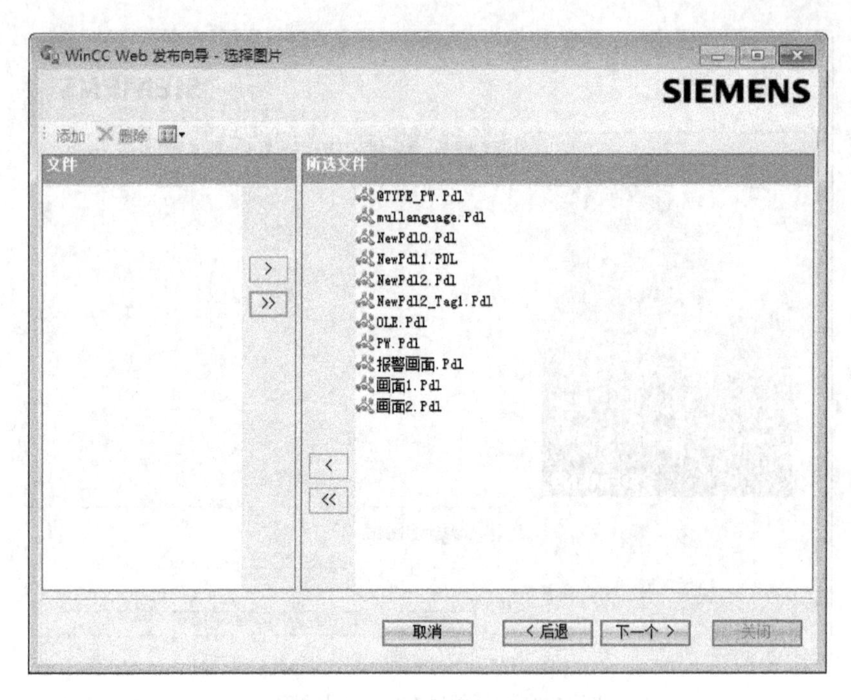

图 11-20　选择要发布的画面

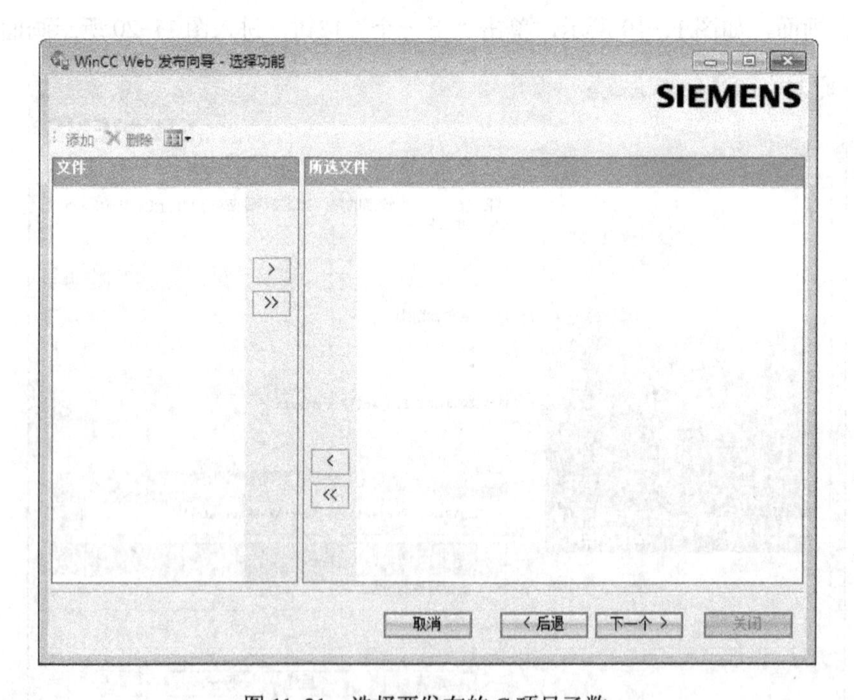

图 11-21　选择要发布的 C 项目函数

单击图 11-21 中“下一个”按钮，进入下一个对话框，选择需要发布的在过程画面(*. PDL)中引用的位图文件，如图 11-22 所示。

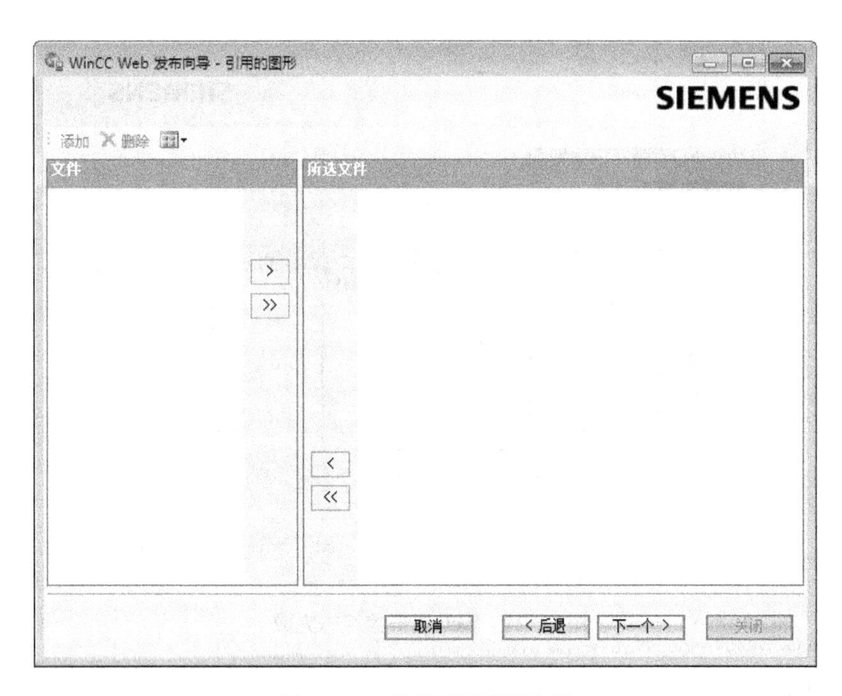

图 11-22　选择画面引用位图

单击图 11-22 中的“下一个”按钮，进入下一个对话框，显示要发布的内容列表，如图 11-23 所示。

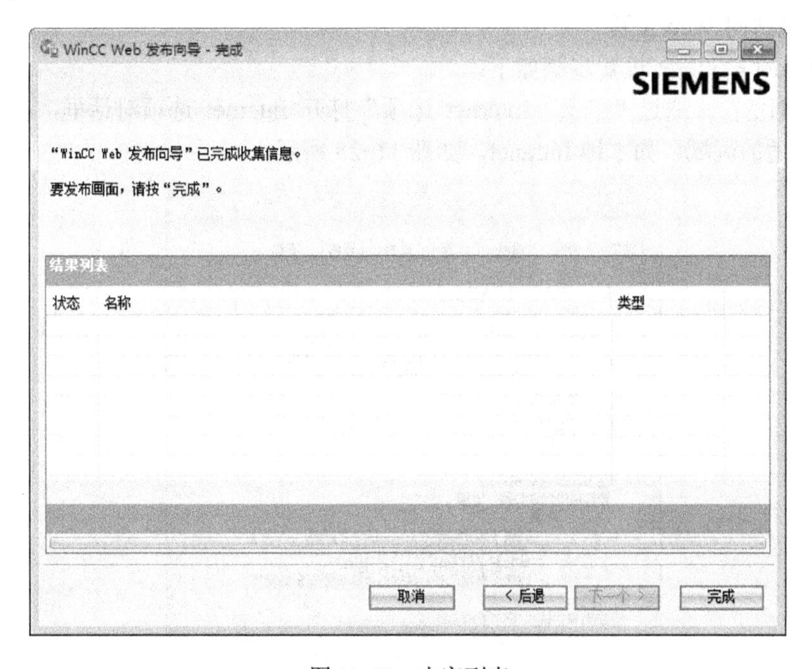

图 11-23　内容列表

单击“完成”按钮，在 Web Site 上发布画面，如图 11-24 所示。单击“完成”按钮，确认完成，退出操作。

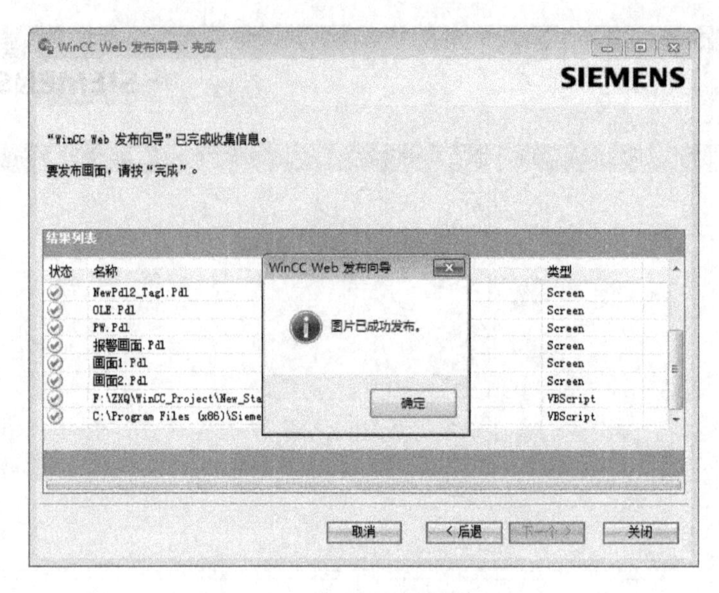

图 11-24　Web 服务器组态完成

3．组态用户管理

在 WinCC 项目管理器打开用户管理编辑器创建新的用户。

在用户管理编辑器浏览窗口中选中相应的用户，在表格窗口中，激活 Web Navigator 选项。在用户管理器的表格区域对 WebUX 的起始终画面和语言进行设置。

4．客户端访问 Web 工程

组态 Internet Explorer 设置步骤如下：

打开 IE 浏览器，通过“工具→Internet 选项”打开 Internet 选项对话框，在“安全”选项卡中选择合适的区域，如本地 Intranet，如图 11-25 所示。

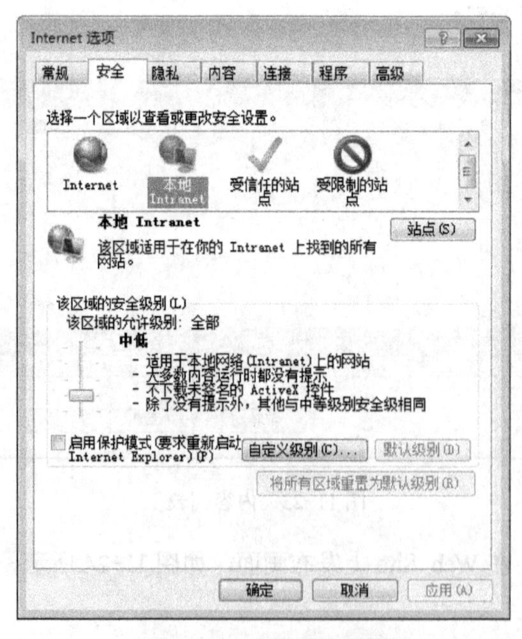

图 11-25　IE 浏览器设置

单击图 11-25 的“自定义级别”，打开图 11-26 所示的对话框，将“对标记为可安全执行脚本的 ActiveX 控件执行脚本”和“下载已签名的 ActiveX 控件”的属性设置为“启用”。

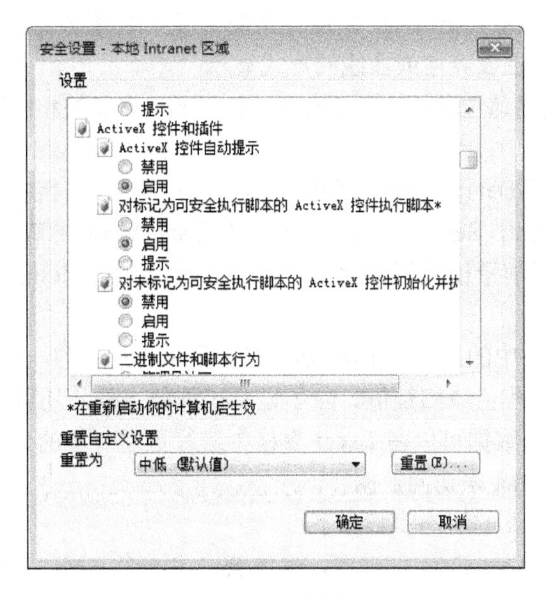

图 11-26　安全性设置

单击“确定”按钮完成在 Internet Explorer 中必需的设置。

5. 安装 Web Navigator Client

1）在 Internet Explorer 的地址栏里输入 Web Navigator Server 的地址，按〈Enter〉键，在出现的对话框中输入用户名和密码。

如果是第一次访问 WinCC Web Navigator Server，将显示 Web 客户机首次登录画面。

单击“Click here to install”链接，把程序复制到客户机上。在打开的“文件下载”对话框中单击“打开”按钮，文件将会被下载解压，WinCC Web Navigator Client 会安装在客户机指定的路径中。

成功安装 WinCC Web Navigator Client 软件后，客户机会被连接到正在运行的服务器工程中。

2）Web 工程。用户定义的起始画面会被显示。

11.2.4　WinCC/Dat@Monitor 功能概述

WinCC/Web Navigator-Dat@Monitor 网络版提供了一整套的分析工具和功能，可以交互显示和分析目前的过程状态和历史数据。在服务器一边，Dat@Monitor 使用了和 Web Navigator 一样的机制，例如通信、用户管理和画面数据处理。但是，Web Navigator Client 端完全表现为一个完整的 HMI 系统，而 Dat@Monitor 只是一个纯粹的 WinCC 过程值或历史数据的显示和评估系统。用户可以采用预先制作的模板来分析公司的过程数据（例如报表、统计）。

Dat@Monitor 包含以下的分析工具，可以根据需要自由挑选。

1）Dat@Workbook 可以把 WinCC 的归档数据和当前的过程值集成到 MS Excel 中，支持在线分析。它同样支持把预先制作的基于 Excel 的 WinCC 的数据发布到 Internet/Intranet 上

2）Dat@View 用来显示分析 WinCC 运行系统/中央归档服务器或 WinCC 长期归档服务器上的历史数据。数据可以以表格或曲线的形式显示。

3）Dat@Symphony 是通过使用 MS Internet Explorer 来监控和浏览过程画面的（只是用来显示）。

关于授权，WinCC/Dat@Monitor Client 端上不需要任何授权。但是对于每个 WinCC/Dat@Monitor Client，Server 端必须安装一个 Dat@Monitor Web Edition 的授权。如果没有授权，则系统只能在演示模式下运行 30 天。之后，Dat@Monitor 将不能启动，除非安装了合法的授权。

WinCC/Dat@Monitor 中的工具 Dat@Workbook 是 Excel 中的一个插件，主要是在 Excel 表格中显示 WinCC 的过程值或归档值。除了显示过程值之外，还可以显示附加信息，例如变量的时间标签。WinCC 数据可以在 Excel 表格中进行更进一步的处理，例如以图表或报表的形式；还可以通过 Internet 来访问数据。

WinCC/Dat@Workbook 的组态步骤如下：

1）利用 Export Engineer Data 的功能，系统会产生一个 XML 文件。这个文件包含了正在打开的 WinCC 工程的相关信息。

2）利用 Excel 的 Dat@Workbook Wizard 插件，工程的相关数据导入到 Excel 的工作簿中，需要显示的变量值也组态好。数据既可从 XML 文件传入，也可从本地 WinCC 项目中传入。使用包含有 XML 的文件，可以做到过程和分析分离。

3）利用 Excel 的 Dat@Workbook 插件，变量值显示在 Excel 表格中；也可以在 Excel 中进行更进一步的处理。

WinCC/Dat@View 用来显示 WinCC 运行系统、中央归档服务器以及 WinCC 长期归档服务器的历史数据。报警显示在表格中，过程值显示在表格或曲线中。

WinCC/Dat@View 提供了几种显示选项和功能：表格中显示报警，表格中显示变量值，趋势中显示变量值，连接/断开归档数据库。

WinCC/Dat@View 数据源既可以来自于交换出的归档，也可以来自于 WinCC 项目，或者可以是指定计算机正在运行的归档。当显示查询结果时，可以使用额外的功能：当查询报警时，可以定义过滤条件；查询结果可以打印输出或导出。

Dat@Symphony 纯粹是用来监视和浏览过程画面的，使用的工具是 MS Internet Explorer。

Dat@Symphony 在服务器端使用的机理和 Web Navigator 一样，例如通信、用户管理以及画面数据的处理。但是 Web Navigator Client 完全表现为一个 HMI 系统，而 Dat@Symphony 只是用来显示 WinCC 的过程画面。当用户登录时会提示只能监视。

要求如下：

① 在 WinCC 项目的用户管理器中，用户必须给系统分配 1002“Dat@Monitor-仅监视！”授权。

② 在 WinCC 计算机上，需要 Dat@Monitor Web Edition 授权。

③ WinCC 工程必须在 Dat@Monitor 服务器上发布，并且组态 Web 访问。Dat@Monitor 必须安装在 WinCC 计算机上。

11.3 习题

1. 演示 WinCC 中多用户系统的组态。
2. 演示 WinCC 中分布式系统的组态。
3. 演示 WinCC 中 Web 工程的组态。

第12章　智 能 工 具

智能工具是使用 WinCC 进行工作时有用的程序集合。WinCC 智能工具主要包括变量模拟器、变量导出/导入、动态向导编辑器、文档阅读器、WinCC 交叉索引助手、通信组态器、WinCC 组态工具、WinCC 归档组态工具等。本章介绍智能工具的功能及其安装方法，介绍智能工具的应用方法。

12.1　变量模拟器

变量模拟器用来模拟内部变量和过程变量。变量模拟器可以在不连接过程外围设备或连接了过程外围设备但过程没有运行的情况下，对组态进行检测。在没有已连接的过程时，可能只模拟内部变量。对于已连接的过程外围设备，过程变量的值将由变量模拟器直接提供。这样可以使用户用原有的硬件对 HMI 系统进行功能测试。变量值的刷新时间为 1 秒。只有在功能激活或项目文件夹改变时，所作的修改才能生效。最多可以组态 300 个变量。

安装变量模拟器有两种方法：一是在 WinCC 安装过程中，从“程序”对话框中选择“WinCC V7 完整安装”，智能工具将随从 WinCC 一起安装；另一种安装方式是从 WinCC DVD 安装变量模拟器应用程序，切换到 WinCC DVD 目录“WinCC\InstData\Smarttools\Setup”，双击 setup.exe，在“组件”对话框中选择条目“WinCC 变量模拟器”。两种方式都能顺利地安装变量模拟器。

通过选择“开始→所有程序→Siemens→SIMATIC→WinCC→Tools→WinCC TAG Simulator”打开变量模拟器，变量模拟器如图 12-1 所示。

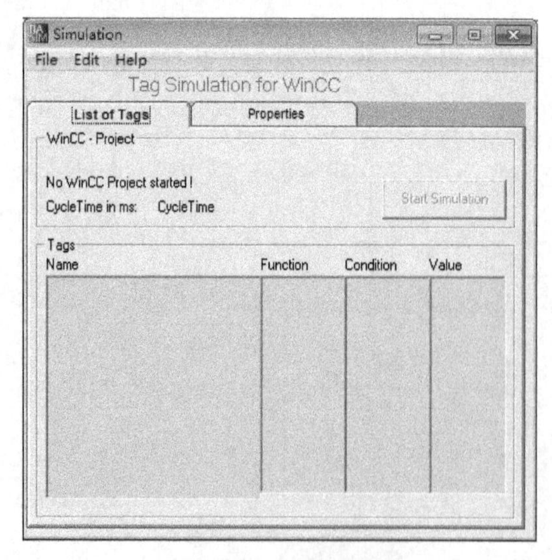

图 12-1　变量模拟器

图 12-1 中，“List of Tags”界面显示当前所连接的变量，并在“Tags”区域显示当前变量的值。通过单击菜单命令“Edit/New Tag”，可以将变量添加到模拟器中。从模拟器的变量列表中选择要删除的变量，单击菜单命令“Edit/Delete Tag”即可删除，无须使用确定对话框。

模拟器为变量提供了 6 种不同的函数，这些函数可以给已组态的对象提供实际值。每个变量都可以分配到这 6 种函数中的一种。单击图 12-1 中的“Properties”按钮将界面切换至变量模拟函数选择界面，如图 12-2 所示。

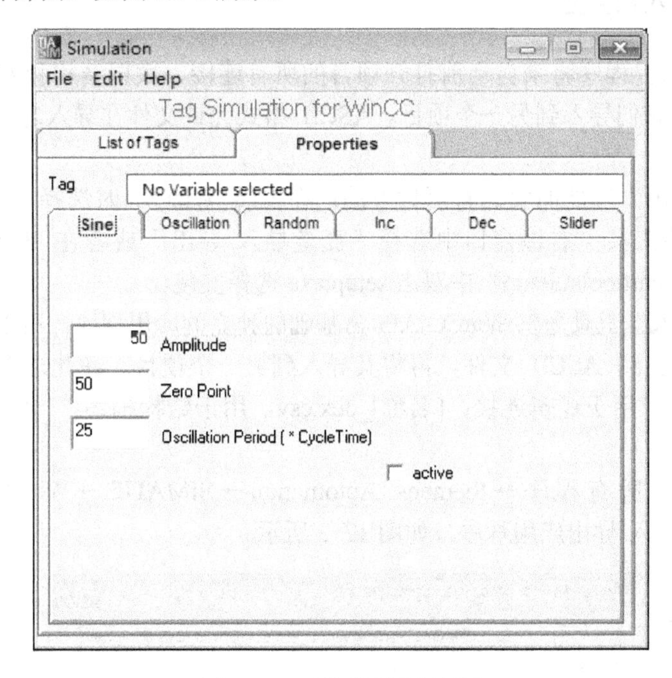

图 12-2　函数分配选择界面

模拟器提供的 6 种不同的函数的具体含义如表 12-1 所示。

表 12-1　变量模拟器中的函数

函数名称	函数说明	函数参数分配
Sine	非线性周期性函数	振幅：数值范围设置 偏移量：数值范围零点设置 振荡周期：周期设置
Oscillation	用于模拟参考变量的跳转	设定值：定义瞬间反应后的保留值 过冲：指定当衰减设置为零时偏移设定值多少值 振荡周期：定义时间间隔，到达时间间隔后，振动将再次开始
Random	为用户提供随机产生的数值	上限：指定随机数的最大值 下限：指定随机数的最小值
Inc	向上计数器，达到最大值后又从最小值开始	起始值：指定向上计数器的开始值 停止值：指定向上计数器的结束值
Dec	向下计数器，达到最小值后又从最大值开始	起始值：指定向上计数器的开始值 停止值：指定向上计数器的结束值
Slider	允许用户设置固定值的滚动条	最小值：滚动条设置固定值范围的下限 最大值：滚动条设置固定值范围的上限

关于如何激活和取消激活变量，可以通过选中模拟器中变量属性中的“Active”复选框激活该变量，该变量的值即可由模拟器计算并传到 WinCC 项目中。选择菜单命令“File/Save”或“File/Save as”进行保存模拟数据，使它们在重新启动模拟器时可用。已保存的模拟组态可以使用菜单命令“File/Open”装载。

12.2 变量导入/导出

变量导出/导入：程序将来自当前打开项目的所有连接、数据结构和变量导出到相应的 ASCII 文件，再将它们导入到另一个项目。ASCII 格式允许文件在导入之前由电子表格程序进行处理。

“变量导入/导出”功能的安装有两种方法：在安装 WinCC 时选择“自定义”，在“组件”对话框“智能工具”右边窗口中选择“变量导入/导出”或者在 WinCC 光盘的目录“WinCC\InstData\Smarttools\Setup”中双击 setup.exe 选择安装。

“变量导出/导入”工具是以 WinCC API 为基础的独立的应用程序，可以用来将项目的所有 WinCC 变量导出到 ASCII 文件，再将其导入到另一个项目。在此过程中，生成三个文件：[名称]_cex.csv，用于逻辑连接；[名称]_dex.csv，用于结构描述；[名称]_vex.csv，用于变量描述。

通过“开始→所有程序→Siemens Automation→SIMATIC→WinCC→Tools→TAG Export”启动变量导入/导出应用程序，如图 12-3 所示。

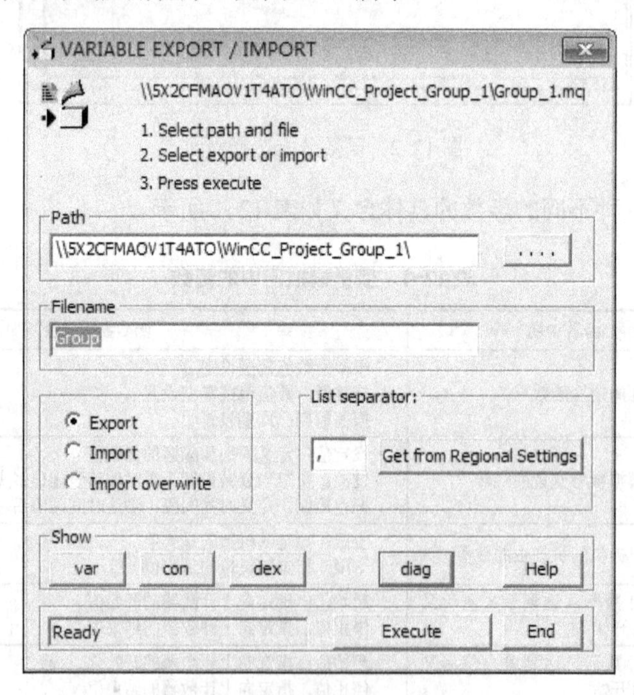

图 12-3 “变量导入/导出”工具

变量导出步骤如下：

1）打开要从其中导出变量的项目，启动“变量导入/导出”工具。

2）选择要导出到其中的文件的路径和名称，开头只要求不具有扩展名的文件名称。

3）将模式设置为“导出”。

4）单击“执行”，确认消息框中的条目。

5）一直等到状态域中显示“结束导出/导入”。

6）通过设置相应的开关“tag”（变量）“con”（连接）“dex”（结构）和“diag”（记录册），可以查看产生的文件。

注意：空组不导出，下画线“_”为名称的产生保留，文件名称中决不能包含下画线。

变量导入的步骤如下：

1）打开要将变量导入其中的项目，项目中将要导入连接的所有通道驱动必须都存在，否则添加项目中缺少的任何驱动程序。

2）启动“变量导入/导出”工具。

3）选择要从其导入的文件的路径和名称，开头只要求不具有扩展名的文件名称；如果使用选择对话框，单击三个导出文件中的一个。

4）将模式设置成“导入”或“导入重写”。在“导入重写”模式中，目标项目中的任何名称与将导入变量相同的变量都将被重写，而在“导入”模式中，一条消息将写到日志文件中，目标项目中的变量保持不变。

5）单击“执行”，确认消息框中的条目。

6）一直等到状态域中显示“结束导出/导入”。

7）在 WinCC 变量管理器中查看生成的数据。

注意：当 WinCC 运行系统激活时，两种模式的导入都不能进行。

12.3 动态向导编辑器

动态向导编辑器是一个用于创建自己的动态向导的工具。通过动态向导可以实现自动化的重复发送组态顺序。动态向导为图形编辑器带来了附加的功能，有助于用户频繁处理再次发生的组态动作。通过这个编辑器可以简化组态工作，并且减少可能发生的组态错误。动态向导由各种不同的动态向导功能组成，它提供许多可用的动态向导函数，并且可用用户自行创建的函数进一步扩展这些函数。

“动态向导编辑器”的安装有两种方法：第一种方法是在安装 WinCC 时选择“自定义”，在“组件”对话框“智能工具”右边窗口中选择“动态想到编辑器”；另一种方法是在 WinCC 光盘的目录“WinCC\InstData\Smarttools\Setup”中双击 setup.exe 选择安装。

12.3.1 动态向导编辑器概述

通过“开始→所有程序→Siemens Automation→SIMATIC→WinCC→Tools→Dynamic Wizard Editor”启动动态向导编辑器应用程序，如图 12-4 所示。

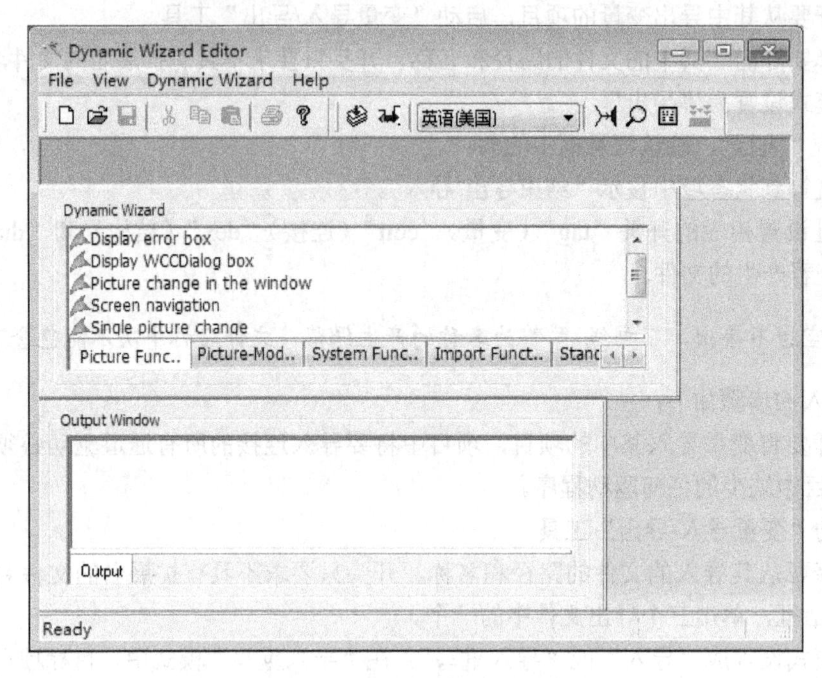

图 12-4　动态向导图形编辑器画面

动态向导编辑器的组成部分如下：

菜单栏：包含动态向导编辑器的功能，菜单栏总是可见的。

工具栏：提供常用功能的快捷选择，在需要时可以显示出来并且可以被移动到屏幕上的任何地方。

编辑器窗口：当动态向导函数打开进行编辑或创建新的动态向导时，编辑窗口才可见。每一个函数将在其自身的编辑窗口中打开，可同时打开多个编辑窗口。

输出窗口：包含“生成 CWD”“读向导脚本”和“编译脚本”功能的结果，需要时显示。

状态栏：提供有关键盘设置的信息以及给出在编辑窗口文本光标位置的信息。需要时显示。

动态向导：允许使用 C 动作使对象动态化。执行向导时，可以指定预组态的 C 动作和触发事件，并将它们存储在对象的属性中。

动态向导编辑器很重要的一个元素是动态向导函数。每一个动态向导函数有其自身指定的功能。实际上，函数具有一个预定义的结构，所有的函数具有一个相似的顺序和用户界面的对话框。

动态向导编辑器的工具栏如图 12-5 所示。工具栏的各图标的含义如表 12-2 所示。

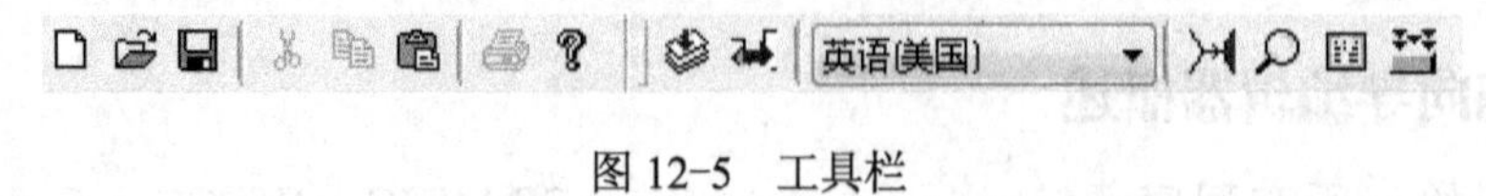

图 12-5　工具栏

表 12-2　工具栏含义

图　标	描　述
	创建新的动态向导函数
	打开已存在的动态向导函数（*.wnf）
	保存动态向导函数
	剪切选择的文本并将它复制到剪贴板上
	将所选文本复制到剪贴板
	将剪贴板上的内容粘贴到光标所在的位置
	打印当前编辑窗口的内容
	在动态向导编辑器中显示附加信息
	创建动态向导数据（CWD）。该功能用于读取当前设置语言的所有可用向导脚本，并使其符合条件以在动态向导中进行处理。 生成的文件存储在 WinCC 安装路径中 (installation path\wscripts\dynwiz.cwd)
	读取向导脚本和使它们在动态向导中可用
英语(美国)	设置组态向导脚本所使用的语言。这包括 WinCC 中已知的所有语言，与已安装的语言无关。 向导语言的改变不影响整个系统或组态界面
	改变对象。动态向导也存在于用于调试动作的编辑器中，并依赖于图形编辑器中对象的不同属性。 通过使用该功能切换到现有画面中存在的对象，可在编辑器中调试新的或存在的向导脚本。 基于新的对象设置，动态向导设置为只显示适合此对象的向导脚本
	显示所选语言的所有动态向导脚本。另外，可从列表删除存在于该对话框中的向导脚本
	打开帮助编辑器
	编译脚本

在动态向导编辑器中还可以打开帮助编辑器。点击菜单栏中“DynamicWizard→Edit help”，打开帮助编辑器，如图 12-6 所示。在该对话框中，可为每个通过向导脚本创建的页面输入帮助文本。仅可以输入已创建动态向导的帮助文本。帮助编辑器的各元素如表 12-3 所示。

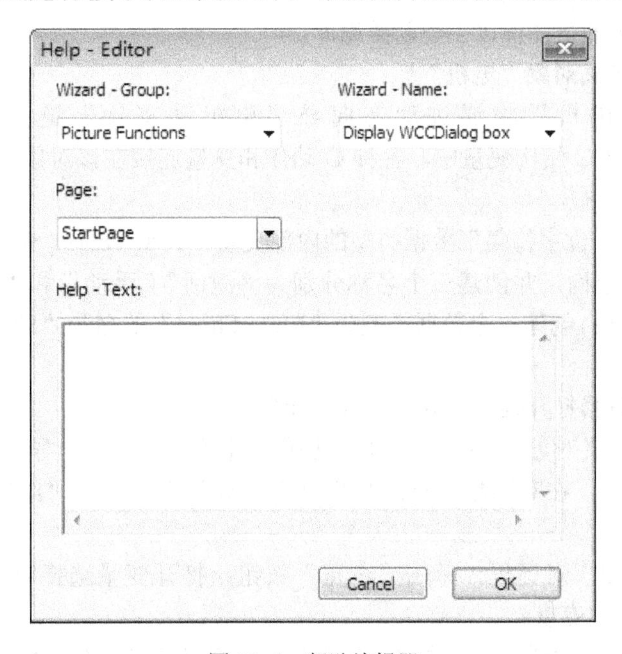

图 12-6　帮助编辑器

表 12-3 帮助编辑器

元 素	描 述
向导组	该域用于指定包含动态向导的组（=tab）
向导名称	该域用于选择为其创建帮助文本的动态向导
页面	该域用于选择为其创建帮助文本的对话框页面
帮助文本	在该域中输入帮助文本

12.3.2 示例

下面通过创建一个“动态修改电机”的动态向导为例说明动态向导编辑器的使用方法和注意事项。

1. 创建电机的动态向导函数

必须首先打开一个 WinCC 的项目。

1）解压缩 WinCC 安装目录下“...\Siemens\WinCC\Documents\german”下的 Winzip 文件“Motor.zip”，“Motor.wnf”文件至目录“...\WinCC\wscripts\wscripts.deu”下，“Motor_dyn.pdl”文件至目录“...\WinCC\ WinCCProjects\Name of the WinCCProjects\GraCs”下。

2）启动动态向导编辑器，打开“Motor.wnf”文件，显示在编辑器窗口中。

3）单击工具栏中的图标编译脚本，结果显示在输出窗口中。

2. 插入脚本“Motor.wnf”

为了在图形编辑器中使用动态向导函数“Motor.wnf”，必须将其集成到动态向导的数据库。导入向导脚本创建 cwd 文件步骤如下：

1）单击工具栏中的图标，打开文件选择对话框。

2）选择“Motor.wnf”文件，单击“打开”按钮。

3）单击工具栏中的图标以创建新数据库。

3. 动态修改自定义对象“电机”

自定义对象“电机”将通过动态向导“电机动态化”链接到具有结构类型“MotorStruct”的 WinCC 结构变量中，各种 C 动作和变量连接在该对象上创建。本向导不能用在其他对象类型上。

创建“文本变量 8 位字符集”数据类型的内部变量“T08i_course_wiz_selected”；创建名为“MotorStruct”的结构，并创建三个名称分别为“激活”“手动”和“出错”的数据类型为“BIT”的内部元素；创建一个数据类型为“MotorStruct”的名为“STR_Course_wiz1”的内部变量。

1）启动图形编辑器打开画面“Motor_dyn.pdl”。

2）选择电机自定义对象，“示例”选项卡提供“电机动态化”向导。

3）启动动态向导，在对话框“欢迎使用动态向导”中，单击“继续”按钮，“设置选项”对话框打开。

4）在“设置选项”对话框，单击“浏览”按钮，打开变量选择对话框。选择“STR_Course_wiz1”作为结构变量。

5）在“设置选项”对话框，单击“继续”按钮，打开“完成！”对话框。

6）保存该画面。

7）启动图形编辑器运行系统。

8）按钮可以用来模拟所选择电机的变量值。

12.4 WinCC 交叉索引助手

WinCC 交叉索引助手是一个在脚本中浏览画面名称和变量脚本并补充相关脚本的工具，以便使 WinCC 组件交叉索引查找画面名称和变量，并在交叉索引列表中列出它们。

12.4.1 WinCC 交叉索引助手概述

WinCC 能够创建交叉索引列表，这样在创建这些列表时，函数调用中的变量能被正确识别。

为搜索和替换在 C 动作中使用的变量和画面名称，在脚本的开始处，所有使用的变量和画面名称必须在两个段内声明。这些段的结构如下：

```
// WINCC:TAGNAME_SECTION_START
// syntax: #define TagNameInAction DMTagName
// next TagID : 1
#define ApcVarName1 "TagName1"
// WINCC:TAGNAME_SECTION_END
// WINCC:PICNAME_SECTION_START
// syntax: #define PicNameInAction PictureName
// next PicID : 1
#define ApcPicName1 "PictureName1"
#define ApcPicName2 "PictureName2"
#define ApcPicName3 "PictureName3"
// WINCC:PICNAME_SECTION_END
```

必须调用默认函数以通过定义的变量和画面来读写变量，如

```
GetTagDWord (ApcVarName1);
OpenPicture(ApcBildname1);
SetPictureName( ApcPictureName2, "PictureWindow1",ApcPictureName3);
```

如果不遵守上述组态规则，则不能创建交叉索引表，因为不能分辨脚本中变量和画面的引用。

借助于 WinCC 交叉索引助手，在脚本管理器中已知的所有函数调用由以上描述的格式替换。只有项目函数、画面和动作被转换。

WinCC 交叉索引助手的运行系统环境是 WinCC。如果 WinCC 没有运行或要转换的项目没有装载，则 WinCC 由 WinCC 交叉索引助手启动或载入项目。

12.4.2 使用交叉索引助手

“WinCC 交叉索引助手”的安装有两种方法：在 WinCC 安装过程中，从“程序”对话

框中选择“WinCC V7 完整安装”，WinCC 随即同智能工具一同安装。或者在 WinCC 光盘的目录“WinCC\InstData\Smarttools\Setup”中双击 setup.exe 选择安装。

通过“开始→所有程序→Siemens Automation→SIMATIC→WinCC→Tools→Cross Reference Assistant”启动 WinCC 交叉索引助手向导，如图 12-7 所示，如果要进行项目选择，单击打开🗋按钮，打开项目选择对话框选择项目。单击“当前项目”按钮，WinCC 交叉索引助手将导入和显示当前在 WinCC 中装载的项目。如果装载不同的项目，则可能需要一段时间。

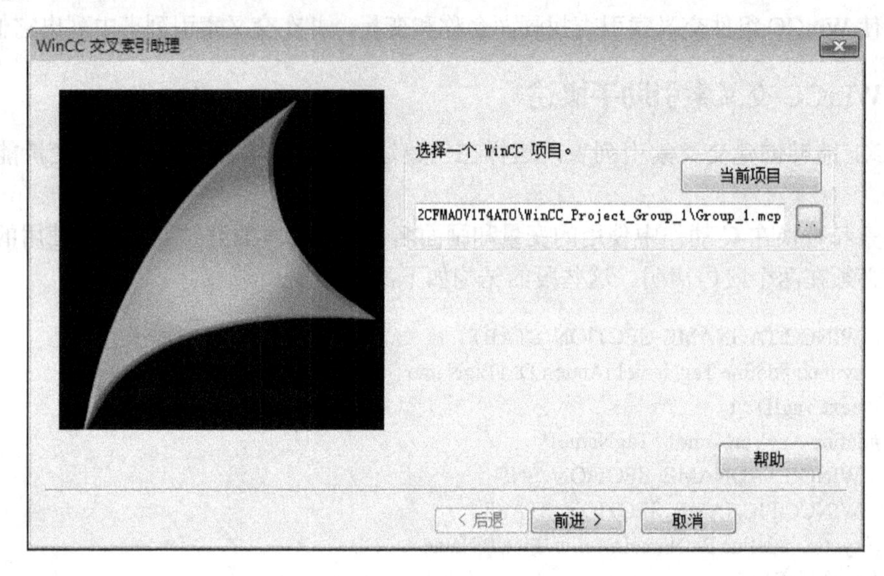

图 12-7　启动 WinCC 交叉索引助手向导

单击“前进”按钮，进入“文件选择”对话框，如图 12-8 所示，所有属于此项目的画面、项目函数和 C 动作都显示在对话框的右侧列表中，选择不需要转换的文件至左侧列表中。默认设置所有属于项目的文件被转换。

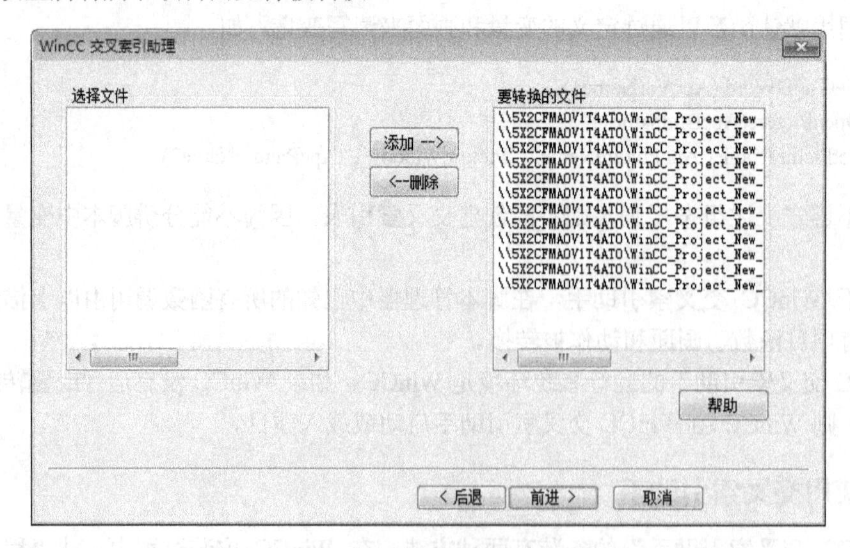

图 12-8　“文件选择”对话框

单击“前进”按钮，指定的文件即被读取和分析，如图 12-9 所示。此时，允许进行“扩展设置”，还允许查看当前处理的进程和文件。

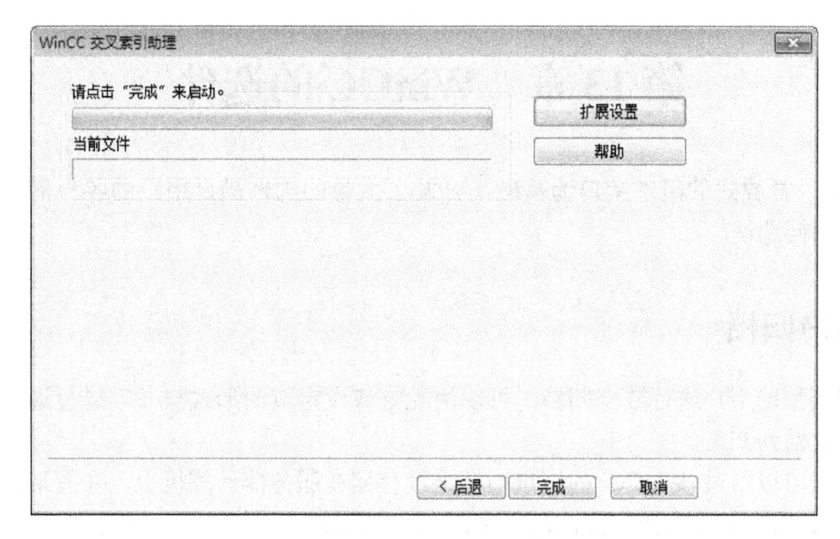

图 12-9 “转换”对话框

要启动脚本转换，单击“完成”按钮，转换完成的百分比在转换期间由进程条显示。转换开始后，不能返回或单击“扩展设置”。

转换完成，将显示有关画面中多少函数、画面和脚本被转换的摘要信息。如果出现错误，可以通过查看在转换期间创建的日志文件来查找更多关于出错原因的详细信息。此文件在项目目录中，名称为 CCCrossReferenceAssistant.log。

12.5 习题

1. 演示变量导出/导入智能工具的使用。
2. 演示动态向导编辑器智能工具的使用。
3. 演示 WinCC 交叉索引助手智能工具的使用。

第 13 章　WinCC 的选件

WinCC 以开放式的组态接口为基础，开发了大量的选件满足用户的各种需求。本章重点介绍用户归档选件。

13.1　用户归档

用户归档帮助用户进行数据归档，可以用配方或设定值的形式与 S7 进行通信，读取数据或者下载数据到 PLC。

过程数据可以通过 WinCC 的用户归档连续存储在服务器计算机上。在图形编辑器中可以组态 WinCC 用户归档表格控件，运行时它以表格形式显示来自用户归档的在线数据。

WinCC 的用户归档编辑器提供两种数据库表格：用户归档和视图。用户归档是用户可以在其中建立自己的数据域的数据库表格。用户归档用于存储数据，并且根据 SQL 数据库规则提供对这些数据的标准化访问。视图接收来自用户归档的数据并将其归组处理等。用户归档的创建和编辑，可以通过交互式组态的用户归档编辑器，也可以通过用户归档相关函数来实现。在运行系统画面中，可以组态与自动化系统映像直接连接的表格。

WinCC 的用户归档功能作为选件默认情况下是不会安装的，需要重新运行安装程序进行选择安装，它包括用户文件、内部功能和授权。

用户归档包安装后，图形编辑器的“控件”中将出现“ WinCC User Archive Control”表格控件。表格控件允许交互式地创建、编辑和删除域的内容。它的页面功能使得浏览和操作变得方便、快捷。归档可以被导入、导出，并且可以定义过滤或排序的条件。通过设置属性还可以连接到 PLC，可以在线读取和写入数据。在组态期间，用户归档表格控件被连接到所选择的归档或视图上，因而只能访问正在运行的归档或视图。

用户归档用于配方管理能够取得较好的效果。可以先通过组态用户归档来创建自己的数据库表格。用户归档允许在组态时创建新的数据记录或编辑现有数据记录中的数据。在运行系统中，可以在表格控件窗口内以表格的形式显示归档，通过原始数据或 WinCC 变量，与 PLC 持续进行数据交换。在运行过程中，运行的数据以用户归档数据记录的形式存储在用户的硬盘驱动器上，如图 13-1 所示。

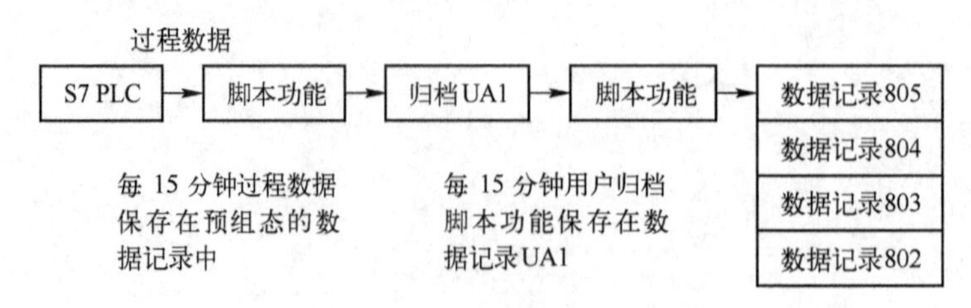

图 13-1　用户归档数据记录示意图

13.1.1 用户归档编辑器

安装用户归档后，WinCC 项目管理器浏览树中将出现“用户归档”项，双击打开用户归档编辑器，如图 13-2 所示。同报警记录编辑器类似，用户归档编辑器也包括三个部分：

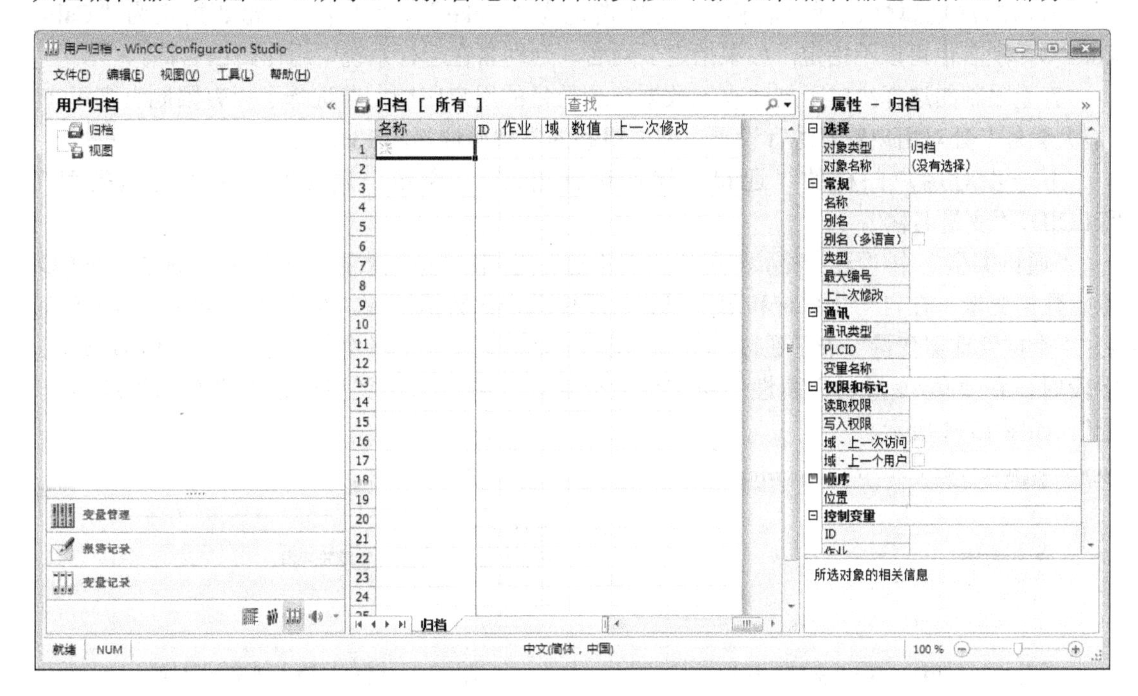

图 13-2 用户归档编辑器

导航区域以文件夹形式显示对象的树形视图，用于在编辑器之间进行切换的导航栏。

表格区域用于创建和编辑多个对象，用于查看和输入归档数据。

属性区域用于显示所选对象的属性，并对其属性进行解释，也可以在这部分区域对属性进行组态。

下面以饮料厂生产饮料为例说明用户归档的组态过程。饮料厂“Drink”生产“Coke”和“Juice”两种饮料。为了存储饮料配方，使用 WinCC 的用户归档。

每个归档由具有可编辑属性的数据域组成，每个数据域都具有属性，如名称、别名、类型、长度、数值等。“Coke”归档的结构如表 13-1 所示。

表 13-1 “Coke”归档的结构

“Coke”归档	属性（列）						
数据域（行）	名称	别名	类型	长度	最小值	最大值	起始值
水	Water	Well5	Int	2	1000	1500	1000
糖	Sugar	Zmela	Int	2	120	140	130
Coloring7	FS1007	D1007	Int	2	6	8	6
咖啡因	Caffeine	Cff	Int	2	2	3	2
磷酸	PhosAc	PhA	Int	2	170	190	170

1. 新建用户归档

在 WinCC 项目管理器打开用户归档编辑器，在导航区域选中“归档”，在右侧表格区域中建立新的归档，名称为“Coke”。首先组态归档的常规属性。

归档的常规属性包括“名称”（此处指定为“Coke”）、“别名”（此处指定为“Calif Coke”），别名也可以不指定，如果指定了别名，则别名在运行系统中用作归档名称。

有无限制的选择决定了创建有无数据记录数目的用户归档，若选择了“有限制”则可在“最大编号”处对用户数目进行设置。完成组态的常规属性如图 13-3 所示。

下一步对用户归档的“通讯”属性进行组态。“通讯”属性又包括“通讯类型”“PLCID”“变量名称”。

“通讯类型”中“无”表示与用户归档不进行通信；“原始数据变量”表示通过 WinCC 原始数据变量，在自动化系统和用户归档之间传送全部数据记录。在此输入 PLCID 和变量名；“数据管理器变量”表示通过 WinCC 变量传送数据记录的各个数据字段。创建用户归档字段时，在“值/变量名”属性中组态变量分配。此处将通讯类型设置为“数据管理器变量”。如图 13-4 所示。

常规	
名称	Coke
别名	Calif Coke
别名（多语言）	
类型	无限制
最大编号	
上一次修改	2017/10/19 16:40:19

图 13-3 用户归档“常规”属性

通讯	
通讯类型	数据管理器变量
PLCID	
变量名称	

图 13-4 用户归档“通讯”属性

“PLCID”是用户归档和自动化级之间连接的标识号。“PLCID”必须由 8 个 ASCII 字符组成，而且在 WinCC 项目内必须是唯一的。需要使用“PLCID”，自动化系统才能将过程数据发送回正确的用户归档。不能使用原始数据变量中组态的“R_ID”，因为“R_ID”仅适用于与自动化系统进行通信。

“变量名称”指的是与自动化系统或用户归档传送数据时所使用变量的名称。

下一步对用户归档的“权限和标记”属性进行组态，如图 13-5 所示。“权限和标记”处可以在这里组态对用户归档的读和写访问的访问权限。选择用户管理器提供的读写访问授权。

对用户归档的“控制变量”属性进行组态。如图 13-6 所示。图中四个输入域中定义的 WinCC 变量分别用于访问数据记录标识号、指令代码、归档域和归档域数值。位于每个域旁的...按钮可以打开变量选择对话框。

权限和标记	
读取权限	
写入权限	
域 - 上一次访问	
域 - 上一个用户	

图 13-5 用户归档“权限和标记”属性

控制变量	
ID	...
作业	
域	
数值	

图 13-6 用户归档“变量控制”属性

如果使用控制变量，则始终需要组态全部四个控制变量及其相应的数据类型。“ID”是有符号 32 位数，“作业”是有符号 32 位数，“字段”文本变量 8 位，“值”文本变量 8 位。

2．创建归档域

在导航区域中，选中新建的归档“Coke”，在表格区域中将显示“Coke”对应的归档域。如图 13-7 所示。

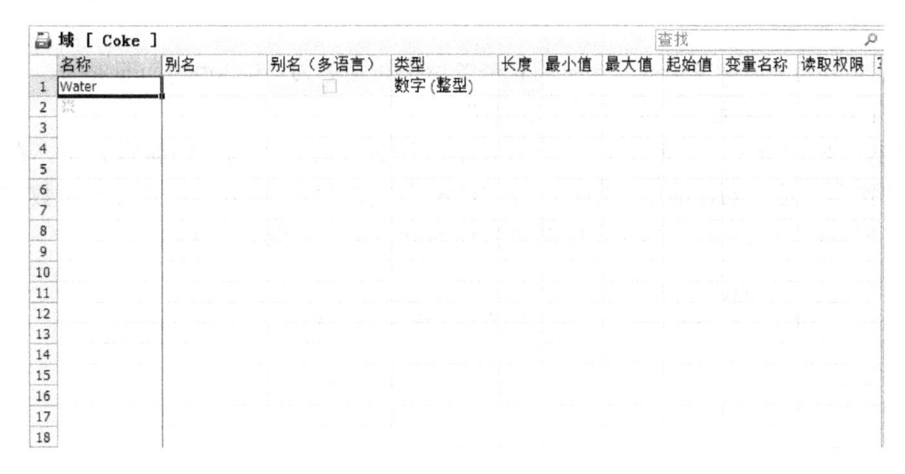

图 13-7 “Coke”对应的归档域

输入“Water”作为第一个归档域的名称，别名可以不输入。输入的名称用于以后分配按表格形式显示的域。选择数据类型为“数字（整数)”。

下一步组态归档域的数值属性，如图 13-8 所示，指定最小值、最大值和起始值。此处还可以创建存储归档域数值的 WinCC 变量。

下一步对归档域的“权限和标记”属性进行编辑，可以定义访问权限和归档域的属性，组态时同样使用用户管理器提供的读写访问授权，如图 13-9 所示。

数值	
最小值	0
最大值	1000
起始值	500
变量名称	

图 13-8 “数值”属性编辑栏

权限和标记	
读取权限	
写入权限	
需要的值	☐
唯一数值	☐
带索引	☐

图 13-9 “权限和标记”属性编辑栏

其中需要指出使用以下选项设置字段的条件。“需要的值”指该字段不得为空，“唯一值”该字段的值必须各不相同，“带索引”索引支持该字段，可进行快速搜索，索引仅支持某些字段。

单击“完成”按钮，完成数据域条目，这样就在“Coke”用户归档中创建了新的数据域“Water”。添加其他数据域，保存用户归档。

3．控制变量的属性

可以在“归档”的属性区域编辑控制变量的属性。

控制变量提供访问归档的方法：

①“ID”指的是用户归档的数据记录编号，使用的变量类型是有符号 32 位数。

②“作业”使用的变量类型是有符号的 32 位数。例如作业“6”是从用户归档中的变量读取数据记录，“7”是将数据记录从用户归档写入变量，“8”是删除用户归档中的数据记

录，执行作业后，“请求”中将出现一个错误 ID：“0”表示无错误，“-1”表示有错误。

③“字段”指的是用户归档的特定字段，使用的变量是 8 位的文本变量。

④“值”指的是特定用户归档字段的值，使用的变量是 8 位的文本变量。

下面组态视图。

在导航区域中选中“视图”，在右侧表格区域中新建名为“Coloring”的视图。

创建视图与前面创建归档的过程非常类似。

在导航区域中选中“Coloring”，右侧表格区域进入新建“列”的编辑界面。在此选择“归档”列表框中选择创建的用户归档，如“Coke”，在“域”列表框中选择一个数据域，在“列名称”中单击则将“域”列表框中的条目作为列名称。如图 13-10 所示。

列 [Coloring]　　查找

	名称	别名	别名（多语言）	归档	域	上一次修改
1	Water		☐	Coke	Water	2017/10/24 21:44:52
2						
3						
4						
5						
6						
7						
8						
9						
10						
11						
12						
13						
14						
15						

图 13-10　新建“列”

“列”属性的具体内容如图 13-11 所示。在“关系”属性中，可以为视图输出建立多个归档之间的关系。可以用 SQL 语言直接表达链接，也可以使用默认关系操作符交互定义链接。

在“顺序”选项卡中定义视图的顺序。

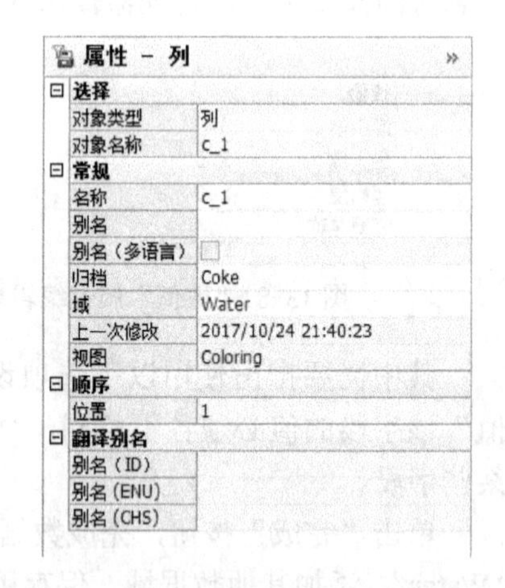

图 13-11　“列”属性对话框

13.1.2　用户归档控件

用户归档控件用来访问归档和归档视图。在运行时，用户归档控件允许创建或删除数据记录，查看用户归档，通过直接变量连接对变量进行读写，归档导入导出以及定义过滤条件和排序条件等。

用户归档控件提供两种视图：表格视图和窗口视图。表格视图以表格的形式显示用户归档，每个数据占据一行，数据记录的数据域以列显示。窗口视图提供可自定义的界面，用户归档的窗口视图包括三种域类型：静态文本、输入域和按钮。

下面开始使用用户归档控件。

在图形编辑器中，从对象选项板“控件”选项卡拖动“WinCC UserArchiveControl”控件至画面中，在对象属性栏可以编辑“控件”的属性，如图 13-12 所示，在此可以编辑“过滤器”“窗体”“按 TB 按钮”和“排序”属性等静态列。需要注意的是：为避免数据库中的不一致，应在图 13-13 所示的“WinCC 用户归档-表格元素”对话框中修改其对象属性。

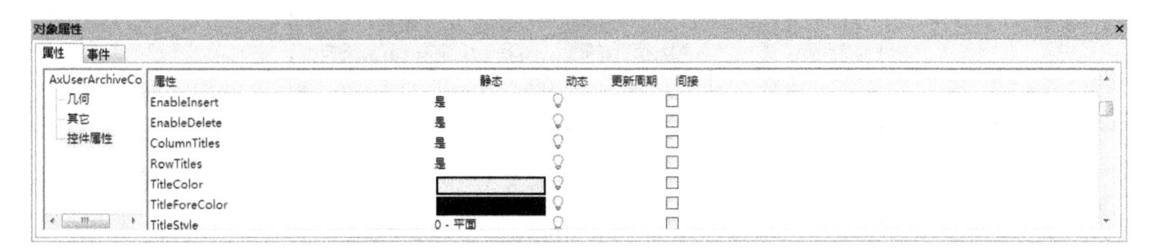

图 13-12 “用户归档”控件属性对话框

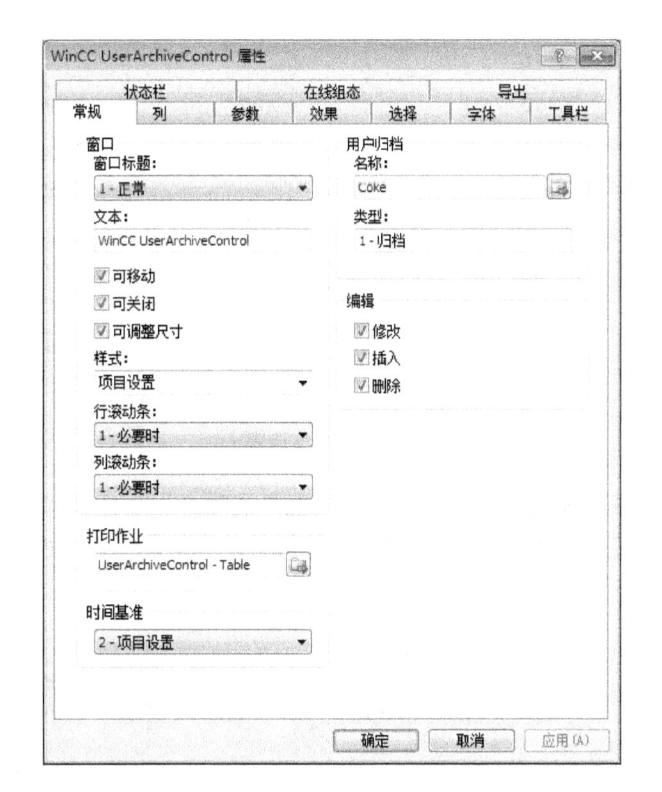

图 13-13 用户归档控件表格元素属性对话框

双击用户归档控件，打开出现表格元素属性对话框。在“常规”选项卡的“用户归档”域中，单击按钮，打开数据包浏览器，选择已组态的归档和视图，在“编辑”域中可以定义运行访问类迅速，将为归档激活“插入”“改变”和“删除”访问类型。“窗口”复选框定义控件窗口是否带框架显示，行列是否带滚动条。“时间基准”可以设置为“分为本地时区”“协调世界时”“项目设置”。

如果用户归档的组态在编辑器用户归档中被修改，例如删除访问保护，则图形编辑器中的控件必须被重新链接到此用户归档中，从而使控件识别已改变的归档组态。

用户归档控件表格元素属性对话框的“列”选项卡如图 13-14 所示。在“列”域中，选择将在画面中显示的在用户归档编辑器中创建的域，可以在此界面编辑要显示的域的画面属性。

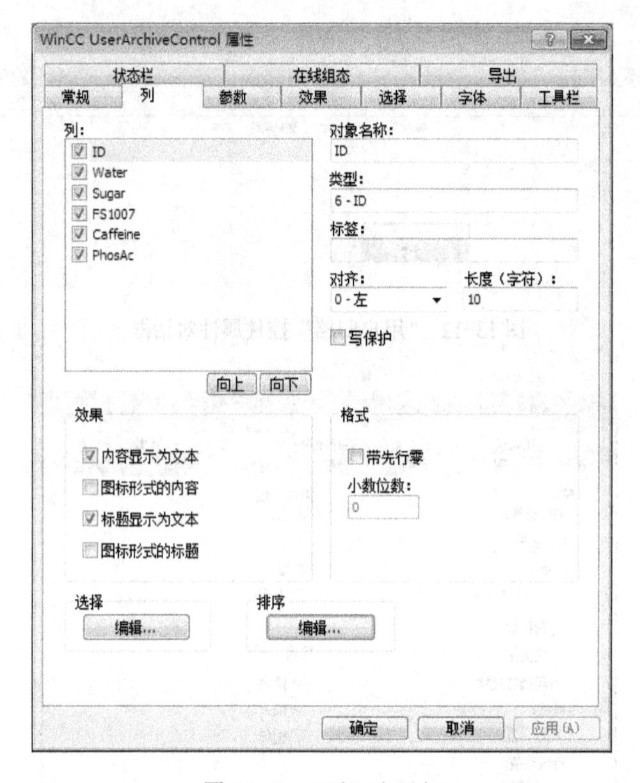

图 13-14 “列”选项卡

用户归档控件表格元素属性对话框的“工具栏”选项卡用于定义允许用户使用的工具栏按钮和访问权限，“状态栏”选项卡用于设置控件状态栏的元素或者是否激活状态栏。

组态好的归档控件如图 13-15 所示。

WinCC UserArchiveControl

	ID	Water	Sugar	FS1007	Caffeine	PhosAc
1	1	1000	120	6	2	170
2	2	1111	130	7	2	185
3						
4						
5						
6						
7						
8						
9						
10						
11						
12						
13						
14						
15						
16						

就绪　归档: Calif Coke　21:23:04

图 13-15 归档控件

归档控件状态栏的各个按钮的具体功能如表 13-2 所示。

表 13-2　工具栏按钮含义

图标	名　称	含　义
	组态按钮	打开组态对话框
	删除一条数据记录	删除选中的数据记录
	选择数据连接	在画面中连接新的域或视图
	排序	对归档的数据进行排序
	翻阅表格窗口	在表格窗口向前/后浏览，并跳转到归档的开始/结尾
	变量读写	读写 WinCC 变量
	归档的导入导出	导入/导出 CSV 格式的用户归档
	行操作	用于剪切、复制粘贴行
	时间基准	更改时间基准

注意：*使用用户归档时，需要在 WinCC 项目管理器中，打开“计算机”属性对话框，选择“启动”选项卡，勾选“用户归档”复选框。*

13.1.3　用户归档脚本函数

使用用户归档脚本函数，可以通过“WinCC 用户归档表格控件”显示或分析来自用户归档的数据。用户归档的脚本函数可以分成两大类：用于组态用户归档的组态函数和用于组态运行系统操作的各种动作的运行系统函数。

所有的用户归档脚本函数都是以“ua”开头，如“uaConnect”“uaArchiveOpen”等。用户归档运行函数总是以“uaArchive”开头。组态和运行函数需要句柄，它们由以前调用的函数“uaQueryConfiguration”“uaConnectuaOpen”和“uaOpen”返回。

使用用户归档脚本函数进行组态包含以下步骤：

1）组态用户归档。可以使用用户归档编辑器或用户归档脚本函数进行组态。

2）对脚本函数进行组态。“uaQueryConfiguration”函数为组态函数提供句柄。使用该句柄可以调用“uaSetArchive”“uaAddArchive”“uaSetField”“uaAddField”等组态函数。“uaReleaseConfiguration”函数结束用户归档的组态。

3）建立与用户归档的联系。在运行系统中访问，要调用 uaConnect 函数来建立与用户归档组件的连接。“uaConnect”生成相应的句柄，它允许打开归档和视图，“uaDisconnect”函数终止与用户归档的连接。

4）打开运行函数。要运行操作一个已组态的用户归档。“uaQueryConfiguration”和“uaQueryArchiveByName”函数为运行函数提供句柄。用“uaArchiveOpen”函数打开归档后，可以使用用户归档运行函数。

5）运行系统的操作函数。“uaArchiveNext”“uaArchivePrevious”“uaArchiveFirst”函数移动指针。通过“hArchive”句柄生成对用户归档数据记录唯一分配。这种分配允许进行间接寻址。“uaArchiveUpdate”函数将临时数据记录存储在归档中，并覆盖指针当前所指的数据记录。该数据记录以前必须由“uaArchiveNext”“uaArchivePrevious”“uaArchiveFirst”或“uaArchiveLast”函数进行读取。

6）终止与用户归档的连接。“uaArchiveClose”函数关闭用户归档。“uaReleaseArchive”函数终止与当前归档的连接，“uaDisconnect”函数终止与用户归档组件的连接。

下面给出用户归档相关函数的含义，分别如表 13-3、13-4 和 13-5 所示。

表 13-3　在运行系统打开和关闭归档和视图的函数

用户归档函数	描　述
uaConnect	建立到用户归档的连接，该连接对于所有运行归档有效
uaDisconnect	如果存在到用户归档（运行系统）的连接，它将终止
uaGetLocalEvents	读本机事件
uaSetLocalEvents	设置本机事件
usIsActive	确定运行系统是否激活
uaUsers	查找激活的连接数或激活的用户数
uaOpenArchives	确定打开的归档数量
uaOpenViews	确定打开的视图数量
uaQueryArchive	建立到归档的连接
uaQueryArchiveByName	使用归档名建立到归档的连接
uaReleaseArchive	终止到归档的连接

表 13-4　在运行系统应用归档和视图的函数

用户归档函数	描　述
uaArchiveOpen	建立到当前归档的连接
uaArchiveClose	终止到当前归档的连接
uaArchiveDelete	从当前归档删除数据记录
uaArchiveExport	导出当前归档
uaArchiveGetFieldLength	读取当前域的长度
uaArchiveGetFieldName	读取当前域的名称
uaArchiveGetFields	读取域的数量
uaArchiveGetFieldType	读取当前域的类型
uaArchiveGetFieldValueDate	读取日期和时间，并将其置于当前数据域
uaArchiveGetFieldValueDouble	读取当前数据域的“双精度型”数值
uaArchiveGetFieldValueLong	读取当前数据域的“长整型”数值
uaArchiveGetFieldValueString	读取当前数据域的“字符串”
uaArchiveFilter	读取当前数据域的过滤值
uaArchiveGetID	读取当前数据域的 ID
uaArchiveGetName	读取当前数据域的名称
uaArchiveGetSort	读取当前数据域的排序
uaArchiveImport	导入归档
uaArchiveInsert	将新的数据记录插入归档
uaArchiveMoveFirst	跳转到第一条数据记录
uaArchiveMoveLast	跳转到最后一条数据记录

（续）

用户归档函数	描　　述
uaArchiveMoveNext	跳转到下一条数据记录
uaArchiveMovePrevious	跳转到前一条数据记录
uaArchiveReadTagValues	读取变量值
uaArchiveReadTagValueByName	根据名称读取变量值
uaArchiveRequery	新查询
uaArchiveSetFieldValueDate	写入当前数据域
uaArchiveSetFieldValueDouble	写入当前数据域的“双精度型”数值
uaArchiveSetFieldValueLong	写入当前数据域的“长整型”数值
uaArchiveSetFieldValueString	写入当前数据域的“字符串”
uaArchiveSetFilter	设置过滤器
uaArchiveSetSort	设置排序标准
uaArchiveUpdate	更新数据记录
uaArchiveWriteTagValues	将当前数据记录的数值写入变量
uaArchiveWriteTagValueByName	按名称将当前数据记录的数值写入变量

表 13-5　用于用户归档组态的函数

用户归档函数	描　　述
uaAddArchive	添加新归档
uaAddField	添加一个新域
uaGetArchive	读归档组态
uaGetField	读域组态
uaGetNumArchive	查找组态归档数量
uaGetNumFields	查找域的数量
uaSetArchive	写归档组态
uaRemoveArchive	删除归档
uaRemoveAllArchives	删除所有归档
uaSetField	设置域组态
uaQueryConfiguration	建立到用户归档组态的连接
uaReleaseConfiguration	终止到组态的连接
uaRemoveAllFields	删除所有域
uaRemoveField	删除域

13.2　过程控制选件

过程控制选件提供基本过程控制数据包和过程控制运行系统的总览。安装 WinCC 时选择“自定义安装”，在“选择组件”对话框中勾选“选项”复选框选择需要安装的组件。过程控制组件如表 13-6 所示。关于 WinCC 中的过程控制组件的详细信息请查看 WinCC 在线帮助。

表 13-6 过程控制组件描述

名　称	功　能
OS 项目编辑器	根据 PCS7 的需要组态运行时的用户界面和报警系统，支持总览画面中的按钮的从属定位以及区域顺序组态
警报器	用于给信号模块或声卡输出分配消息类别，主要功能是为消息系统组态选择合适的信号设备
时间同步	通过工业以太网或局域网组态整个工厂时钟同步。激活时钟主站保证所有其他的 OS 或 AS 系统与现在的时钟同步，从站通过系统总线接受现在的时间来同步其内部时钟
设备状态监控	确保连续监控单个系统 OS 或 AS
画面树管理器	用于管理系统、子系统、功能名称和图形编辑器画面的层次结构
图形对象更新向导	用于从 WinCC 画面中导出、导入或更新动态用户对象
组件列表编辑器	用于组态条目点画面和测量点区域
过程控制运行系统	提供 PCS7 中运行功能的总览
芯片卡阅读器	用于在 WinCC 环境中集成一个芯片卡阅读器

13.3 顺序功能图表

顺序功能图表（SFC）是一个过程控件，它用于实现面向控制流的控制过程。“SFC 可视化”软件包可以在 WinCC 组态中用于 SFC 的可视化以及在运行系统中用于操作和监视 SFC 设计和 SFC 实例。

13.4 习题

1. 通过实例演示用户归档的组态过程。
2. 简要说明用户归档的使用场合。

第 14 章 全集成自动化

14.1 全集成自动化概述

“全集成自动化（Totally Integrated Automation，TIA）”是西门子公司于 1997 年提出的崭新的革命性的概念，所有的设备和系统都完整地嵌入到一个彻底的自动控制解决方案中，采用共同的组态和编程、共同的数据管理和共同的通信。图 14-1 所示为全集成自动化示意图。

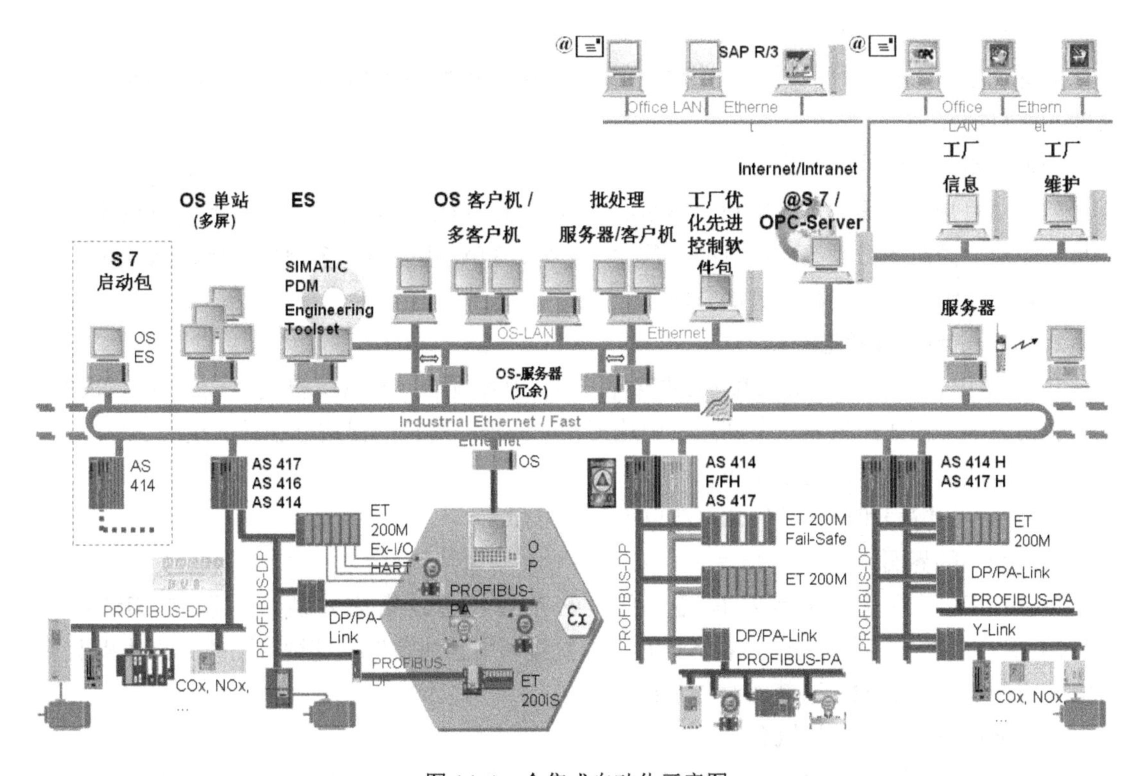

图 14-1 全集成自动化示意图

TIA 集高度的统一性和充分的开放性于一身，标准化的网络体系结构、统一的编程组态环境和高度一致的数据集成使 TIA 为企业实现了横向和纵向的信息集成；领先的通信标准、基于组件的自动化技术（CBA）与 IT 集成使 TIA 对全球自动化市场的产品和服务范围真正开放。

14.1.1 TIA 的统一性

通过全集成自动化，可以实现从自动化系统及驱动技术到现场设备整个产品范围的高度集成，其高度集成的统一性主要体现在以下三个方面。

1．统一的数据管理

TIA 采用全局统一的数据库，数据只被写入一次，然后由系统为用户管理，SIMATIC 工业软件家族都从一个全局共享的统一的数据库中获取数据。这种统一的数据管理机制，不仅可以减少输入阶段的费用，还可以降低出错率、提高系统诊断效率，从而对工厂的平稳运行产生积极作用，节省了用于数据格式一致性检查的费用。

TIA 统一的数据管理功能具体体现在以下几个方面。

（1）TIA 统一的符号表

无论使用 SIMATIC 家族中的哪款组态软件，都可以通过全局数据库共享一个统一的符号表。

（2）变量名自动映射

SIMATIC HMI 工具可以自动识别和使用 STEP 7 中定义的变量，并可以与 STEP 7 中变量的改变自动同步。

（3）多用户功能

随着项目规模的增大，多用户功能是必不可少的。TIA 可以方便地实现多用户在同一个项目下工作，同时还可以保证项目的一致性。另外，TIA 还提供了多项目（MultiProject）的管理，使不同团队的分工协作更加方便。

2．统一的编程和组态

在 TIA 中，所有的 SIMATIC 工业软件都可以互相配合，实现了高度集成。组态和编程工具也出自同一模式，只需从全部列表中选择相应的项：对控制器进行编程、组态 HMI、定义通信连接或实现动作控制等操作。

TIA 统一的编程和组态具体体现在以下几个方面。

（1）统一的界面

SIMATIC 工业软件家族具有统一友好的界面。通过集成安装，可以在 SIMATIC MANAGER 的统一界面下工作，在 STEP 7 中直接调用其他软件，这种界面的一致性和集成性大大方便了对整个 TIA 系统的编程和组态。

（2）面向对象的“块”概念

SIMATIC 软件中基于面向对象思想的“块”的概念，实现了统一的项目结构，使用户程序的可重用性大大提高，从而避免了大量重复的劳动。

（3）平台无关的编程

统一的编程还实现了平台的无关性，用户程序在基于 PLC 的控制系统和基于 PC 的控制系统中都能运行。这给程序的移植带来的很大的方便，也使得用户在选择解决方案时可以更加灵活。

3．统一的通信网络

TIA 实现了从控制级到现场级协调一致的通信，采用不同功能的总线涵盖了几乎所有的应用：以太网和 PROFIBUS 网络是安装技术集成的重要扩展，而 EIB 用于楼宇控制系统的集成。

TIA 统一的通信具有以下特点。

（1）工业以太网和 PROFIBUS 统一的网络组态

在 SIMATIC 中，工业以太网和 PROFIBUS 采用统一的组态，当网络连接发生改变时，可以方便地进行修改。

（2）基于 PROFIBUS 的分布式 I/O

基于 PROFIBUS 的分布式 I/O 与本地 I/O 的组态采用了统一的方式，因此，用户在编程时无须分布 I/O 类型，可以像使用本地 I/O 一样方便地使用分布式 I/O。

（3）系统中集成的路由功能

TIA 中的各种网络可以进行互联。TIA 中集成的路由功能可以方便地实现跨网络的下载、诊断等，使整个系统的安装调试更加容易。

（4）集成的系统诊断和报告功能

TIA 系统集成了自动诊断和错误报告功能，诊断和故障信息可以通过网络自动发送到相关设备而不需编程。

TIA 的三重统一性能够显著降低费用、节约时间、提高效率。

14.1.2 TIA 的开放性

TIA 是一个高度集成和统一的系统，同时也是一个高度开放的系统。TIA 的开放性体现在以下几个方面。

1．对所有类型的现场设备开放

通过 PROFIBUS，TIA 对范围极广的现场设备开放。目前，该总线已经实现了在防爆环境的应用和与驱动设备同步。开关类产品和安装设备还可以通过 AS-I 总线接入自动化系统看作为 PROFIBUS 总线的扩展。楼宇自动化与生产自动化的连接也可以通过 EIB 实现。

2．对办公系统开放并支持 Internet

以太网通过 TCP/IP 协议将 TIA 与办公自动化应用及 Internet/Intranet 世界相连接。TIA 采用 OPC 作为访问过程数据的标准接口，通过该接口，可以很容易地建立所有基于 PC 的自动化系统与办公应用之间的连接，而不论它们所处的物理位置如何。Internet 技术使在任意位置对工厂进行远程操作和监视成为可能。

3．对新型自动化结构开放

自动化领域当中的一个明显的技术趋势就是系统的模块化程度大大提高，即由带有智能功能的技术模块组成的自动化结构。这些模块可以预先进行组态、启动和测试。这样，实现整个工厂的投运要快得多，更改系统也不会影响到生产运行。通过 PROFINET，TIA 使用与厂商无关的通信、自动化和工程标准，使系统使用智能仪表非常容易，不必关心它们是否与

PROFIBUS 或者以太网相连接。通过新的工程工具，TIA 实现了对这种结构的简单而集成化的组态。

14.2 WinCC 在 SIMATIC 管理器中的集成

在全集成自动化框架内可在 STEP 7 中创建和管理 WinCC 项目，从而 AS 组态与 WinCC 组态之间可建立关联。

14.2.1 集成的优点和先决条件

集成自动化组件的目的是为了便于在一个公共的平台上进行组态和管理。STEP 7 构成这样一种平台，可用于 SIMATIC Manager。集成 SIMATIC WinCC 后，组态更加容易，并且过程可以自动化。

集成环境下的 SIMATIC WinCC 组态将使变量和文本到 WinCC 项目的传送更简单；在过程连接期间可直接访问 STEP 7 符号；具有统一的消息组态；可在 SIMATIC 管理器中启动 WinCC 运行系统；可将组态数据装载到运行系统 OS 上；具有扩展的诊断支持。

在 STEP 7 全集成自动化框架内组态 WinCC 工程有两种组态方式：独立式组态和集成式组态。

独立式组态方式是 AS 站和 OS 站分别组态，它们之间的通信组态是通过在 WinCC 中组态变量通信通道，然后定义变量，通过地址对应来读取 AS 站的内容。

集成式组态是在 STEP 7 的全集成自动化框架内组态管理 WinCC 工程。此时，WinCC 中不用组态变量和通信，在 STEP 7 中定义的变量和通信参数可以直接传输到 WinCC 中。工程组态任务量可减少一半以上，并且可减少组态错误的发生。集成式组态通常用于 DCS 系统组态中。集成式组态必须安装 WinCC 光盘上的 AS-OS Engineering 组件。

如果要在 STEP 7 中集成 WinCC，则必须安装 WinCC 和 SIMATIC STEP 7。如果是第一次安装，建议先安装 SIMATIC STEP 7，再自定义安装 WinCC，在安装过程中可以同时安装需要的 WinCC 组件，也可以后安装 SIMATIC STEP 7，那种情况下缺少的 WinCC 组件需要安装上。

要在 STEP 7 中集成 WinCC，必须安装下列通信组件："SIMATIC 设备驱动程序""对象管理器""AS-OS 工程系统""STEP7 符号服务器"，还必须安装 WinCC 选件"基本过程控制"，如果希望使用一个芯片卡阅读器，那么还必须在安装 SIMATIC STEP 7 以及安装 WinCC 期间激活"芯片卡"选项。在 SIMATIC 管理器中实现任何 WinCC 特定的组态之前，必须确保在 SIMATIC 管理器中使用的语言也安装在 WinCC 中。

14.2.2 在 SIMATIC 管理器中管理 WinCC 项目和对象

SIMATIC 管理器可用于组织和管理属于自动化解决方案的所有组件。在公共数据管理系统中访问这些组件可使系统组态更容易，并会使许多组态过程自动完成。通过"开始→所有程序→Siemens Automation→SIMATIC→SIMATIC Manager"打开 SIMATIC 管理器，如图 14-2 所示。可以在安装 WinCC 时，自定义安装 SIMATIC Manager。

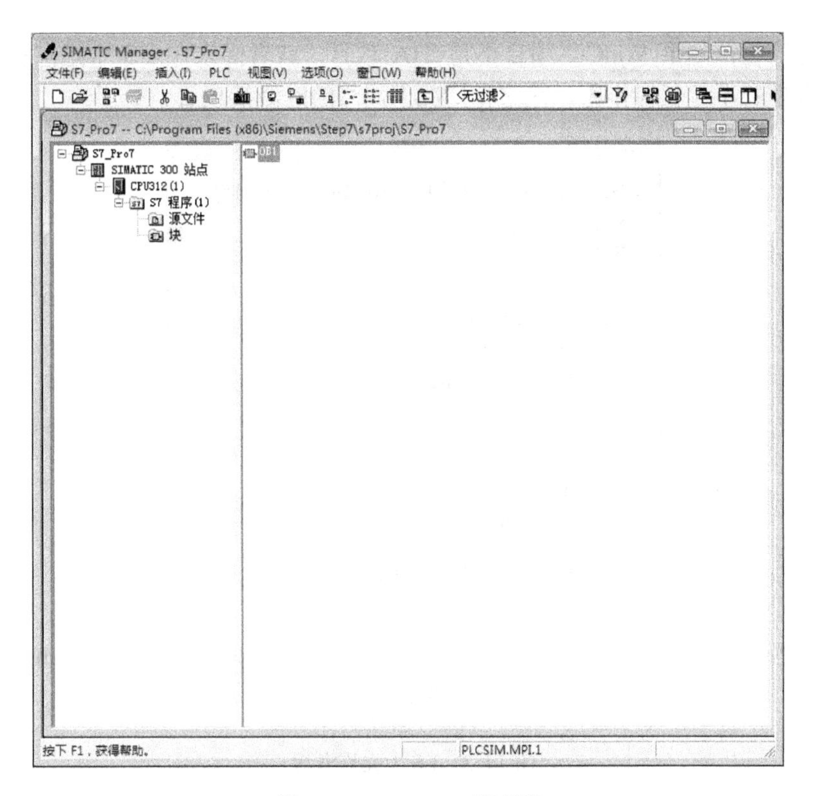

图 14-2　SIMATIC 管理器

可在 SIMATIC 管理器中直接创建 WinCC 项目。在此，可用两种不同的方式存储 WinCC 项目，即作为 PC 工作站中的 WinCC 应用程序或作为 SIMATIC 管理器中的操作站 OS。

当创建新的项目时，应使用 WinCC 应用程序，它与 OS 相比具有下列优点：

① 在网络组态中可对 PC 工作站进行显示和参数化。

② 操作员站的接口和访问点均可自动确定。

使用 OS 参考的好处是可将一个 WinCC 项目（称为“基本 OS”）装载到多个目标系统中。一个目标系统附属于每个基本 OS，并可用于各个参考。基本 OS 必须具有下列属性：STEP 7 项目中的对象类型 OS，“单用户”或“多用户”项目类型，无冗余伙伴 OS 参考和基本 OS 必须在 STEP 7 子项目中创建。处理完毕后，必须将项目连同所有参考传送至基本 OS 的目标系统。OS 参考既不支持自身带有项目的客户机，也不支持自身不带项目的客户机。

通过集成可直接从 SIMATIC 管理器中执行 WinCC 项目中的功能。这些功能包括：打开 WinCC 项目，将 WinCC 项目装载到目标计算机上，使用 WinCC 对象“画面”和“报表模板”，通过 SIMATIC 管理器中的导入 OS 功能可将独立 WinCC 项目导入到 STEP 7 项目中。

在 ES 上激活运行系统，主要会影响到 ES 上集成有 WinCC 项目的运行系统的激活。

在 WinCC 项目管理器中，选择当前项目快捷菜单中的“项目属性”项。在“选项”选项卡上，激活“ES 上允许激活”复选框。如图 14-3 所示。插入新 WinCC 项目时，该复选框处于未选中状态。激活该复选框后，即可在 ES 上激活 WinCC 项目。在 ES 上激活运行系统要求：WinCC 项目是 TIA 项目即 WinCC 项目集成到 STEP 7 项目或 PCS 7 项目中，组态了相应的目标路径；如果 WinCC 项目不是 TIA 项目，或者尚未在 ES 中组态相应的目标路径，则该复选框将不起任何作用，在这种情况下，可随时激活项目。

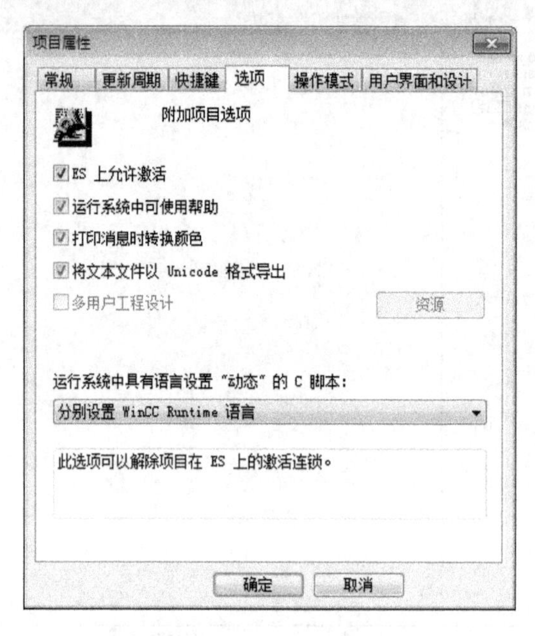

图 14-3　ES 上允许激活

在 SIMATIC 管理器中可以并行编辑多个指令。可以使用 SIMATIC 管理器加载目标系统，并同时在"HW Config"对话框中创建一个新的 WinCC 应用程序。还允许使用 WinCC 项目管理器并行编辑 WinCC 项目。如果其中一个指令当前无法执行，会通过错误消息进行通知。可以在以后重新触发取消的作业。

14.2.3　在 SIMATIC 管理器中创建 WinCC 应用程序

在 STEP 7 项目中，SIMATIC PC 站代表一台包含自动化生产所需软件和硬件组件的 PC（类似自动化站 AS）。除了通信处理器与 Slot PLC 或 Soft PLC 以外，这些组件还包括 SIMATIC HMI 组件。如果 PC 站作为操作员站使用，则在组态期间必须添加一个 WinCC 应用程序。可根据相应的要求在各种不同的项目类型之间进行选择：

① 多用户项目中的主服务器。在 PC 站中称为"WinCC Appl."。

② 多用户项目中用作冗余伙伴的备用服务器。在 PC 站中称为"WinCC Appl.(Stby.)"。

③ 多用户项目中的客户机。在 PC 站中称为"WinCC Appl.Client"。

④ 对称为"基本 OS"的参考。在 PC 站中称为"WinCC Appl.Ref"。

⑤ 对所谓基本客户机的参考。在 PC 站中称为"WinCC Appl.Client Ref."。

⑥ 中央归档服务器（主服务器或非冗余归档服务器）。在 PC 站中称为"WinCC CAS 应用程序"。

⑦ 中央归档服务器（备用服务器）。在 PC 站中称为"WinCC CAS Appl.(Stby.)"。

⑧ 连通站或 Open_PCS7_Station。在 PC 站中称为"SPOSA Appl."。

图 14-4 是一个实例，表明了 WinCC 应用程序在 SIMATIC 管理器中的显示方式。

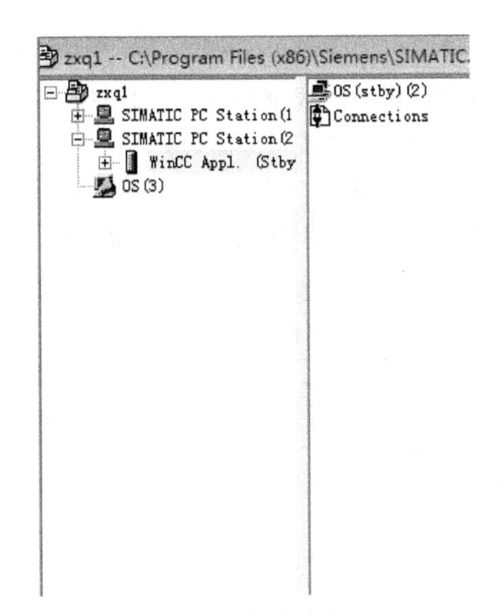

图 14-4　显示方式

要想创建 PC 站中的 WinCC 应用程序，PC 站必须已经在 STEP 7 项目中创建。创建 WinCC 应用程序分为以下几步：

1）打开 PC 站的硬件组态。为此，单击浏览窗口中的 PC 站。在弹出式菜单中选择“打开对象(Open Object)”选项。这将打开“HWConfig”窗口。“HWConfig”窗口如图 14-5 所示。

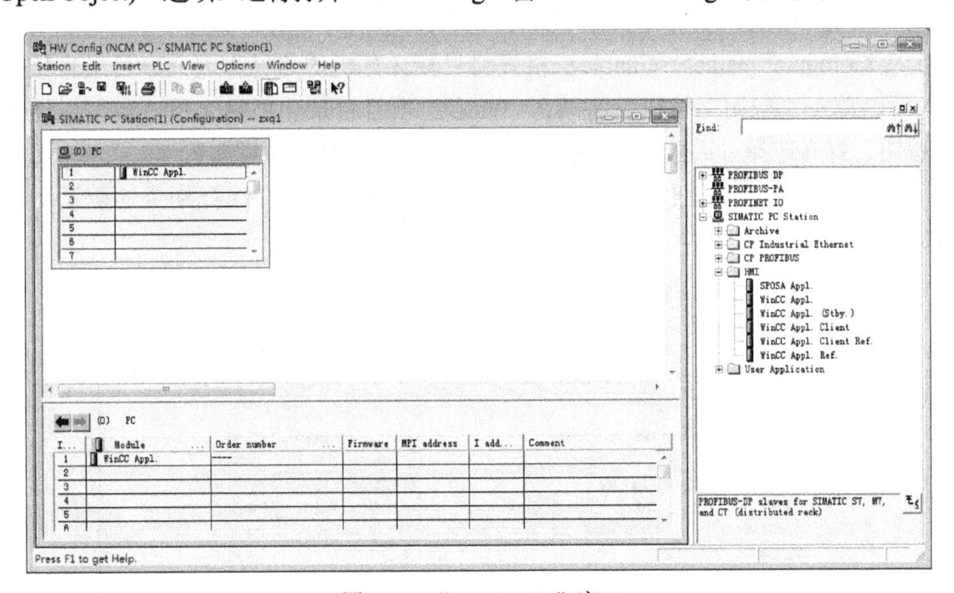

图 14-5　“HWConfig”窗口

2）在内容窗口中单击对象 PC。使用菜单条目“查看>目录”，打开硬件目录，并浏览到文件夹“SIMATIC PC 站>HMI”。

3）选择所需类型的 WinCC 应用程序，并将其拖动到 PC 对象的空闲插槽中。

4）保存并关闭硬件组态。一旦保存新创建的 WinCC 应用程序，即会创建一个从属 OS。

为了能够装载 WinCC 项目，必须在对象属性中设置目标计算机的路径，这其中要求 OS 已作为 WinCC 应用程序的对象创建。下列描述适用于 WinCC 应用程序中的 OS，对其他 OS

类型，对话框结构可能不同。设置目标计算机的路径分为以下几步：

1）选择 WinCC 项目，然后使用弹出式菜单打开“对象属性”。

2）如果要组态 OS 类型的 OS，请选择“目标 OS”和“备用 OS”选项卡。

如果要组态 OS 类型的 OS（客户机），请选择“目标 OS”选项卡。

图 14-6 所示为在 WinCC 应用程序中创建的 OS 类型的 OS。

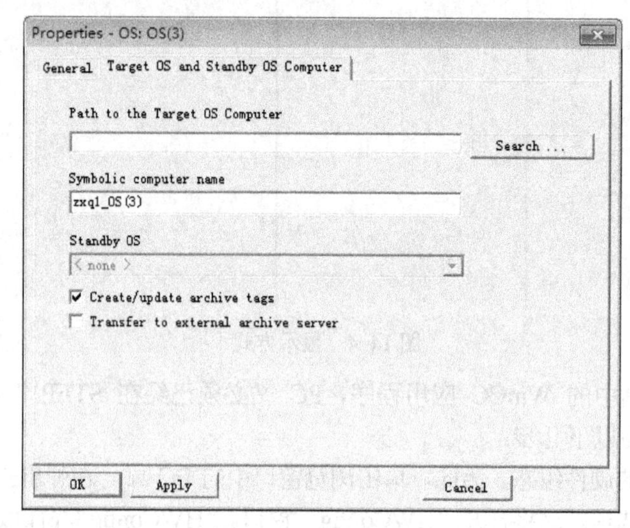

图 14-6　属性对话框

可用 \\<Computer name>\<Enable> 格式将目标计算机的路径作为共享目录直接输入。直接输入后，单击“应用”按钮，将填入 WinCC 项目目录和项目文件。也可以通过单击“浏览”按钮，打开选择对话框。如果已直接输入路径，请继续执行步骤 4。

3）单击“Search...”按钮，在“选择目标 OS”对话框中，选择期望的驱动器和文件夹，如图 14-7 所示。

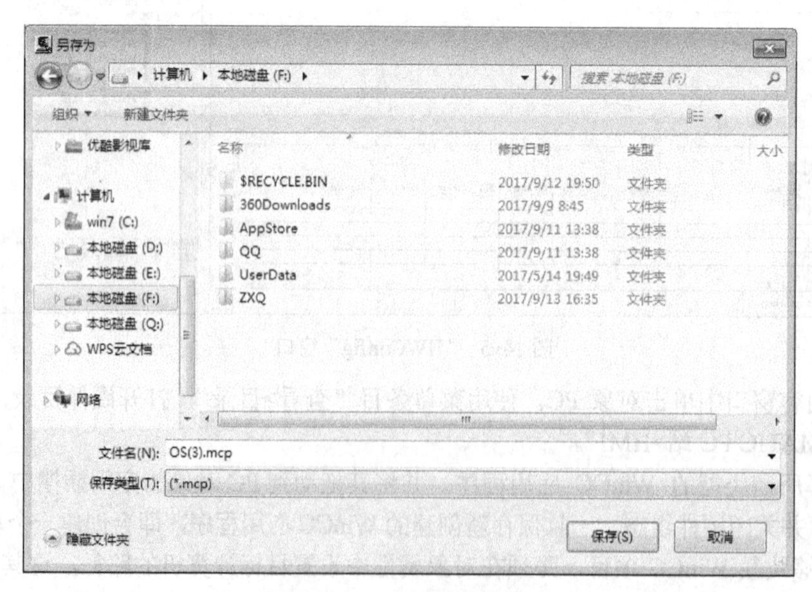

图 14-7　选择存储路径

4）检查目标计算机的路径，然后关闭“属性”对话框。

如果组态一个冗余项目，则主服务器和备用服务器必须彼此连接，这就需要我们掌握如何选择备用计算机。可以在对象属性中为主要服务器设置该连接。此处要求主服务器必须已经创建为 WinCC 应用程序，备用服务器必须已经创建为 WinCC 应用程序（备用）。此过程主要分为以下几步：

1）选择主站项目，然后使用快捷菜单打开“对象属性”。

2）选择“目标 OS 和备用 OS 计算机”选项卡。

3）选择备用 OS，如图 14-8 所示，然后使用“确定”按钮关闭对话框。

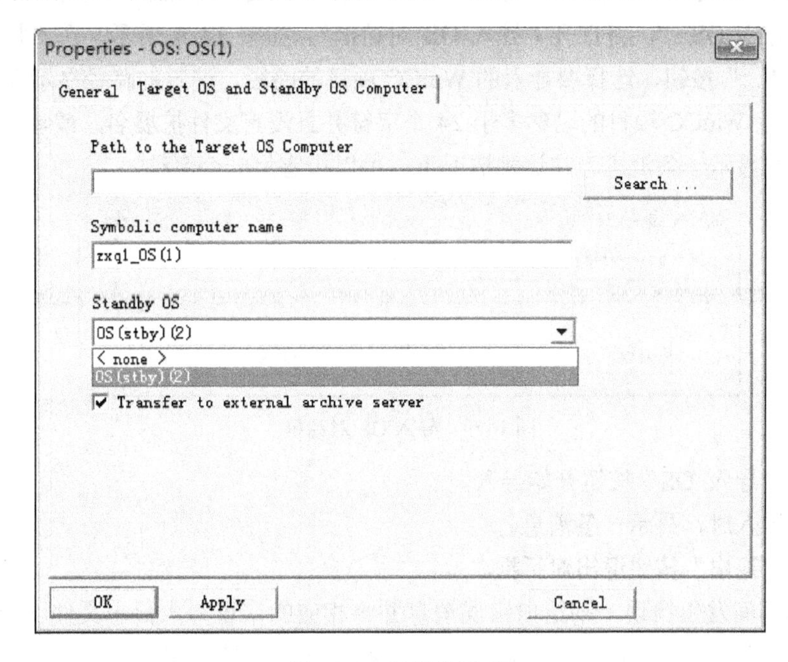

图 14-8　选择备用 OS

4）在 SIMATIC 管理器中，检查所分配的备用 OS 的名称：它必须包括具有扩展名“_StBy”的主站 OS 名称。

5）目标计算机的路径也必须在备用 OS 的属性中进行设置。在备用 OS 的属性中，检查主站 OS 的分配。主站 OS 的域必须显示主站 OS 的名称。

当组态已经完成时，必须装载 WinCC 项目到目标计算机上。为此，可使用 SIMATIC 管理器的“装载目标系统”功能。如果已经建立冗余操作员站，则将会依次装载主站服务器和备用服务器。备用服务器将与主站服务器 WinCC 项目的副本一起装载。两个项目必须完全相同，以确保运行系统中的数据同步正确。因此，在 SIMATIC 管理器中不能直接组态备用项目。此处要求目标计算机的路径已经设置，必须设置冗余系统主站和备用服务器的路径。此过程主要包括以下几步：

1）选择 WinCC 应用程序中的 WinCC 项目。

2）使用上下文菜单启动“目标系统>装载”功能。

3）在对话框中，通过选项“整个 WinCC 项目”或“修改”来选择装载操作的范围。

在下列情况下，仅“整个 WinCC 项目”选项可用：

① 当确实已经第一次将项目装载到系统时。

② 作为导致丢失在线修改能力的 WinCC 项目组态的结果。

③ 当待机服务器仍然没有装载主站服务器的 WinCC 项目时。

14.2.4 使用 SIMATIC 管理器导入 WinCC 项目

可以使用 SIMATIC 管理器将先前独立的 WinCC 项目导入到 STEP 7 项目，这要求要导入的 WinCC 项目已经关闭，在用于导入到 STEP 7 项目的计算机上没有打开的 WinCC 项目。

在 SIMATIC 管理器中，打开要在其中导入 WinCC 项目的 STEP 7 项目。在“工具”菜单中，选择“导入 OS...”，将打开“导入 OS 对话框”，如图 14-9 所示。在“打开”选择对话框中，单击“...”按钮，选择要导入的 WinCC 项目的路径，选定的路径显示在“要导入的 OS”域中。如果 WinCC 项目的名称多于 24 个字符并且没有文件扩展名，或者在 STEP 7 项目中不唯一，则显示一条消息，在这种情况下，可以指定另一个名称。

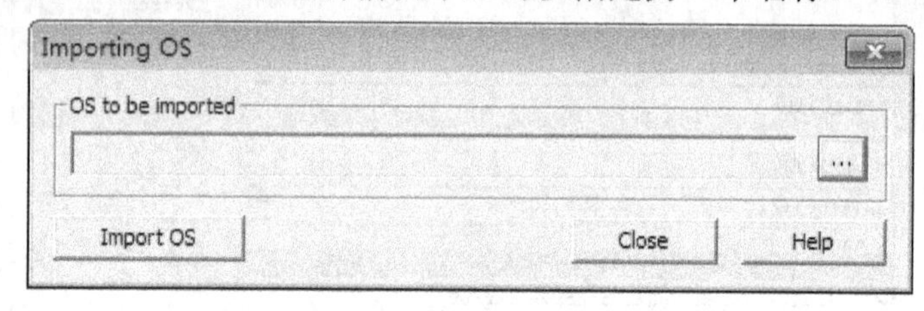

图 14-9 导入 OS 对话框

通过单击“导入 OS”按钮开始导入。

成功完成导入时，显示一条消息。

通过单击“退出”按钮退出对话框。

如果导入期间发生错误，则给出错误消息并将相应的错误写入日志文件 import.log。日志文件存储在导入 WinCC 项目的项目目录下的 WinCCOM 文件夹中。

导入期间，在 SIMATIC 管理器中为要导入的 WinCC 项目创建带有从属 WinCC 应用程序的 PC 站。导入的 WinCC 项目创建为从属 OS 对象，具有为导入指定的名称。在导入 WinCC 项目中，执行下列操作：删除现有数据包、设置计算机名称、取消激活已激活的冗余。

14.3 在 STEP 7 项目和库之间操作 WinCC 项目

通过 SIMATIC 管理器可以对 WinCC 项目执行各种操作，例如：在 STEP 7 项目中复制或移动 WinCC 项目，在 STEP 7 项目之间复制或移动 WinCC 项目，将 WinCC 项目从 STEP 7 项目复制或移动到库，将 WinCC 项目从库复制或移动到 STEP 7 项目，对 WinCC 项目重命名，删除 WinCC 项目等。这些操作的前提是 WinCC 项目已经在 STEP 7 项目中创建。

复制是通过“文件 > 打开”选项打开 WinCC 项目所要复制到的 STEP 7 项目，再选择要复制的 WinCC 项目，并将其拖动到被选为目的地的 STEP 7 项目中。移动是通过“文件 > 打开”选项，打开 WinCC 项目所要移动到的 STEP 7 项目，再选择要移动的 WinCC 项目，并将其拖动到被选为目的地的 STEP 7 项目中，拖动时请按住〈Shift〉键。重命名时首先要选择 WinCC 项目，再选择弹出式菜单上的“重命名”选项，并输入新的名称。删除时要先选择要删除的 WinCC 项目，选择弹出式菜单上的“删除”选项，并在出现警告时选择“是”进行确认。

按照相同的方式，可以在 STEP 7 项目中或在 STEP 7 项目和库之间复制 WinCC 项目，如果 WinCC 项目已经打开，则不能执行重命名、移动和删除操作。

14.4 使用 WinCC 对象

除了 WinCC 项目以外，相关的 WinCC 对象如画面和报表模板也将在 SIMATIC 管理器中显示。如果使用图形编辑器和报表编辑器已经创建了画面和报表模板，它们在 SIMATIC 管理器中也不是自动可见的，必须先将其导入。也可以使用 SIMATIC 管理器创建画面和报表模板。此时，这些对象创建起初都是“空的”，可使用图形编辑器和报表编辑器作进一步处理。SIMATIC 管理器还可以进行如复制、移动和删除这些对象的操作以及提供 WinCC 库对象模型解决方案的功能等。WinCC 对象在 SIMATIC 管理器中的显示如图 14-10 所示。

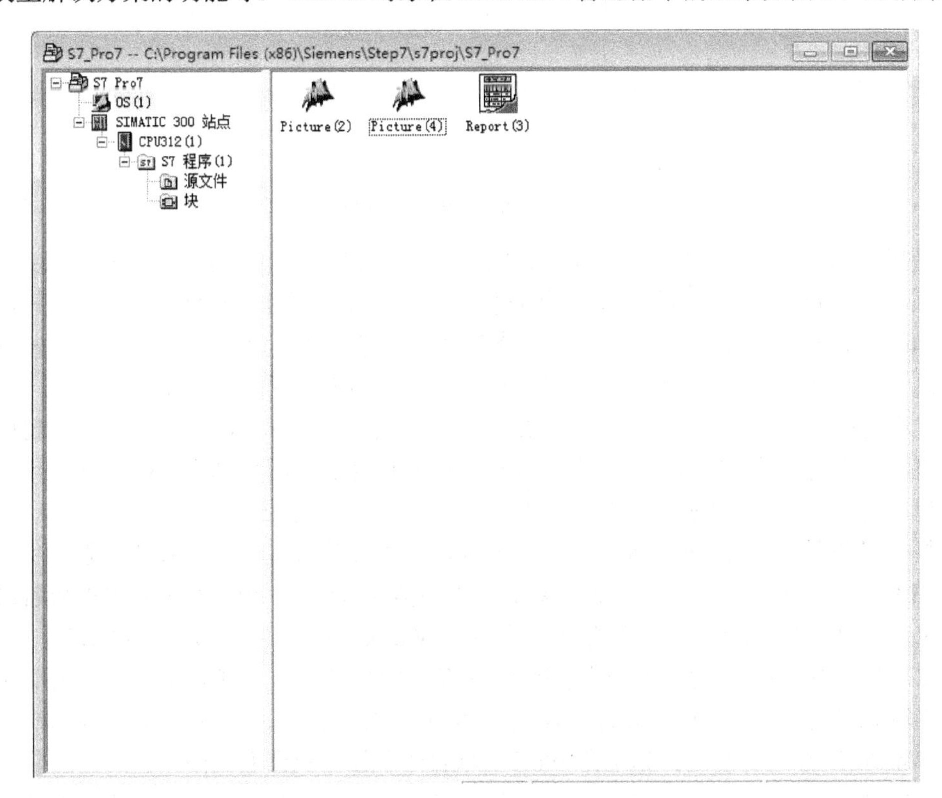

图 14-10 WinCC 对象显示

要在 SIMATIC 管理器中创建 WinCC 对象，前提是其已经创建 WinCC 应用程序或者 OS。在 SIMATIC 管理器中，不用打开 WinCC 项目就可创建 WinCC“画面”和“报表模板”对象。这些 WinCC 对象起初没有任何内容，然而可以使用图形编辑器和报表编辑器对它们进一步处理。在弹出式菜单中选择条目“插入 WinCC 对象”，既可以创建画面，也可以创建报表模板，如图 14-11 所示。

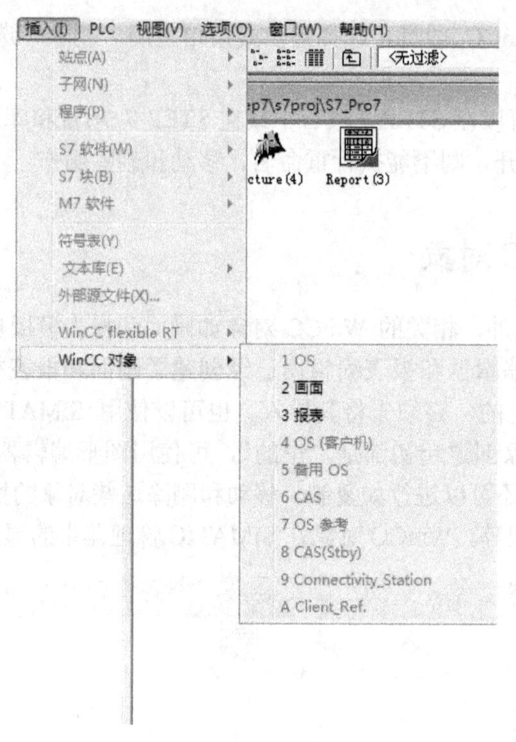

图 14-11　插入 WinCC 项目

可使用 SIMATIC 管理器来复制、移动、重命名和删除画面与报表模板。可以在相同 STEP7 项目或不同 STEP 7 项目或库中所创建的两个 WinCC 项目之间复制和移动对象。将对象复制和移动到其他 WinCC 项目时，所组态的动态特性也将复制。过程连接将丢失，因为所使用的变量在目标项目中不存在。可使用交叉索引编辑器编译不存在变量的列表。这样还将允许过程连接建立链接。如果希望复制模板项目的某些系统部分，则主要用到复制和移动操作。将不包含任何动态特性或包含备有原型的动态特性的画面复制到目标项目，并在那里完成过程连接。画面和报表模板的名称在 WinCC 项目中必须是唯一的。

如果使用图形编辑器或报表编辑器打开对象，则不能执行重命名、移动或删除操作。如果在 SIMATIC Manager 中创建 WinCC 对象，则不能在 WinCC 项目管理器中重命名或删除这些对象。这对于在 WinCC 中创建并使用“导入 WinCC 对象”功能导入 SIMATIC Manager 的 WinCC 对象同样适用。此导入操作使用 WinCC 对象创建 TIA 对象。如果使用图形编辑器或报表编辑器复制 TIA 对象，那么副本将创建为 WinCC 对象。可以重命名该副本或将该副本作为 WinCC 对象进行复制。如果在 WinCC 项目管理器中重命名画面，新的画面名称不能与画面中现有对象的名称相同。软件不会检查该名称是否已存在。使用已在使用的名称会在通过 VBA 访问或动态化时导致冲突。

使用“图形编辑器”和“报表编辑器”可创建画面和报表模板。然而，这些 WinCC 对象在 SIMATIC 管理器中都不会自动显示。可使用“导入 WinCC 对象”(Import WinCC objects)功能更新 SIMATIC Manager 中的视图。画面和报表模板必须已经在相关的编辑器中创建。导入 WinCC 对象时要先选择 WinCC 应用程序或在 OS 中的 WinCC 项目，在弹出式菜单中选择“导入 WinCC 对象”条目，画面和报表模板都将在 SIMATIC 管理器中显示。

需要设置和监视服务器分配时，使用 SIMATIC Manager 可以将多个 OS 服务器分配给一个选定的 OS。选定的 OS 可以是 OS 客户端、OS 服务器或中央归档服务器。如果选择了一个 OS 对象，那么“为 <OS> 分配 OS 服务器”(Assignment OS server for<OS>)对话框会显示一个可在该项目中使用的服务器列表。同时还会列出一个现有的归档服务器。如果选定的 OS 项目分别包含 S7 项目和多项目未知的服务器数据包，那么该列表也将包含这些未找到的服务器。在这些情况下，“OS 信息”栏为“未知”。

“为<OS>分配 OS 服务器”对话框通过在 SIMATIC Manager 中选择 OS，打开“为 <OS> 分配 OS 服务器”(Assignment OS server for <OS>) 对话框。在快捷菜单中选择“分配 OS 服务器...”(Assign OS server...) 条目。或者可以使用“工具”(Tools) 菜单中的“OS > 分配 OS 服务器...”(OS > Assign OS server...)菜单项，在 SIMATIC Manager 打开该对话框。打开的对话框如图 14-12 所示。

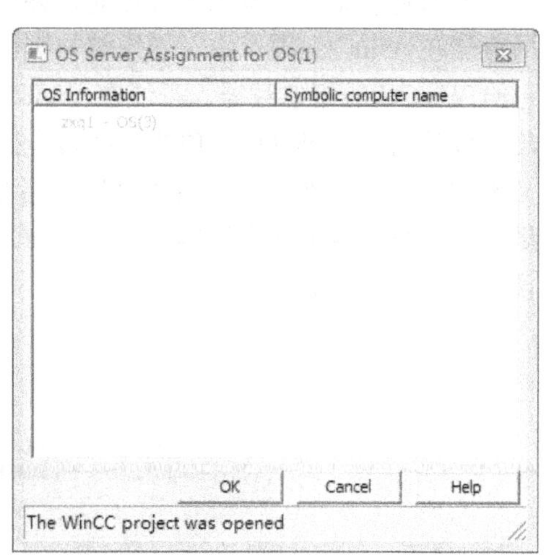

图 14-12　分配 OS 服务器对话框

该对话框将分别显示属于 S7 项目和多项目的所有可访问 OS 服务器。该列表可由包含“未知”OS 信息的条目进行补充。不显示下列 OS 对象：为其打开了对话框的选定 OS，备用 OS 服务器，客户端，单用户站项目类型的 OS，OS 参考，客户端参考。一个条目可能包含下列信息：用于设置或删除针对选定 OS 对象的分配情况的复选框，在打开对话框时显示分配是否已存在，包含 S7 项目名称和 OS 对象描述的 OS 信息，符号计算机名称，要进行分配设置，选择 OS 对象的复选框，然后单击“确定”(OK)按钮退出该对话框。对于所有新选定的 OS 对象，现在会将一个数据包导入到 OS 中。要删除一个已存在的分配，应清除 OS 对象的复选框，然后单击“确定”(OK)按钮退出该对话框。对于所有新取消选定的 OS 对象，相应的数据包从 OS 中删除。

通过列表项的颜色，可以获取关于每个 OS 对象的信息。列表项中颜色的含义见表 14-1。

表 14-1　颜色的含义

颜色	补充信息	信息含义
黑色	未选定复选框	可以为服务器建立分配 服务器已经导出数据包
黑色	已选定复选框	已建立针对服务器的分配 OS 已加载数据包
灰色	无复选框	无法建立服务器的分配 原因：服务器没有导出数据包
红色	没有复选框，输入 OS 信息和计算机符号名称	无法建立服务器的分配 原因：导出的服务器数据包没有唯一名称 有诸多原因：项目已经包含一个具有相同计算机符号名称的服务器。OS 对象包含一个具有相同符号计算机名称的已导入数据包
红色	复选框已经选中，OS 信息包含“未知”条目且计算机符号名称已经输入	在选定 OS 对象的已导入数据包中指定的服务器无法在 S7 项目或多项目中找到 原因：OS 服务器不再属于多项目或数据包已经删除 这种情况下，应该清除该条目的复选框，然后单击“确定”(OK)按钮，退出“为 <OS> 分配 OS 服务器”(Assignment OS server for<OS>) 对话框。这样将删除无法分配的已导入数据包

14.5 传送变量、文本和报表给 WinCC

14.5.1 编译 OS

本节将介绍“编译 OS”功能，并说明传送操作将影响哪些组态数据以及如何将这些数据存储在 WinCC 项目中。必须将与操作员控制和监视相关的自动化站点（AS）组态数据传送给 WinCC 的组态数据，以便在 WinCC 组态期间以及在运行系统中能够使用这些数据，为此可以使用“编译 OS”功能。在传送操作期间，过程变量均存储在变量管理系统中，用户文本均存储在文本库中，而消息均存储在 WinCC 项目的报警记录系统中。需要创建归档变量，方法是在数据块的数据元素中设置属性“S7_archive”，然后开始编译 OS。编译 OS 的含义如图 14-13 所示。

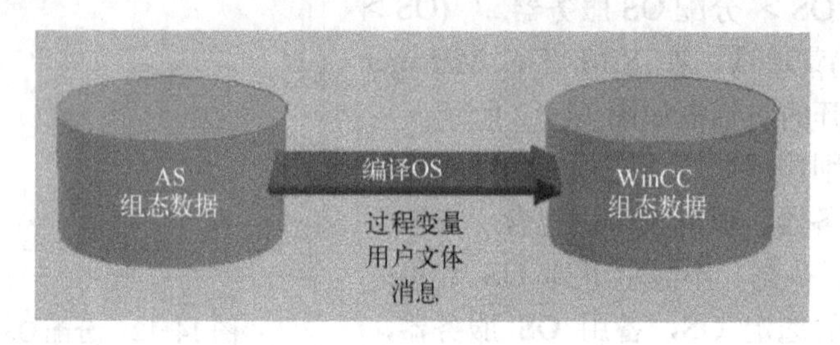

图 14-13 编译 OS

使用“编译 OS”功能可在 WinCC 项目中创建操作员控制和监视所需要的结构和数据。可以编译一个或多个 OS。如果希望编译一个 OS，那么使用“编译 OS”向导。 如果希望编译多个 OS，那么使用“编译多个 OS”向导。两个向导的区别仅在于要编译的 OS 数目。 因此，向导“编译 OS”的语句同样适用于向导“编译多个 OS”的语句。

“编译 OS”功能具有三种编译模式：

①“带存储器复位的整个 OS”模式为默认模式。操作员站的所有 AS 数据将被删除，并将重新传送为 S7 程序所选择的用于编译的数据。

②“整个 OS”模式。适用于对已分配的多个 S7 程序未选择全部编译的时候。这种模式可确保已经传送的 S7 程序的数据，在未选择进行编译时，仍将保留在操作员站中。

③“修改”模式。如果只在 S7 程序中作较小的修改，则应使用这种模式。如果对其结构元素用作消息变量的结构变量进行修改，则无法装载消息的在线更改。

下列功能均可使用“编译 OS”来执行：创建通信驱动程序 SIMATIC S7 PROTOCOL SUITE；创建 WinCC 单元，例如，工业以太网、PROFIBUS；创建每个 S7 程序的逻辑连接；创建消息系统和归档系统的原始数据变量；创建 WinCC 中将要传送的组件类型以及全局数据块的结构类型；创建变量管理系统中的过程变量；生成消息；传送消息和用户文本。

在编译整个 OS 时可使用“编译 OS”向导编译组态数据。整个 OS 的编译可按两种不同的编译模式进行，“带存储器复位的整个 OS”模式为默认模式。操作员站的所有 AS 数据将被删除，并将重新传送要编译的 S7 程序数据。或者“整个 OS”模式适用于对已分配的多个 S7 程序未选择全部编译的时候。这种模式可确保未被选择编译的已传送 S7 程序数据仍保留在操作员站中。

可在 SIMATIC 管理器中以不同的方式启动“编译 OS”向导。如果要编译特定操作员站的组态数据，请先选择 OS，然后使用菜单条目“编辑”>“编译”启动助手。或者，也可以在 OS 的弹出式菜单中选择“编译”选项。如果希望编译多个或所有操作员站的组态数据，则通过菜单条目“选项”>“‘编译多个 OS’向导”>“启动...”来启动向导。

本操作过程描述了特定操作员站的编译。多个操作员站的编译将按相同的方式完成。

1）选择 OS，然后选择弹出式菜单中的“编译”或选择菜单项“编辑”>“编译”。

2）选择 S7 程序列表（左侧）中的相应 S7 程序，然后将 S7 程序拖动（按住鼠标左键）到操作员站列表（右侧）中的所需操作员站上，单击“下一步”按钮，如图 14-14 所示。

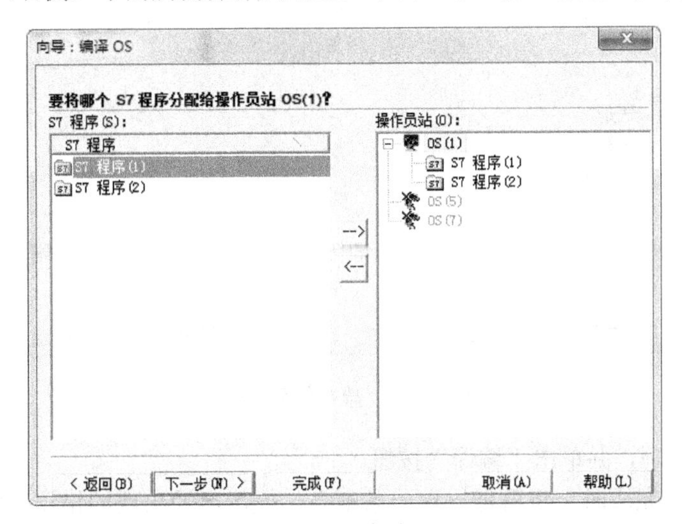

图 14-14　编译 OS

只有在项目中有一个以上的操作员站和一个以上的 S7 程序时才显示该页面。否则，将自动完成分配。具体操作步骤如下：

1）通过复选框选择要传送的 S7 程序，如图 14-15 所示。

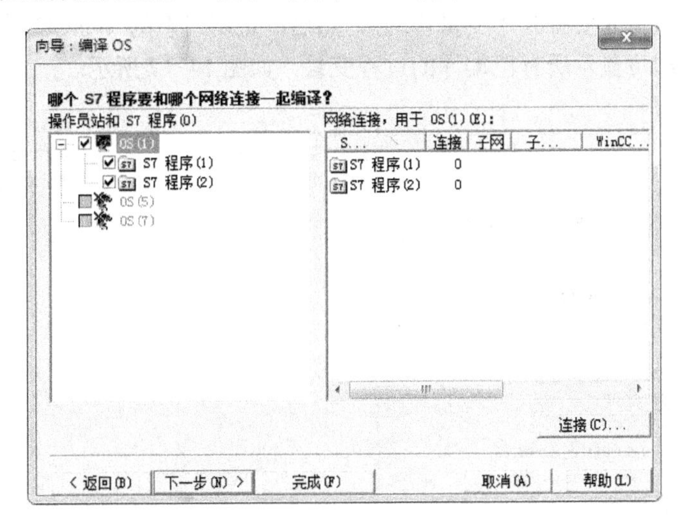

图 14-15　选择要传送的 S7 程序

2）选择将要使用的网络连接。在左侧域中选择操作员站时，相关的 S7 程序会与组态的网络连接一起列在右侧域中。要修改网络连接，可选择 S7 程序，并按下“连接...”按钮。选择所需要的网络连接。

3）选择“整个 OS”编译模式。如果要删除操作员站中的所有 AS 数据，可选择“带内存复位”。单击“下一步”按钮，如图 14-16 所示。

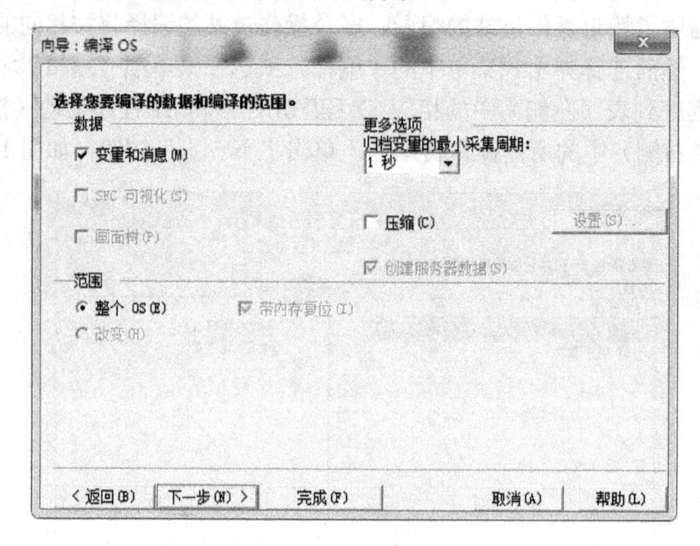

图 14-16　选择整个 OS

4）检查编译选项，并单击“编译”按钮。

5）当编译过程完成时，将可能出现一条消息，提示已经出现的错误和警告。如果情况如此，请检查编译报表。

14.5.2　如何显示传送的变量

在 WinCC 项目中，可以检查“编译 OS”功能的结果，这就要求将传送的变量显示出来，显示传送的变量首先要打开“变量管理”，然后浏览所组态的 WinCC 单元，打开所包含的逻辑连接，现在即可显示所有已编译的过程变量，如图 14-17 所示。

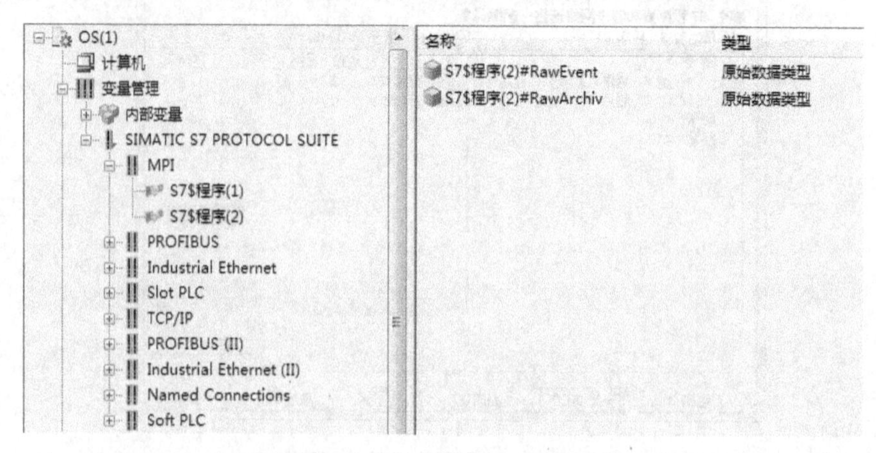

图 14-17　已经编译的过程变量

在变量管理中，所编译的变量可以根据其名称的结构来识别。其名称由后面跟随有“/”的 S7 程序所组成。编译变量均进行了写保护，不能将其从变量管理中删除。只有在使用“编译 OS”向导时才有可能。在对话框“希望使用哪个网络连接传送哪个 S7 程序？”中，必须禁止将要在 WinCC 中删除其变量的 S7 程序。为此，可删除程序名称前的复选标记。选择“重新设定整个 OS”选项作为编译模式。在接下来的编译期间，所有不在 WinCC 中创建的变量、连接和消息都将删除。

14.5.3 显示所传送的消息和文本

“编译 OS”功能的结果可以在 WinCC 中进行检查。用户和消息文本的块都存储在文本库中，而消息则存储在报警记录中。用户查看用户和消息文本时可以打开在 WinCC 项目管理器中的“文本库”编辑器，在快捷菜单上选择“打开”选项，如图 14-18 所示。在查看消息时可以打开“报警记录”编辑器，所传送的消息由 10 位数字的编号来识别，如图 14-19 所示。

文本库

文件(F) 编辑(E) 视图(V) 语言(L) 工具(T) 帮助(H)

ID	英语(美国)	中文(简体，中国)
1	Error	错误
2	+	+
3	-	-
4	+/-	+/-
5	*	*
6	System, requires acknowledg...	系统，需要确认
7	System, without acknowledgm...	系统，无确认
8	Alarm	报警
9	Warning	警告
10	Failure	故障
11	Process control system	过程控制系统
12	System messages	系统消息
13	Operator input messages	操作员输入消息
14	Date	日期
15	Time	时间
16	Duration	持续时间
17	Daylight Saving / Standard Time	夏时制/标准时间
18	Status	状态
19	Acknowledgment Status	确认状态
20	Number	编号
21	Class	类别
22	Type	类型
23	Controller/CPU Number	控制器/CPU 号
24	Tag	变量
25	Limit Violation	超出限制
26	Archiving	归档
27	Logging	记录
28	Comments	注释
29	Info Text	信息文本
30	Loop in Alarm	报警回路
31	Computer Name	计算机名

就绪 文本数量：79

图 14-18 用户和消息文本

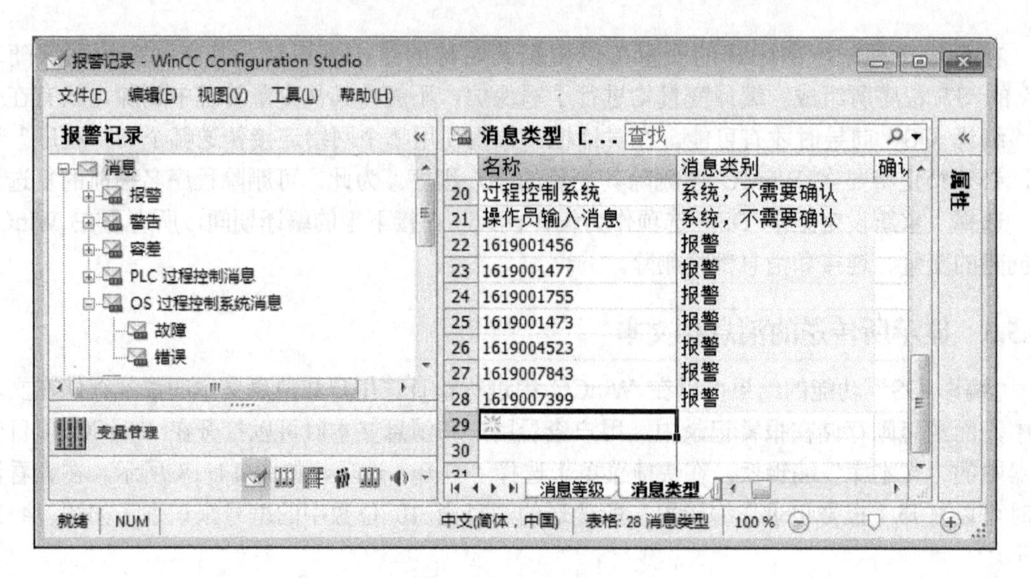

图 14-19 报警记录

14.6 习题

1. 演示 STEP 全集成自动化框架内组态 WinCC 工程。
2. 传送变量给 WinCC。
3. 在 SIMATIC 管理器中导入 WinCC 项目。

参 考 文 献

[1] 西门子（中国）有限公司自动化与驱动集团. 深入浅出 WinCC V6[M]. 北京：北京航空航天大学出版社，2005.

[2] 刘华波，等. 组态软件 WinCC 及其应用[M]. 北京：机械工业出版社，2009.

[3] 向晓汉. 西门子 WinCC V7 从入门到提高[M]. 北京：机械工业出版社，2012.

[4] 姜建芳. 西门子 WinCC 组态软件工程应用技术[M]. 北京：机械工业出版社，2015.

[5] 西门子（中国）有限公司自动化与驱动集团. WinCC V7.0 使用手册[Z]. 2009.

[6] 西门子（中国）有限公司自动化与驱动集团. WinCC V7.0 组态手册[Z]. 2009.

[7] 西门子（中国）有限公司自动化与驱动集团. WinCC V7.0 通信手册[Z]. 2009.

[8] 西门子（中国）有限公司自动化与驱动集团. WinCC V7.4 系统手册[Z]. 2017.

[9] 西门子（中国）有限公司工业业务领域工业自动化与驱动技术集团网站：www.industry.siemens.com.cn (www.ad.siemens.com.cn).

[10] 西门子（中国）有限公司自动化与驱动集团. WinCC V6 VBS Reference[Z]. 2003.